超长大体积混凝土结构跳仓法技术应用指南

王国卿　陆参　主编

中国建筑工业出版社

图书在版编目（CIP）数据

超长大体积混凝土结构跳仓法技术应用指南/王国卿，陆参主编.
北京：中国建筑工业出版社，2017.10

ISBN 978-7-112-20974-3

Ⅰ.①超… Ⅱ.①王…②陆… Ⅲ.①大体积混凝土施工-指南
Ⅳ.①TU755.6-62

中国版本图书馆 CIP 数据核字(2017)第 152266 号

本书是《超长大体积混凝土结构跳仓法技术规程》的条文解释和规程实践应用的实施指南。全书包括三篇：第1篇条文解析，包括规程的全部条文、条文说明和条文解析，对规程主要部分，逐条加以解析；第2篇技术要点，通过对规程编制应用中的6方面问题的问和答，对跳仓法的原理、材料、设计、计算施工和质量控制加以详细分析；第3篇应用案例，通过5个实际工程成功应用跳仓法的实例，介绍了跳仓法的优点和施工方案的编制方法。内容翔实、丰富，实践性强，便于应用。

本书对施工单位和设计单位工程技术人员应用跳仓法技术具有指导作用，可作为工作和培训用书，也可作为相关专业师生教学参考资料。

责任编辑：王砾瑶　范业庶
责任校对：焦　乐　刘梦然

超长大体积混凝土结构跳仓法技术应用指南

王国卿　陆参　主编

*

中国建筑工业出版社出版、发行(北京海淀三里河路9号)
各地新华书店、建筑书店经销
北京红光制版公司制版
北京建筑工业印刷厂印刷

*

开本：787×1092毫米　1/16　印张：21¾　字数：526千字
2018年1月第一版　2018年1月第一次印刷
定价：**66.00**元

ISBN 978-7-112-20974-3
(30619)

本书编委会

主编： 王国卿　陆　参

参编： 李　伟　魏镜宇　王铁梦　贾雨苗　杨嗣信

李国胜　赵振忠　王继红　王　威　辛玉升

刘震国　肖文凤　季文君　冯慧玲　李铁良

李　栋　靳艳军　王永辉　张学宗　尚田福

庞栋梁　陈　富　彭志良　余叙耕　刘佳庆

王立恒　蔡中辉　邓椿森　李朝光　卢长安

前　言

《超长大体积混凝土结构跳仓法技术规程》DB11/T 1200—2015（以下简称“跳仓法技术规程”）已于2015年8月1日开始实施。该规程是国内第一部针对超长大体积混凝土结构采用跳仓法进行设计和施工的技术规定，跳仓法的原理是采用跳仓法工艺，实现施工缝取代施工后浇带和永久性变形缝，能够有效减少地下室结构工程的混凝土开裂，并具有节约人工成本、降低水泥用量、改善现场安全文明施工条件的优点。《跳仓法技术规程》对地下室结构工程的设计、混凝土原材料及配合比、施工养护等均作出了具体规定，具有良好的可操作性。规程评审专家一致认为该项地方标准在技术水平上处于国际领先地位，其推广实施将产生显著的社会经济效益。

《跳仓法技术规程》自网上公开征求意见开始，就引起国内相关工程技术人员的广泛关注，正式发布实施后，编制组接到大量咨询电话，希望了解更多有关技术细节和施工方案的编制方法。应其要求，并考虑服务规程宣贯，使该规程正确广泛应用于更多的实际工程项目，进而取得加快施工进度、保证工程质量、有利于安全文明施工的综合社会效益，由本规程的主要编制人组成编写组，编写了《超长大体积混凝土结构跳仓法技术规程应用指南》(以下简称“应用指南”)。《应用指南》分为三篇：第1篇条文解析，主要包括条文、条文说明和条文解析等内容，对于规程主要部分，逐条加以解析；第2篇技术要点，结合汇总各方面反映的问题，分别从跳仓法的原理、材料、设计、计算、施工、质量控制等方面，以问答的形式加以详细分析；第3篇应用案例，就5个实际工程成功应用跳仓法和申报奖项的实例，为读者认识跳仓法优点和编制施工方案提供参考。

《应用指南》在编写过程中，得到了北京市建筑工程研究院王铁梦混凝土裂缝控制研究中心、北京方圆工程监理有限公司、北京建工集团有限责任公司、北京城建集团有限责任公司、中建一局集团第二建筑有限公司、中国新兴建设总公司、北京市朝阳区田华建筑工程公司的大力支持。《应用指南》对于施工单位和设计单位技术人员应用跳仓法具有指导作用，也可以作为其他相关技术人员的工作参考资料。

由于编者水平所限，书中错误和疏漏在所难免，欢迎广大读者批评指正。

《超长大体积混凝土结构跳仓法技术应用指南》编写组

2017年4月

目　　录

第1篇　条　文　解　析

第2篇　技　术　要　点

第3篇　应　用　案　例

第 1 篇

条　文　解　析

1 总　　则

1.0.1

【条文】为使跳仓法更好地用于超长大体积混凝土结构的设计与施工，贯彻执行国家技术经济政策，符合技术先进、安全适用、经济合理、确保质量、保护环境、提高效益的原则，制定本规程。

【条文说明】采用跳仓法施工对控制超长大体积混凝土结构裂缝、提高效率、保证质量和降低工程造价具有显著的意义。

【条文解析】本条说明了制定本规程的目的。

1.0.2

【条文】本规程适用于北京地区工业与民用建筑地下室超长大体积混凝土结构跳仓法的设计施工。

【条文说明】本条对本规程的适用范围作了规定。本规程主要用在工业与民用建筑地下室结构工程中，地上工程也可参考本规程设计及施工。

本规程的“跳仓法”是混凝土不掺加任何膨胀剂的跳仓施工，要求“普通混凝土好好打”。添加膨胀剂混凝土的施工，无论是否跳仓，均不适用于本规程。

地下室楼板的混凝土属于预计因混凝土中胶凝材料水化引起的温度变化和收缩而导致有害裂缝产生的混凝土，由于施工养护条件不同于基础底板，如果采用跳仓法施工必须按本规程第 4.3 节的有关规定执行。当地下室的范围较大，地上有若干栋多层或高层房屋，如果同期施工，在地下室部分不再设置沉降缝或伸缩缝等永久缝。

【条文解析】本条对本规程的适用范围作了规定。本规程在第 3.0.2 条界定的混凝土类型，主要用在工业与民用建筑地下室结构工程中。采用跳仓法施工对控制混凝土裂缝、提高效率、保证质量和降低工程造价具有显著的意义。本规程也可供地上工程编制施工方案借鉴，参考使用。

1.0.3

【条文】超长大体积混凝土结构的设计与施工除遵守本规程外，尚应符合国家和北京市现行有关标准的规定。

【条文说明】本规程是现行国家标准《大体积混凝土施工规范》GB 50496 的延伸和发展。

【条文解析】本条为技术规程通常采用条款，目的是协调各个规程的适用性。

2 术语和符号

2.1 术 语

2.1.1

【条文】跳仓法（alternative bay construction method）：在大体积混凝土结构施工中，在早期温度收缩应力较大的阶段，将超长的混凝土块体分为若干小块体间隔施工，经过短期的应力释放，在后期收缩应力较小的阶段再将若干小块体连成整体，依靠混凝土抗拉强度抵抗下一阶段的温度收缩应力的施工方法。

【条文说明】跳仓法施工的原理是基于“混凝土的开裂是一个涉及设计、施工、材料、环境及管理等的综合性问题，必须采取‘抗’与‘放’相结合的综合措施来预防”。“跳仓施工方法”虽然叫做“跳仓法”，但同时注意的是“抗”与“放”两个方面。

“放”的原理是基于目前在工业与民用建筑混凝土结构中，胶凝材料（水泥）水化放热速率较快，1～3d达到峰值，以后迅速下降，经过7～14d接近环境温度的特点，通过对现场施工进度、流水、场地的合理安排，先将超长结构划分为若干仓，相邻仓混凝土需要间隔7d后才能浇筑相连，通过跳仓间隔释放混凝土前期大部分温度变形与干燥收缩变形引起的约束应力。“放”的措施还包括初凝后多次细致的压光抹平，消除混凝土塑性阶段由大数量级的塑性收缩而产生的原始缺陷；浇筑后及时保温、保湿养护，让混凝土缓慢降温、缓慢干燥，从而利用混凝土的松弛性能，减小叠加应力。

“抗”的基本原则是在不增加胶凝材料用量的基础上，尽量提高混凝土的抗拉强度，主要从控制混凝土原材料性能、优化混凝土配合比入手，包括控制骨料粒径、级配与含泥量，尽量减小胶凝材料用量与用水量，控制混凝土入模温度与入模坍落度，以及混凝土“好好打”，保证混凝土的均质密实等方面。“抗”的措施还包括加强构造配筋，尤其是板角处的放射筋与大梁中的腰筋。结构整体封仓后，以混凝土本身的抗拉强度抵抗后期的收缩应力，整个过程“先放后抗”，最后“以抗为主”。从约束收缩公式分析中，可得混凝土结构中的变形应力并不是随结构长度或约束情况而线性变化的，其最大值最后总是趋近于某一极值，若混凝土的抗拉强度能尽量贴近这一值，则可极大地减小开裂。同时可看出最大应力总是与结构的降温幅度成正比（干燥收缩也等效为等量降温），故提高抗拉强度不能以增加水化热温升或干燥收缩为前提。

【条文解析】跳仓法主要应用于超长混凝土结构施工，用跳仓法代替后浇带法，可以达到加快施工进度，易于保证施工质量，便于现场安全文明施工的效果。

2.1.2

【条文】大体积混凝土（mass concrete）：混凝土结构物实体最小几何尺寸不小于1m的大体量混凝土，或预计会因混凝土中胶凝材料水化引起的温度变化和收缩而导致有害裂缝产生的混凝土。

【条文说明】本规程所属的大体积混凝土，不再单纯按尺寸厚度和施工经验界定。由于以往许多工程结构设计和施工中忽略了温控和抗裂措施，使得结构施工阶段中出现裂缝，影响了结构的使用和耐久性，因此，把需要温控和采取抗裂措施的这类混凝土归属于大体积混凝土性质的混凝土结构。

【条文解析】本条参照国际上主要国家对于大体积混凝土的定义，在不与现行国家相关标准产生矛盾或歧义的前提下，增加了需要采取防止混凝土裂缝产生的相应含义。

2.1.3

【条文】超长混凝土结构（super-length concrete structure）：指单元长度超过《混凝土结构设计规范》GB 50010 所规定的混凝土伸缩缝最大间距的结构。

【条文说明】超长混凝土结构。超过《混凝土结构设计规范》GB 50010（简称《混凝土规范》）钢筋混凝土结构伸缩缝的最大间距的结构，称为超长混凝土结构。《混凝土规范》规定的钢筋混凝土结构伸缩缝的最大间距见表 1-2-1。

钢筋混凝土结构伸缩缝最大间距（m） **表 1-2-1**

结构类别		室内或土中	露天
排架结构	装配式	100	70
框架结构	装配式	75	50
	现浇式	55	35
剪力墙结构	装配式	65	40
	现浇式	45	30
挡土墙、地下室墙壁等类结构	装配式	40	30
	现浇式	30	20

【条文解析】本条定义的超长混凝土结构是指结构单元长度超过《混凝土结构设计规范》规定的钢筋混凝土结构伸缩缝最大间距的混凝土结构。按照《混凝土结构设计规范》经典计算方式的计算结果，该结构在混凝土强度增长过程中产生的内应力有可能大于混凝土极限拉应力，应该采取必要的构造措施或施工技术措施。

2.1.4

【条文】温度应力（thermal stress）：混凝土的温度变形受到约束时，混凝土内部所产生的应力。

【条文说明】温度应力，“温度变形受到约束时”的约束包括混凝土的内约束和混凝土的外约束。例如内约束中石子对水泥浆收缩的约束，以及混凝土内外温度差对混凝土收缩的约束。外约束包括地基或模板对混凝土收缩的约束，以及寒冷天气对混凝土收缩的影响等。

【条文解析】本条定义混凝土的温度应力为内应力，该内应力是由于混凝土的温度变形受到约束而产生的。

2.1.5

【条文】收缩应力（shrinkage stress）：混凝土的收缩变形受到约束时，混凝土内部所产生的应力。

【条文说明】收缩应力，指混凝土早期收缩应力。①塑性收缩（凝缩）应力、②自生收缩（自缩）应力、③温度收缩（冷缩）应力、④干燥收缩（干缩）应力，上述收缩应力引起的混凝土裂缝，是跳仓法所要应对的主要内容。至于混凝土的碳化膨胀裂缝，以及荷载裂缝一般不属于混凝土早期收缩应力裂缝。

【条文解析】本条定义混凝土的收缩应力为内应力，该内应力是由于混凝土的收缩变形受到约束而产生的。

2.1.6

【条文】温升峰值（the peak value of rising temperature）：混凝土浇筑体内部的最高温升值。

【条文说明】温升峰值是混凝土浇筑后水化热引起混凝土升温最高值，与水泥品种、用量关系很大。近年来随水泥细度的提高，水泥活性较30年提高出约两个等级，比如现在的42.5级水泥大体相当于水泥标准修订前的525号水泥，又相当于1979年以前硬练标准的600号水泥；混凝土的水化热温升峰值也就大大提高、提前了。配置大体积混凝土要求温升峰值不应太早、太高，施工企业要对水泥峰值进行实测，以便采取有针对性的降温技术措施。

【条文解析】本条规定了混凝土温升峰值的定义。

2.1.7

【条文】里表温差（temperature difference of center and surface）：混凝土浇筑体中心与表层下50mm温度之差。

【条文解析】本条规定了混凝土里表温差的定义，里表温差通过对混凝土浇筑体中心和表层以下50mm处的实际测温得出。

2.1.8

【条文】降温速率（the speed of temperature descending）：散热条件下，混凝土浇筑体内部温度达到温升峰值后每天的温度下降的值。

【条文说明】降温速率：混凝土达到温升峰值后每天的温度下降值。沿混凝土浇筑后的不同厚度部位的降温速率都必须进行控制，每天不大于2℃，而且里表温差不大于25℃，外表与大气温差不大于20℃。

【条文解析】本条规定了降温速率的定义，在自然散热的条件下，混凝土浇筑体内部温度达到温升峰值后每天的温度下降的值，即以天为单位的温度下降值。

2.1.9

【条文】入模温度（the temperature of mixture placing to mold）：混凝土拌合物浇筑入模时的温度。

【条文解析】本条规定了入模温度的定义，入模温度通过在浇筑口对混凝土拌合物进行测温获得。

2.1.10

【条文】绝热温升（adiabatic temperature rise）：混凝土浇筑体处于绝热状态，内部某一时刻温升值。

【条文说明】绝热温升：混凝土浇筑体处于绝热状态，内部不同时刻升温曲线数值，是控制不同厚度部位的温度梯度值的重要依据。

【条文解析】本条规定了绝热温升的定义。

2.2 符　　号

2.2.1

【条文】温度及材料性能

a——混凝土热扩散率；

C——混凝土比热容；

C_x——外约束介质（地基或老混凝土）的水平变形刚度；

E_0——混凝土弹性模量；

$E(t)$——混凝土龄期为t时的弹性模量；

$E_i(t)$——第i计算区段，龄期为t时，混凝土的弹性模量；

$f_{tk}(t)$——混凝土龄期为t时的抗拉强度标准值；

K_b，K_1，K_2——混凝土浇筑体表面保温层传热系数修正值；

m——与水泥品种、浇筑温度等有关的系数；

Q——胶凝材料水化热总量；

Q_0——水泥水化热总量；

Q_t——龄期t时的累积水化热；

R_s——保温层总热阻；

t——龄期；

T_b——混凝土浇筑体表面温度；

$T_b(t)$——龄期为t时，混凝土浇筑体内的表层温度；

$T_{bm}(t)$、$T_{dm}(t)$——混凝土浇筑体中部达到最高温度时，其块体上、下表面的温度；

T_{max}——混凝土浇筑体内的最高温度；

$T_{max}(t)$——龄期为t时，混凝土浇筑体内的最高温度；

T_q——混凝土达到最高温度时的大气平均温度；

$T(t)$——龄期为t时，混凝土的绝热温升；

$T_y(t)$——龄期为t时，混凝土收缩当量温度；

$T_w(t)$——龄期为t时，混凝土浇筑体预计的稳定温度或最终稳定温度；

$\Delta T_1(t)$——龄期为t时，混凝土浇筑块体的里表温差；

$\Delta T_2(t)$——龄期为t时，混凝土浇筑块体在降温过程中的综合降温差；

$\Delta T_{1max}(t)$——混凝土浇筑后可能出现的最大里表温差；

$\Delta T_{1i}(t)$——龄期为t时，在第i计算区段混凝土浇筑块体里表温度的增量；

$\Delta T_{2i}(t)$——龄期为t时，在第i计算区段内，混凝土浇筑块体综合降温差的增量；

T——互相约束结构的综合降温差，包括水化热温差T_1、气温差T_2、收缩当量温差T_3，即$T = T_1 + T_2 + T_3$；

T_1——水化热温差；

T_2——气温差；

T_3——收缩当量温差；

β_μ——固体在空气中的放热系数；

β_s——保温材料总放热系数；

λ_0——混凝土的导热系数；

λ_i——第 i 层保温材料的导热系数。

【条文解析】本条对跳仓法计算中所涉及的温度及材料性能的符号作了规定。

2.2.2

【条文】数量几何参数

H——混凝土浇筑体的厚度，该厚度为浇筑体实际厚度与保温层换算混凝土虚拟厚度之和；

h——混凝土的实际厚度；

h'——混凝土的虚拟厚度；

L——混凝土搅拌运输车往返距离；

N——混凝土搅拌运输车台数；

Q_1——每台混凝土泵的实际平均输出量；

Q_{max}——每台混凝土泵的最大输出量；

S_0——混凝土搅拌运输车平均行车速度；

T_t——每台混凝土搅拌运输车总计停歇时间；

V——每台混凝土搅拌运输车的容量；

W——每立方米混凝土的胶凝材料用量；

α_1——配管条件系数；

δ——混凝土表面的保温层厚度；

δ_i——第 i 层保温材料厚度。

【条文解析】本条对跳仓法计算中所涉及的数量几何参数的符号作了规定。

2.2.3

【条文】计算参数及其他

$H(\tau,t)$——在龄期为 τ 时产生的约束应力延续至 t 时的松弛系数；

K——防裂安全系数

k——不同掺量掺合料水化热调整系数；

k_1、k_2——粉煤灰、矿渣粉掺量对应的水化热调整系数；

M_1、M_2……M_{11}——混凝土收缩变形不同条件影响修正系数；

$R_i(t)$——龄期为 t 时，在第 i 计算区段，外约束的约束系数；

n——常数，随水泥品种、比表面积等因素不同而异；

$\bar{r}$——水力半径的倒数；

α——混凝土的线膨胀系数；

β——混凝土中掺合料对弹性模量的修正系数；

β_1、β_2——混凝土中粉煤灰、矿渣粉掺量对应的弹性模量修正系数；

ρ——混凝土的质量密度；

ε_y^0——在标准试验状态下混凝土最终收缩的相对变形值；

$\varepsilon_y(t)$——龄期为 t 时，混凝土收缩引起的相对变形值；

λ——掺合料对混凝土抗拉强度影响系数；

λ_1、λ_2——粉煤灰、矿渣粉掺量对应的抗拉强度调整系数；

$\sigma_x(t)$——龄期为 t 时，因综合降温差，在外约束条件下产生的拉应力；

$\sigma_z(t)$——龄期为 t 时，因混凝土浇筑块体里表温差产生自约束拉应力的累计值；

η——作业效率；

σ_{zmax}——最大自约束应力。

【条文解析】本条对跳仓法计算中所涉及的计算参数符号及其他符号作了规定。

3 基 本 规 定

3.0.1

【条文】超长大体积混凝土结构采用跳仓法施工，应根据本规程和工程结构设计图纸编制专项施工方案。

【条文说明】鉴于超长大体积混凝土结构的重要性，“跳仓法”专项施工方案需经施工单位技术负责人审批，报总监理工程师备案并核查落实情况。

【条文解析】跳仓法施工方案应根据本规程提供的计算方法并结合结构施工图的具体要求进行编制。

3.0.2

【条文】超长大体积混凝土结构跳仓法的设计和施工除应满足有关的规范及混凝土搅拌生产工艺的要求外，尚应符合下列要求：

1 混凝土设计强度等级宜为C25～C40，地下室底板、外墙宜采用60d或90d龄期的强度指标，并作为混凝土配合比设计、混凝土强度评定及工程验收的依据；

2 混凝土结构配筋除应满足结构承载力和设计构造要求外，还应结合超长大体积混凝土的施工方法配置控制因温度和收缩可能产生裂缝的构造钢筋；

3 设计中宜采取减少超长大体积混凝土外部约束的技术措施；

4 非桩基的超长大体积混凝土基础结构置在硬质岩石类地基上时，宜在混凝土垫层上设置滑动层。

【条文说明】本条根据大体积混凝土工程施工的特点，提出了对大体积混凝土设计强度等级、结构配筋等的具体要求。

1. 根据现有资料统计，一般大体积比较适宜。地下室底板、外墙的混凝土由于荷载是逐渐增加，采用60d或90d龄期的强度指标，这已经是工程实践行之有效的经验，并在《高层建筑混凝土结构技术规程》JGJ 3—2010第12.1.11条中有规定，是可节能、降耗、有效减少有害裂缝产生的技术措施。高于C40混凝土出现裂缝的概率增加，因此建议采用混凝土的设计强度等级在C25～C40的范围内。

2. 本款提出在超长大体积混凝土跳仓法施工对结构的配筋除应满足结构强度和构造要求外，还应满足大体积混凝土施工的具体方法（整体浇筑、分层浇筑或跳仓浇筑）配置承受因水泥水化热和收缩而引起的温度应力和收缩应力的构造钢筋。

3. 本款中所指的减少超长大体积混凝土外部约束是指：模板、地基、桩基和已有混凝土等外部约束。

4. 在超长大体积混凝土施工中考虑硬质岩石地基对它的约束时，宜在混凝土垫层上设置滑动层，滑动层构造可采用一毡二油或一毡一油（夏季），以达到尽量减少约束的目的。

【条文解析】本条对于采用跳仓法的工程提出了混凝土强度不宜过高、增加构造配筋、减少外部约束，以及增加滑动层等措施。

3.0.3

【条文】超长大体积混凝土结构跳仓法施工前，应对施工阶段大体积混凝土浇筑体的温度、温度应力及收缩应力进行试算，并确定施工阶段大体积混凝土浇筑体的温升峰值、里表温差及降温速率的控制指标，制定相应温控技术措施。

【条文说明】本条确定了超长大体积混凝土在施工方案阶段应做的试算分析工作，对大体积混凝土浇筑体在浇筑前应进行温度、温度应力及收缩应力的验算分析。其目的是为了确定温控指标（温升峰值、里表温差、降温速率、混凝土表面与大气温差）及制定温控施工的技术措施（包括混凝土原材料的选择、混凝土拌制、运输过程及混凝土养护的降温和保温措施，温度监测方法等），以防止或控制有害裂缝的发生，确保施工质量。

【条文解析】本条提出了跳仓法施工应事先计算的参数和指标。

3.0.4

【条文】超长大体积混凝土结构跳仓法施工前，应做好各项施工准备工作，并根据当地气象情况采取相应的技术措施。冬期施工尚应符合国家现行有关标准的规定。

【条文说明】本条提出了超长大体积混凝土结构施工前，必须了解掌握气候变化，并尽量避开恶劣气候的影响。遇大雨、大雾等天气，若无良好的防雨雪措施，就会影响混凝土的质量。高温天气如不采取遮阳降温措施，骨料的高温会直接影响混凝土拌合物的出罐温度和入模温度，而在寒冷季节施工会增加保温保湿养护措施的费用，并给温控带来困难。所以，应与当地气象台站联系，掌握近期的气象情况，避开恶劣气候的影响十分重要。

【条文解析】本条提出了应用跳仓法施工要结合气象条件采取相应技术措施的要求。

3.0.5

【条文】宜对建筑物沉降进行长期观测。

【条文说明】现行北京市地方标准《北京地区建筑地基基础勘察设计规范》DBJ 11—501—2009 表 7.4.3 和表 7.4.4 规定了多层建筑和高层建筑地基变形允许值，不仅通过计算进行控制，并应进行沉降实际观测进行验证，还应按现行北京市地方标准《北京地区建筑地基基础勘察设计规范》DBJ11/501—2009 第 3.0.10 条规定进行沉降长期观测。

【条文解析】本条提出了按照相关规定进行沉降观测的要求。

4 结 构 设 计

4.1 基 础 底 板

4.1.1

【条文】超长大体积混凝土结构采用跳仓法施工，基础底板可采用平板式或梁板式筏形基础。

【条文说明】基础底板形式有梁板式筏基、平板式筏基。国内建筑结构的设计以前习惯采用梁板式筏基，一般认为它的整体刚度大、结构用的材料比平板式筏基省，尤其是现场施工操作人员的工资水平较低的情况下更可取。经过多项工程对基坑护坡、基础工程土方、基础结构用工及工期、梁板式筏基与平板式筏基单方造价、地下室建筑地面回填材料等综合比较结果，采用平板式筏基综合造价比梁板式筏基低，如果考虑基础工期缩短，减少银行贷款的利息，那将更有意义。上部结构虽然有不同的类型，基础底板不论是平板式筏基还是梁板式筏基由于地下室周边外墙和若干内墙都将组成整体刚度较大的结构，当具有多层地下室时更是这样。

【条文解析】本条根据成功应用跳仓法的经验，提出了应优先采用的基础结构形式。

4.1.2

【条文】基础底板的混凝土强度等级宜不高于C40。

【条文说明】高强度混凝土水化热及收缩偏大，徐变偏小，应力松弛效应偏小，为控制裂缝混凝土强度等级不宜大于C40。现在采用的泵送流动性高强度预拌混凝土，比以往的人工搅拌的较低强度混凝土，水泥用量、水用量都增加，水泥活性增加，比表面积加大，水胶比加大，坍落度加大等，导致水化热及收缩变形显著增加；混凝土及水泥向高强度化发展、水泥强度不断提高、用量不断增加，混凝土的抗压强度显著提高而抗拉强度提高滞后于抗压强度，拉压比降低，弹性模量增长迅速；随胶凝材料增多，体积稳定性成比例地下降（温度收缩变形显著增加）；用高强度钢筋代替中低强度钢筋导致钢筋配筋率减少，使用应力显著增加，混凝土裂缝增大。试验表明，由于非弹性影响，混凝土结构开裂时钢筋实际应力约为60 MPa。因此，钢筋混凝土结构中的混凝土裂缝是不可避免的，应控制有害裂缝（渗水、钢筋锈蚀、耐久性等）出现。

【条文解析】本条提出应用跳仓法施工混凝土强度等级不宜过高，混凝土强度等级不是越高越好，局部的功能过剩没有必要。

4.1.3

【条文】基础底板采用跳仓法施工时，应取消施工后浇带。

【条文说明】在现行国家标准《大体积混凝土施工规范》GB 50496中已有跳仓法施工的规定，但没有与基础结构设计相关的规定。本规程是该规范的补充和延伸，采用跳仓法施工时对结构设计和施工提出了相关规定。

【条文解析】跳仓法是有效解决超长大体积混凝土施工裂缝的手段，可以代替后浇带法。

4.1.4

【条文】基础底板当采用"分层浇筑、分层振捣、一个斜面、连续浇筑、一次到顶"的推移式连续浇筑施工时，筏板的厚度大于 2 m，在板厚的中间部位可不设水平构造钢筋。

【条文说明】由于目前基础筏板按《大体积混凝土施工规范》GB 50496 采用整体分层连续浇筑施工，厚度大于 1 m 的不再分层浇筑，因此没有必要按《建筑地基基础设计规范》GB 50007—2011 第 8.4.10 条规定筏板厚度大于 2m 在板厚中间再设置水平构造防裂钢筋。

【条文解析】针对《大体积混凝土施工规范》GB 50496 和《建筑地基基础设计规范》GB 50007 的不同要求，本条提出了简化施工不设水平构造筋的条件。

4.1.5

【条文】基础平板筏基的厚度可根据多数柱或桩的冲切承载力确定，少量轴力大的柱，为满足冲切承载力需要，筏板可设下反柱帽或上反柱帽（图 4.1.5），桩顶锚入筏板或承台防水应采取有效措施。

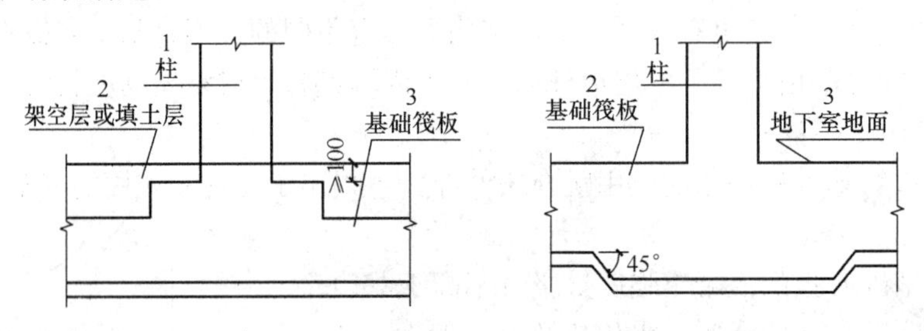

图 4.1.5　筏板上/下反柱帽剖面

【条文说明】平板式筏形基础应进行冲切承载力验算是《北京地区建筑地基基础勘察设计规范》DBJ11—501—2009 第 8.6.7 条强制性规定。少量轴力大的柱下为满足冲切承载力需要筏板设置柱帽时，根据地下车库考虑卫生环境不再设置排水沟，宜优先采用下反柱帽，有利减少基础埋置深度，节省造价。当需要抗浮填压重材料时，或基底为岩石时，柱帽可采用上反。桩顶锚入筏板或承台时为防水采取有效措施是必要的，不仅设计要有明确要求，更重要的是施工时要保证质量。

【条文解析】本条对于冲切承载力验算中的个别柱设柱帽提出了建议。

4.1.6

【条文】当设有地下室时，柱下条形基础和筏形基础可不考虑抗震构造，基础结构构件（包括筏形基础的梁与板、厚板基础的板、条形基础的梁等）可不验算混凝土裂缝宽度。

【条文说明】基础结构构件，地震发生时不会产生塑性铰，不需要考虑延性，为此在《北京地区建筑地基基础勘察设计规范》DBJ11—501—2009 第 8.1.14 条规定可不考虑抗震构造，也就是基础梁的箍筋弯钩可按非抗震、支座边箍筋间距按剪力确定，无加密区要求。基础结构构件可不验算混凝土裂缝宽度，在《北京地区建筑地基基础勘察设计规范》DBJ11—501—2009 第 8.1.15 条有明确规定，这是因为基础梁或筏板钢筋应力实测值远小于设计强度值，其因素较多，例如，天然地基和桩基设计承载力均为极限值的 1/2，在柱下和墙下的反力比平均反力大得多，而跨中梁、板变形和内力比计算值小得多；基础底面与地基土之间巨大摩擦力，地下室与上部结构整体作用，使基础构件内力及相应的挠曲减小；混凝土弯曲构件裂缝验算方法是根据简支梁的试验结果提出的，基础构件与简支梁情况差的很远等。因此，没有必要再验算混凝土裂缝宽度。

【条文解析】本条根据设计经验，提出有地下室的柱，其柱下条形基础和筏形基础可不考虑抗震构造，基础结构构件（包括筏形基础的梁与板、厚板基础的板、条形基础的梁等）不需要验算混凝土裂缝宽度。

4.1.7

【条文】主楼结构与裙房或地下车库结构在地下部分连成整体的基础，设计单位应进行地基变形验算，当满足下列规定之一时，可取消设置沉降后浇带：

1 主楼、裙房或地下车库的基础均采用桩基，并经计算相邻柱基不均匀沉降值小于 $2L/1000$，L 为相邻柱基中心距离；

2 主楼、裙房或地下车库的基础埋置深度较深，地基持力层为密实的高承载力、低压缩性土，压缩模量大，且基底的附加压力小于土的原生压力，各自的基础沉降量很小，经计算主楼与裙房相邻柱基不均匀沉降值小于 $2L/1000$，L 为相邻柱基中心距离；

3 主楼基础采用桩基或复合地基，裙房或地下车库采用筏形基础的天然地基，经计算最终相邻柱基不均匀沉降值小于 $2L/1000$，L 为相邻墙、柱基中心距离。

【条文解析】本条提出了设计单位对于地下车库或裙房与高层结构地下室结构进行地基变形验算的要求，并提出了不设沉降后浇带的条件。

4.1.8

【条文】多层、高层主楼的基础为桩基或复合地基，裙房或地下车库基础采用独立桩基抗水板，主楼结构与裙房或地下车库结构连成整体，经设计单位验算多层、高层主楼的柱、墙基础中心与相邻裙房或地下车库柱基础的沉降量，其沉降差值小于两者中心距离 L 的 $2/1000$ 时，可不设置沉降后浇带。

【条文说明】第 4.1.8 条设置沉降后浇带的目的，是为了控制相邻建筑高度不等的基础、主楼与裙房或地下车库之间的差异沉降而可能产生结构构件附加内力和裂缝。工程实践表明，在基础设计时，减少主楼建筑沉降量和使裙房或地下车库的沉降量不致过小，采取本规程所规定的措施，可不设置沉降后浇带。关于减少主楼沉降量及使裙房或地下车库的沉降量不致过小应采取的措施可参考《北京地区建筑地基基础勘察设计规范》DBJ11—501—2009 第 8.7 节中规定：

1. 减少高层建筑沉降的措施有：

（1）地基持力层应选择压缩性较低的一般第四纪中密及中密以上的砂土或砂卵石土，其厚度不宜小于 4m，并且无软弱下卧层。

（2）适当扩大高层部分基础底面面积，以减少基础底面的基底反力。

（3）当地基持力层为压缩性较高的土层时，高层建筑下可采用复合地基等地基处理方法或桩基础，以减少高层部分的沉降量，裙房可采用天然地基。

2. 使裙房沉降量不致过小的措施有：

（1）裙房基础应尽可能减小基础底面面积，不宜采用筏形基础，以柱下独立基础或条形基础为宜。有防水要求时可采用另加防水板的方法，此时防水板下宜铺设一定厚度的易压缩材料。

(2) 裙房宜采用较高的地基承载力。有整体防水板时，对于内、外墙基础，调整地基承载力所采用的计算埋置深度 d 均可按下式计算：

$$d=(d_1+d_2)/2$$

式中 d_1——自地下室室内地面起算的基础埋置深度，d_1不小于 1.0m；

d_2——自室外设计地面起算的基础埋置深度。

应注意使高层建筑基础底面附加压力与裙房基础底面附加压力相差不致过大。

(3) 裙房基础埋置深度，可小于高层建筑的埋置深度，以使裙房地基持力层的压缩性大于高层地基持力层的压缩性（如高层地基持力层为较好的砂土，裙房地基持力层为一般黏性土）。

【条文解析】本条提出了设计单位对于地下车库或裙房与高层结构地下室结构进行地基变形验算的要求，并提出了不设沉降后浇带的条件。

4.2 地 下 室 外 墙

4.2.1

【条文】地下室外墙的厚度应不小于 250mm，混凝土强度等级宜采用 C25～C35，地下室内部墙体及柱子的混凝土强度等级根据结构设计需要确定。

【条文说明】地下室外墙的厚度应根据具体工程确定，考虑到承受土压、水压及防水功能，其厚度应不小于 250mm，超长结构外墙厚度不宜小于 300mm。地下室外墙的混凝土养护难度大，控制裂缝比其他构件困难，而混凝土强度等级高时，更不易控制混凝土裂缝。因此，混凝土强度等级宜低不宜高，不论多层建筑还是高层建筑的地下室外墙，承受轴向压力、剪力对混凝土强度等级不需要太高，土压、水压作用下按偏压构件或按弯曲构件计算，混凝土强度等级高低对配筋影响很小，所以混凝土强度等级宜采用 C25～C30。地下室内部墙体及柱子，受力大，混凝土易养护对控制裂缝有利，因此混凝土强度等级应根据结构设计需要进行确定。

【条文解析】本条根据工程设计经验，提出地下室墙体设计的基本要求。

4.2.2

【条文】地下室外墙采用跳仓法施工时，其仓格长度不宜大于 40m。当采用施工后浇带时，应沿外墙 30～40m 设一条 800mm 施工后浇带，后浇带的混凝土浇筑时间可在地下室顶板浇筑混凝土时同时浇筑，且间隔时间不应少于 7 天。

【条文说明】底板分仓在特殊情况下仓格长度可放宽或缩小，墙体分仓的仓格长度则应严格控制在 30m～40m。特例情况：当墙体总长度在 50m～60m 范围时，采用设置后浇带，后浇带两侧混凝土同时浇筑，后浇带在 7d 后即浇筑，则施工工期较跳仓施工工期为快。

【条文解析】本条根据跳仓法原理提出地下室外墙可以采用跳仓法施工，其分仓仓格不宜大于 40m；当采用施工后浇带时，应沿外墙每 30～40m 设一条 800mm 施工后浇带，后浇带的混凝土浇筑时间可在地下室顶板浇筑混凝土时同时浇筑，且间隔时间不应少于 7d。

4.2.3

【条文】地下室外墙在距基础底板上皮不小于500mm截面留施工缝，在接缝处设钢板止水带（图4.2.3）。

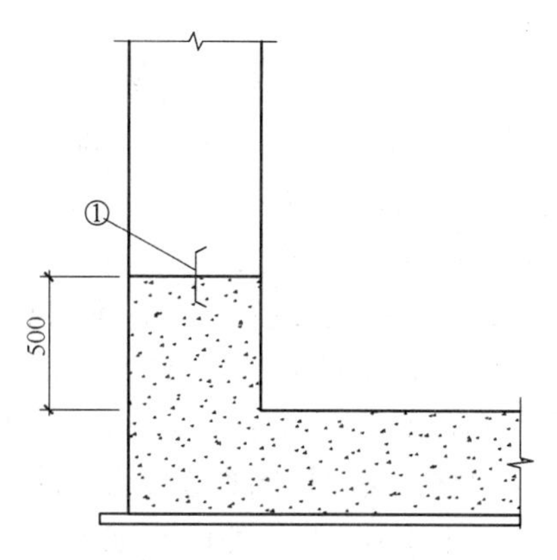

图 4.2.3　外墙与基础底板留施工缝
① 钢板止水带

【条文说明】地下室外墙在基础底板交接部位，为保证防水质量，减小外墙下部约束，施工接头缝位置应高出底板上皮不少于500mm，地下水位高于接缝时应采用钢板止水带。

【条文解析】本条结合施工成熟经验，提出了地下室外墙施工缝的建议处理方式。

4.2.4

【条文】地下室外墙承载力计算简图应根据工程具体支撑条件确定。当地下室层高不大，沿水平方向多数不是混凝土墙体支撑时，地下室外墙承载力计算可按竖向单向板，在楼板处按铰支座，与基础底板按固接。底板上下钢筋可伸至外墙外侧边，端部可不设弯钩，外墙外侧竖向钢筋在基础底板弯成直段，其长度按搭接长度与底板钢筋相连接（图4.2.4）。外墙裂缝计算应按偏心受压构件。

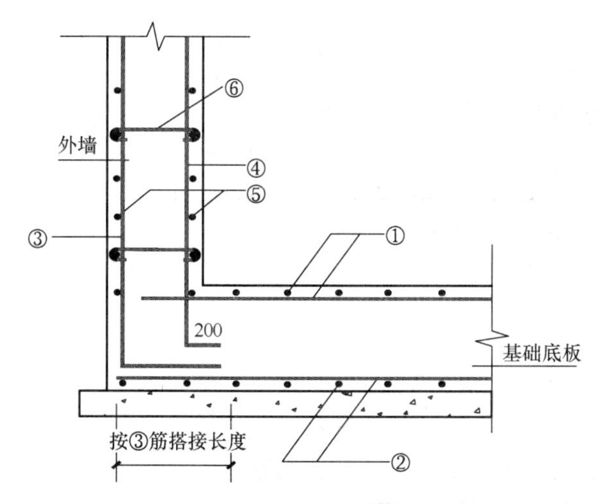

图 4.2.4　外墙竖向钢筋与底板连接构造
① 基础底板上部钢筋　② 基础底板下部钢筋
③ 外侧竖向分布钢筋　④ 内侧竖向分布钢筋
⑤ 水平分布钢筋　⑥ 拉结钢筋

【条文说明】地下室外墙在水平方向支承构件可能是墙或柱，间距可能不等，如果按实际情况计算外墙板，类型可能较多，如果支座是柱子，柱必须竖向计算在外墙水平荷载作用下弯曲组合的偏压计算。为了计算简单，外墙配筋统一，外墙在水平侧向荷载作用下按单向板计算，并在楼板处按铰支座，在与基础底板相交处按固接。

基础底板上部钢筋锚入外墙按构造大于等于5倍直径即可，没有必要按习惯和某些图集要求端部下弯，底板下部钢筋端部也可不沿外墙上弯，而外墙外侧竖向钢筋下端与底板下部钢筋按搭接长度搭接，即能满足外墙外侧竖向钢筋的锚固长度，与基础底板按固接，而底板在外墙端一般是按铰支座计算，按图4.2.4连接完全可满足构造要求，而且方便施工，节省人工。

无论有地上建筑或无地上建筑，地下室外墙除承受水平荷载外，均有竖向轴力存在，应按偏心受压构件计算，按纯弯计算混凝土裂缝宽度是不切实际的，造成计算结果裂缝超宽而增加钢筋。

【条文解析】本条提出了地下室外墙承载力计算的建议，并根据相关规范提出了配筋构造的具体要求。

4.2.5

【条文】地下室外墙的竖向和水平钢筋除按计算确定外，竖向分布钢筋的配筋率不宜小于0.3%，外墙厚度不大于600mm时，水平分布钢筋最小配筋率宜0.4%～0.5%，钢筋直径宜细，间距不大于150mm，且宜在竖向钢筋的外侧，内外侧水平钢筋拉结钢筋直径可6mm，间距不大于600mm梅花形布置，人防外墙时拉结钢筋间距不大于500mm。

【条文说明】现行行业标准《高层建筑混凝土结构技术规程》JGJ 3—2010第12.2.5条规定：高层建筑地下室外墙，其竖向和水平钢筋应双层双向布置，间距不宜大于150mm，配筋率不宜小于0.3%。许多工程的地下室外墙实际情况表明，由于混凝土养护比较困难，裂缝控制难度较大，除高层建筑以外的其他建筑的地下室外墙竖向钢筋配筋率均不宜小于0.3%，外墙厚度不大于600mm时，水平分布钢筋的配筋率还应适当增大，宜0.4%～0.5%，其直径宜细不宜粗，间距不大于150mm，并宜将水平分布钢筋布置在竖向钢筋的外侧。

【条文解析】本条根据相关规范提出了地下室外墙配筋的要求。

4.2.6

【条文】无地上房屋的地下车库，外墙不宜设附壁柱。当外墙设有附壁柱时，在附壁柱处沿竖向原有水平分布钢筋间距之间增加直径8mm、长度为柱每边伸出800mm的附加钢筋（图4.2.6）。

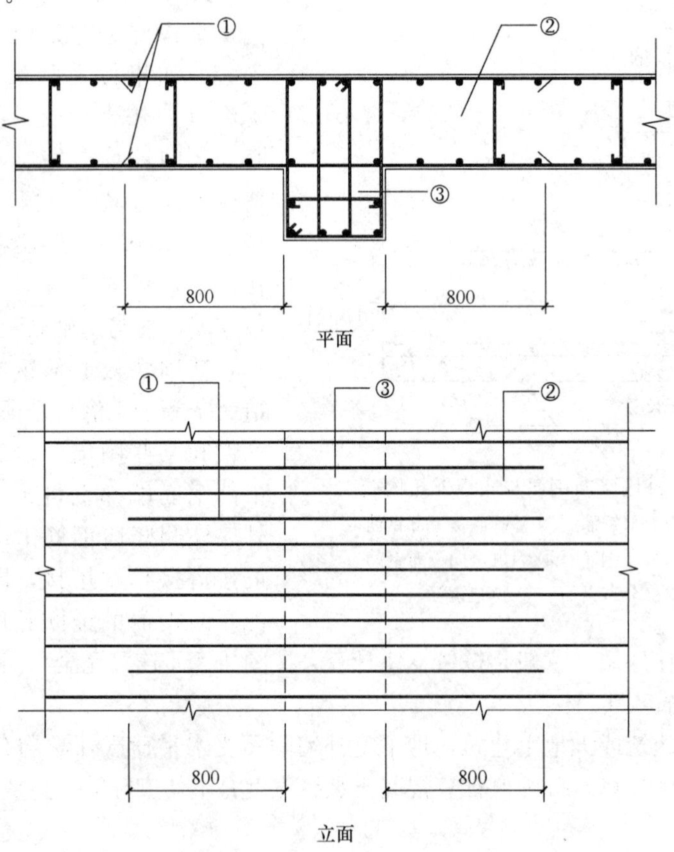

图4.2.6　外墙附壁柱旁附加钢筋

① 附加水平分布钢筋　② 外墙　③ 附壁柱

【条文说明】在地下室外墙的附壁柱处，实为外墙截面突变，最易产生竖向裂缝，不少工程就在这些部位出现此类裂缝。为了控制裂缝，实践表明在附壁柱两侧采取如图 4.2.6 所示必要的附加钢筋措施是有效的。无地上建筑的地下室外墙可以不设附壁柱，楼板的梁在外墙端可按铰支座，虽加大了梁的跨中配筋，但不再配附壁柱钢筋，总的钢筋用量反而节省。

【条文解析】本条根据工程经验，对于地下室外墙截面突变处，为防止竖向裂缝，提出了增加构造配筋的要求。

4.2.7

【条文】地下室外墙与基础底板交界处可不设置基础梁或暗梁，除上部为剪力墙外，地下室仅有一层时的外墙顶部宜配置两根直径不小于 20mm 的通长构造钢筋。

【条文说明】多层地下室的外墙具有极大的刚度和整体性，基础底板反力完全可以有效地与上部柱平衡；单层地下室外墙，当上部结构柱间距小于墙高度两倍时，则为刚性墙，基础底板反力如同多层地下室外墙与上部柱平衡，否则地下室外墙应按深梁考虑，但是均没有必要地下室外墙与基础底板交接部位设置地梁。当地下室仅为一层时，参照《高层建筑混凝土结构技术规程》JGJ 3—2010 第 12.3.22 条宜在墙顶部配置两根直径不小于 20mm 的通长构造钢筋。在多层地下室的外墙与楼板交接处不应设附加钢筋，更不应设暗梁。

【条文解析】本条根据工程经验，提出了不设基础梁或暗梁，以及一层地下室增加构造配筋的建议。

4.3 地下室楼板

4.3.1

【条文】地下室顶板作为上部结构嵌固部位时，地下一层与首层侧向刚度比不宜小于两倍，首层楼面距室外地面不大于地下一层层高的 1/3，且不大于 1.2m。

【条文说明】本条文依据高层建筑抗震嵌固要求，区分地上工程和地下工程。本规程的适用范围是地下工程，要求首层楼面距室外地面不大于地下一层层高的 1/3，且不大于 1.2m。地上工程也可参考本规程设计与施工。

【条文解析】本条提出了为保证地下结构嵌固作用，地下一层埋深不宜过小的要求。

4.3.2

【条文】有多于一层地下室的建筑，地下室一层顶板不满足上述嵌固条件时，如上部为剪力墙结构，可将地下二层顶板作为上部结构的嵌固部位。

【条文说明】作为上部结构嵌固部位的地下室顶板必备条件在《建筑抗震设计规范》GB 50011—2010 和《高层建筑混凝土结构技术规程》JGJ 3—2010 等标准中均有规定，上部结构的嵌固部位的侧向位移应趋于零，因此，除地下一层侧向刚度与地上一层侧向刚度比值应满足有关规定以外，地下室顶板距室外地面不能太高，在《全国民用建筑工程设计技术措施（结构地基与基础）2009》第 5.8.2 条第 4 款中也有规定。当地下二层顶板当作上部结构的嵌固部位时，楼盖应采用梁板式结构，楼板厚度不应小于 160mm。

【条文解析】本条与上一条相关联，提出了嵌固的计算原则。

4.3.3

【条文】作为嵌固部位的地下室楼盖，应采用梁板式结构。地下一层结构侧向刚度大于首层结构侧向刚度的3倍时，嵌固部位的地下室顶板可采用无梁楼盖。地下室多于一层时，上部结构嵌固部位楼盖采用梁板式结构外，其他层顶板可采用无梁楼盖。地下室楼盖混凝土强度等级不应大于C35。

【条文说明】作为上部结构的嵌固部位，为平衡上部柱下端弯矩，楼盖采用梁板式是合理的，为此，《高层建筑混凝土结构技术规程》JGJ 3—2010第3.6.3条有此规定。《北京市建筑设计技术细则—结构专业》第5.2.1条第4款3）规定，如地下室结构的楼层侧向刚度不小于相邻上部楼层侧向刚度的3倍时，地下室顶板也可采用现浇板柱结构（但应设置托板或柱帽）。当有多层地下室时，除嵌固部位的楼盖采用梁板式外，其他层楼盖可采用无梁楼盖，这样有利减小层高和基础埋置深度，可节省工程综合造价。为控制裂缝，地下室楼盖的混凝土强度等级不宜太高，一般不应大于C35；当强度等级大于C35时，可采用60d强度。

【条文解析】本条对于作为上部结构嵌固部位的地下室楼盖结构形式提出了要求。

5 材料、配合比、制备及运输

5.1 一般规定

5.1.1

【条文】跳仓法施工混凝土配合比的设计除应符合工程设计所规定的强度等级、耐久性、抗渗性、体积稳定性等要求外，尚应符合大体积混凝土施工工艺特性的要求，并应符合合理使用材料、减少水泥用量、降低混凝土绝热温升值的要求。

【条文解析】本条提出了跳仓法施工混凝土配合比设计的基本要求。

5.1.2

【条文】跳仓法施工混凝土可利用混凝土的后期强度，应根据设计图纸按 60d 或 90d 强度等级评定。

【条文说明】本条文考虑到大体积混凝土的施工及建设周期一般较长的特点，在保证混凝土有足够强度满足使用要求的前提下，规定了大体积混凝土采用 60d 或 90d 的后期强度，这样可以减少大体积混凝土中的水泥用量，提高掺合料的用量，以降低大体积混凝土的水化温升。同时可以使浇筑后的混凝土内外温差减小，降温速度控制的难度降低，并进一步降低养护费用。

【条文解析】本条提出利用混凝土 60d 或 90d 强度的建议，对于超长大体积混凝土跳仓法施工提供有利的条件。

5.1.3

【条文】跳仓法施工超长大体积混凝土，不应掺加膨胀剂和膨胀剂类外加剂。

【条文说明】本条规定不应掺加膨胀剂的理由如下：

1. 掺微膨胀剂补偿收缩混凝土需要饱和水养护 14d，否则很难达到控制裂缝的目的。大量工程实践表明，一旦养护条件不满足要求，混凝土的收缩将会比不加微膨胀剂的混凝土收缩大很多，甚至产生贯穿裂缝。目前，大量跳仓法施工工程实践证明，不掺加微膨胀剂的混凝土，能控制工程不产生有害裂缝．

2. 掺膨胀剂类外加剂存在“延迟膨胀”的风险和“过量膨胀”的危害。混凝土的早期塑性收缩在先，与膨胀剂的线膨胀不同步，中国建材院赵顺增教授认为：混凝土强度 5～10MPa是膨胀的最佳发展期，并将其定义为“有效膨胀窗口”。混凝土在塑性阶段生成钙矾石不会产生膨胀，待有一定强度时再膨胀会造成混凝土裂缝。控制有效膨胀窗口的技术难度很大，如果掺量不准确，会出现过量膨胀，尤其是混凝土先期水分不足、后期遇到潮湿环境后再膨胀造成混凝土开裂。

2013 年，武汉某表演水池工程，C40 混凝土掺膨胀剂补偿收缩，混凝土水池 40m×60m、壁厚 10m，钻芯取样中，30％带有原状可见裂缝，开裂共 126 处。

2015～2016 年，西北地区某工程，超长大体积 C60 混凝土剪力墙，掺 3 种膨胀抗裂剂，其结果没有取得补偿收缩效果，反而出现更多的严重收缩裂缝 1259 条，裂缝长度 2～5m，裂缝宽度 0.3～0.5mm，多处裂缝贯穿全墙厚度。经专家论证，裂缝系收缩应力引起，最后采取高压环氧深层注浆处理，再钻芯取样试验，满足抗震9度受力要求。

2016年1月30日，武汉某大医院工程，大体积混凝土框架结构，混凝土掺纤维膨胀抗裂剂，却产生大量收缩裂缝。

日本、美国及我国中央电视台工程都做过掺膨胀剂，在自然养护条件下，对混凝土的收缩不能起到补偿收缩作用，甚至产生更大的收缩落差。

【条文解析】本条提出了在跳仓法施工中不应掺加膨胀剂和膨胀剂类外加剂的要求。许多工程实践证明，多数工程无法满足试验室泡水养护的条件，膨胀剂无法发挥作用甚至会起到副作用，为避免不必要的经济支出和裂缝产生，本规程特别制定此条规定。

5.1.4

【条文】跳仓法施工混凝土的制备和运输，应根据预拌混凝土运输距离、运输设备、供应能力、材料批次、环境温度等调整预拌混凝土的有关参数。

【条文解析】本条提出了根据实际情况调整预拌混凝土的有关参数的要求。

5.2 原材料

5.2.1

【条文】配制超长大体积混凝土结构的混凝土所用水泥的选择及其质量，应符合下列规定：

1 所用水泥应符合现行国家标准《硅酸盐水泥、普通硅酸盐水泥》GB 175的有关规定，当采用其他品种时，其性能指标必须符合国家现行有关标准的规定；

2 选用中热或低热的水泥品种，在配制混凝土配合比时尽量减少水泥的用量，宜控制在220～300kg/m^3，选用保水性好、泌水小、干缩小的水泥，优先选用矿渣硅酸盐水泥；

3 当混凝土有抗渗指标要求时，所用水泥的铝酸三钙含量不宜大于8%；

4 所用水泥在预拌混凝土生产单位的使用温度不应大于60℃，水泥3天水化热宜小于240kJ/kg，7d的水化热宜小于270kJ/kg。

【条文说明】为在大体积混凝土施工中降低混凝土因水泥水化热引起的温升，达到降低温度应力和保温养护费用的目的，本条文根据目前国内水泥水化热的统计数据和多个大型重点工程的成功经验，以及美国《大体积混凝土》ACI 207.1R-96中的相关规定，将原《块体基础大体积混凝土施工技术规程》YBJ 224—91中的“大体积混凝土施工时所用水泥其7d水化热应小于250kJ/kg”修订为“大体积混凝土施工时所用水泥其3d水化热宜小于240kJ/kg，7d水化热宜小于270kJ/kg”，同时规定了水泥中的铝酸三钙（C_3A）含量小于8%。

当使用了3d水化热大于240kJ/kg，7d水化热大于270kJ/kg或抗渗要求高的混凝土，其水泥中的铝酸三钙（C_3A）含量高于8%时，在混凝土配合比设计时应根据温控施工的要求及抗渗能力要采取适当措施调整。

【条文解析】本条提出了配制超长大体积混凝土结构混凝土所用水泥的质量要求。

5.2.2

【条文】预拌混凝土生产单位在水泥进场时应对水泥品种、强度等级、包装或散装仓号、出厂日期等进行检查，并应对其强度、安定性、凝结时间、水化热等性能指标及其他必要的性能指标进行复检，并向施工单位提供检测报告。

【条文说明】据调研，在供应大体积混凝土工程用混凝土时，大多数预拌混凝土生产单位对进站的水泥品种、强度等级、包装或散装型号、出厂日期等进行检查，并对其强度、安定性、凝结时间、水化热等性能指标进行复查。但也有相当数量的预拌混凝土生产单位并未及时复检，或复检的性能指标不全，直接影响大体积混凝土工程质量，造成了严重的后果，直接造成国家财产损失并威胁人身安全。因此，将此条专门列出是十分必要的。

【条文解析】本条提出了预拌混凝土生产单位应对水泥进行性能指标试验的要求。预拌混凝土生产单位试验室已经取消了资质管理，但其试验能力很重要，承担着保证混凝土质量的责任。

5.2.3

【条文】材料的选择，除应符合国家现行标准《普通混凝土用砂、石质量及检验方法标准》JGJ 52 的有关规定外，尚应符合下列规定：

1 选用天然或机制中粗砂，级配良好，其细度模数在 2.3～3.0 的中粗砂，含泥量（重量比）不应大于 3%，泥块含量（重量比）不应大于 1%；

2 选用质地坚硬，连续级配，不含杂质的非碱活性碎石。石子粒径，地下室底板、内外墙梁板、地下室梁板宜选用 5～31.5mm。石子含泥量（重量比）不应大于 1%，泥块含量（重量比）不应大于 0.5%，针片状颗粒含量不应大于 8%；

3 宜采用Ⅱ级粉煤灰，减少水泥用量，降低水化热，减缓早强速率，减少混凝土早期裂缝。掺量为胶凝料总量的 20%～40%；

4 选用高效减水剂，优先选用聚羧酸减水剂，不宜掺加早强型减水剂；

5 使用自来水或符合国家现行标准的地下水，用量不宜超过 170kg/m^3。

【条文说明】本条文规定了超长大体积混凝土结构所使用的骨料应采用非活性骨料，但如使用了无法判定是否是碱活性骨料或有碱活性的骨料时，应采用现行国家标准《通用硅酸盐水泥》GB175 等水泥标准规定的低碱水泥，并按照该标准表 1 控制混凝土的碱含量；也可采用抑制碱骨料反应的其他措施。粉煤灰的掺量是：梁板 20%～30%，底板 30%～40%。

本条文材料选择只列出了粉煤灰，未列矿粉，理由如下：

1. 粉煤灰在拌制混凝土时有三种效应并产生三种势能，包括形态效应产生的减水势能、火山灰活性效应造成的反应势能、微骨料效应造成的致密势能。与基准混凝土相比，掺加粉煤灰可以改善混凝土拌合物的和易性，减少混凝土的泌水性。此外，掺有粉煤灰的混凝土具有较小的弹性模量，且能减小混凝土水化热，延缓大体积混凝土水化热峰值的出现，使得最终由温度引起的约束力变小。正是由于粉煤灰掺合料的这一特点，使其广泛应用于泵送混凝土，来改善混凝土的可泵性和抗裂性，防止骨料的离析。但是，粉煤灰会降低混凝土早期的极限抗拉强度。所以，粉煤灰对于混凝土的抗裂存在一个最优掺量。掺有粉煤灰的混凝土试验得知，抗裂性较基准混凝土有明显的改善，但对粉煤灰掺量较高的混凝土应加强养护或采用两次抹面。

2. 矿渣粉和优质超细矿渣粉活性均高于粉煤灰，且需水量较低，改善了絮凝情况，改善料均匀性，但其水化反应较粉煤灰快，提高了早期弹性模量，并且产生胶凝量较大，对开裂较为敏感，增大了混凝土收缩开裂趋势，细度较大的超细矿粉表现更甚。掺矿渣粉对混凝土较掺粉煤灰对混凝土抗裂性能低。掺普通矿渣粉还易产生泌水，措施不当易产生表面裂缝。

本规程不主张掺加矿粉，如果必要掺加时，可控制掺量为粉煤灰的 1/3。

【条文解析】本条提出了混凝土生产中所用砂、石、水、减水剂、粉煤灰等材料的要求。

5.3 配合比设计

5.3.1

【条文】大体积混凝土结构配合比设计，除应符合国家标准《普通混凝土配合比设计规范》JGJ 55 外，尚应符合下列规定：

1 采用混凝土 60d 或 90d 强度作指标时，应将其作为混凝土配合比的设计依据；

2 底板及地下室抗渗防裂要求较高，在配合比设计时，既应满足强度要求，也应重点满足抗渗要求，还需考虑温升控制，降低水化热，控制温度裂缝的产生；

3 最大水胶比和最小水泥用量应符合国家标准《普通混凝土配合比设计规范》JGJ 55 的相关要求。

【条文解析】本条提出了采用跳仓法的大体积混凝土配合比设计的要求。

5.3.2

【条文】超长大体积混凝土配制强度等级不得超出设计强度的 30%，并应符合下列规定：

1 确定配制强度应重视标准差的合理性。配制强度用下式计算：

$$\xi_{配} \geqslant \xi_{等} + t\sigma\left[\xi_{cu,0} \geqslant \xi_{cu,k} + t\sigma\right]$$

式中 $\xi_{配}$，$[\xi_{cu,0}]$ ——配制强度，MPa；

$\xi_{等}$，$[\xi_{cu,k}]$ ——混凝土抗压强度等级，MPa；

σ——标准差，MPa；

t——系数，与合格概率相对应。

当没有近期的同品种混凝土强度资料时，其混凝土强度标准差 σ 可按表 5.3.2-1、表 5.3.2-2 取用。

表 5.3.2-1 标准差 σ 参考值表

抗压强度等级	≤C20	C25～C35	≥C40
标准差（MPa）	3.5	4.0	5.0

表 5.3.2-2 t 值参考值表

t 值	1.645	1.75	1.88	2.05	2.33
合格概率（%）	95	96	97	98	99

注：t 值取 1.645，保证率 95%，不宜任意提高。

2 确定水胶比、用水量、坍落度：

水胶比：依据《普通混凝土配合比设计规范》JGJ 55，依据混凝土供应厂家多年积累数据，参照鲍罗米公式，确定水胶比。建议值：0.40～0.45。

用水量：采用高效减水剂，用水量不应大于 170kg/m³。

实测坍落度：120～160mm。

3 砂率宜控制在 31%～42%，见表 5.3.2-3：

表 5.3.2-3 砂率控制表（%）

碎石最大粒径（mm）	胶凝材料总量（kg/m³）			
	250	300	350	400
20	38～42	36～40	34～38	32～36
31.5	37～41	35～39	33～37	31～35

4 粗骨料用量不应低于 1050kg/m³。

【条文说明】历来各个规范只对低于图纸强度的下限有规定，不设超强度上限，混凝土实际强度等级大幅超过设计强度等级是混凝土易出现裂缝的原因之一。

本规程规定设置上限不应超过 30%，引起相关单位的重视。

混凝土的收缩除了由于混凝土配合比的不当及养护不足之外，大量资料证明，骨灰比和骨料用量的选择对裂缝数量有直接影响。水泥是水化热产生的原因，也是混凝土收缩的主要原因，粗骨料在一定程度上约束了水泥浆的收缩，又能吸收部分水化热。控制水泥用量过多，与控制粗骨料用量过少都是控制混凝土裂缝的有效措施。以往单纯用砂率控制砂石比例，现今量化到最少粗骨料用量，是混凝土配合比管理细化的要求。控制混凝土裂缝应重视混凝土单方骨料的数量，而且尽量不采用中、小粒径的粗骨料。

C40 以下混凝土实测坍落度上下限分别为 120mm、160mm。

【条文解析】本条规定了配合比设计的具体要求。

5.3.3

【条文】在确定混凝土配合比时，应根据混凝土的绝热温升、温控施工方案的要求等，提出混凝土制备时粗细骨料和拌合用水及入模温度控制的技术措施。

【条文解析】本条提出了对于配合比设计中技术措施的要求。

5.4 制备及运输

5.4.1

【条文】施工单位与预拌混凝土生产厂家需签订混凝土采购合同，合同中必须有符合本规程的技术标准，报工程监理（或建设单位）备查。

【条文解析】按照《北京市建设工程质量条例》，预拌混凝土生产厂家要按照分包单位进行管理，应符合相应的管理规定和要求。

5.4.2

【条文】混凝土的制备量与运输能力满足混凝土浇筑工艺的要求，并应选用具有生产资质的预拌混凝土生产厂家，其质量应符合国家现行标准《预拌混凝土规范》GB/T 14902 的有关规定，并应满足施工工艺对坍落度损失、入模坍落度、入模温度等的技术要求。

【条文解析】本条提出了预拌混凝土质量的原则要求。

5.4.3

【条文】多厂家制备预拌混凝土的工程，应符合原材料、配合比、材料计量等级相同，以及制备工艺和质量检验水平基本相同的原则。

【条文解析】本条提出了有多家预拌混凝土生产厂家供应混凝土时，其质量应稳定、均一的要求。

5.4.4

【条文】混凝土拌合物的运输应采用混凝土搅拌运输车，运输车应具有防风、防晒、防雨和防寒设施。

【条文解析】本条提出了对于混凝土搅拌运输车的要求。

5.4.5

【条文】搅拌运输车在装料前应将罐内的积水排净。

【条文解析】本条提出了对于混凝土搅拌运输车应排空积水，以保证不改变配合比，保证混凝土拌合物质量的要求。

5.4.6

【条文】搅拌运输车的数量应满足混凝土浇筑的工艺要求。

【条文解析】本条提出了搅拌运输车数量应满足连续浇筑需要的要求。

5.4.7

【条文】预拌混凝土搅拌运输车单程运送时间，应符合国家现行标准《预拌混凝土》GB/T 14902 的有关规定。

【条文解析】本条提出了混凝土搅拌运输车单程运送时间的要求。

5.4.8

【条文】搅拌运输过程中需补充外加剂或调整拌合物质量时，宜符合下列规定：

1 当运输过程中出现离析或使用外加剂进行调整时，搅拌运输车应进行快速搅拌，搅拌时间应不小于 120s；

2 运输过程中严禁向拌合物中加水。

【条文解析】本条提出了搅拌运输过程中需补充外加剂或调整拌合物质量时的规定。

5.4.9

【条文】运输过程中，坍落度损失或离析严重，经补充外加剂或快速搅拌已无法恢复混凝土拌和物的工艺性能时，不得浇筑入模。

【条文解析】本条对于运输过程中坍落度损失或离析严重，经补充外加剂或快速搅拌已无法恢复混凝土拌合物的工艺性能时，提出不得浇筑，需返厂处理或废弃处理的要求。

6 混凝土施工

6.1 一般规定

6.1.1

【条文】施工方案应符合相关规定，技术措施、施工方法应具体、全面，能够指导施工作业。

【条文说明】鉴于超长大体积混凝土结构的重要性，“跳仓法”施工方案需经施工单位技术负责人审批，报总监理工程师备案并核查落实情况。

施工方案应符合相关规定，技术措施、施工方法应具体全面，条文要求按三个施工部位编写并绘分仓图。①基础筏板见第6.1.2条；②地下室内外墙见第4.2.2条；③地下室顶板见第6.1.3条。三条施工缝可以不在同一垂直线上。目前一些方案只编基础筏板部分是不符合本条规定的“具体全面”规定的。

【条文解析】超长大体积混凝土结构跳仓法施工应编制施工方案，本条对于施工方案编制提出了原则性要求。

6.1.2

【条文】基础筏板采用跳仓法施工时应符合下列规定：

1 根据基础筏板面积大小沿纵向和横向分仓，仓格间距宜不大于40m，并进行编号（图6.1.2）；

2 如果分仓超过40m，应通过温度收缩应力计算后合理确定尺寸。具体计算可按附录A、附录B进行。

【条文说明】由于基础底板及地下室梁结构在约束条件特点与地下室内外墙不同，要求分仓技术措施分开编写。

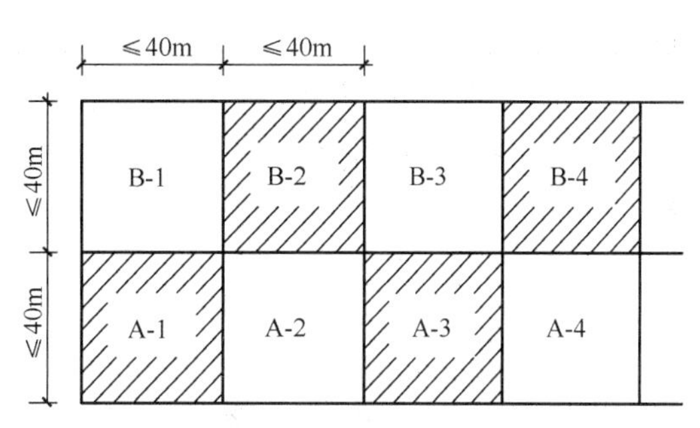

图6.1.2 跳仓平面布置示意图

【条文解析】本条对于筏板基础采用跳仓法施工的分仓提出了原则性要求。

6.1.3

【条文】地下室顶板采用跳仓法施工时应符合下列规定：

1 平面的纵向和横向分为宜不大于40m的仓格，并进行编号，各层顶板分仓与基础底板分仓不必在同跨内；

2 地下室结构外墙应及时回填土，地下车库顶板上部也应及时回填土覆盖，地下室外墙高出室外地面部分应及时完成保温隔热做法。在冬期到来前地下室顶板上部尚未完成建筑装修时，地下室顶板上方应采取保温措施。

【条文说明】地下室顶板采用跳仓法施工，有关分仓、混凝土浇筑等的规定与基础底板相似，但是混凝土浇筑后的养护工作更为重要。

地下室外墙及地下车库顶板在完成防水施工后及时回填和覆盖土是非常重要的，地下室顶板采用跳仓法施工时，对有关构件做好保温隔热措施是必备的条件，否则难以控制施工期间混凝土出现裂缝。

【条文解析】本条对于地下室顶板采用跳仓法施工提出了相关要求。

6.1.4

【条文】超长大体积混凝土结构跳仓法施工方案，除应符合北京市相关规定外，还应包括下列内容：

1 超长大体积混凝土结构跳仓法施工温度应力和收缩应力的计算；

2 超长大体积混凝土结构跳仓仓格长度的确定；

3 施工阶段温控措施；

4 原材料优选、配合比设计、制备与运输；

5 混凝土主要施工设备和现场总平面布置；

6 温控监测设备和测试布置图；

7 混凝土浇筑顺序和施工进度计划；

8 混凝土保温和保湿养护方法；

9 主要应急保障措施（交通堵塞、不利气候条件下等）；

10 特殊部位和特殊气候条件下的施工措施。

【条文解析】本条规定了超长大体积混凝土结构跳仓法施工方案所应包含的内容，供施工单位编制施工方案时参考。

6.1.5

【条文】底板与外墙、底板与底板施工缝应采取钢板防水措施，施工缝处采用 $\phi6$ 双向方格（80mm×80mm）骨架，用 20 目/cm^2 钢纱网封堵混凝土。设止水钢板时，骨架及钢板网上、下断开，保持止水钢板的连续贯通。底板与外墙施工缝做法详见图 4.2.3，底板留施工缝详见图 6.1.5。

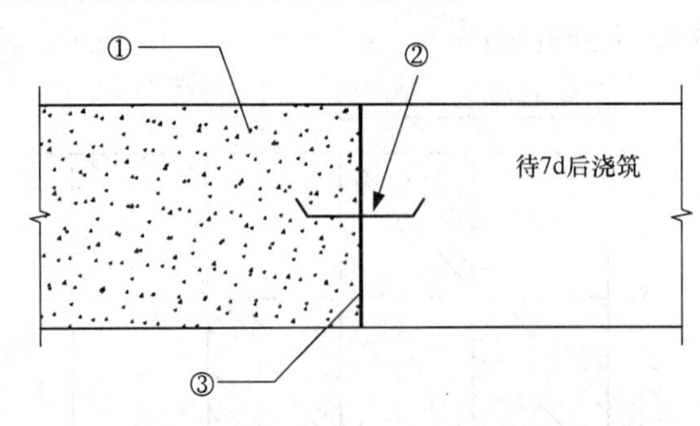

图 6.1.5　基础底板施工缝

① 已浇筑混凝土　② 止水钢板必须上翘　③ $\phi6$ 或 $\phi8$ 钢筋骨架，先浇侧绑扎 20 目钢丝网

【条文说明】本规程不推荐“快易收口网”，也不禁止“缓迟型膨胀橡胶条”，但必须使用在高于上层滞水水位以上。

【条文解析】本条规定了底板与外墙、底板与底板施工缝处采取钢板防水措施的推荐做法，其中底板与底板施工缝处止水钢板应开口向上，以保证混凝土振捣过程中气泡能够顺利排出。

6.2　施工技术准备

6.2.1

【条文】大体积混凝土结构跳仓法施工前应进行图纸会审，提出施工阶段的综合抗裂措施，制定关键部位的施工作业指导书，对预拌混凝土厂家提出技术要求，并进行专项技术交底。

【条文说明】预拌混凝土连续供应是超长大体积混凝土结构施工前一项重要的技术准备工作，应选用实力强、信誉好、管理水平高的预拌混凝土生产单位，并签订合同文件。同时可以要求预拌混凝土生产单位报送有针对性的技术保证文件。

【条文解析】本条规定了采用跳仓法施工前，图纸会审、专项技术交底等要求。

6.2.2

【条文】超长大体积混凝土结构跳仓法施工应在混凝土的模板和支架、钢筋工程、预埋管件等工作完成并验收合格后方可进行混凝土施工。

【条文说明】本条规定无论从工程质量还是从施工安全的角度看都是十分必要的。边调整钢筋或电管，边浇筑混凝土，或边加固模板边浇筑混凝土，不仅不能保证工程质量，更是重大安全事故的重要原因。全部隐蔽部分的部分不完成书面验收签认不得进行混凝土的浇筑应当成为不可动摇的规矩。

【条文解析】本条规定了跳仓法施工应在混凝土的模板和支架、钢筋工程、预埋管件等工作完成并验收合格后方可进行，特别是模板和支架应保证整体稳定性，保证混凝土浇筑施工安全。

6.2.3

【条文】施工现场设施应按施工总平面布置图的要求按时完成并标明地泵或布料车位置，场区内道路应坚实平坦通畅，并制定场外交通临时疏导方案。

【条文说明】为了超长大体积混凝土结构的顺利浇筑，平面运输布置图要求按地下工程、地上工程分阶段绘制，分阶段实施。

【条文解析】本条规定施工总平面布置图和场内交通组织的要求。

6.2.4

【条文】施工现场的供水、供电应满足混凝土连续施工的需要，当有断电可能时，应有双路供电或自备电源等措施。

【条文说明】本条目的是实现混凝土浇筑的连续性。

【条文解析】本条规定了保证混凝土连续浇筑对于电源的要求。

6.2.5

【条文】跳仓施工混凝土的供应能力应满足连续浇筑的需要，制定防止出现“冷缝”的措施。

【条文说明】本条首先是强调，制定防止出现“冷缝”的措施，其次还应制定“冷缝”的处理措施。

【条文解析】本条规定了混凝土连续浇筑和防止冷缝的要求。

6.2.6

【条文】用于超长大体积混凝土结构跳仓施工的设备，在浇筑混凝土前应进行全面的检修和试运转，其性能和数量应满足大体积混凝土连续浇筑的需要。

【条文说明】认真实施设备检修和试运转后应留下可追溯记录。制定此条目的是满足大体积混凝土的连续浇筑保证在一个“仓”内不出现“冷缝”。

【条文解析】本条规定了对于施工设备检查的要求。

6.2.7

【条文】混凝土的测温监控设备宜按本规程的有关规定配置和布设，标定调试应正常，保温用材料应齐备，并应派专人负责测温作业管理。

【条文说明】条文中"应派专人负责测温作业管理"是落实测温方案的重要手段，不仅要有测温记录，还有综合分析以及对温差超标准的处理建议。

【条文解析】本条规定了测温的要求。

6.2.8

【条文】超长大体积混凝土结构跳仓施工前，应对工人进行专业培训，并应逐级进行技术交底，同时应建立严格的岗位责任制和交接班制度。

【条文说明】培训要有考核记录，岗位责任制要有书面文字，交接班要有书面签认。

【条文解析】本条规定了工人培训和技术交底等相关要求。

6.3 模板工程

6.3.1

【条文】模板及支架应根据施工过程中的各种工况进行设计，应具有足够的承载力和刚度。支架系统在安装、使用和拆除过程中，必须采取防倒塌防倾覆的措施，保证整体的稳定性。

【条文说明】本条是模板工程的重要工作内容，应认真落实。

【条文解析】本条对于模板支撑系统提出原则性要求。

6.3.2

【条文】模板及支架的变形验算应符合下式规定：

$$\alpha_{fG} \leqslant \alpha_{f,lim}$$

α_{fG}——按永久荷载标准值计算的构件变形值；

$\alpha_{f,lim}$——按本规程规定的构件变形限值；

1 结构表面外露的模板，其挠度限值宜取模板构件计算跨度的 1/400；

2 结构表面隐蔽的模板，其挠度值宜取模板构件计算跨度的 1/250；

3 支架轴向压缩变形限值或侧向挠度限值，宜取计算高度或计算跨度的 1/1000。

【条文说明】本条给出模板和支架系统在变形验算时的基本规定，与现行国家标准《混凝土结构工程施工规范》GB 50666—2011 第 4.3.8 条一致。

【条文解析】本条按照相关国家标准对模板及支架的变形验算作出了相应规定。

6.3.3

【条文】竖向结构模板与水平结构模板应分别支设。竖向结构（墙、柱）的混凝土拆模强度应达到 1.2MPa，且要保证构件棱角完整无破坏。

【条文说明】如竖向结构模板与水平结构模板同时支拆，混凝土同步浇筑，因竖向结构与水平结构的混凝土厚度差异大，在两者结合部位容易出现因混凝土早期塑性收缩差异而产生的裂缝，因此，提倡竖向结构模板与水平结构模板分别支拆，混凝土分别浇筑。

【条文解析】本条对于拆模提出了原则性要求。

6.3.4

【条文】超长大体积混凝土结构跳仓施工的拆模时间，应满足国家现行有关标准对混凝土的强度要求，混凝土浇筑体表面以下 50mm 与大气温差不应大于 20℃；当模板作为保温养护措施的一部分时，其拆模时间应根据本规程规定的温控要求确定。

【条文说明】拆模要依据相应的规范，且应满足混凝土表面与大气温差要求。

【条文解析】本条对于拆模时间提出了原则性要求。

6.4 混凝土浇筑

6.4.1

【条文】超长大体积混凝土结构底板与梁板混凝土的浇筑顺序应分仓进行，相邻仓的浇筑间隔时间不应少于 7 天。

【条文说明】本条文主要说明超长大体积混凝土结构底板与梁板混凝土的浇筑顺序，举例示意如何按“开放仓”A 仓，与“封闭仓”B、C 仓的方式分仓进行。参考如图 1-6-1 所示。

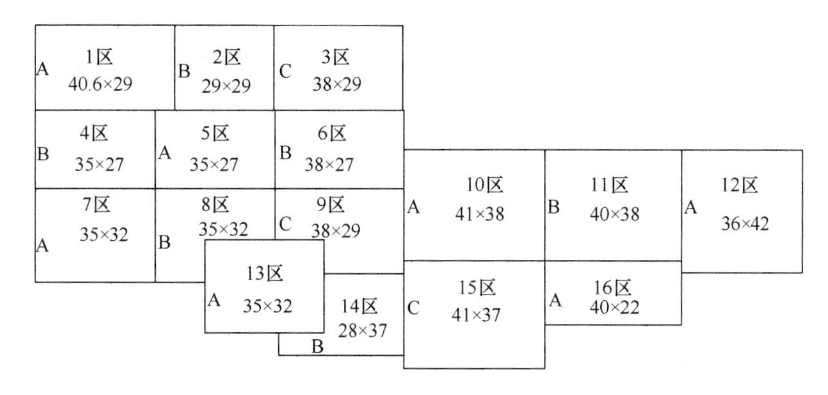

图 1-6-1 跳仓施工分仓示意图（某工程底板分仓实例）

首先浇筑（开放仓 A）1 区、5 区、7 区、10 区、12 区、13 区、16 区；

二次浇筑（封闭仓 B）2 区、4 区、6 区、8 区、11 区、14 区；

三次浇筑（封闭仓 C）3 区、9 区、15 区

本条只表述了基础底板和楼层梁板部分，内外墙见结构设计第 4.2.2 条。跳仓间隔时间均不少于 7d，分格尺寸外墙部分不应大于 40m。

【条文解析】本条对于分仓进行了原则性规定，并规定相邻仓的浇筑间隔时间不应少于 7d。

6.4.2

【条文】超长大体积混凝土结构跳仓施工的浇筑工艺应符合下列规定：

1 对于大型基础底板或整个设备基础，一般其高度 $h=1\text{m}\sim2\text{m}$ 以上，采用分层（500mm 为一层）振捣，一次完成高度、大推进的办法，坡度为 1∶6～1∶7；

2 混凝土的浇筑法为分层布料、分层振捣、斜坡推进法施工（见图 6.4.2）；

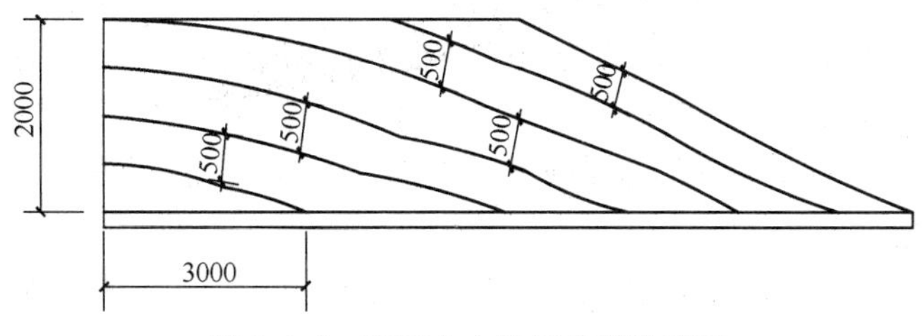

图 6.4.2 混凝土大斜坡推进法施工

3　在浇筑基础底板时，应防止在振动中产生泌水。混凝土表面的水泥浆应分散开，在初凝之前可用木抹子进行二次压实；

4　每步错开不小于3m为宜，振捣时布设3道振捣点，分别设在混凝土的坡脚，坡道中间和表面。振捣必须充分，每个点振捣时间控制在10s左右并及时排除泌水；

5　基础底板及楼板混凝土表面的抹压不少于3遍。

【条文说明】本条强调超长大体积混凝土结构跳仓施工的浇筑工艺应符合下列规定：

1. 大型基础底板或整个设备基础混凝土的浇筑法应采用大斜坡推进法施工，大推进坡度为1∶6～1∶7。

2. 要求排除泌水，由于采用一次推进大斜坡浇筑法施工，泌水沿斜面流到坑底，再用机械或人工清出；且要求混凝土表面的水泥浆应分散开，在初凝之前可用木抹子进行两次压实。

【条文解析】本条规定了超长大体积混凝土结构跳仓施工的浇筑工艺要求。

6.4.3

【条文】浇筑过程中，应采取措施防止受力钢筋、定位筋、预埋件等移位和变形，并及时清除混凝土表面的泌水。

【条文解析】本条规定了浇筑过程中保证钢筋和预埋件等位置、及时清除混凝土表面泌水的要求。

6.4.4

【条文】浇筑面应及时进行二次抹压处理，楼板表面严禁掸水扫毛工艺。

【条文说明】本条强调超长大体积混凝土结构跳仓施工浇筑面应及时进行多次抹压处理，楼板表面严禁掸水扫毛工艺，并建议采取机械抹压工艺。

【条文解析】本条规定了二次抹压的要求。

6.5　混凝土养护

6.5.1

【条文】跳仓施工的超长大体积混凝土结构，在混凝土浇筑完毕初凝前，宜立即喷雾养护。

【条文说明】跳仓施工的超长大体积混凝土结构，在混凝土浇筑完毕初凝后，宜立即喷雾养护。

【条文解析】本条规定了混凝土养护开始时间的要求。

6.5.2

【条文】混凝土浇筑完毕后，除应按普通混凝土进行常规养护外，尚应按温控技术措施的要求进行保温养护，并应符合下列规定：

1　应专人负责保温养护工作，并应按本规程的有关规定操作，同时应做好测试记录；

2　保湿养护的持续时间不得少于14d；（尤其是立墙部位）

3　保温覆盖层的去除应分层逐步进行，当混凝土的表面温度与环境最大温差小于20℃时，可全部去除。

【条文说明】第2款可采用喷雾、塑料薄膜或养护剂养护，应经常检查养护情况，保持混凝土表面湿度。建议把落实主墙的养护措施作为控制重点。

【条文解析】本条提出了混凝土控温养护的要求。

6.5.3

【条文】在保温养护过程中，应对混凝土浇筑体的里表温差和降温速率进行现场监测，当实测结果不满足温控指标的要求时，应调整保温养护措施。

【条文说明】麻袋、阻燃保温被等可作为保温材料覆盖混凝土和模板，必要时，可搭设挡风保温棚或遮阳降温棚。

【条文解析】本条规定了测温和调整保温养护措施的要求。

6.5.4

【条文】跳仓施工的超长大体积混凝土结构拆模后，地下结构应及时进行防水施工和回填土；地上结构应尽早进行装修，不宜长期暴露在自然环境中。

【条文说明】地下室外墙未及时回填土，车库顶板长期暴露，成为目前出现混凝土裂缝的重要原因，是必须引起高度重视的防范措施。

【条文解析】本条规定了拆模后及时开展后续工序的原则性要求。

6.6 特殊气候条件下的施工

6.6.1

【条文】超长大体积混凝土结构跳仓施工遇炎热、冬期、大风或者雨雪天气时，必须采用保证混凝土浇筑质量的技术措施。

【条文解析】本条规定了哪些气候条件下跳仓法施工必须采取技术措施。

6.6.2

【条文】炎热天气浇筑混凝土时，宜采用遮盖、洒水、拌冰屑等降低混凝土原材料温度的措施，混凝土入模温度宜控制在30℃以下。混凝土浇筑后，应进行保湿养护；宜避开高温时段浇筑混凝土。

【条文解析】本条规定了炎热天气浇筑混凝土时应采取的技术措施。

6.6.3

【条文】冬期浇筑混凝土，混凝土入模温度不应低于5℃。混凝土浇筑后，应进行保湿保温养护。

【条文解析】本条规定了冬期浇筑混凝土时应采取的技术措施。

6.6.4

【条文】大风天气浇筑混凝土，在作业面应采取挡风措施，并增加混凝土表面的抹压次数，应覆盖塑料薄膜和保温材料。

【条文解析】本条规定了大风天气浇筑混凝土时应采取的技术措施。

6.6.5

【条文】雨雪天不宜露天浇筑混凝土，当需施工时，应采取确保混凝土质量的措施。浇筑过程中突遇大雨或大雪天气时，应在结构合理部位留置施工缝，并应尽快中止混凝土浇筑；对已浇筑还未硬化的混凝土应立即进行覆盖，严禁雨水直接冲刷新浇筑的混凝土。

【条文解析】本条规定了雨雪天露天浇筑混凝土时应采取的技术措施。

7　施工过程中的温控及监测

7.0.1

【条文】超长大体积混凝土浇筑体里表温差、降温速率及环境温度的测试，在混凝土浇筑后，每昼夜不应少于4次；入模温度的测量，每台班不应少于2次。

【条文说明】超长大体积混凝土结构施工需在监测数据指导下进行，并需要及时调整技术措施，监测系统宜具有实时在线和自动记录功能。若实现该系统功能有一定困难，亦可采取手动方式测量，但考虑到测试数据代表性，数据采集频度应满足本条规定。

【条文解析】本条规定了测温频率的要求。

7.0.2

【条文】混凝土施工时应进行温度控制，并应符合下列规定：

1　混凝土入模温度不宜大于30℃；

2　在覆盖养护或带模养护阶段，混凝土浇筑体内部的温度与混凝土浇筑体表面温度差值不应大于25℃；结束覆盖养护或拆模后，混凝土浇筑体表面以内50mm位置处的温度与环境温度差值不应大于20℃；

3　混凝土浇筑体内相邻两测温点的温度差值不应大于25℃；

4　混凝土内部降温速率不宜大于2.0℃/d。

【条文说明】控制温差是解决混凝土裂缝控制的关键，温差控制主要通过混凝土覆盖或带模养护过程进行，温差可通过现场测温数据经计算获得。

1. 控制混凝土入模温度，可以降低混凝土内部最高温度，必要时可采取技术措施降低原材料的温度，以达到减小入模温度的目的，入模温度可通过现场测温获得；控制混凝土最大温升是有效控制温差的关键，减小混凝土内部最大温升主要从配合比上进行控制，最大温升值可以通过现场测温获得；在超长大体积混凝土结构浇筑前，为了对最大温升进行控制，可按现行国家标准《大体积混凝土施工规范》GB 50496进行绝热温升计算，绝热温升即为预估的混凝土最大温升，绝热温升计算值加上预估的入模温度即为预估的混凝土内部最高温度。

2. 本条分别按覆盖养护或带模养护、结束覆盖养护或拆模后两个阶段规定了混凝土浇筑体与表面温度的差值要求。根据现行国家标准《混凝土结构工程施工规范》GB 50666的规定，当基础大体积混凝土浇筑体表面以内40～80mm位置的温度与环境温度的差值小于20℃时，可停止测温并结束覆盖养护。根据现行国家标准《大体积混凝土施工规范》GB 50496的规定，混凝土浇筑体的外表温度，宜为混凝土外表以内50mm处的温度。本规程结合大体积混凝土保护层等因素确定混凝土浇筑体的外表温度为混凝土外表以内50mm处的温度。

本条中所说的混凝土浇筑体表面温度是指保温覆盖层或模板与混凝土交界面之间测得的温度，表面温度在覆盖养护或带模养护时用于温差计算；环境温度用来确定结束覆盖养护或拆模的时间，在拆除覆盖养护层或拆除模板后用于温差计算。由于结束覆盖养护或拆模后无法测得混凝土表面温度，故采用在基础表面以内 50mm 位置设置测温点来代替混凝土表面温度，用于温差计算。

当混凝土浇筑体表面以内 50mm 位置处的温度与混凝土浇筑体表面温度差值有大于 20℃的趋势时，应增加保温覆盖层或在模板外侧加挂保温覆盖层；结束覆盖养护或拆模后，当混凝土浇筑体表面以内 50mm 位置处的温度与混凝土温度差值有大于 20℃的趋势时，应重新覆盖或增加外保温措施。

3. 测温点布置以及相邻两测温点的位置关系应符合本规程第 7.0.4 条的规定。

4. 降温速率可通过现场所测数据经计算获得。

【条文解析】本条规定了混凝土施工时，入模温度、温差、降温速率等要求。

7.0.3

【条文】混凝土测温应符合下列规定：

1 宜根据每个测温点被混凝土初次覆盖时的温度确定各测点部位混凝土的入模温度；

2 浇筑体周边表面以内测温点、浇筑体表面测温点、环境测温点的测温，应与混凝土浇筑、养护过程同步进行；

3 应按测温频率要求及时提供测温报告，测温报告应包含各测温点的温度数据、温差数据、代表点位的温度变化曲线、温度变化趋势分析等内容；

4 混凝土结构表面以内 50mm 位置的温度与环境温度的差值小于 20℃时，可停止测温。

【条文说明】本条对混凝土测温提出了相应的要求，对大体积混凝土测温开始和结束时间作了规定了。虽然混凝土裂缝控制要求在相应温差不大于 25℃时可以停止覆盖养护，但考虑到天气变化对温差可能产生的影响，测温还应继续一段时间，故规定温差小于 20℃时，才可以停止测温。

【条文解析】本条规定了测温的具体要求。

7.0.4

【条文】超长大体积混凝土浇筑体内监测点的布置，应真实地反映出混凝土浇筑体内最高温升、里表温差、降温速率及环境温度，可按下列方式布置：

1 监测点的布置范围应以所选混凝土浇筑体平面图对称轴线的半条轴线为测试区，在测试区内监测点按平面分层布置；

2 在测试区内，监测点的位置与数量可根据混凝土浇筑体内温度场分布情况及温控的要求确定；

3 在每条测试轴线上，监测点位宜不少于 4 处，应根据结构的几何尺寸布置；

4 沿混凝土浇筑体厚度方向，必须布置外面、底面和中心温度测点，其余测点宜按测点间距不大于 600mm 布置；

5 保温养护效果及环境温度监测点数量应根据具体需要确定；

6 混凝土浇筑体的外表温度，宜为混凝土外表以内 50mm 处的温度；

7 混凝土浇筑体底面的温度，宜为混凝土浇筑体底面上 50mm 处的温度。

【条文说明】多数超长大体积混凝土结构具有对称轴线，如实际工程不对称，可根据经验及理论计算结果选择有代表性温度测试位置。

【条文解析】本条规定了测温点布置的具体要求。

7.0.5

【条文】测温元件的选择应符合以下列规定：

1 测温元件的测温误差不应大于 0.3℃（25℃环境下）；

2 测试范围：−30～150℃；

3 绝缘电阻应大于 500MΩ。

【条文解析】本条规定了测温元件选择的要求。

7.0.6

【条文】混凝土测温频率应符合下列规定：

1 第 1 天至第 4 天，每 4h 不应少于 1 次；

2 第 5 天至第 7 天，每 8h 不应少于 1 次；

3 第 8 天至测温结束，每 12h 不应少于 1 次。

【条文说明】本条对大体积混凝土测温频率进行了规定，每次测温都应形成报告。

【条文解析】本条规定了测温频率的具体要求。

7.0.7

【条文】温度测试元件的安装及保护，应符合下列规定：

1 测试元件安装前，必须在水下 1m 处经过浸泡 24h 不损坏；

2 测试元件接头安装位置应准确，固定应牢固，并与结构钢筋及固定架金属体绝热；

3 测试元件的引出线宜集中布置，并应加以保护；

4 测试元件周围应进行保护，混凝土浇筑过程中，下料时不得直接冲击测试测温元件及其引出线；振捣时，振捣器不得触及测温元件及引出线。

【条文解析】本条规定了测温元件安装与保护的具体要求。

7.0.8

【条文】测试过程中宜及时描绘出各点的温度变化曲线和断面的温度分布曲线。

【条文解析】本条规定了绘制温度变化曲线和温度分布曲线的要求。

7.0.9

【条文】发现温控数值异常应及时报警，并采取相应措施。

【条文说明】温度监测是信息化施工的体现，是从温度方面判断混凝土质量的一种直观方法。监测单位应每天提供温度监测日报，若监测过程中出现温控指标不正常变化，也应及时反馈给委托单位，以便发现问题采取相应措施。

【条文解析】本条规定，测温人员发现温控数值异常应及时报告项目技术负责人，尽快分析原因，必要时及时采取补救措施。

附录A 温度应力和收缩应力的计算

A.1 混凝土的绝热温升

A.1.1 水泥的水化热

$$Q_\tau = \frac{1}{n+\tau} Q_0 \cdot \tau \tag{A.1.1-1}$$

$$\frac{\tau}{Q_\tau} = \frac{n}{Q_0} + \frac{\tau}{Q_0} \tag{A.1.1-2}$$

$$Q_0 = \frac{4}{7/Q_7 - 3/Q_3} \tag{A.1.1-3}$$

式中：Q_τ——在龄期 τ 天时的累积水化热（kJ/kg）；

Q_0——水泥水化热总量（kJ/kg）；

τ——龄期（d）；

n——常数，随水泥品种、比表面积等因素不同而异。

A.1.2 胶凝材料水化热总量应在水泥、掺合料、外加剂用量确定后根据实际配合比通过试验得出。当无试验数据时，可考虑根据下述公式进行计算：

$$Q = kQ_0 \tag{A.1.2}$$

式中：Q——胶凝材料水化热总量（kJ/kg）；

k——不同掺量掺合料水化热调整系数，其值取法参见表A.1.3。

A.1.3 当现场采用粉煤灰与矿渣粉双掺时，不同掺量掺合料水化热调整系数可按下式进行计算：

$$k = k_1 + k_2 - 1 \tag{A.1.3}$$

式中：k_1——粉煤灰掺量对应的水化热调整系数可按表A.1.3取值；

k_2——矿渣粉掺量对应水化热调整系数可按表A.1.3取值。

表A.1.3 不同掺量掺合料水化热调整系数

掺量	0	10%	20%	30%	40%
粉煤灰（k_1）	1	0.96	0.95	0.93	0.82
矿渣粉（k_2）	1	1	0.93	0.92	0.84

注：表中掺量为掺合料占总胶凝材料用量的百分比。

A.1.4 混凝土的绝热温升可按下式计算：

$$T(t) = \frac{WQ}{C\rho}(1 - e^{-mt}) \tag{A.1.4}$$

式中：$T(t)$——混凝土龄期为 t 时的绝热温升（℃）；

W——每立方米混凝土的胶凝材料用量（kg/m³）；

Q——胶凝材料水化热总量（kJ/kg）；

C——混凝土的比热，一般为0.92～1.0[kJ/(kg·℃)]；

ρ——混凝土的质量密度，2400～2500(kg/m³)；

m——与水泥品种、浇筑温度等有关的系数，0.3～0.5(d⁻¹)；

t——混凝土龄期(d)。

A.2 混凝土收缩变形值的当量温度

A.2.1 混凝土收缩的相对变形值可按下式计算：

$$\varepsilon_{y}(t)=\varepsilon_{y}^{0}(1-e^{-0.01t})\cdot M_{1}\cdot M_{2}\cdot M_{3}\cdots,M_{11} \tag{A.2.1}$$

式中：$\varepsilon_{y}(t)$——龄期为 t 时混凝土收缩引起的相对变形值；

ε_{y}^{0}——在标准试验状态下混凝土最终收缩的相对变形值，取 3.24×10^{-4}；

M_1、M_2、…，M_{11}——考虑各种非标准条件的修正系数，可按表 A.2.1 取用。

A.2.2 混凝土收缩相对变形值的当量温度可按下式计算

$$T_{y}(t)=\varepsilon_{y}(t)/\alpha \tag{A.2.2}$$

式中：$T_{y}(t)$——龄期为 t 时，混凝土的收缩当量温度；

α——混凝土的线膨胀系数，取 1.0×10^{-5}。

表 A.2.1 混凝土收缩变形不同条件影响修正系数

水泥品种	M_1	水泥细度（m²/kg）	M_2	水胶比	M_3	胶浆量（%）	M_4	养护时间（d）	M_5	环境相对湿度（%）	M_6	$\bar{r}$	M_7	$\frac{E_sF_s}{E_cF_c}$	M_8	减水剂	M_9	粉煤灰掺量（%）	M_{10}	矿粉掺量（%）	M_{11}
矿渣水泥	1.25	300	1.0	0.3	0.85	20	1.0	1	1.11	25	1.25	0	0.54	0.00	1.00	无	1	0	1	0	1
低热水泥	1.10	400	1.13	0.4	1.0	25	1.2	2	1.11	30	1.18	0.1	0.76	0.05	0.85	有	1.3	20	0.86	20	1.01
普通水泥	1.0	500	1.35	0.5	1.21	30	1.45	3	1.09	40	1.1	0.2	1	0.10	0.76	—	—	30	0.89	30	1.02
火山灰水泥	1.0	600	1.68	0.6	1.42	35	1.75	4	1.07	50	1.0	0.3	1.03	0.15	0.68	—	—	40	0.90	40	1.05
抗硫酸盐水泥	0.78	—	—	—	—	40	2.1	5	1.04	60	0.88	0.4	1.2	0.20	0.61	—	—	—	—	—	—
—	—	—	—	—	—	45	2.55	7	1	70	0.77	0.5	1.31	0.25	0.55	—	—	—	—	—	—
—	—	—	—	—	—	50	3.03	10	0.96	80	0.7	0.6	1.4	—	—	—	—	—	—	—	—
—	—	—	—	—	—	—	—	14～180	0.93	90	0.54	0.7	1.43	—	—	—	—	—	—	—	—

注：1. $\bar{r}$——水力半径的倒数，为构件截面周长（L）与截面积（F）之比，$\bar{r}=100L/F$（m⁻¹）；

2. E_sF_s/E_cF_c——配筋率，E_s、E_c——钢筋、混凝土的弹性模量（N/mm²），F_s、F_c——钢筋、混凝土的截面积（mm²）；

3. 粉煤灰（矿渣粉）掺量——指粉煤灰（矿渣粉）掺合料重量占胶凝材料总重的百分数。

A.3 混凝土的弹性模量

A.3.1 混凝土的弹性模量可按下式计算

$$E(t)=\beta E_0(1-e^{-\varphi t}) \quad \text{(A.3.1-1)}$$

式中：$E(t)$——混凝土龄期为 t 时，混凝土的弹性模量（N/mm^2）；

E_0——混凝土的弹性模量，一般近似取标准条件下养护 28d 的弹性量，可按表 A.3.1 取用；

φ——系数，应根据所用混凝土试验确定，当无试验数据时，可近似地取 0.09；

β——混凝土中掺合料对弹性模量修正系数，取值应以现场试验数据为准，在施工准备阶段和现场无试验数据时，可按表 A.3.2 计算。

表 A.3.1 混凝土在标准养护条件下龄期为 28 天时的弹性模量

混凝土强度等级	混凝土弹性模量（N/mm^2）
C25	2.80×10^4
C30	3.0×10^4
C35	3.15×10^4
C40	3.25×10^4

A.3.2 掺合料修正系数可按下式计算

$$\beta=\beta_1\cdot\beta_2 \quad \text{(A.3.2)}$$

式中：β_1——混凝土中粉煤灰掺量对应的弹性模量调整修正系数，可按表 A.3.2 取值；

β_2——混凝土中矿渣粉掺量对应的弹性模量调整修正系数，可按表 A.3.2 取值；

表 A.3.2 不同掺量掺合料弹性模量调整系数

掺量	0	20%	30%	40%
粉煤灰（β_1）	1	0.99	0.98	0.96
矿渣粉（β_2）	1	1.02	1.03	1.04

A.4 温 升 估 算

A.4.1 浇筑体内部温度场和应力场计算可采用有限单元法或一维差分法。

A.4.2 有限单元法可使用成熟的商用有限元计算程序或自编的经过验证的有限元程序。

采用一维差分法，可将混凝土沿厚度分成许多有限段 Δx（m），时间分许多有限段 Δt（h）。相邻三点的编号为 $n-1$、n、$n+1$，在第 k 时间里，三点的温度 $T_{n-1,k}$、$T_{n,k}$ 及 $T_{n+1,k+1}$，经过 Δt 时间后，中间点的温度 $T_{n,k+1}$，可按差分式求得：

$$T_{n,k+1}=\frac{T_{n-1,k}+T_{n+1,k}}{2}2a\frac{\Delta t}{\Delta x^2}-T_{n,k}\left(2a\frac{\Delta t}{\Delta x^2}-1\right)+\Delta T_{n,k} \quad \text{(A.4.2)}$$

式中：a——混凝土的热扩散率，取 $0.0035m^2/h$；

$\Delta T_{n,k}$——第 n 层热源在 k 时段之间释放热量所产生的温升。

A.4.3 混凝土内部热源在 t_1 和 t_2 时刻之间释放热量所产生的温差，可按下式计算：

$$\Delta T=T_{\max}(e^{-mt_1}-e^{-mt_2}) \quad \text{(A.4.3)}$$

A.4.4 在混凝土与相应位置接触面上释放热量所产生的温差可取 $\Delta T/2$。

A.5 温 差 计 算

A.5.1 混凝土浇筑体的里表温差可按下式计算：

$$\Delta T_1(t)=T_m(t)-T_b(t) \tag{A.5.1}$$

式中：$\Delta T_1(t)$——龄期为 t 时，混凝土浇筑体的里表温差（℃）；

$T_m(t)$——龄期为 t 时，混凝土浇筑体内的最高温度，可通过温度场计算或实测求得（℃）；

$T_b(t)$——龄期为 t 时，混凝土浇筑体内的表层温度，可通过温度场计算或实测求得（℃）。

A.5.2 混凝土浇筑体的综合降温差可按下式计算

$$\Delta T_2(t)=\frac{1}{6}[4T_m(t)+T_{bm}(t)+T_{dm}(t)]+T_y(t)-T_w(t) \tag{A.5.2}$$

式中：$\Delta T_2(t)$——龄期为 t 时，混凝土浇筑体在降温过程中的综合降温（℃）；

$T_m(t)$——在混凝土龄期为 t 内，混凝土浇筑体内的最高温度，可通过温度场计算或实测求得（℃）；

$T_{bm}(t)$、$T_{dm}(t)$——混凝土浇筑体达到最高温度 T_{max} 时，其块体上、下表层的温度（℃）；

$T_y(t)$——龄期为 t 时，混凝土收缩当量温度（℃）；

$T_w(t)$——混凝土浇筑体预计的稳定温度或最终稳定温度，（可取计算龄期 t 时的日平均温度或当地年平均温度）（℃）。

A.6 温 度 应 力 计 算

A.6.1 自约束拉应力的计算可按下式计算

$$\sigma_z(t)=\frac{\alpha}{2}\times\sum_{i=1}^{n}\Delta T_{1i}(t)\times E_i(t)\times H_i(t,\tau) \tag{A.6.1}$$

式中：$\sigma_z(t)$——龄期为 t 时，因混凝土浇筑体里表温差产生自约束拉应力的累计值（MPa）；

$\Delta T_{1i}(t)$——龄期为 t 时，在第 i 计算区段混凝土浇筑体里表温差的增量（℃）。

$E_i(t)$——第 i 计算区段，龄期为 t 时，混凝土的弹性模量（N/mm^2）；

α——混凝土的线膨胀系数；

$H_i(t,\tau)$——在龄期为 τ 时，第 i 计算区段产生的约束应力延续至 t 时的松弛系数，可按表 A.6.1 取值。

表 A.6.1 混凝土的松弛系数表

$\tau=2d$		$\tau=5d$		$\tau=10d$		$\tau=20d$	
t	$H_i(t,\tau)$	t	$H_i(t,\tau)$	t	$H_i(t,\tau)$	t	$H_i(t,\tau)$
2	1	5	1	10	1	20	1
2.25	0.426	5.25	0.510	10.25	0.551	20.25	0.592
2.5	0.342	5.5	0.443	10.5	0.499	20.5	0.549
2.75	0.304	5.75	0.410	10.75	0.476	20.75	0.534
3	0.278	6	0.383	11	0.457	21	0.521
4	0.225	7	0.296	12	0.392	22	0.473
5	0.199	8	0.262	14	0.306	25	0.367
10	0.187	10	0.228	18	0.251	30	0.301
20	0.186	20	0.215	20	0.238	40	0.253
30	0.186	30	0.208	30	0.214	50	0.252
∞	0.186	∞	0.200	∞	0.210	∞	0.251

A.6.2 混凝土浇筑体里表温差的增量可按下式计算：

$$\Delta T_{1i}(t) = \Delta T_1(t) - \Delta T_1(t-j) \quad (A.6.2)$$

式中：j——为第 i 计算区段步长（d）；

A.6.3 在施工准备阶段，最大自约束应力也可按下式计算：

$$\sigma_{zmax} = \frac{\alpha}{2} \times E(t) \times \Delta T_{1max} \times H_i(t,\tau) \quad (A.6.3)$$

式中：σ_{zmax}——最大自约束应力（MPa）；

ΔT_{1max}——混凝土浇筑后可能出现的最大里表温差（℃）；

$E(t)$——与最大里表温差 ΔT_{1max} 相对应龄期 t 时，混凝土的弹性模量（N/mm^2）；

$H_i(t,\tau)$——在龄期为 τ 时，第 i 计算区段产生的约束应力延续至 t 时的松弛系数，可按表 A.6.1 取值。

A.6.4 外约束拉应力可按下式计算：

$$\sigma_x(t) = \frac{\alpha}{1-\mu}\sum_{i=1}^{n}\Delta T_{2i}(t) \times E_i(t) \times H_i(t,\tau) \times R_i(t) \quad (A.6.4)$$

式中：$\sigma_x(t)$——龄期为 t 时，因综合降温差，在外约束条件下产生的拉应力（MPa）；

$\Delta T_{2i}(t)$——龄期为 t 时，在第 i 计算区段内，混凝土浇筑体综合降温差的增量（℃），可按下式 A.6.5 计算：

μ——混凝土的泊松比，取 0.15；

$R_i(t)$——龄期为 t 时，在第 i 计算区段，外约束的约束系数。

A.6.5 混凝土浇筑体综合降温差的增量可按下式计算：

$$\Delta T_{2i}(t) = \Delta T_2(t) - \Delta T_2(t-k) \quad (A.6.5)$$

A.6.6 混凝土外约束的约束系数可按下式计算：

$$R_i(t) = 1 - \frac{1}{\cosh\left(\sqrt{\frac{C_x}{HE(t)}} \times \frac{L}{2}\right)} \quad (A.6.6)$$

式中：$R_i(t)$——龄期为 t 时，在第 i 计算区段，外约束的约束系数；

L——混凝土浇筑体的长度（mm）；

H——混凝土浇筑体的厚度，该厚度为块体实际厚度与保温层换算混凝土虚拟厚度之和（mm）；

$E(t)$——与最大里表温差 ΔT_{1max} 相对应龄期 t 时，混凝土的弹性模量（N/mm^2）；

C_x——外约束介质的水平变形刚度（N/mm^3），一般可按表 A.6.6 取值。

表 A.6.6 不同外约束介质下 C_x 取值（$10^{-2} N/mm^3$）

外约束介质	软黏土	砂质黏土	硬黏土	风化岩、低强度等级素混凝土	C10 级以上配筋混凝土
C_x	1～3	3～6	6～10	60～100	100～150

A.7 控制温度裂缝的条件

A.7.1 混凝土抗拉强度可按下式计算

$$f_{tk}(t) = f_{tk}(1 - e^{-\gamma t}) \quad (A.7.1)$$

式中：$f_{tk}(t)$——混凝土龄期为t时的抗拉强度标准值（N/mm^2）；

f_{tk}——混凝土抗拉强度标准值（N/mm^2）；

γ——系数，应根据所用混凝土试验确定，当无试验数据时，可取0.3。

A.7.2 混凝土防裂性能可按下列公式进行判断：

$$\sigma_z \leqslant \lambda f_{tk}(t)/K \quad (A.7.2\text{-}1)$$

$$\sigma_x \leqslant \lambda f_{tk}(t)/K \quad (A.7.2\text{-}2)$$

式中：K——防裂安全系数，取K=1.15。

λ——掺合料对混凝土抗拉强度影响系数，$\lambda=\lambda_1 \cdot \lambda_2$，可按表A.7.2-1取值；

f_{tk}——混凝土抗拉强度标准值，可按表A.7.2-2取值。

表A.7.2-1 不同掺量掺合料抗拉强度调整系数

掺量	0	20%	30%	40%
粉煤灰（λ_1）	1	1.03	0.97	0.92
矿渣粉（λ_2）	1	1.13	1.09	1.10

表A.7.2-2 混凝土抗拉强度标准值（N/mm^2）

符号	混凝土强度等级			
	C25	C30	C35	C40
f_{tk}	1.78	2.01	2.20	2.39

附录B 跳仓仓格长度的计算

B.1 跳仓仓格长度计算公式

跳仓仓格长度的确定，依据温度及收缩应力的简化计算公式：

$$\sigma = -E\alpha T\left[1-\frac{1}{\mathrm{ch}\left(\beta\frac{L}{2}\right)}\right]H(t,\tau) \tag{B.1.1}$$

采用极限变形概念研究推导出平均伸缩缝间距的具体公式：

$$[L] = 1.5\sqrt{\frac{EH}{C_x}}\cosh^{-1}\frac{|\alpha T|}{|\alpha T|-\varepsilon_p} \tag{B.1.2}$$

式中：$[L]$——平均伸缩缝间距；

E——混凝土弹性模量；

H——底板厚度或板墙高度；

C_x——地基或基础水平阻力系数；

α——混凝土线膨胀系数；

T——互相约束结构的综合降温差，包括水化热温差 T_1、气温差 T_2、收缩当量温差 T_3；

T_1——水化热温差（壁厚大于或等于500mm时考虑）；

T_2——气温差；

T_3——收缩当量温差；

ε_p——钢筋混凝土的极限拉伸。

其中，连续地基底板与楼面板在计算时的内部约束相同，边界条件可以进行代换。只需对 C_x进行修正，就可以应用于楼板的伸缩缝间距的计算。

B.2 跳仓仓格长度计算参数的选取

B.2.1 跳仓仓格长度计算公式中，参数 E、C_x、α、T 根据附录A中相应规定选取。

B.2.2 跳仓仓格长度计算公式中，ε_p为钢筋混凝土的极限拉伸：

1. 当材质不佳、养护不良时，取 $0.5\times10^{-4}\sim0.8\times10^{-4}$；
2. 当材质优良、养护得当，缓慢降温时，取 2×10^{-4}；
3. 中间状况，取 $1\times10^{-4}\sim1.5\times10^{-4}$。

第2篇

技　术　要　点

1 基本原理十问

(1) 什么是“跳仓法”?

跳仓法是指在大体积混凝土结构施工中，在早期温度收缩应力较大的阶段，将超长的混凝土块体分为若干小块体间隔施工，经过短期的应力释放，在后期收缩应力较小的阶段再将若干小块体连成整体，依靠混凝土抗拉强度抵抗下一阶段温度收缩应力的施工方法。

跳仓法充分利用了混凝土在5～10d期间性能尚未稳定和没有彻底凝固前容易将内应力释放出来、后期具有一定强度后能够抵抗收缩变形拉应力的“抗”与“放”相结合的原理，将建筑物地基或大面积混凝土平面结构划分成若干个小区域，按照“分块规划、隔块施工、分层浇筑、整体成形”的原则施工，以取代永久性伸缩缝或后浇带，解决超长结构的裂缝控制问题。其施工模式和跳棋类似，即隔一段浇一段，相邻两段间隔时间不少于7d，并通过完善的跳仓法施工方案设计，合理选择混凝土配合比，严格执行混凝土施工操作工艺，认真做好混凝土养护，确保混凝土施工质量，并同时达到降低造价，缩短工期，加强现场文明施工的效果。

(2)“跳仓法”的发展历程是什么?

国内针对超长大体积混凝土采取主动裂缝控制技术已经历了三代，即第一代“永久变形缝法”，第二代“后浇带法”和第三代“跳仓法（无缝分块放抗法)”。“永久变形缝法”是国内外长期的习惯做法，在现行的规范中有正式条文规定。通过设置永久变形缝是减少温度应力的措施之一，并不是解决裂缝问题的唯一可靠方法，而且永久变形缝存在不可克服的缺点：经常渗漏水却难以修复（特别水池结构)、地震过程中变形缝两侧结构发生碰撞破裂、建筑外观难以处理、温度应力与结构长度非线性相关，“留缝不一定不裂”。这些不利因素促进第二代控制裂缝方法的研究和发展，王铁梦在1958年北京人民大会堂主体结构施工时提出“临时性1.0m宽变形缝”解决主体结构裂缝问题，应用效果明显，随即在国内外许多工程中推广应用，逐步形成了“后浇带法”。“后浇带法”较“永久变形缝法”是一次大的进步，但在50多年的应用过程中也暴露出缺点和不足：留设时间长（45～60d)，导致后浇带内垃圾积聚清理困难，费时费工且无法保证质量，进而严重影响结构与防水施工质量；后浇带先浇的混凝土凿毛处理质量难以保证，新旧混凝土结合不好，可能沿其两侧产生贯穿裂缝；施工期后浇带积水或需要持续降水，基础底板须采取施工加固措施，确保基坑整体稳定等。

20世纪70年代，王铁梦教授针对“后浇带法”暴露的缺点和不足提出“跳仓法”，在宝钢等冶金行业示范应用，经历40多年探索、试验后已形成较成熟理论和方法，在工民建、核电、国防、交通等领域成功应用，并积累大量现场试验数据。近年来，在北京已应用七十余个项目，包括：北京梅兰芳大剧院、北京蓝色港湾、首钢1580热轧超长箱基、北京鲜活农产品流通中心等；“跳仓法”在国内也已应用于多项超高层建设项目，如广东东塔、深圳平安大厦、深圳金融中心大厦、上海中心；国际上，“跳仓法”理论也已有多项成功应用，如日本、美国、俄罗斯、中东地区、巴基斯坦及我国香港地区等裂缝控制和处理，效果良好，相关成果通过了鉴定。

采用“跳仓法”取代后浇带，有利于节约工程造价，缩短工期，同时避免后浇带清理施工难度，减小劳动强度，有利于保证工程质量，有利于文明施工。“跳仓法”在技术上具有重大的突破意义，在效果上基本达到了控制超长大体积混凝土非荷载裂缝的目标，消除有害裂缝、减少无害裂缝，满足工程结构耐久性的要求。同时，使用混凝土 60d、90d 强度，采用中低强度等级的混凝土，对节能降耗、绿色施工都极有意义。

超长大体积混凝土裂缝控制经历“永久变形缝法”（以放为主）、“后浇带法”（抗放兼施、以抗为主）、“跳仓法”（抗放兼施、先放后抗、以抗为主）三代发展，王铁梦教授的原创研究辩证地统一了长期以来留缝与无缝之间的认识。王铁梦混凝土裂缝控制研究中心对超长大体积无缝施工进行了长期观测，包括温度场和应力场监测，积累了大量观测资料并进行了理论分析，形成了一整套有害裂缝综合控制理论和混凝土温度收缩计算方法。“跳仓法”理论成熟，并经历了大量工程检验，具备相当的工程试验数据。

(3)“跳仓法”适用于哪些工程项目?

“跳仓法”适用于工业与民用建筑地下室超长大体积混凝土结构，“跳仓法”的思路也适用于结构施工的其他场合。其中“超长混凝土结构”指单元长度超过《混凝土结构设计规范》GB 50010—2010 所规定的混凝土伸缩缝最大间距的结构，《混凝土结构设计规范》规定的钢筋混凝土结构伸缩缝的最大间距见表 2-1-1 所示；“大体积混凝土”指混凝土结构物实体最小几何尺寸不小于 1m 的大体量混凝土，或预计会因混凝土中胶凝材料水化引起的温度变化和收缩而导致有害裂缝产生的混凝土。根据实践，由于以往许多工程结构设计和施工中忽略了温控和抗裂措施，使得结构施工阶段中出现裂缝，影响了结构使用和耐久性，因此，《超长大体积混凝土结构跳仓法技术规程》DB11/T1200—2015 把需要温控和采取抗裂措施的这类混凝土都归属于大体积混凝土性质的混凝土结构。

钢筋混凝土结构伸缩缝最大间距（m）　　**表 2-1-1**

结构类别		室内或土中	露天
排架结构	装配式	100	70
框架结构	装配式	75	50
	现浇式	55	35
剪力墙结构	装配式	65	40
	现浇式	45	30
挡土墙、地下室墙壁等类结构	装配式	40	30
	现浇式	30	20

注：1. 装配整体式结构的伸缩缝间距，可根据结构的具体情况取表中装配式结构与现浇结构之间的数值；
2. 框架-剪力墙结构或框架-核心筒结构房屋的伸缩缝间距，可根据结构的具体情况取表中框架结构与剪力墙结构之间的数值；
3. 当屋面无保温或隔热措施时，框架结构、剪力墙结构的伸缩缝间距宜按表中露天栏的数值取用；
4. 现浇挑檐、雨罩等外露结构的局部伸缩缝间距不宜大于 12m。

(4) “跳仓法”的优势是什么？

采用跳仓法施工对控制混凝土裂缝、加快施工进度、保证施工质量和降低能耗等具有重要意义。

1）利用“抗放结合、先放后抗”的原理，经分析合理划分仓格，从施工方案制定、材料选择、混凝土配合比设计、施工管理、混凝土养护等环节采取综合措施，在不设后浇带的情况下成功解决了超长、超宽、超厚的大体积混凝土早期裂缝问题，有效地控制混凝土裂缝。

2）采用跳仓法取代后浇带，施工过程中地下室结构整体刚度大大增强，免除了通常设计要求的“结构封顶后两个月浇筑后浇带”，以及由此带来的后浇带模板占用、地下降水无法停止、肥槽无法及时回填等一系列问题，有利于加快施工进度。

3）采用跳仓法取代后浇带，避免了后浇带内混凝土浮浆、垃圾等必须人工清理的不便，通过合理的施工方案选择和施工工序安排，可靠地保证了工程质量。

4）采用跳仓法取代后浇带，避免了后浇带长期不能封闭，后浇带处模板和模板支撑架不能拆除、施工作业面不连续等一系列不便，对于保证施工现场的安全和文明施工、绿色施工有利。

5）跳仓法规程不主张添加膨胀类外加剂，建议采用较低强度等级（C25～C40）的混凝土，采用60d或90d龄期的混凝土强度指标，优化配筋设计等要求和建议，对节能降耗具有重要意义。

(5) 应用“跳仓法”取消后浇带的原理是什么？

最初的传统结构设计方法，需要设变形缝来抵消不均匀沉降、温度变形和收缩变形；后来经过实践，通过设置后浇带代替了永久性的变形缝，使大体积混凝土可以分块施工，加快了施工进度，缩短了施工工期。由于不设永久性的沉降缝，简化了建筑结构设计，提高了建筑物的整体性，同时也减少了渗漏水的因素。后浇带一般具有多种变形缝的功能，设计时应考虑以一种功能为主，其他功能为辅。施工后浇带贯穿整个建筑物，包括基础上部结构施工中的预留缝，待主体结构完成，将后浇带混凝土补齐，达到了不设永久变形缝的目的。

混凝土裂缝产生的原因比较复杂，分析大量的工程裂缝处理和调查结果发现，混凝土结构特别是超长大体积混凝土结构，80％～90％的裂缝都是由于混凝土降温及收缩拉应力超过了混凝土的极限拉伸强度而引起的。利用“放与抗结合”的原理，可以有效控制混凝土裂缝的产生。

在混凝土拌合物浇筑完毕后，初期拌合物没有强度，可以自由发生“沉实”等自由变形，变形过程中并不产生约束应力；胶凝材料水化热1～3d达到峰值，以后迅速降低，由于钢筋的线膨胀系数大于强度增长过程中混凝土的线膨胀系数，钢筋在降温过程中的收缩对于混凝土产生预压应力，一定程度上抵消了混凝土收缩变形的影响；“跳仓法”间隔7d浇筑，通过分仓间隔释放混凝土前期大部分温度变形和收缩变形引起的约束应力。“放”的措施还包括，混凝土初凝后要用木抹子二次抹压，消除混凝土塑性收缩阶段大数量级的塑性收缩所产生的原始缺陷，浇筑后及时做好保温和养护，让混凝土缓慢降温、缓慢干燥，从而利用混凝土的松弛性能，减少叠加应力。

“抗”的基本原则是在不增加胶凝材料用量的基础上，尽量提高混凝土的抗拉强度，主要从控制混凝土原材料性能、优化混凝土配合比入手，包括控制骨料粒径、级配和含泥量，尽量减少胶凝材料用量和用水量，控制混凝土入模温度和入模坍落度，并保证混凝土均匀密实。结构浇筑完毕后，以混凝土自身的抗拉强度抵抗后期的收缩应力，由“先放后抗”，到后期的“以抗为主”。从约束收缩应力分析可知，混凝土结构的变形应力并不随结构长度和约束条件而线性变化，最大值最后趋于恒定，若能使混凝土的抗拉强度尽量接近这一值，则可大大减少开裂产生；另外，“抗”的措施还包括加强构造配筋，尤其是板角的放射筋和深梁的腰筋。

(6) 跳仓法理论体系有哪些基本技术观点?

跳仓法设计施工是建立在长期大量工程裂缝处理经验和实测资料基础之上，其基本的技术观点要点如下：

1）混凝土的裂缝是不可避免的，工程师的全部艺术是把裂缝控制在无害范围内。裂缝不可能防止和杜绝，只能是控制。降低作用效应，提高抗力（$S \leqslant R$）。

2）混凝土的温度收缩应力与长度呈非线性关系，在较短范围内有显著影响，在较长范围内应力趋近于常数，与长度无关。

3）混凝土结构在早期出现较大的温度收缩应力，在后期承受较小的温度收缩应力，逐渐趋于稳定；混凝土强度和变形性能随时间增长，较高的温度收缩应力及差异沉降应力在早期显著，后期较轻，逐渐趋于稳定，混凝土温度收缩作用是短期效应。

4）目前设计、施工中使用的软件和程序大都是荷载效应下的承载力极限状态和正常使用极限状态，忽略了施工工况，特别是混凝土早期硬化阶段的过程被忽略了。

5）将超长大体积混凝土结构先分成若干小块跳仓浇筑，可释放掉大部分早期收缩应力和差异沉降应力，间歇时间不少于 7d 再进行封仓浇筑，后期的应力较小，而混凝土的抗力有所提高，承受后期的拉应力，是“先放后抗”、“抗放结合”、“以抗为主”的原则措施。较小块体的混凝土容易制备，容易控制质量。可利用 60d 或 90d 强度。

6）工程最后尚存在一部分防不胜防的无害裂缝和个别的有害裂缝，通过最后的终饰工程处理裂缝，最后达到完全满足设计要求。

7）“普通混凝土好好打”是精心设计、精心施工、优选材料配合比的综合技术要求，施工从粗放型走向严谨型，达到提高混凝土的抗拉性能、均质性和韧性，在设计方面特别加强构造设计（不采用预应力、不设置冷却水管、不掺膨胀剂和纤维等特殊措施）。

8）跳仓法是后浇带法的改进，其最终结果是完全一致的。施工方法的改进，给施工进度、结构整体性和投资均带来利好作用，是施工方配合了设计的需求，同时也解决了设计问题，施工与设计达到完美融合。

(7)“跳仓法”的实践基础是否牢固?

“跳仓法”在我国最早于 20 世纪 70 年代实践于冶金工业领域中的轧钢系统热轧带钢厂的超长设备基础，是当时日本用于超长超宽大型热轧厂的大体积混凝土基础工程的一种施工方法。1978 年起，王铁梦教授带领他的团队通过实际工程应用，结合理论探索和施工现场测试，将“跳仓法”这一施工方法与工程结构裂缝控制相联系，用“抗与放”的原理对地下工程大体积混凝土跳仓施工进行指导，不设变形缝，不设后浇带，只间隔7d留设施工缝，进而在超长设备基础及工业项目中，提出以“跳仓法”施工取代永久性变形缝和后浇带的有效方法，并日渐成熟。

进入20世纪90年代以后，随着国家实力的增强和国民经济发展的进程，公共建筑和民用建筑规模不断加大，单项工程的规模不断扩大，出现了许多超长、大体积、大面积、大方量的混凝土工程，通过对于混凝土裂缝控制方法的研究，北京方圆监理公司专家组请王铁梦教授指导，探索将工业项目中成熟应用的跳仓法应用于公共建筑和住宅工程，取得了很大成功，目前已在150余个项目中成功应用。通过对这些应用的总结，由参与工程的专家执笔，形成了北京市地方标准《超长大体积混凝土结构跳仓法技术规程》DB11/T 1200—2015，并于2015年8月1日起实施。

(8)“跳仓法”的应用条件是什么?

1）采用“跳仓法”施工，其混凝土设计强度等级宜为C25～C40。基础底板的强度等级宜不高于C40，地下室外墙混凝土等级宜采用C25～C35。高强度混凝土其抗压强度显著提高，而抗拉强度的提高大大滞后于抗压强度，拉压比明显降低，延性降低。中低等强度等级的混凝土的延性要大于高强度混凝土，片面提高混凝土强度等级对结构安全并非有利。高强度混凝土开裂几率大，抗压强度C50的混凝土比C45混凝土裂缝密度增加50%，与C35混凝土相比裂缝密度增加约1.5倍。

2）采用“跳仓法”施工，可利用混凝土的后期强度。通过掺加粉煤灰提高混凝土的后期强度，对于防止超长大体积混凝土开裂非常有利（见《超长大体积混凝土结构跳仓法技术规程》DB11/T 1200—2015第3.0.2条和第5.1.2条），发挥了粉煤灰混凝土后期强度增长较大的优点，同时考虑到施工速度与混凝土强度增长速度具有明显差距的实际。《高层建筑混凝土结构技术规程》JGJ 3—2002第12.1.12条规定，在满足设计要求的条件下，地下室内、外墙和柱子采用粉煤灰混凝土时，其设计强度等级的龄期也可采用相应的较长龄期。筏形基础及箱形基础当采用粉煤灰混凝土时，其设计强度等级龄期宜为60d或90d。地下室底板、外墙的混凝土由于荷载是逐渐增加的，采用60d或90d龄期的强度指标具有可行性，是可节能、降耗、减少有害裂缝产生的有效技术措施。

3）跳仓法施工超长大体积混凝土结构，不应掺加膨胀剂和膨胀剂类外加剂。一是由于微膨胀剂只有在水中才能充分发挥作用，达到基本不收缩的效果，而施工现场很难达到使微膨胀剂产生效果的泡水养护的条件。大量工程实践表明，一旦养护条件不满足要求，混凝土的收缩将会比不加微膨胀剂的混凝土收缩大很多，甚至产生大量的裂缝。而不掺加微膨胀剂的“普通混凝土好好打”，同样能保证工程不产生裂缝，其裂缝控制风险反而远远小于掺加微膨胀剂的混凝土。二是掺膨胀剂类外加剂存在“延迟膨胀”的风险和“过量膨胀”的危害，混凝土的早期塑性收缩在先，与膨胀剂的线膨胀不同步，待混凝土有一定强度时再膨胀反而会造成混凝土裂缝。另外，如果掺量不准确会出现过量膨胀，尤其是混凝土先期水分不足、后期遇到潮湿环境后再膨胀造成混凝土开裂，反而对结构产生不利影响。

4）采用“跳仓法”施工，要求施工单位充分理解跳仓法的施工要点。施工单位要学习已经采用跳仓法施工的成功经验，在充分理解跳仓法整体思路的基础上，结合项目特点，独立编制施工方案，并做好施工方案交底，技术措施要有可靠保证，要落实在一线操作人员的工作中。同时，采用“跳仓法”施工，也要求设计单位从设计上加以配合。混凝土结构配筋除应满足结构承载力和设计构造要求外，还应结合大体积混凝土的施工方法，配置控制因温度和收缩可能产生裂缝的构造钢筋；设计中宜采取减少大体积混凝土模板、地基、桩基和已有混凝土等外部约束的技术措施。

5）“跳仓法”不单单是一种施工方法，更是一种思路和理念。对于符合《超长大体积混凝土结构跳仓法技术规程》DB 11/T 1200—2015（以下简称《规程》）要求的结构，施工单位可以直接编制施工方案，履行必要的审批程序，组织跳仓法施工；超出本规程要求的施工条件，例如超过 C40 的混凝土、掺加微膨胀剂的混凝土、施工单位对于跳仓法应用没有经验和足够把握、设计单位有异议时，可以组织专家论证会，通过论证会统一思路，指导施工；如果由于各种原因的限制，没有从开始按照跳仓法施工，其思路同样适用于后续施工组织，比如设计人不同意取消沉降后浇带，通过观测已留沉降后浇带两侧的差异沉降，如果差值很小，就可以提前对于沉降后浇带进行浇筑，而没必要等待“最高层部分结构封顶两个月后才能浇筑”。

(9)“跳仓法”的一般应用步骤是什么?

跳仓法的一般应用步骤为：图纸分析、方案编制、方案论证、方案审查、施工准备、跳仓法实施、混凝土养护。

1）图纸分析。

根据施工图的一般习惯做法，对于地下室结构会注明后浇带的留设位置，或在设计说明中说明后浇带的留设要求。应对施工图中混凝土工程进行分析，以后浇带分界，结合施工流水段的划分，分析采用跳仓法施工取消后浇带的可行性。当分析符合采用跳仓法的条件，应用跳仓法能够取得技术和经济效益且无不良影响时，可考虑采用跳仓法施工。

2）方案编制。

跳仓法施工方案由施工单位项目技术负责人组织编写。跳仓法施工方案除满足施工方案编制的一般要求外，尚应符合下列要求：方案应包括采用跳仓法的可行性和经济性分析；方案应详细说明混凝土分仓方式；方案应对于混凝土配合比选用进行说明；方案应说明混凝土振捣要求；方案应有混凝土防裂缝措施；方案应有混凝土养护要求；方案要有针对性和操作性。

3）方案论证。

当拟采用跳仓法的项目超出了《规程》通常的应用范围，例如混凝土强度等级高于C40，或设计人对于取消后浇带特别是沉降后浇带有担心，或设计者坚持参加膨胀类外加剂，或施工单位没有应用跳仓法的施工经验，或应建设单位的要求，施工单位应聘请专家组织专家论证会。

4）方案审查。

施工单位编制的跳仓法施工方案履行内部审批程序后，应报监理单位审查，监理单位主要从方案合理性和可行性方面进行审查。主要审查内容包括：分仓是否合理；混凝土配合比是否合理；混凝土振捣要求是否合理；混凝土防裂缝措施是否可靠；混凝土养护要求是否可行。

5）跳仓法实施。

按照施工方案确定的分仓，用快意伸缩网或其他可行方式分割仓格，相邻仓混凝土的浇筑时间间隔不少于7d。混凝土浇筑采取分层布料、分层振捣、斜坡推进的方法。基础底板和楼板混凝土表面抹压不少于3遍，并及时进行二次抹压。

6）混凝土养护。

混凝土浇筑完毕初凝前应进行喷雾养护，并在初凝后采取覆盖塑料薄膜或其他可靠的养护措施，保湿养护不少于14d。加强温控，注意里表温差和降温速率的现场监测。

(10)“跳仓法”为什么倡导“普通混凝土好好打”?

1）什么是“普通混凝土”?

普通混凝土包括：

① 强度等级C20～C40的混凝土。

强度越高的混凝土温度收缩越大，水化热越高，越不利于收缩裂缝的控制。目前工程实践中混凝土抗压强度显著提高而抗拉强度提高滞后于抗压强度，拉压比降低，弹性模量增长迅速；高强混凝土随胶凝材料增多，体积稳定性成比例下降。同时，用高强度钢筋代替中低强度钢筋导致钢筋配筋率减小，不利于控制裂缝，所以混凝土强度等级不应高于C40。

王铁梦教授在《“抗与放”的设计原则及其在“跳仓法”施工中的应用》一书中列举了混凝土强度过高，出现裂缝的多个工程实例，《高层建筑混凝土结构技术规程》的参编专家认为地下室外墙不应按受弯构件计算，应当按偏心受压构件考虑，外墙的轴压比和剪压比都很小，压应力也较低，混凝土强度等级过高反而会增加收缩，引起开裂。大量的工程实践中可以看出，中低强度等级的混凝土，就很少出现有害裂缝。

北京市建筑设计研究院编制的《结构专业技术措施》第3.7.7条规定，为减少大面积混凝土的收缩裂缝，箱基底板及顶板混凝土强度不宜选用过高，一般以C20或C25为宜。拉压比降低、折压比降低，温度应力增加容易产生拉应力开裂，而且混凝土抗压强度高、脆性大，对耐久性极为不利。混凝土的裂缝控制必须采取综合性技术措施，单纯把提高混凝土强度视为高性能指标，孤立的认为提高强度就能提高混凝土的耐久性是错误的。

② 不掺膨胀剂。

在超长大体积混凝土裂缝控制措施中，不应盲目采用补偿收缩混凝土（添加膨胀剂）。补偿收缩混凝土适合高水灰比、低强度等级混凝土，不适应于低水灰比混凝土，同时养护条件苛刻（需要充足的养护水）。比如，钙矾石类膨胀剂在混凝土中硬化时需要32个结晶水（分子式$C_3A\cdot 3CaSO_4\cdot 32H_2O$），需要在水中养护不少于14d，实际工程中上述养护条件很难达到。高强度等级的混凝土即使是在水中养护，水也很难进入混凝土内部，因此由于膨胀落差的倒缩作用反而容易引起裂缝。更为严重的是，存在钙矾石延迟膨胀问题，所谓延迟膨胀就是当混凝土硬化一段时间以后，混凝土中的钙矾石再开始膨胀，即混凝土中的钙矾石与混凝土本身的硬化不同步，因此，我们对于延迟钙矾石生成的潜在危险性应有充分的认识。严重的延迟膨胀曾导致后期混凝土胀裂，造成质量事故。

③ 利用混凝土后期强度。

中国土木工程学会标准《混凝土结构耐久性设计与施工指南》CCES01 指出："目前我国常用硅酸盐水泥的实际活性要比 20 多年前高出约两个等级，比如现在的 42.5 级水泥大体相当于水泥标准修订前的 525 号水泥，又相当于 1979 年以前硬练标准的 600 号水泥。"、"胶凝材料用量取代水泥用量，用水胶比取代水灰比作为控制混凝土耐久性质量的一个主要指标"。

《粉煤灰混凝土应用技术规范》GBJ 146：第 4.1.2 条规定，粉煤灰混凝土设计强度等级的龄期，地上工程宜为 28d；地面工程宜为 28d 或 60d；地下工程宜为 60d 或 90d；大体积混凝土工程宜为 90d 或 180d。在满足设计要求的条件下，以上各种工程采用的粉煤灰混凝土，其强度等级龄期也可采用相应的较长龄期。

2）什么是"好好打"？

"好好打"就是跳仓法的施工方案、技术措施到位。要方案先行，从材料、运输、浇筑和养护等质量管理的各个环节入手，采取技术措施保证裂缝控制目标。

① 原材料要求

水泥：矿渣水泥发热量比普通水泥低，但是早期收缩要大。建议采用普通硅酸盐水泥，适量掺加粉煤灰。所用水泥 7d 的水化热不应超过 270kJ/kg，3d 的水化热不能超过 240kJ/kg。

用水量和坍落度：用水量必须要严格控制，拌合混凝土的水起水化作用的，干硬性和半干硬性混凝土不到 30%，流动性混凝土只有 20%。其余大量的多余水分只为满足混凝土的工作度。多余的水带来早期塑性收缩，导致混凝土表面出现龟裂现象。因此，要严格控制用水量和坍落度。水胶比保持 0.4～0.5，掺加高效减水剂的，用水量控制在 160～165kg/m^3 为好，不宜超过 170kg/m^3。底板混凝土坍落度 12±2cm，梁、板、墙可略放宽控制 14～16cm 为宜，混凝土入模温度控制在 30℃以内。每天内部降温不超过 2℃，否则可能产生温差裂缝。

砂石：砂子以粗砂为好，但目前在供应上有一定困难，特殊重要工程要坚持用粗砂。一般工程可以用中砂，采用质地坚硬，级配良好的中砂，含泥量不大于 3%。石子采用自然连续级配的机碎石，含泥量不大于 1%，针片状颗粒含量不大于 15%。梁板采用 5～25mm 粒径石子，底板混凝土采用粒径以 5～31.5mm 石子为宜。

粉煤灰：粉煤灰是电厂锅炉燃烧煤粉后收集的煤灰，细度模数为 2.5～3 的Ⅱ级为好，Ⅰ级也可采用。大掺量粉煤灰混凝土早期强度受一定影响，但后期强度有较大的提高。粉煤灰可提高混凝土抗渗性和抗化学侵蚀，降低水化热，减少混凝土早期裂缝。建议掺量为大于等于水泥用量的 30%。

矿粉：采用 S95 磨细矿粉，早期强度高，收缩量大。掺量过大容易引起混凝土的早期收缩裂缝。为了弥补粉煤灰早期强度低的缺点，可掺加水泥量 10%的矿粉。

② 配合比设计原则。

混凝土配制强度等级一般多控制在设计强度等级的 125%左右，相当于配制强度比设计强度等级提高 2～2.5 倍的标准差，如 C40 混凝土，则强度控制在 46～50MPa。过高的混凝土强度来源于过高的配制强度，仍以 C40 为例，当配制强度为强度等级的 130%时（即抗压强度达 52MPa），偏差系数 t 约为 3，即合格概率为 98.87%。将配制强度定得过高不但提高了水泥和掺合料用量，增加了成本，而且混凝土也因粉料的增加和水化热的提高而易产生裂缝，所以用提高配制强度来提高混凝土的合格概率，实际上是用增加成本的办法换取不必要增加的强度，这是不科学和不合理的。

加强对搅拌站的管理，选择具有混凝土后期强度资料的搅拌站，确保能生产 60d 及 90d 的强度等级的合格混凝土。通过对近 20 多个工程掺加粉煤灰后的混凝土配合比进行过审查，尚未发现后期强度达不到预想结果的。

③ 施工措施。

底板混凝土采用分层连续浇筑跳仓法施工方案。外墙可以采用“跳仓法”或“混凝土早期收缩释放缝”的方法。楼板可以采用混凝土施工缝代替后浇带。

施工中，为克服泵管移动次数少，造成粗骨料和细骨料不均匀的现象，要分层浇筑、分层振捣。振捣要合理，防止少振或过振。浇筑底板混凝土时，应采用分散布料，然后用铁耙子将混凝土基本搂平，接着进行梅花振捣。振捣棒插入的点与点之间，应相距 400mm 左右，振捣时间不宜超过 10s。

④ 防裂措施。

楼板混凝土要合理抹压。从初凝时就开始合理抹压能防止混凝土的早期塑性裂缝。推行三遍抹压的施工方法：第一遍抹压是找平，混凝土的拌合物在自身重力下会自然下沉，受到钢筋阻力和混凝土的重力影响，气体向外排出，在初凝前这种情况一直进行到初凝时，混凝土表面出现凹凸不平，甚至会出现塑性收缩变形裂缝。裂缝加速混凝土失水，这样会使混凝土表面塑性收缩变形裂缝进一步加剧。特别是在高温和大风天气时，这种情况经常出现。为了解决这种问题，要进行第二遍的拍实抹压，使可塑裂缝愈合。然后再进行第三次的抹压，达到表面密实平整。多次抹压直到混凝土终凝时，即可消除塑性收缩裂缝。严禁采用混凝土表面撺水扫毛的工艺是施工管理重点。

保湿养护：柱子混凝土在终凝前要包裹塑料薄膜，墙与楼板要覆盖塑料薄膜，喷水养护 14d，墙可用花管喷水或手摇泵喷雾养护，取代塑料薄膜。

大体积混凝土的水化热升温要严格控制，中心温度不应高于表面温度 25℃，表面温度不应高于大气温度 20℃。如果大体积混凝土中心温度过高，会发生“劈裂”裂缝，这种裂缝为中心宽表面窄，造成的危害不易发现。因此要布置上、中、下三层测温点，发现中心温度过高时，要对混凝土表面进行保温保湿覆盖，使其中心温度与表面温差在 25℃以内。另外，在表面温度较高时，不得浇水降温，否则将出现大量的表面裂缝。

2 材料要点十问

(1) 混凝土材料和配合比如何影响混凝土裂缝的产生?

混凝土组成材料包括水泥、细骨料、粗骨料、水、外加剂和掺合料等。混凝土从拌合物到形成构件的生命周期过程中，其物态变化、化学反应及带来的附属效应，包括：塑性收缩、自生收缩（硬化收缩）、碳化收缩、干燥收缩以及氯盐反应、碱骨料反应、膨胀剂的过量膨胀等变形作用，都是产生裂缝的重要原因。这些非结构裂缝约占80%。不同环境、养护条件、水胶比及坍落度、掺合料及外加剂等对早期塑性收缩裂缝的影响显著。

混凝土材料、配合比及性能对混凝土变形效应及裂缝的产生的试验结果及工程经验如下：

1）混凝土在水中呈微膨胀变形，在空气中呈收缩变形。

2）水泥用量越大，含水量越高，表现为水泥浆量越大，坍落度大，收缩越大，所以要避免雨中浇灌混凝土，严禁现场加水。

3）水灰比越大，收缩越大。一般高强度混凝土的水灰比较小，对干燥收缩有利（低水灰比对早期塑性收缩不利），但由于水泥浆料较多以及高效减水剂的作用，比中低强度混凝土收缩大。高强混凝土的徐变偏小，应力松弛偏低，容易开裂。

4）空气中暴露面越大，收缩越大。

5）矿渣水泥收缩比普通水泥收缩大，粉煤灰水泥及矾土水泥收缩较小，快硬水泥收缩较大，矿渣水泥及粉煤灰水泥的水化热比普通水泥低，故应根据结构形式及厚度选择水泥品种。

6）砂岩作骨料，收缩大幅度增加。粗细骨料中含泥量越大收缩越大，抗拉强度越低。

7）早期养护时间越长，收缩越小。保湿养护、避免剧烈干燥能有效降低收缩应力。

8）环境湿度越大，收缩越小，越干燥收缩越大，采取喷雾养护措施、良好的养护对控制裂缝和耐久性都有好处。

9）骨料粒径越粗，收缩越小，粒径越细、砂率越高，收缩越大。

10）水泥活性越高，颗粒越细，比表面积越大，收缩越大。掺合料具有相同性质，超细掺合料和高效减水剂都增加收缩。

11）配筋率越大，收缩越小，构造配筋应细而密，应力集中部位和楼板的四角加强构造配筋，但配筋过大会增加混凝土的拉应力。

12）风速越大，收缩越大，注意高空现浇混凝土。使用养护剂（喷涂法）控制引气剂用量对控制早期塑性收缩有利。

13）外加剂及掺合料选择不当，严重增加收缩。选择适宜可减少收缩，尽可能选择普通减水剂、中效减水剂。

14）环境及混凝土温度越高，收缩越大。应控制入模温度、水化温升、里表温差及降温速率。其中降温速率尤为重要。

15）收缩和环境降温同时发生，对工程更为不利。

16）尽早回填土，尽早封闭房屋和装修对减少收缩有利。

17）泌水量大，表面含水量高，表面失水过快，早期收缩越大。一定量的泌水对早期塑性收缩是有利的。

18）水泥用量较少的中低强度等级，水灰比较小、坍落度较小的混凝土，大部分收缩完成时间约一年，水泥用量较多的高强度混凝土约为2～3年或更长。混凝土最终收缩完成时间约20年。

(2) 超长大体积混凝土施工按照60d和90d强度等级评定的依据是什么?

按照60d和90d强度等级评定的规范依据有：

1)《大体积混凝土施工规范》GB 50496—2009

3.0.2 在大体积混凝土工程除应满足设计规范及生产工艺的要求外，尚应符合下列要求：

1 大体积混凝土的设计强度等级宜在C25～C40的范围内，并可利用混凝土60d或90d的强度作为混凝土配合比设计、混凝土强度评定及工程验收的依据；

2)《混凝土结构工程施工规范》GB 50666—2011

8.7.2 大体积混凝土宜采用后期强度作为配合比、强度评定的依据。基础混凝土可采用龄期为60d（56d）、90d的强度等级；柱、墙混凝土强度等级不小于C80时，可采用龄期为60d（56d）的强度等级。采用混凝土后期强度应经设计单位认可。

3)《粉煤灰混凝土应用技术规范》GBJ 146—90：

第4.1.2条：粉煤灰混凝土设计强度等级的龄期，地上工程宜为28d；地面工程宜为28d或60d；地下工程宜为60d或90d；大体积混凝土工程宜为90d或180d。在满足设计要求的条件下，以上各种工程采用的粉煤灰混凝土，其强度等级龄期也可采用相应的较长龄期。

4)《地下防水技术规范》GB 50108—2001：

第4.1.23条：大体积防水混凝土的施工，应采取以下措施：

1 在设计许可的情况下，采用混凝土60d强度作为设计强度；

2 采用低热或中热水泥，掺加粉煤灰，磨细矿渣粉等掺合料。

5)《高层建筑混凝土结构技术规程》JGJ 3—2010

12.1.11 基础及地下室的外墙、底板，当采用粉煤灰混凝土时，可采用60d或90d龄期的强度指标作为其混凝土设计强度。

6)《超长大体积混凝土结构跳仓法技术规程》DB11/T1200—2015

3.0.2 超长大体积混凝土结构跳仓法的设计和施工除应满足有关的规范及混凝土搅拌生产工艺的要求外，尚应符合下列要求：

1 混凝土设计强度等级宜为C25～C40，地下室底板、外墙宜采用60d或90d龄期的强度指标，并作为混凝土配合比设计、混凝土强度评定及工程验收的依据；

表2-2-1和图2-2-1～图2-2-3是某混凝土搅拌站提供的60d及90d混凝土配合比强度增长曲线百分率和曲线照片。

混凝土强度增长曲线百分率　　表 2-2-1

C30 P8 混凝土强度增长曲线			C40 P8 混凝土强度增长曲线		
龄期	强度	百分率	龄期	强度	百分率
3d	15.2	51%	3d	21.3	53%
7d	28.6	95%	7d	37.8	95%
14d	33.8	113%	14d	44.6	112%
28d	37.6	125%	28d	48.3	121%
60d	42.7	142%	60d	56.0	140%
90d	47.5	158%	90d	63.5	159%

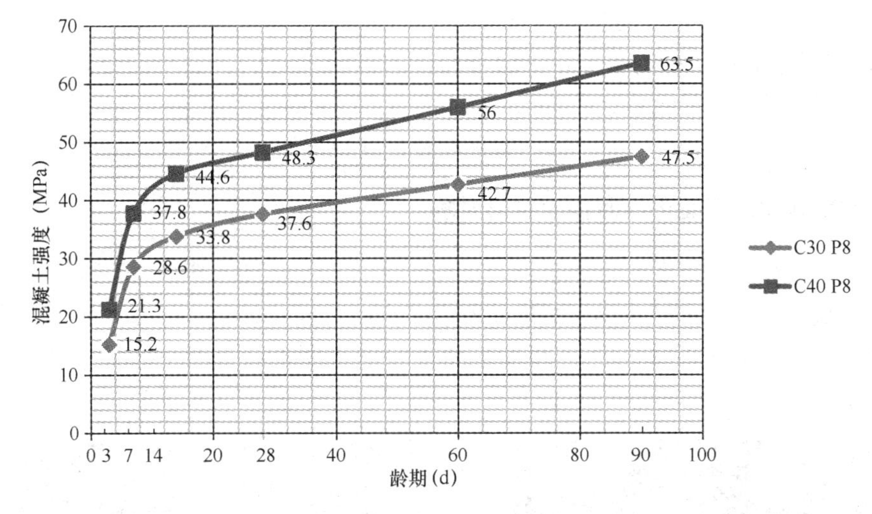

图 2-2-1　某混凝土搅拌站提供的 60d 及 90d 混凝土配合比强度增长曲线

上述资料为某工程 60d、90d 强度报告数据。该工程大体积混凝土按照《普通混凝土力学性能试验方法标准》GB/T 50081 的标准方法提供 90d 强度报告共 35 组，平均强度约 47.44MPa，最高强度 61.3MPa，最低强度 39.9MPa，符合 C40 强度等级评定标准。

跳仓法施工混凝土应利用混凝土的后期强度，根据设计图纸按 60d 或 90d 等级评定。考虑到大体积混凝土的施工及建设周期一般较长的特点，在保证混凝土有足够强度满足使用要求的前提下，规定了大体积混凝土采用 60d 或 90d 的后期强度，这样可以减少混凝土中水泥用量，提高掺合料的用量，以降低大体积混凝土的水化温升。同时可以使浇筑后的混凝土内外温差减小，降温速率控制的难度降低，并进一步降低养护费用。

(3) 严格控制砂石含泥量对控制混凝土裂缝有何意义？

粗骨料的清洁程度对抗拉强度影响显著，与抗压不同，抗拉强度受含泥量的影响极为敏感，故应严格控制含泥量和粉料含量。

随着砂含泥量的增加，混凝土的7d、28d混凝土的抗压、抗折强度明显降低。这是由于砂表面的泥浆的包裹，阻碍了集料与水泥基的粘结，形成强度的薄弱区，降低了水泥基与砂的粘结力，同时黏土杂质会对水泥的水化产生影响，增加了腐蚀破坏作用，从而降低了混凝土的强度。这从混凝土破型试验的试块破裂面可以看出，砂石没有破损，破坏的是水泥基和集料的粘结界面。若在混凝土中出现较大的泥团，其受力破坏点就在泥团处。试验表明，含泥量高的砂拌制混凝土在相同的工作性能情况下要增加用水量。为了保证混凝土强度达到设计要求，就需要增加水泥用量。石子的含泥量对混凝土的变形性能和耐久性能影响较大，表现出随石子含泥量增加，混凝土干缩增加，混凝土抗碳化性能、抗氯离子渗透性能明显降低。这些对混凝土抗裂都是极为不利的。

《超长大体积混凝土结构跳仓法技术规程》DB11/T1200—2015规定：

5.2.3 材料的选择，除应符合国家现行标准《普通混凝土用砂、石质量及检验方法标准》JGJ52的有关规定外，尚应符合下列规定：

1 选用天然或机制中粗砂，级配良好，其细度模数在2.3～3.0的中粗砂，含泥量（重量比）不应大于3%，泥块含量（重量比）不应大于1%；

2 选用质地坚硬，连续级配，不含杂质的非碱活性碎石。石子粒径，地下室底板、内外墙、梁板、地下室梁板宜选用5mm～1.5mm。石子含泥量（重量比）不应大于1%，泥块含量（重量比）不应大于0.5%，针片状颗粒含量不应大于8%。

(4) 粉煤灰的应用对混凝土抗裂控制有何影响?

粉煤灰是一种火山灰质矿物掺合料，是火力发电厂燃煤锅炉排出的烟道灰。粉煤灰是由结晶体、玻璃体以及少量未燃尽的碳粒所组成。现行国家标准为《用于水泥和混凝土中的粉煤灰》GB/T 1596—2005。将粉煤灰和矿粉纳入混凝土第六组分。其颗形貌如图2-2-2所示。

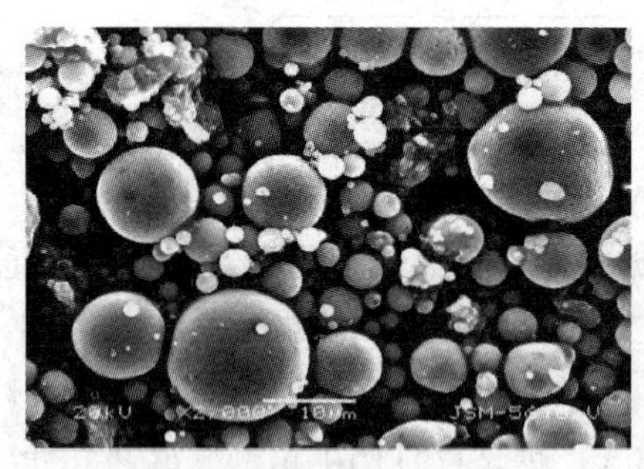

样本1颗粒形貌（×2000）

样本2颗粒形貌（×2000）

图2-2-2 颗粒形貌

粉煤灰在拌制混凝土时有三种效应并产生三种势能，包括形态效应产生的减水势能、火山灰活性效应造成的反应势能、微集料效应造成的致密势能。第一，形态效应：在显微镜下显示，粉煤灰中含有70%以上的玻璃微珠，粒形完整，表面光滑，质地致密。这种形态对混凝土而言，能起到减水作用、致密作用和匀质作用，促进初期水泥水化的解絮作用，改变拌合物的流变性质、初始结构以及硬化后的多种功能，尤其对泵送混凝土能起到良好的润滑作用。第二，活性效应：因粉煤灰系人工火山灰质材料，又称为“火山灰效应”，这一效应能对混凝土起到增强作用和堵塞混凝土中的毛细组织，提高混凝土的抗腐蚀能力。第三，微集料效应：粉煤灰中粒径很小的微珠和碎屑，在水泥中可以相当于未水化的水泥颗粒，极细小的微珠相当于活泼的纳米材料，能明显地改善和增强混凝土及制品的结构强度，提高匀质性和致密性。这三种效应相互关联，互为补充。粉煤灰的品质越高，效应越大。

与基准混凝土相比，掺加粉煤灰可以改善混凝土性能，通过利用其后期强度，降低水泥用量，减少水化热，从而有效实现裂缝控制：

1）混凝土拌合料和易性得到改善。

掺加适量的粉煤灰可以改善混凝土拌合料的流动性、黏聚性和保水性，使混凝土拌合料易于泵送、浇筑成形，并可减少坍落度的经时损失。同时减少混凝土用水量，减少泌水和离析现象。

2）混凝土的温升降低。

掺加粉煤灰后可减少水泥用量（等量取代），且粉煤灰水化放热量很少，从而减少了水化放热量，因此施工时混凝土的温升降低，可明显减少温度裂缝，这对大体积混凝土工程特别有利。

3）混凝土的耐久性提高。

由于二次水化作用，混凝土的密实度提高，界面结构得到改善，同时由于二次反应使得易受腐蚀的氢氧化钙数量降低，因此掺加粉煤灰后可提高混凝土的抗渗性和抗硫酸盐腐蚀性和抗镁盐腐蚀性等。同时由于粉煤灰比表面积巨大，吸附能力强，因而粉煤灰颗粒可以吸附水泥中的碱，并与碱发生反应而消耗其数量。游离碱数量的减少可以抑制或减少碱集料反应。

4）变形减小。

粉煤灰混凝土的徐变低于普通混凝土。粉煤灰的减水效应使得粉煤灰混凝土的干缩及早期塑性干裂与普通混凝土基本一致或略低，但劣质粉煤灰会增加混凝土的干缩。此外，掺有粉煤灰的混凝土具有较小的弹性模量，且能减小混凝土水化热，延缓大体积混凝土水化热峰值的出现，使得最终由温度引起的约束力变小。正是由于粉煤灰掺合料的这一特点，使其广泛应用于泵送混凝土，来改善混凝土的可泵性和抗裂性，防止集料的离析。

粉煤灰会降低混凝土早期的极限抗拉强度，所以粉煤灰对于混凝土的抗裂存在一个最优掺量。粉煤灰在水泥中的允许掺加量为20%～40%，但在混凝土中最大掺量一般不超过35%。大掺量（如达到50%）对混凝土的影响，必须通过试验确定，应利用90d后期强度。掺有粉煤灰的混凝土试验得知，抗裂性较基准混凝土有明显的改善，但对掺量较高对粉煤混凝土应加强养护或采用二次抹面。

(5) 聚羧酸高效减水剂的应用对混凝土抗裂控制有何意义？

减水剂是在维持混凝土坍落度不变的条件下，能减少拌合用水量的混凝土外加剂。减水剂加入混凝土拌合物后对水泥颗粒有分散作用，能改善其工作性，减少单位用水量，改善混凝土拌合物的流动性；或减少单位水泥用量，节约水泥。减水剂的发展分为以下三个阶段：以木钙为代表的第一代普通减水剂阶段、以萘系为主要代表的第二代高效减水剂阶段和目前以聚羧酸盐为代表的第三代高性能减水剂阶段。

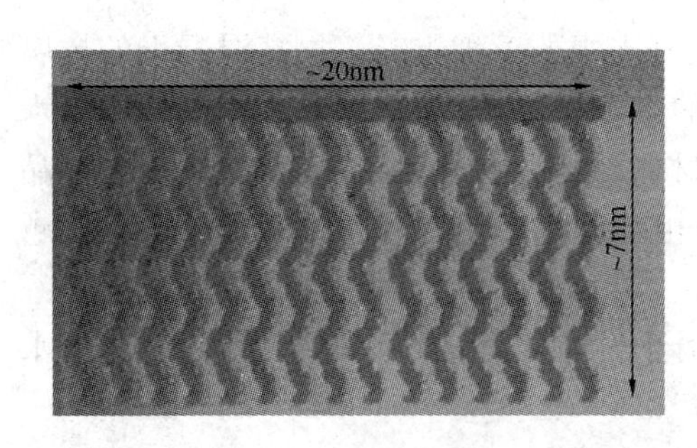

图 2-2-3　聚羧酸系减水剂分子结构

聚羧酸系高性能减水剂（图 2-2-3）与其他减水剂相比有以下优点：

1）掺量小，减水效果好。聚羧酸系减水剂与水泥的适应性较好，掺量为水泥用量的 0.2%～0.3%，仅为萘系减水剂的 1/3，在坍落度相同的条件下，减水率可达 35%以上；很少存在泌水、分层、缓凝等现象。但对于某些适应性不好的水泥品种，需要通过复配缓凝保塑剂或者木钙等第一代普通减水剂的方法来加以解决。

2）增强效果潜力大。在水泥用量与坍落度不变的情况下，早期强度提高 70%以上，28d 强度提高 40%以上。并且在掺加了粉煤灰、矿渣等矿物掺合料后，其增强效果更佳。

3）低收缩，显著提高混凝土的体积稳定性，大大降低结构混凝土的开裂几率。

4）具有一定的引气量，可有效提高混凝土耐久性。

5）总碱含量低。降低了发生碱骨料反应的可能性，提高了混凝土的耐久性。

6）通过掺加聚羧酸系减水剂，可提高矿渣粉或粉煤灰对水泥的替代量，不仅降低了混凝土生产成本，有利于混凝土性能的改善，而且提高了混凝土的绿色环保水平。

7）在生产过程中不产生污染，对自然环境无不利影响。

聚羧酸系高性能减水剂的应用要求：

1）掺量为胶凝材料总重量的 0.4%～2.0%，常用掺量为 0.4%～1.2%；使用前应进行混凝土试配试验，以求最佳掺量。

2）不可与萘系高效减水剂复配使用，与其他外加剂复配使用时也应预先进行混凝土相容性实验。

3）坍落度对用水量的敏感性较高，使用时必须严格控制用水量。

4）注意混凝土表面养护。

(6) 为何在跳仓法施工中不应使用膨胀剂或膨胀型外加剂?

混凝土膨胀剂是指与水泥、水拌合后经水化反应生成水化硫铝酸钙（钙矾石 $C_3A \cdot 3CaSO_4 \cdot 32H_2O$）或氢氧化钙（$Ca(OH)_2$）等，使混凝土产生体积膨胀的外加剂。混凝土膨胀剂分为三类：硫铝酸钙类、硫铝酸钙－氧化钙类和氧化钙类。

在超长大体积混凝土跳仓法施工中不应使用膨胀剂或膨胀型外加剂的原因如下：

1）在超长大体积混凝土施工中，混凝土早期塑性收缩、自生收缩（硬化收缩）是关键问题，而膨胀剂主要补偿温度收缩和干燥收缩，在混凝土塑性阶段生成的钙矾石不会产生有效膨胀，其补偿收缩理论没有考虑水化早期发生的大幅度收缩问题。而当混凝土强度很高的时候生成的钙矾石会导致延迟膨胀而产生“胀裂”，损害混凝土结构，事故教训较多。

2）在超长大体积混凝土施工一般大掺量矿物掺合料，矿物掺合料有抑制膨胀的作用。粉煤灰掺量越大，补偿收缩混凝土的膨胀性越小。在大掺量粉煤灰混凝土中，膨胀剂的效能很低。现有膨胀剂理论不能很好解释大体积大掺量矿物掺合料混凝土中膨胀剂作用机理。

3）掺膨胀剂的混凝土要特别加强养护，除膨胀结晶体钙矾石形成需要 32 单位结晶水，更主要是提供水化反应环境，补偿收缩混凝土浇筑后 1～7d 湿养护，才能发挥混凝土的膨胀效应。如不养护或养护马虎，就难以发挥膨胀剂的补偿收缩作用。对于较薄的底板或楼板较易养护，采取蓄水养护最好，一般用麻袋或草席覆盖，定期浇水养护。对于超厚大体积构件，内部处于绝湿状态，而墙体等立面结构不便保湿养护，膨胀剂补偿收缩的作用不能发挥，容易发生裂缝。多项工程实践表明，施工单位不提供足够的潮湿养护条件，补偿收缩混凝土的效果就不好。

4）钙矾石的膨胀与环境温度很有关系。根据清华大学的研究，补偿收缩混凝土的膨胀性在 30～40℃为最大，超过 60℃后其膨胀性远低于常温下膨胀性。而对于大体积混凝土，其内部温升较大，膨胀剂的作用难以发挥。

膨胀剂非"一掺就灵"的万能产品，目前工程应用中发现许多"掺加膨胀剂就裂，不掺膨胀剂反而不裂"的现象，既与膨胀剂本身质量有关，更重要的是不顾工程实际条件与其应用原理，盲目依赖膨胀剂抗裂、盲目扩大使用膨胀剂范围有关。可以明确地说，在超长大体积混凝土中是不适宜使用膨胀剂或任何目前市场中同样原理的膨胀剂型外加剂，故在《超长大体积混凝土跳仓法技术规程》DB11/T 1200—2015 中规定不得使用。

(7) 为何跳仓法施工要严格控制混凝土强度等级不得超出设计强度的 30%？

在工程实践中，混凝土实际强度等级往往大幅超过设计强度等级。当混凝土实际强度等级较高时，就意味着胶凝材料用量较大，产生的水化热也较大，而导致混凝土收缩较大。

《混凝土结构工程施工规范》GB 50666—2011 等规范只对配制强度等级的下限有规定，即 $\xi_{配} \geqslant \xi_{等} + t\sigma$，不设强度上限，是混凝土易出现裂缝的原因之一。《超长大体积混凝土跳仓法技术规程》DB 11/T 1200—2015 规定设置上限不应超过 30%，是混凝土配合比管理细化的要求，通过优化配合比，控制"骨灰比"，避免水泥用量过多、粗骨料用量过少，把混凝土配置强度控制在 $[\xi_{等} + t\sigma,\ 1.3\xi_{等}]$ 区间，是控制混凝土裂缝的有效措施。

(8) 在跳仓法施工中控制混凝土坍落度 120～160mm 有何意义？

在保证混凝土的强度和耐久性、满足混凝土拌合物可泵性条件下，拌合物坍落度越小，混凝土收缩越小，有利于裂缝控制。

混凝土坍落度取决于混凝土中水泥用量、骨料成分、细骨料比例、水灰比、单位用水量。单位用水量是混凝土拌合物流动性的决定因素，水泥用量越大，含水量越高，表现为水泥浆量越大，坍落度大，收缩越大。而水灰比越大，坍落度大，收缩也越大。所以应采取措施尽量降低混凝土单位用水量，并采取较低的水灰比。从抗裂的角度，坍落度越小，越有利于裂缝控制。

混凝土坍落度对混凝土的可泵性非常重要。坍落度过小，阻力增加，易堵管，泵送压力高；在一定范围内随着坍落度的提高，泵送效率随之提高，泵送压力损失减小；但坍落度过大，混凝土易离析也易堵管。可泵送混凝土坍落度范围为 6～23cm，一般控制在 8～18cm，《超长大体积混凝土跳仓法技术规程》DB11/T 1200—2015 要求控制在 14cm±2cm，其可泵性良好。不应为追求泵送效率而盲目扩大坍落度，牺牲质量。

(9) 夏季和冬季控制混凝土入模温度的措施有哪些?

夏季混凝土入模温度宜控制在30℃，冬季混凝土入模温度不应低于5℃。炎热天气浇筑混凝土时，宜采用遮盖、洒水、拌冰屑等降低混凝土原材料温度的措施。混凝土浇筑后，应进行保湿养护；宜避开高温时段浇筑混凝土。

在夏季施工时，当昼夜平均气温高于30℃时，应对原材料、搅拌站、运输设备等作以下要求：

1）搅拌站对水泥、砂、石的储存仓、堆料场进行遮阳和防晒处理，并在砂石堆上喷水降温，以降低原材料进入搅拌机的温度。

2）采用冷却装置冷却拌合水，对水管及水箱进行遮阳和隔热处理，同时在拌合水中加碎冰作为拌合水的一部分。

3）水泥进入搅拌机的温度必须小于40℃。

4）混凝土施工中因考虑坍落度损失较大，可加一定量减水剂和粉煤灰取代部分水泥，以减少水泥用量。

5）搅拌站的料斗、储水器、皮带运输机、搅拌楼等加遮阳棚，以免被太阳暴晒，同时可以用水化热较低的水泥生产混凝土。

6）混凝土生产时，在棚内或气温较低的时间或夜间搅拌混凝土，以保证混凝土的入模温度不高于30℃。混凝土运输时，采用罐车进行运输，尽量缩短运输时间，但严禁在运输过程中任意加水。

综合以上方法，降低混凝土入模温度的主要措施有：①用冷水或冰水；②冷却水泥温度；③用冷水喷洒浸泡或冷风降低骨料温度；④对搅拌和运输设备进行遮阳隔热处理；⑤夜间浇筑。

当连续3d日平均气温低于5℃或最低气温低于－3℃时，应按冬期施工措施进行施工。

1）为保证混凝土出机温度，应对拌合水或骨料进行加热或预热，但拌合水不能太热，以避免和混凝土中的水泥发生速凝或假凝现象。为避免发生速凝或假凝现象的发生，拌合混凝土时，加热水与骨料先进行拌合均匀后，再加水泥进行拌合，拌合水温度应小于70℃。

2）骨料加热前可用帆布进行覆盖，加热时用热水管或蒸气水进行喷射、保温，以保证混凝土的出机温度。

3）混凝土的出厂温度，搅拌站必须控制在8℃以上。当混凝土的出厂温度低于8℃时，应对拌合用水进行加热，使混凝土的出厂温度高于8℃。如对拌合用水加热不能满足混凝土的出厂温度时，那么对砂和石子用热水管或蒸气水进行加热，并用帆布覆盖保温。同时对运输罐车用棉被进行覆盖保温，以确保混凝土的出场温度。如还不能满足混凝土出场温度时，只有停止生产混凝土，以待气温回升时才能生产混凝土。

(10) 混凝土运输过程中坍落度损失可以采取哪些补救措施?

预拌混凝土运到工地后，90min内要求用完，时间越长，坍落度损失越大，将影响混凝土质量。因此，施工单位在使用前必须做好施工准备工作。预拌混凝土搅拌车到达工地后，严禁往罐车内加水。若到达后时间不长，混凝土坍落度小，不符合交货验收要求，可由搅拌站试验室人员添加适量同类型高效减水剂进行调整，搅拌均匀后可以继续使用。若到达工地后混凝土坍落度过大，超出交货验收的坍落度要求，施工单位进行退货，双方对坍落度有争议时以现场实测的坍落度值为准。预拌混凝土胶凝材料多、砂率较高、坍落度较大，特别是泵送混凝土坍落度在 14～18cm 以上，混凝土流动性好，容易密实，所以在浇捣时不须强力振捣，振捣时间宜在 10～20s，否则混凝土表面浮浆较多，容易产生收缩裂缝。若振捣后浮浆层厚，可于混凝土初凝前在表面撒一层干净的碎石，然后压实抹平。

3 设计要点十问

(1) 温度收缩后浇带和沉降后浇带在哪些条件下可以取消？取消沉降后浇带的设计依据是什么？

对于地下室超长大体积混凝土结构按照跳仓法施工并采取相应技术措施，可以取消温度收缩后浇带。

对于沉降后浇带，按照《北京地区建筑地基基础勘察设计规范》DBJ11—501—2009第8.7节要求，当满足下列条件时，可以不设置沉降后浇带。该规范相关条文如下：

4.1.7 主楼结构与裙房或地下车库结构在地下部分连成整体的基础，设计单位应进行地基变形验算，当满足下列规定之一时，可取消设置沉降后浇带：

1 主楼、裙房或地下车库的基础均采用桩基，并经计算相邻柱基不均匀沉降值小于$2L/1000$，L为相邻柱基中心距离；

2 主楼、裙房或地下车库的基础埋置深度较深，地基持力层为密实的高承载力、低压缩性土，压缩模量大，且基底的附加压力小于土的原生压力，各自的基础沉降量很小，经计算主楼与裙房相邻柱基不均匀沉降值小于$2L/1000$，L为相邻柱基中心距离；

3 主楼基础采用桩基或复合地基，裙房或地下车库采用筏形基础的天然地基，经计算最终相邻柱基不均匀沉降值小于$2L/1000$，L为相邻墙、柱基中心距离。

4.1.8 多层、高层主楼的基础为桩基或复合地基，裙房或地下车库基础采用独立桩基抗水板，主楼结构与裙房或地下车库结构连成整体，经设计单位验算多层、高层主楼的柱、墙基础中心与相邻裙房或地下车库柱基础的沉降量，其沉降差值小于两者中心距离L的2/1000时，可不设置沉降后浇带。

(2) 为取消沉降后浇带，在基础设计选型时可以采取哪些设计措施？

设置沉降后浇带的目的，是为控制相邻建筑高度不等的基础、主楼与裙房或地下车库之间的差异沉降而可能产生结构构件附加内力和裂缝。工程实践表明，在基础设计时，为减少主楼建筑沉降量和使裙房或地下车库的沉降量不致过小，采取《超长大体积混凝土结构跳仓法技术规程》DB11/T 1200—2015所规定的措施，可不设置沉降后浇带。关于减少主楼沉降量及使裙房或地下车库的沉降量不致过小应采取的措施，可参考《北京地区建筑地基基础勘察设计规范》DBJ11—501—2009第8.7节中规定：

减少高层建筑沉降的措施有：

1）地基持力层应选择压缩性较低的一般第四纪中密及中密以上的砂土或砂卵石土，其厚度不宜小于4m，并且无软弱下卧层。

2）适当扩大高层部分基础底面面积，以减少基础底面的基底反力。

3）当地基持力层为压缩性较高的土层时，高层建筑下可采用复合地基等地基处理方法或桩基础，以减少高层部分的沉降量。裙房可采用天然地基，或高层主楼与裙房采用不同直径、长度的桩基础，以减少沉降差。

使裙房基础沉降量接近主楼基础沉降量，可采取下列措施：

1）裙房基础埋置深度，可小于高层建筑的埋置深度，以使裙房地基持力层的压缩性大于高层地基持力层的压缩性（如高层地基持力层为较好的砂土，裙房地基持力层为一般黏性土）。

2）裙房采用天然地基，高层主楼采用桩基础或复合地基。

3）裙房基础应尽可能减小基础底面面积，不宜采用筏形等满堂基础，以柱下独立基础或条形基础为宜，并考虑主楼基底压力的影响。有防水要求时可采用另加防水板的方法，此时防水板下宜铺设一定厚度的易压缩材料。

（3）施工缝钢板止水带应如何设置？

施工缝部位是防水混凝土防水的薄弱环节，增加止水钢板后，水沿着新旧混凝土接茬位置的缝隙渗透时碰见止水钢板即无法再往里渗，止水钢板起到了切断水渗透路径的作用。即使沿着止水钢板与混凝土之间的缝隙渗透，止水钢板有一定宽度，也延长了水的渗透路径，同样可以起到防水作用。《超长大体积混凝土结构技术规程》DB11/T1200—2015 对底板、外墙施工缝钢板止水带的设置作出规定，见第 6.1.5 条和第 4.2.3 条。具体条文如下：

6.1.5 底板与外墙、底板与底板施工缝应采取钢板防水措施，施工缝处采用 Φ6 双向方格（80mm×80mm）骨架，用 20 目钢丝网封堵混凝土。设止水钢板时骨架及钢板网上、下断开，保持止水钢板的连续贯通。底板与外墙施工缝做法详见图 4.2.3，底板留施工缝详见图 6.1.5。

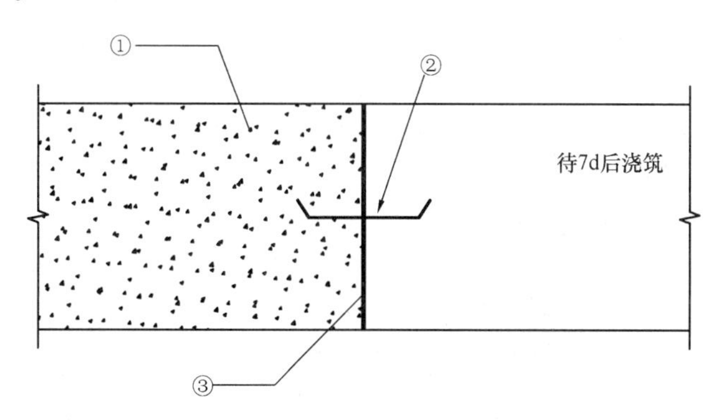

图 6.1.5 基础底板施工缝

①已浇筑混凝土；②止水钢板必须上翘；

③Φ6 或 Φ8 钢筋骨架，先浇侧绑扎 20 目钢丝网

4.2.3 地下室外墙在距基础底板上皮不小于 500mm 截面留施工缝，在接缝处设钢板止水带（图 4.2.3）。

底板施工缝止水钢板必须上翘开口向上，防止开口向下混凝土浇捣时气泡积聚，不易排出。当基础底板≤600mm 时，止水钢板设置在板厚中部；当基础底板＞600mm 时，设置在靠近板底 300mm 高度位置。

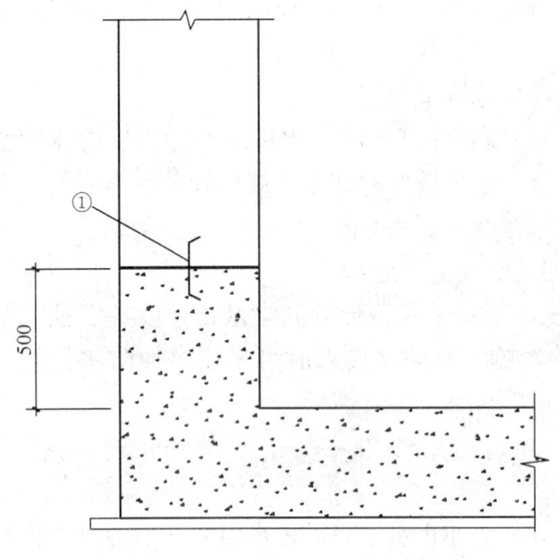

图 4.2.3　外墙与基础底板留施工缝
①—钢板止水带

(4) 地下室墙体与顶板间水平施工缝应采取何种止水措施?

在地下室墙体与顶板间水平施工缝可以采取橡胶膨胀止水条。

1）有预留槽的粘贴方式。在先浇混凝土中需预留上止水条安放槽（可在模板中钉木条预留）。拆除先浇混凝土模板后，清除表面，使缝面无水，干净，无杂物。

2）将止水条嵌入预留槽内。如不预留槽，对垂直缝可加用胶粘剂全长粘贴，或用水泥钉加木条固定止水条；对水平缝可直接粘贴于混凝土表面。止水条粘贴以后应尽快浇筑混凝土。在安装粘贴过程中，应防遇水膨胀止水条受污染和受水的作用膨胀，以免影响使用效果。

3）止水条预置于混凝土施工缝、后浇缝的界面上，二次浇筑混凝土后（即被混凝土包裹的状态下）遇水膨胀能彻底堵塞、阻隔渗漏水源。膨胀倍率高，移动补充性强。置于施工缝、后浇缝的该止水条具有较强的平衡自愈功能，可自行封堵因沉降而出现的新的微小裂隙。

(5) 超长大体积混凝土结构外部约束有哪些，在硬质岩石类地基上的超长大体积混凝土施工时可采取哪些技术措施?

大体积混凝土结构外部约束是指：模板、地基、桩基和已有混凝土等外部约束。从各种地基对基础约束的水平阻力系数 C_x 数据可知，岩石混凝土对基础的约束是黏土约束的50～100倍，在基岩上浇筑大体积混凝土板更容易开裂。所以，在超长大体积混凝土结构施工中需要考虑硬质岩石地基对它的约束，宜在混凝土垫层上设置滑动层，以消除这些外部约束的影响。滑动层构造可采用一毡二油或一毡一油（夏季），如图 2-3-1 所示。

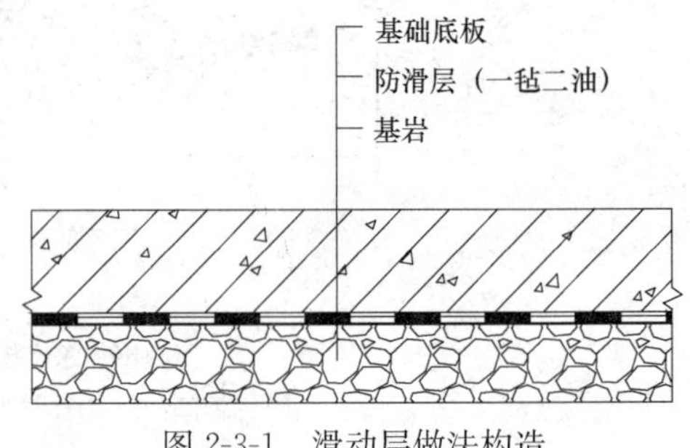

图 2-3-1　滑动层做法构造

(6) 独立柱基抗水板结构有哪些受力特点和构造要求?

1）独立柱基抗水板结构

独立柱基抗水板基础（见图 2-3-2）是一种在国家规范中尚无规定，但在许多实际工程中采用的结构类型。这种形式可有效地控制主楼与裙房或地下车库基础之间的差异沉降，传力明确且工程费用低。

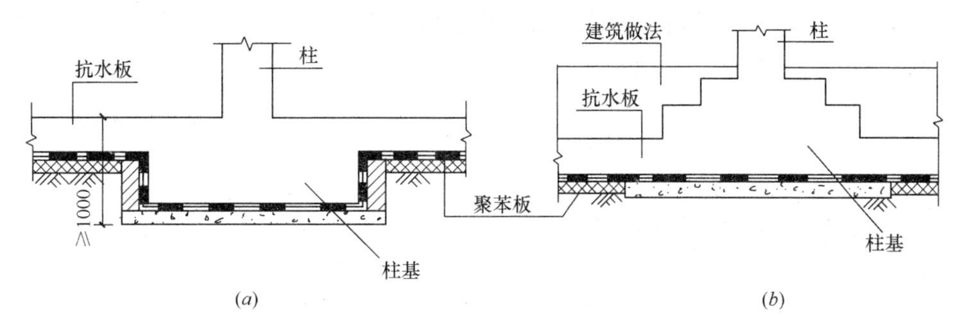

图 2-3-2　独立柱基抗水板

2）受力特点

① 在独立柱基抗水板基础中，抗力板只用作抗水，不考虑中一般筏板传递荷载给地基。独立柱基承担全部结构重量并考虑水浮力的影响。

② 作用在抗水板上的荷载有地下水浮力 q_w，抗水板自重 q_s 及其上建筑做法重量 q_s。受力有两种情况：a. 当 $q_w \leqslant q_s + q_s$ 时（均为荷载效应基本组合设计值），建筑物的重量（包括抗水板）将全部由独立柱基传给地基［见图 2-3-5（*a*）］；b. 当 $q_w \geqslant q_s + q_s$ 时，抗水板承受水浮力，独立柱基底面的地基反力将因为水浮力而减少（此时应按最低水位时柱基底面反力减去水托力后仍应小于地基承载力）［见图 2-3-5（*b*）］。

③ 在独立柱基抗水板基础中，抗水板是一种复杂板类构件，当 $q_w \geqslant q_s + q_a$ 时，将水压净浮力［$q_w -（q_s + q_a）$］向上传给独立柱基。当抗浮水头低于抗水板底时，荷载 $q_s + q_a$ 及抗水板上方的使用活荷载向下传给独立柱基。

3）构造要求

① 独立柱基抗水板的混凝土强度宜取 C30～C40，为控制裂缝不宜大于 C40。

② 为了使抗水板不承受地基反力，又能约束柱基周围的土，在其下部铺设的聚苯板（见图 2-3-2 和图 2-3-3）的厚度既不能太厚也不能太薄，当密度为 $15\mathrm{kg/m^3}$ 时，压缩厚度可达 60%（聚苯板厚度 50mm 可压缩成 20mm），所需厚度应根据柱基与主楼基础差异沉降值达到规范要求确定，并应注意柱基及主楼基础计算得到的沉降值乘以系数 0.5～0.6 后来确定实际差异沉降值。

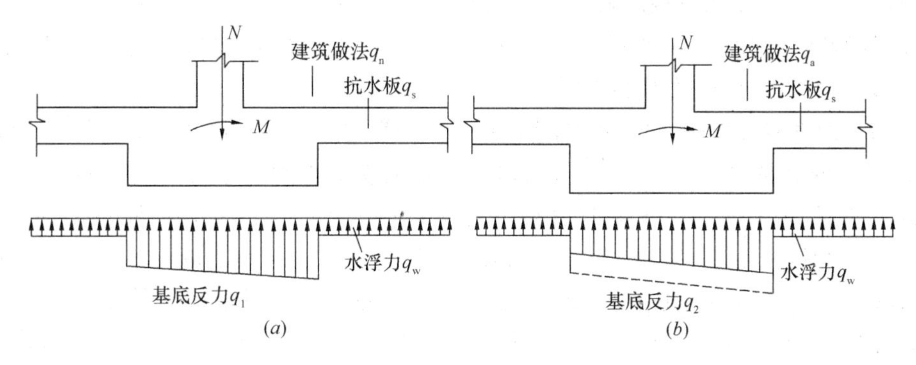

图 2-3-3　受力特点

③ 抗水板上部钢筋在独立柱基范围拉通，下部钢筋在独立柱基边按搭接长度伸入柱

基内，柱基下部钢筋在柱基边上弯锚入抗水板按搭接长度（也可按柱下板带支座弯矩变化在基底截断一半），如图 2-3-4 所示。

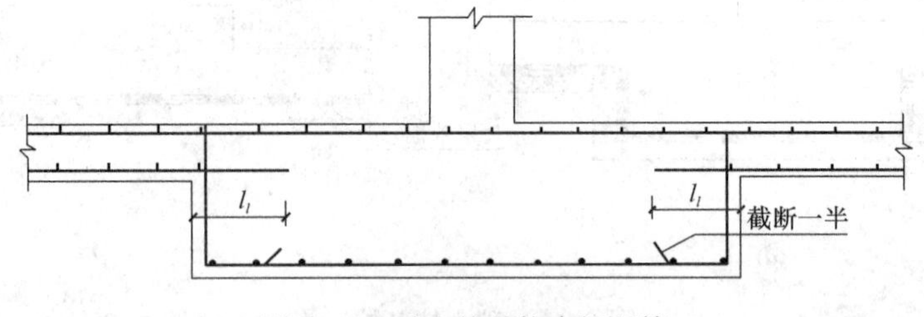

图 2-3-4　独立柱基抗水板配筋

④ 抗水板与地下室外墙相连支座，可按固端与外墙整体计算。柱下板带在外墙不设扶壁柱及柱基，沿外墙边可不设柱下板带，按平行外墙的边跨跨中板带配筋延伸到墙边。

⑤ 独立柱基抗水板有如图 2-3-2 所示两种构造。由于目前地下车库工程中，因为使用中不准冲洗汽车及考虑卫生条件，不再设置排水沟而在抗水板上直接做 50mm 厚细石混凝土随浇随抹建筑面层，如果抗水板上设较厚（一般为 400mm）做法，增加了基坑护坡、土方、墙高、回填材料及施工工期，将增大综合造价，因此不宜采用图 2-3-2（*b*）所示方案，而常采用图 2-3-2（*a*）所示方案。

⑥ 抗水板是一种面形构件，目前没有计算裂缝的方法，可不计算裂缝，与人防等效荷载组合时更没必要计算。

(7) 如何配置构造钢筋，以控制因温度和收缩可能产生的裂缝?

混凝土结构配筋除应满足结构承载力和设计构造要求外，还应结合超长大体积混凝土结构的施工方法配置控制因温度和收缩可能产生裂缝的构造钢筋。

外墙竖向钢筋与底板连接构造按照《超长大体积混凝土结构跳仓法技术规程》第 4.2.4～4.2.7 条的规定执行。规程具体条文内容如下：

4.2.4　地下室外墙承载力计算简图应根据工程具体支撑条件确定。当地下室层高不大，沿水平方向多数不是混凝土墙体支撑时，地下室外墙承载力计算可按竖向单向板，在楼板处按铰支座，与基础底板按固接。底板上下钢筋可伸至外墙外侧边，端部可不设弯钩，外墙外侧竖向钢筋在基础底板弯成直段，其长度按搭接长度与底板钢筋相连接（图 4.2.4）。外墙裂缝计算应按偏心受压构件。

4.2.5　地下室外墙的竖向和水平钢筋除按计算确定外，竖向分布钢筋的配筋率不宜小于 0.3%，外墙厚度不大于 600mm 时水平分布钢筋最小配筋率宜 0.4%～0.5%，钢筋直径宜细，间距不大于 150mm，且宜在竖向钢筋的外侧，内外侧水平钢筋拉结钢筋直径可为 6mm，间距不大于 600mm 梅花形布置，人防外墙时拉结钢筋间距不大于 500mm。

4.2.6　无地上房屋的地下车库，外墙不宜设扶壁柱。当外墙设有扶壁柱时，在附壁柱处沿竖向原有水平分布钢筋间距之间增加直径 8mm、长度为柱每边伸出 800mm 的附加钢筋（图 4.2.6）。

4.2.7　地下室外墙与基础底板交界处可不设置基础梁或暗梁，除上部为剪力墙外，地下室仅有一层时的外墙顶部宜配置两根直径不小于 20mm 的通长构造钢筋。

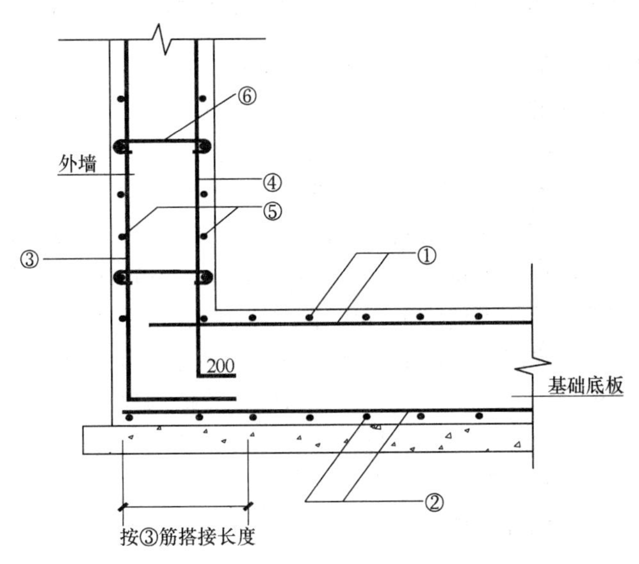

图 4.2.4　外墙竖向钢筋与底板连接构造
①基础底板上部钢筋②基础底板下部钢筋③外侧竖向分布钢筋
④内侧竖向分布钢筋⑤水平分布钢筋 ⑥拉结钢筋

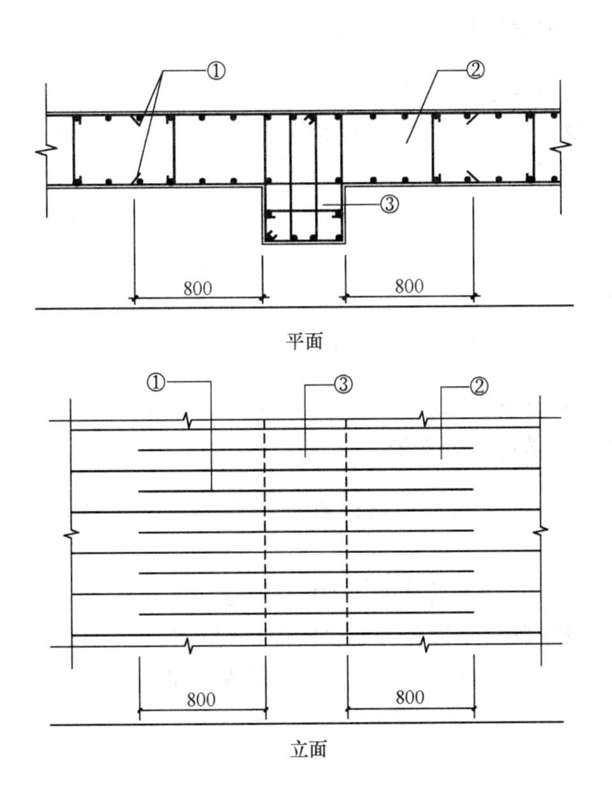

图 4.2.6　外墙扶壁柱旁附加钢筋
①附加水平分布钢筋　②外墙　③扶壁柱

（8）基础底板、地下室外墙、地下室楼板的混凝土强度等级宜控制在什么范围？

基础底板的混凝土强度等级宜不高于 C40，并可按《高层建筑混凝土结构技术规程》规定采用 60d 或 90d 龄期的强度指标。高强度混凝土水化热及收缩偏大，徐变偏小，应力松弛效应偏小，为控制裂缝，混凝土强度等级不应过高。

地下室外墙的厚度应不小于 250mm，混凝土强度等级宜采用 C25～C35，地下室内部墙体及柱子的混凝土强度等级根据结构设计需要确定，可采用 60d 龄期的强度指标。有的工程地下室外墙有上部结构的承重柱，此类柱在首层为控制轴压比，混凝土的强度等级较高，因此在与地下室外墙顶交界处应进行局部受压的验算，柱进入墙体后其截面面积已扩大，形成附壁柱，当墙体混凝土采用低强度等级，其轴压比及承载力一般也能满足要求。同时，地下室外墙的混凝土养护难度大，控制裂缝比其他构件困难，而混凝土强度等级高时，更不易控制混凝土裂缝。因此，混凝土强度等级宜低不宜高，不论多层建筑还是高层建筑的地下室外墙，承受轴向压力、剪力对混凝土的强度等级不需要太高，土压、水压作用下按偏压构件或按弯曲构件计算，混凝土强度等级高低对配筋影响很小，所以混凝土强度等级宜采用 C25～C35。

地下室楼盖混凝土强度等级一般不应大于 C35。当强度等级大于 C35 时可采用 60d 强度。

（9）采用跳仓法施工，取消温度收缩后浇带和沉降后浇带，需经怎样的工作程序？

地下室结构设计已设置了温度收缩后浇带时，可由施工单位或监理单位提出合理化建议，并由施工单位编制跳仓法施工方案，经设计单位同意，必要时组织专家论证，可以取消温度收缩后浇带，采用跳仓法施工。

地下室结构设计已设置了沉降后浇带时，可由施工单位或监理单位提出合理化建议，并由施工单位编制跳仓法施工方案，经设计单位对后浇带两侧相邻柱基间沉降差进行复核验算，必要情况下优化基础设计或采取加强措施，必要时组织专家论证，可以取消沉降后浇带采用跳仓法施工。施工过程中加强沉降观测。

（10）地下室结构施工中已设置温度收缩后浇带和沉降后浇带，如何按照跳仓法理论采取设计和施工措施尽早封闭后浇带？

可以把后浇带作为单独仓对待，可以在温度收缩后浇带两侧混凝土浇筑 7d 后进行封闭。

在沉降后浇带封闭时，由于后浇带两侧混凝土已浇筑完毕，不便再进行构造加强处理，所以应进行沉降观测数据分析，再结合沉降两侧相邻柱基间沉降差进行复核验算，如满足地基基础设计规范要求，则可以提前封闭沉降后浇带。

4 计算要点十问

(1) 大底盘高层建筑相邻柱基的不均匀沉降差如何计算?

大底盘高层建筑的沉降分析应分两阶段进行：沉降后浇带封闭前，应根据沉降后浇带设置位置，按几个分块独立建筑，考虑其相互影响，按《建筑地基基础设计规范》GB 50007—2011 的方法计算其变形；沉降后浇带封闭后，应按大底盘结构－基础－地基共同作用进行沉降分析。

在两阶段沉降分析的基础上进行相邻柱基的不均匀沉降差计算。

(2) 超长大体积混凝土配合比计算有哪些要点?

超长大体积混凝土宜采用“双掺”（掺加粉煤灰、高效减水剂）的中低强度混凝土。超长大体积混凝土配合比应按照现行国家标准《大体积混凝土施工规范》GB 50496—2009、《普通混凝土配合比设计规程》JGJ 55—2011 和北京市地方标准、《超长大体积混凝土结构跳仓法技术规程》DB11/T 1200—2015 规定，主动控制水胶比、单位用水量、矿物料掺合量和砂率。

以配制掺加粉煤灰、减水剂的 C30 混凝土为例，按质量法对初步配合比计算方法示例如下：

1）确定混凝土配制强度 $f_{cu,0}$

根据设计要求混凝土强度 $f_{cu,k}=30$MPa，无历史统计资料时，查表得，标准差 $\sigma=5.0$MPa，按下列公式计算混凝土配制强度：

$$f_{cu,0}=f_{cu,k}+1.645\times\sigma=30+1.645\times5=38.2\text{MPa}$$

2）计算水胶比（W/B）

①计算水泥水泥 28d 胶砂抗压强度（f_{ce}）

$$f_{ce}=\gamma_c\times f_{ce,g}=1.6\times42.5=49.3\text{MPa}$$

式中：γ_c——水泥强度等级值的富余系数，可按实际统计资料确定；当缺乏实际统计资料时，也可按《规程》表 5.1.4 选用；

$f_{ce,g}$——水泥强度等级值（MPa）。

② 计算胶凝材料 28d 胶砂抗压强度值（f_b）

$$f_b=1.1\gamma_f\gamma_s f_{ce,g}=1.1\times0.65\times1.00\times49.3=35.25\text{MPa}$$

③ 计算水胶比

$$W/B=\frac{\alpha_a\times f_b}{f_{cu,0}+\alpha_a\times\alpha_b\times f_b}=\frac{0.53\times35.25}{38.2+0.53\times0.20\times35.25}=0.45$$

3）确定单位用水量（m_{w0}）和减水率 β

根据混凝土的施工要求，混凝土拌合物坍落度为 140mm±20mm，碎石最大粒径为

31.5mm，确定混凝土单位用水量为：$m_{w0}=170kg/m^3$，在保证混凝土工作性的条件下掺加高效抗减水剂。用水量 m_{w0}（未掺外加剂时推定的满足实际坍落度要求的每立方米混凝土用水量，以《规程》表5.2.1-2中90mm坍落度的用水量为基础，按每增大20mm坍落度相应增加$5kg/m^3$用水量来计算）为：

$$m'_{w0}=205+(140-90)/20\times5=212.5kg/m^3$$

每立方米流动性或大流动性混凝土的用水量（m_{w0}）：

$$m_{w0}=m'_{w0}(1-\beta)$$

式中：β——外加剂的减水率（%），应经混凝土试验确定。

$$\beta=1-m_{w0}/m'_{w0}=1-170/212.5=20\%$$

4）每立方米混凝土的胶凝材料用量（m_{b0}）按下式计算：

$$m_{b0}=\frac{m_{w0}}{W/B}=170/0.45=377kg/m^3$$

5）每立方米混凝土的矿物掺合料掺量β_f

$$m_{c0}=220kg/m^3$$

$$m_{f0}=377-220=152kg/m^3$$

$$\beta_f=m_{f0}/m_{b0}=152/377=40\%$$

6）确定砂率：

根据碎石最大料径31.5mm，且水胶比为0.45，选定混凝土砂率为：$\beta_s=35\%$

7）采用质量法计算粗、细集料单位用量（m_{g0}、m_{s0}）

$$m_{f0}+m_{c0}+m_{g0}+m_{s0}+m_{w0}=m_{cp}$$

$$\beta_s=\frac{m_{s0}}{m_{g0}+m_{s0}}\times100\%$$

式中　m_{f0}——每立方米混凝土的粉煤灰用量，$m_{f0}=152kg$；

m_{c0}——每立方米混凝土的水泥用量，$m_{c0}=220kg$；

m_{g0}——每立方米混凝土的粗骨料用量（kg）；

m_{s0}——每立方米混凝土的细骨料用量（kg）；

m_{w0}——每立方米混凝土的用水量，$m_{w0}=170kg$；

β_s——砂率，$\beta_s=35\%$；

m_{cp}——每立方米混凝土拌合物的假定质量（kg），可取2350～2450kg，假定$m_{cp}=2400kg$。

代入公式可得：$152+220+m_{g0}+m_{s0}+170=2400kg$

$$m_{s0}/(m_{g0}+m_{s0})\times100\%=35\%$$

解之得：$m_{s0}=650kg/m^3$；$m_{g0}=1208kg/m^3$

混凝土初步配合比为：

$$m_{f0}:m_{c0}:m_{s0}:m_{g0}:m_{w0}=152:220:650:1208:170$$
$$=0.69:1:2.95:5.49:0.77$$

8）在计算配合比的基础上进行试拌。宜在水胶比不变、胶凝材料用量和外加剂用量合理的原则下调整胶凝材料用量、外加剂用量和砂率等，直到混凝土拌合物性能符合设计和施工要求，然后提出试拌配合比。

9）在试拌配合比的基础上，进行混凝土强度试验。按《早期推定混凝土强度试验方法标准》JGJ/T 15 规定，早期推定混凝土强度，用于配合比调整，但最终应满足标准养护 28d 或设计规定龄期的强度要求。

（3）超长大体积混凝土采用跳仓法施工进行混凝土配合比设计时的配制强度如何确定？

超长大体积混凝土采用跳仓法施工时，混凝土配制强度等级不得超出设计强度的 30%，并应符合下列规定：

确定配制强度应重视标准差的合理性。当混凝土的设计强度等级小于 C60 时，其配制强度用下式计算：

$$\xi_{配} \geqslant \xi_{等} + t\sigma \text{ 或 } \xi_{cu,0} \geqslant \xi_{cu,k} + t\sigma$$

式中：$\xi_{配}$ [$\xi_{cu,0}$] ——配制强度（MPa）；

$\xi_{等}$ [$\xi_{cu,k}$] ——混凝土抗压强度等级（MPa）；

σ——标准差（MPa）；

t——系数，与合格概率相对应。

当没有近期的同品种混凝土强度资料时，其混凝土强度标准差 σ 可按表 2-4-1 取用。

标准差 σ 参考值表 **表 2-4-1**

抗压强度等级	≤C20	C25～C45	C50～C55
标准差（MPa）	4	5	6

注：该取值按照《普通混凝土配合比设计规程》JGJ 55—2011 表 4.0.2 进行了调整，这些取值与目前实际控制水平的标准差比较，是偏于安全的。

t 值参考值见表 2-4-2。

t 值参考值表 **表 2-4-2**

t 值	1.645	1.75	1.88	2.05	2.33
合格概率（%）	95	96	97	98	99

注：t 值取 1.645，保证率 95%，不宜任意提高。

以上规定要求混凝土配置强度控制在 [$\xi_{等}+t\sigma$，$1.3\xi_{等}$] 区间。举例：设计强度等级 C40，其配制强度等级下限 40+1.645×5=48.2MPa，上限为 1.3×40=52MPa，即配制强度等级应控制在 [48.2，52]。

（4）如何依据鲍罗米公式确定适宜跳仓法施工的混凝土水胶比？

鲍罗米（Bolomy）公式表明了混凝土的强度与灰水比成线性，也称之为灰水比强度公式。此经验公式广泛应用于普通混凝土设计。水胶比是混凝土的用水量与所有胶凝材料（包括水泥、粉煤灰、矿粉、硅灰等）的比值（质量比）。依据《普通混凝土配合比设计规范》JGJ 55，依据混凝土供应厂家多年积累数据，参照鲍罗米公式，确定水胶比。《超长大体积混凝土结构跳仓法技术规程》建议值：0.40～0.45。

鲍罗米公式：当混凝土强度等级小于 C60 时，根据试配强度和使用的水泥强度等级、砂的种类，有如下关系式：

$$\frac{W}{B}=\frac{\alpha_a \cdot f_b}{f_{cu,0}+\alpha_a \cdot \alpha_b \cdot f_b}$$

式中：α_a、α_b——回归系数；

f_b——胶凝材料（水泥与矿物掺合料按使用比例混合）28d胶砂抗压强度（MPa），可实测。试验方法应按现行国家标准《水泥胶砂强度检验方法（ISO法）》GB/T 17671执行；当无实测值时，可按下列规定确定：

1）根据3d胶砂强度或快测强度推定28d胶砂强度关系式推定f_b值；

2）当矿物掺合料为粉煤灰和粒化高炉矿渣粉时，可按下式推算f_b值：

$$f_b=1.1\gamma_f\gamma_s f_{ce,g}$$

式中：γ_f、γ_s——粉煤灰影响系数和粒化高炉矿渣粉影响系数，可按表2-4-3选用；

$f_{ce,g}$——水泥强度等级值（MPa）。

粉煤灰影响系数 γ_f 和粒化高炉矿渣粉影响系数 γ_s **表2-4-3**

掺量（%）	粉煤灰影响系数 γ_f	粒化高炉矿渣粉影响系数 γ_s
0	1.00	1.00
10	0.90～0.95	1.00
20	0.80～0.85	0.95～1.00
30	0.70～0.75	0.90～1.00
40	0.60～0.65	0.80～0.90
50	—	0.70～0.85

注：1. 本表应以P·O42.5水泥为准。如采用普通硅酸盐水泥以外的通用硅酸盐水泥，可将水泥混合材掺量20%以上部分计入矿物掺合料。
2. 宜采用Ⅰ级或Ⅱ级粉煤灰；采用Ⅰ级灰宜取上限值，采用Ⅱ级灰宜取下限值。
3. 采用S75级粒化高炉矿渣粉宜取下限值，采用S95级粒化高炉矿渣粉宜取上限值，采用S105级粒化高炉矿渣粉可取上限值加0.05。
4. 当超出表中的掺量时，粉煤灰和粒化高炉矿渣粉影响系数应经试验确定。

回归系数α_a和α_b宜按下列规定确定：

1）根据工程所使用的原材料，通过试验建立的水胶比与混凝土强度关系式来确定；

2）当不具备上述试验统计资料时，可按表2-4-4采用。

回归系数 α_a 和 α_b 选用表 **表2-4-4**

系　数	碎　石	卵　石
α_a	0.53	0.49
α_b	0.20	0.13

（5）编制跳仓法施工方案时需要进行哪些计算？

《超长大体积混凝土结构跳仓法技术规程》DB11/T 1200—2015规定，编制超长大体积混凝土结构跳仓法施工方案时，应包括以下计算内容：

1）超长大体积混凝土结构跳仓法施工温度应力和收缩应力的计算。

2）超长大体积混凝土结构跳仓仓格长度的确定。

在一般情况下，现浇混凝土结构升温阶段出现裂缝的可能性不大。结构裂缝的主要原因是降温和收缩。任意降温差（水化热温差加上收缩当量温差）都可以分解为平均降温差和非均匀降温差。前者产生外约束应力，是产生贯穿裂缝的主要原因，后者引起自约束应力，主要引起表面裂缝，因此首先要控制好两个降温差，减少和避免裂缝的开展。非均匀降温差一般将混凝土内外温差控制在20℃可满足表面抗裂要求。对于贯穿裂缝的控制，在温度应力计算中，主要考虑总降温差引起的外约束应力与抗裂安全系数（$K=1.15$）乘积小于混凝土抗拉强度标准值。总降温差偏于安全地，取水化热最高温升冷却至某时的环境气温差。

混凝土内的水分蒸发引起体积收缩。为方便计算，把收缩换算成“收缩当量温差”，就是说收缩产生的变形，相当于降温引起同样变形所需要的温度差。

超长大体积混凝土结构跳仓仓格长度的确定即《混凝土结构设计规范》GB 50010中伸缩缝最大间距，是依据温度及收缩应力的计算，采用极限变形概念推导出平均伸缩缝间距。计算考虑了伸缩缝计算的平均值、混凝土弹性模量、线膨胀系数、极限拉伸、底板厚度或墙板高度、地基或基础水平阻力、互相约束结构的综合降温差等。

(6) 举例说明大体积混凝土结构施工的基础数据计算的内容及方法。

（注：(6)～(10)计算工程背景相同，均为北京某综合业务楼）

大体积混凝土结构施工的基础数据包括：混凝土抗拉强度、混凝土弹性模量、混凝土极限拉伸、应力松弛系数$H(t,\tau)$、基底水平综合阻力系数C_x等数据计算。

1）工程概况

① 工程简介

北京某综合业务楼地上部分为钢结构框架-支撑结构体系，共41层；地下部分为钢骨架钢筋混凝土结构和钢筋混凝土框架剪力墙结构，共3层。采用钢筋混凝土钻孔灌注桩基础，共有桩249根。基础底板厚2m，局部厚度达到6.5m，东西向长88.2m、南北向长77.45m，属高难度的超长、超宽、超厚大体积混凝土结构。结构选用中低强度等级的混凝土。混凝土设计强度等级C35，抗渗等级P10，总浇筑量为15000m^3。计划浇筑时间为2003年12月份。

② 计算用基本数据

混凝土设计等级C35 P10，底板厚度2000mm。水泥为北京拉法基的32.5级普通硅酸盐水泥，该水泥为中低水化热低碱水泥。C_3A的含量在7%以下，7d的水化热不大于250kJ/kg。粗骨料为5～25mm连续级配花岗石，含泥量不大于1%，针状和片状颗粒含量不大于15%。砂为B类低碱活性天然中、粗砂。含泥量不大于1%、细度模数为2.5～3.2。粉煤灰选用颗粒活性高的Ⅰ级粉煤灰，矿粉为S75磨细砂粉，外加剂选用WDN-7高效减水剂。现场混凝土的坍落度为120±20mm，初凝时间≥8h，配筋率为$\mu=0.774\%$。环境相对湿度为50%，自然养护14d，机械振捣，混凝土材料配合见表2-4-5。C35混凝土弹性模量$E_0=3.15\times10^4$MPa。

底板钢筋上下采用 $\phi32$ 钢筋，局部配有 $\phi25$ 的上层钢筋，中层采用 $\phi12$ 钢筋，双向间距均为 150mm，配筋率为 $\mu=0.774\%$。

混凝土配合比表（kg/m^3）　　　　**表 2-4-5**

材料	P. O. 32. 5 水泥	水	Ⅱ区 中砂	石子	Ⅰ级 粉煤灰	S75 磨细矿粉	WDN-7 高效减水剂
数量	248	170	778	1035	100	60	9

水胶比：

$$\frac{170}{248+100+60}=0.417$$

胶浆量：

$$\frac{170+248+100+60}{170+248+100+60+9+778+1035}\times100\%=24.0\%$$

2）基础数据计算

① 混凝土抗拉强度计算：

粉煤灰掺量 p_f：

$$p_f=\frac{W_f}{W_c+W_f+W_k}\times100\%=\frac{100}{248+100+60}\times100\%=24.5\%$$

矿渣粉掺量 p_k：

$$p_k=\frac{W_k}{W_c+W_f+W_k}\times100\%=\frac{60}{248+100+60}\times100\%=14.71\%$$

据《规程》表 A. 7. 2-1，抗拉强度粉煤灰调整系数 $\lambda_1=1.003$，矿渣粉的调整系数 $\lambda_2=1.096$，计算两种掺合料对混凝土抗拉强度调整系数 λ：

$$\lambda=\lambda_1\lambda_2=1.003\times1.096=1.099$$

据《规程》表 A. 7. 2-2，C35 混凝土抗拉强度标准值为 $f_{tk}=2.20$MPa，按照《规程》公式 A. 7-1，依据龄期为 28d 抗拉强度标准值 f_{tk} 计算混凝土龄期为 t 时的抗拉强度标准值 f_{tk}（t），其中系数 γ 取 0.3：

$$f_{tk}(t)=f_{tk}(1-e^{-\gamma t})=2.20\times(1-e^{-0.3t})(N/mm^2)$$

C35 混凝土抗拉强度随龄期增长计算结果见图 2-4-1 和表 2-4-6。

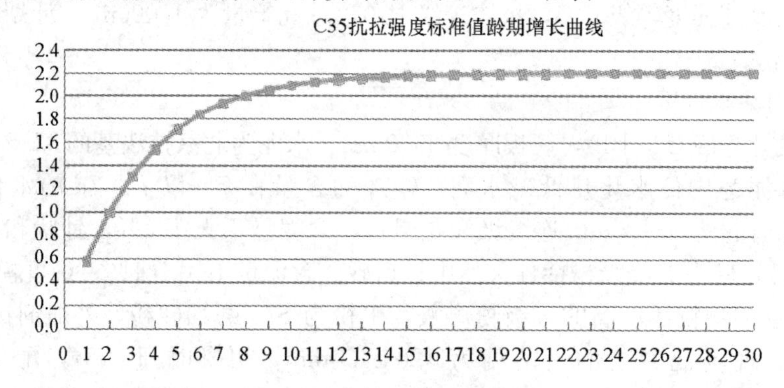

图 2-4-1　C35 混凝土抗拉强度随龄期增长图

C35 混凝土抗拉强度随龄期增长计算值（MPa）　　表 2-4-6

龄期（d）	1	2	3	4	5	6	7	8	9	10
抗拉强度标准值	0.570	0.993	1.306	1.537	1.709	1.836	1.931	2.000	2.052	2.090
龄期（d）	11	12	13	14	15	16	17	18	19	20
抗拉强度标准值	2.119	2.140	2.155	2.167	2.176	2.182	2.187	2.190	2.193	2.195
龄期（d）	21	22	23	24	25	26	27	28	29	30
抗拉强度标准值	2.196	2.197	2.198	2.198	2.199	2.199	2.199	2.200	2.200	2.200

② 混凝土弹性模量计算

据《规程》表 A.3.1，粉煤灰掺量 24.5％对应的混凝土弹性模量修正系数 $\beta_1=0.9855$，矿渣粉掺量 14.71％对应的混凝土弹性模量修正系数 $\beta_2=1.0147$。据《规程》公式 A.3.2，计算两种掺合料对混凝土弹性模量调整系数 β:

$$\beta=\beta_1\beta_2=0.9855\times1.0147=1.0$$

C35 混凝土弹性模量 $E_0=3.15\times10^4$MPa，C35 混凝土弹性模量随龄期增长的计算式为：

$$E_c(t)=\beta E_0(1-e^{-0.09t})=1.0\times3.15\times10^4\times(1-e^{-0.09t})$$

C35 混凝土弹性模量随龄期增长的计算结果见图 2-4-2 和表 2-4-7。

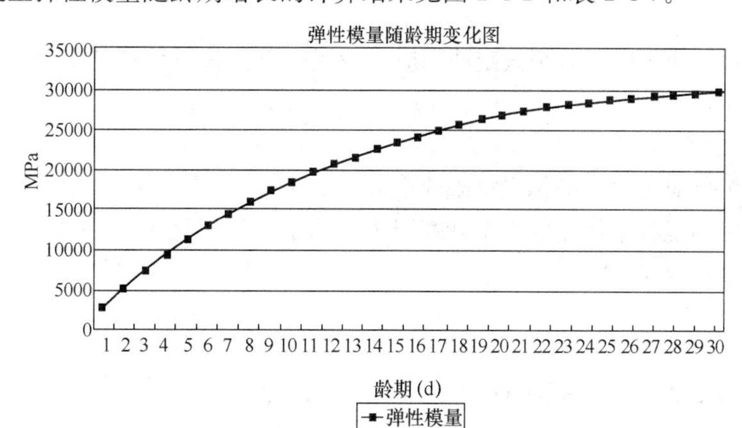

图 2-4-2　C35 混凝土弹性模量随龄期增长图

C35 混凝土弹性模量随龄期增长的计算值（MPa）　　表 2-4-7

龄期（d）	1	2	3	4	5	6	7	8	9	10
弹性模量	2711	5189	7454	9523	11415	13143	14723	16167	17487	18693
计算模量			5083			10299			15315	
龄期（d）	11	12	13	14	15	16	17	18	19	20
弹性模量	19795	20803	21723	22565	23334	24037	24679	25266	25803	26293
计算模量		19145		22069			23667			
龄期（d）	21	22	23	24	25	26	27	28	29	30
弹性模量	26741	27151	27525	27867	28180	28466	28727	28966	29184	29383
计算模量		26004		27304			28297			29055

③ 混凝土极限拉伸计算

混凝土极限拉伸计算主要是考虑徐变效应对混凝土抗变形能力提高的影响。包括简化计算法和修正系数计算法。

简化计算法：

$$\varepsilon_{pa}^{0} = k_c \varepsilon_{pa}$$

式中：k_c——徐变影响简化计算系数，在 1.0～2.0 之间取值。

徐变影响简化计算系数 k_c 的取值视混凝土施工质量和养护情况而定，一般在设计或控制方案时为了考虑安全稳妥，可取值 $k_c=1.5$；在分析既有裂缝时，可适当取高一点的值。这种计算方式的难点是徐变影响简化计算系数的取值，这是一个浮动可变数值，需靠使用者的工程经验而定，但就目前公开发表的裂缝控制研究报告中计算混凝土的最终极限拉伸的方法而言，这个计算方法用得较多。

修正系数计算法：

$$\varepsilon_{pa}^{0} = \varepsilon_{pa} + \varepsilon_{n}(\infty)$$

徐变拉伸 ε_n（∞）的计算方式是对标准条件时的混凝土徐变加以修正，最后确立混凝土徐变估算值。

$$\varepsilon_{n}(\infty) = \varepsilon_{n}^{0}(\infty) K_1 K_2 \cdots K_{10}$$

根据不同的混凝土强度等级，可以测定单位应力引起的标准极限徐变度 C^0，当结构的使用应力为 σ 时，最终徐变变形 ε_n^0（∞）为：

$$\varepsilon_{n}^{0}(\infty) = C^0 \cdot \sigma$$

如果无法预知使用应力，则假定使用应力为混凝土抗拉设计强度 f_t 的 50%计算最终徐变变形 ε_n^0（∞）：

$$\varepsilon_{n}^{0}(\infty) = 0.5 C^0 \cdot f_t$$

式中：C^0——单位应力引起的标准极限徐变度，MPa^{-1}；

$K_1 K_2 \cdots K_{10}$——影响混凝土徐变的十个计算因子的修正系数，见表 2-4-9～表 2-4-18 徐变系数 ϕ_c 为：

$$\phi_c = \frac{\varepsilon_{pa}^{0}}{\varepsilon_{pa}}$$

标准极限徐变度 C^0（按线性插入法计算）见表 2-4-8。

标准极限徐变度 **表 2-4-8**

顺序	混凝土强度等级	标准极限徐变度 C^0（MPa^{-1}）	顺序	混凝土强度等级	标准极限徐变度 C^0（MPa^{-1}）
1	C10	8.616×10^{-5}	7	C40	7.208×10^{-5}
2	C15	8.184×10^{-5}	8	C45	6.728×10^{-5}
3	C20	7.912×10^{-5}	9	C50	6.358×10^{-5}
4	C25	7.592×10^{-5}	10	C55	6.153×10^{-5}
5	C30	7.40×10^{-5}	11	C60～C100	6.03×10^{-5}
6	C35	7.40×10^{-5}			

注：该表由徐荣年对王铁梦《工程结构裂缝控制》中"标准极限徐变度"s 进行修正。

水泥品种的修正系数 K_1 见表 2-4-9。

水泥品种的修正系数 K_1 表 **表 2-4-9**

顺序	水泥品种	水泥品种修正系数 K_1
1	矿渣水泥	1.20
2	快硬水泥	0.70

续表

顺序	水泥品种	水泥品种修正系数 K_1
3	低热水泥	1.16
4	普通水泥	1.00
5	火山灰水泥	0.90
6	抗硫酸盐水泥	0.88
7	矾土水泥	0.76

水泥强度的修正系数 K_2 见表 2-4-10。

水泥强度（标号）的修正系数 K_2 表　　表 2-4-10

顺序	水泥强度（标号）		水泥强度（标号）修正系数 K_2
	强度等级（MPa）	水泥标号（#旧）	
1		175	1.35
2		275	1
3		325	0.92
4	32.5	425	0.9
5	42.5	525	0.89
6	52.5	625	0.87
7	62.5	725	0.86
8	72.5	825	0.85

不同骨料的修正系数 K_3 见表 2-4-11。

不同骨料的修正系数 K_3 表　　表 2-4-11

顺序	不同骨料	不同骨料修正系数 K_3
1	砂岩	2.20
2	砾砂	1.10
3	玄武岩、花岗岩	1.00
4	石灰岩	0.89
5	石英岩	0.91

水灰（胶）比的修正系数 K_4 见表 2-4-12。

水灰（胶）比的修正系数 K_4 表　　表 2-4-12

顺序	水灰（胶）比	水灰（胶）比修正系数 K_4	顺序	水灰（胶）比	水灰（胶）比修正系数 K_4
1	0.2	0.48	5	0.6	2.10
2	0.3	0.70	6	0.7	2.80
3	0.4	1.00	7	0.8	3.60
4	0.5	1.50			

水泥（胶）浆量的修正系数 K_5 见表 2-4-13。

水泥（胶）浆量的修正系数 K_5 表 表 2-4-13

顺序	水泥（胶）浆量（%）	水泥（胶）浆量修正系数 K_5	顺序	水泥（胶）浆量（%）	水泥（胶）浆量修正系数 K_5
1	15	0.85	5	35	1.70
2	20	1.00	6	40	1.95
3	25	1.25	7	45	2.15
4	30	1.50	8	50	2.35

施加荷载龄期的修正系数 K_6 见表 2-4-14。

施加荷载龄期的修正系数 K_6 表 表 2-4-14

顺序	加荷龄期（d）	加荷龄期的修正系数 K_6	顺序	加荷龄期（d）	加荷龄期的修正系数 K_6
1	1	$\frac{2.75}{—}$	8	20	$\frac{1.10}{1.02}$
2	2	$\frac{1.85}{—}$	9	28	$\frac{1.00}{1.00}$
3	3	$\frac{1.65}{—}$	10	40	$\frac{0.855}{0.85}$
4	5	$\frac{1.45}{1.20}$	11	60	$\frac{0.75}{0.75}$
5	7	$\frac{1.35}{1.15}$	12	90	$\frac{0.65}{0.65}$
6	10	$\frac{1.25}{1.10}$	13	180	$\frac{0.60}{0.50}$
7	14	$\frac{1.15}{1.05}$	14	≥360	$\frac{0.40}{0.40}$

注：分子为自然状态下硬化，分母为蒸养护状态下硬化。

使用环境的湿度修正系数 K_7 见表 2-4-15。

使用环境的湿度修正系数 K_7 表 表 2-4-15

顺序	湿度（%）	湿度修正系数 K_7	顺序	湿度（%）	湿度修正系数 K_7
1	25	1.14	5	60	0.92
2	30	1.13	6	70	0.82
3	40	1.07	7	80	0.70
4	50	1.00	8	90	0.53

水力半径倒数的修正系数 K_8 见表 2-4-16。

水力半径倒数的修正系数 K_8 表　　表 2-4-16

顺序	水力半径倒数 $\bar{r}$（cm^{-1}）	边长面积比修正系数 K_8	顺序	水力半径倒数 $\bar{r}$（cm^{-1}）	边长面积比修正系数 K_8
1	0	$\frac{0.68}{0.82}$	6	0.5	$\frac{1.34}{1.03}$
2	0.1	$\frac{0.82}{0.93}$	7	0.6	$\frac{1.41}{1.03}$
3	0.2	$\frac{1.00}{1.00}$	8	0.7	$\frac{1.42}{1.03}$
4	0.3	$\frac{1.12}{1.02}$	9	0.8	$\frac{1.42}{1.03}$
5	0.4	$\frac{1.14}{1.03}$			

注：1. 分子为自然状态下硬化，分母为蒸养护状态下硬化。
2. 水力半径的倒数，为构件截面周长（L）与截面积（F）之比，$\bar{r}=L/A$（cm^{-1}）；

应力比的修正系数 K_9 见表 2-4-17。

应力比的修正系数 K_9 表　　表 2-4-17

顺序	应力比	应力比修正系数 K_9
1	≤0.2	0.855
2	0.3	0.92
3	0.4	0.99
4	0.5	1.00

不同操作方法的修正系数 K_{10} 见表 2-4-18。

不同操作方法的修正系数 K_{10} 表　　表 2-4-18

顺序	操作方法	不同操作方法修正系数 K_{10}
1	机械振捣	1.00
2	手工捣固	1.30
3	蒸汽养护	0.85

在实际工程中，多采用简化计算法，以徐变影响简化计算系数 k_c。而采用修正系数法可以避开经验曲子的难度。本算例中采用经徐荣年进一步修正的修正系数计算法。

A. 配筋后极限拉伸 ε_{pa} 的计算

钢筋对混凝土极限拉伸的影响用齐斯克列里经验公式计算：

$$\varepsilon_{pa} = 0.5f_t\left(1+\frac{10\rho}{d}\right)\times 10^{-4}$$

$$\rho = 100\mu = 100\frac{A_s}{A_c}$$

式中　ε_{pa}——配筋混凝土的极限拉伸相对变形；
f_t——混凝土的标准抗拉强度；

d——钢筋直径（单位：mm）。

按抗拉强度标准值 f_{tk} 计算：

$$\varepsilon_{pa} = 0.5\lambda f_{tk}(1+10\rho/d)\times 10^{-4} = 0.5\times 1.099\times 2.20\times(1+10\times 0.774/32)\times 10^{-4} = 1.501\times 10^{-4}$$

B. 徐变拉伸 ε_n（∞）的计算

根据提供的基本资料计算和查表如下：

C35 混凝土的标准极限徐变度 $C^0=7.40\times10^{-5}\text{MPa}^{-1}$；

普通硅酸盐水泥的修正系数 $K_1=1.0$；

水泥强度 32.5 级的修正系数 $K_2=0.90$；

花岗石骨料的修正系数 $K_3=1.0$；

水胶比 0.417 的修正系数 $K_4=1.085$；

胶浆量 24%的修正系数 $K_5=1.2$；

加荷龄期 3d 的修正系数 $K_6=1.65$；

使用环境湿度 50%的修正系数 $K_7=1.0$；

本工程基础长 88.2m，宽度 77.45m，计算厚度 2m，水力半径倒数为：

$$\bar{r} = \frac{L}{A} = \frac{7745+200+200}{7745\times 200} = 0.00526\text{cm}^{-1}$$

水力半径倒数的修正系数 $K_8=0.687$；

应力比取修正系数的平均值 $K_9=0.9275$；

机械振捣的修正系数 $K_{10}=1.0$。

$$K_1K_2\cdots K_{10} = 1.0\times 0.9\times 1.0\times 1.085\times 1.2\times 1.65\times 1.0\times 0.687\times 0.9275\times 1.0 = 1.232$$

徐变拉伸 ε_n（∞）为：

$$\varepsilon_n^0(\infty) = \frac{1}{2}C^0\lambda f_{tk} = 0.5\times 7.40\times 10^{-5}\times 1.099\times 2.20 = 8.95\times 10^{-5}$$

$$\varepsilon_n(\infty) = \varepsilon_n^0(\infty)K_1K_2\cdots K_{10} = 8.95\times 10^{-5}\times 1.232 = 1.102\times 10^{-4}$$

C. 最终极限拉伸计算

修正系数计算法（按抗拉强度标准值计算）

$$\varepsilon_{pa}^0 = \varepsilon_{pa}^0 + \varepsilon_n(\infty) = 1.501\times 10^{-4} + 1.102\times 10^{-4} = 2.603\times 10^{-4}$$

徐变效应的修正计算系数值（徐变系数 ϕ_c）为：

$$\phi_c = \frac{\varepsilon_{pa}^0}{\varepsilon_{pa}} = \frac{2.603\times 10^{-4}}{1.501\times 10^{-4}} = 1.734$$

④ 混凝土线膨胀系数 α

据《规程》A. 2. 2 混凝土线膨胀系数 α 取 1.0×10^{-5}。经徐荣年汇总国内外最新研究成果，混凝土线膨胀系数 α 可按表 2-4-19 取用。

查表 2. 5-1，花岗石骨料的线膨胀系数 $\alpha=0.9\times10^{-5}$。

⑤ 应力松弛系数 H（t，τ）计算

每三天计算一次，计算到 30d 取值。

查《规程》表A.6.1混凝土的松弛系数表，$H(30,3)=0.186$，$H(30,6)=0.208$，$H(30,9)=0.214$，$H(30,12)=0.215$，$H(30,15)=0.233$，$H(30,18)=0.252$，$H(30,21)=0.477$，$H(30,24)=0.524$，$H(30,27)=0.570$，$H(30,30)=1$。

混凝土线膨胀系数与混凝土骨料的岩质种类的关系　　表2-4-19

顺序	混凝土骨料岩质种类	混凝土线膨胀系数		
		《水工混凝土结构设计规范》SL 191—2008	美国混凝土学会ACI207.2R	《混凝土结构设计规范》GB 50010—2010
1	石英岩混凝土	11×10^{-6}	12.6×10^{-6}	10×10^{-6}
2	砂岩混凝土	10×10^{-6}	10.8×10^{-6}	
3	花岗岩混凝土	9×10^{-6}		
4	玄武岩混凝土	8×10^{-6}		
5	石灰岩混凝土	7×10^{-6}	9×10^{-6}	

⑥ 基底水平综合阻力系数C_x的计算

各种地基及基础约束时的阻力系数C_x值推荐表　　表2-4-20

顺序	基础土质或约束面情况	阻力系数C_x推荐值（MPa/mm）
1	软黏土	0.01～0.03
2	硬质黏土	0.03～0.06
3	坚硬碎石土	0.06～0.10
4	风化岩、低强度等级素混凝土	0.6～1.0
5	非风化岩、C10以上钢筋混凝土基础	1.0～1.5
6	在钢筋混凝土梁上浇筑楼板	0.6～1.0
7	混合结构中砖石墙（砌）体上浇筑楼板	0.3～0.6
8	钢筋混凝土楼板上延续浇筑挑檐板、阳台板	0.6
9	墙板上延续浇筑墙板	0.6
10	楼板和圈梁浇成一体时	0.3～0.8
11	钢筋混凝土圈梁上浇筑楼板	1.0～1.5（C20以上）
12	框架、剪力墙上浇筑楼板	1.5

采用桩基时，桩基对结构基础的附加阻力影响按增加20%考虑，即：

$$C_x=C_{x1}+C_{x2}=C_{x1}+0.2C_{x1}=1.2C_{x1}$$

式中：C_{x1}——单位面积地基的水平阻力系数；

C_{x2}——单位面积地基上桩的附加水平阻力系数。

本工程实例计算的是基础板，考虑桩基影响，北京的地表土质以砂质土为主，地基水平阻力系数取$C_{x1}=0.03$，桩基的附加影响考虑为20%，$C_{x2}=0.03\times0.2=0.006$：

$$C_x=C_{x1}+C_{x2}=0.03+0.006=0.036\text{MPa/mm}$$

(7) 举例说明大体积混凝土结构施工的综合降温差计算内容及方法。

综合降温差数据计算包括：浇筑温度计算、最高温升值计算、混凝土收缩当量温差计算。

1）混凝土温差计算

① 混凝土搅拌后的出机温度T_0

A. 混凝土搅拌后的出机温度 T_0 计算原理是混凝土搅拌前原材料总的热量与混凝土搅拌后总的热量相等，即：

$$T_0 = \frac{0.22(T_s W'_s + T_g W'_g + T_c W_c) + T_w W_w + T_s w_s + T_g w_g}{0.22(W'_s + W'_g + W_c) + W_w + w_s + w_g}$$

$$= \frac{0.22 \times (5 \times 778 + 5 \times 1035 + 20 \times 408) + 15 \times 170 + 5 \times 0 + 5 \times 0}{0.22 \times (778 + 1035 + 408) + 170 + 0 + 0}$$

$$= 9.63℃$$

式中：W_c——每立方米混凝土胶凝材料的用量，248+60+100=408kg；

W_w——每立方米混凝土水的用量，170kg；

T_s——搅拌前砂子的温度，5℃；

T_g——搅拌前石料的温度，5℃；

T_c——搅拌前水泥的温度，20℃；

T_w——搅拌前水的温度，15℃；

W'_s——扣除含水量后的砂子重量，778kg；

W'_g——扣除含水量后的石料重量，1035kg；

w_s——砂子中游离水的重量，0kg；

w_g——石料中游离水的重量，0kg。

B. 混凝土运输和浇筑过程中的温度损失

混凝土搅拌后，有一个装（卸）料、运输、平仓、振捣过程，此时有冷量（或热量）损失温度计算问题。

北京 12 月份平均气温 T_q 为 5℃，冷量（或热量）损失温度为 T'_p，则：

$$T'_p = (T_q - T_0)\theta$$

$$\theta = \Sigma \theta_i = \theta_1 + \theta_2 + \theta_3$$

式中：装料、转运、卸料时，每次温度损失 0.032，三次温度损失系数：

$$\theta_1 = 0.032 \times 3 = 0.096$$

30min 运输过程中温度损失系数：

$$\theta_2 = \theta_y t_2 = 0.0042 \times 30 = 0.126$$

20 分钟平仓、振捣过程中温度损失系数：

$$\theta_3 = 0.003 t_3 = 0.003 \times 20 = 0.06$$

$$T'_p = (T_q - T_0)\theta = (5 - 9.63) \times (0.096 + 0.126 + 0.06) = -1.31℃$$

C. 混凝土浇筑温度计算

混凝土浇筑温度 T_p 为：

$$T_p = T_0 + T'_p = 9.63 - 1.31 = 8.32℃$$

式中：T_0——混凝土搅拌后的出机温度，9.63℃；

T'_p——冷量（或热量）损失温度，−1.31℃。

计算时取浇筑温度 T_p 为 8.32℃。

② 混凝土最高温升值的计算

A. 按大体积混凝土施工规范建议式

掺加粉煤灰和矿渣粉时，胶凝材料水化热总量可按公式进行近似计算，水化热总量的变化将直接影响到混凝土的最高温升值计算：

胶凝材料水化热总量可按下式进行近似计算：

$$Q_c = kQ_0$$

$$T_a(\max) = \frac{W_c Q_c}{C_c \gamma} = \frac{W_c k Q_0}{C_c \gamma}$$

粉煤灰掺量24.5%对应的水化热调整系数 $k_1=0.94$，矿渣粉掺量14.71%对应的水化热调整系数 $k_2=0.967$。计算两种掺合料对混凝土弹性模量调整系数 k：

$$k = k_1 + k_2 - 1 = 0.94 + 0.967 - 1 = 0.907$$

$$Q_c = kQ_0 = 0.907 \times 377 = 342\text{kJ/kg}$$

水泥水化热：$Q_0=377$kJ/kg；混凝土的比热：$C=0.96$kJ/（kg·℃）；混凝土的密度：$\gamma=2400\text{kg/m}^3$；

混凝土绝热温升 T_a（t）常用的经验估算式为：

$$T_a(\max) = \frac{W_c Q_c}{C_c \gamma} = \frac{248 \times 342}{0.96 \times 2400} = 36.81℃$$

$$T_{\max} = T_p + T_a(\max) = 8.32 + 36.81 = 45.13℃$$

B. 混凝土内部最高温度 $T_{\max}$的经验估算式

掺加粉煤灰和矿渣粉替代部分水泥后，混凝土内部最高温度 $T_{\max}$的经验估算式为：

$$\begin{aligned} T_{\max} &= T_p + k_h W_c + 0.02W_f \\ &= 8.32 + 0.11 \times 308 + 0.02 \times 100 = 44.2℃ \end{aligned}$$

式中：T_p——混凝土入模温度，℃；

W_c——每立方米混凝土中水泥加矿渣粉的用量，248+60=308kg/m³；

W_f——每立方米混凝土中粉煤灰的用量，100kg/m³。

C. 基准值修正估算法

基准值修正估算法估算的混凝土内部最高温度为：

$$T_{\max} = T_p + T' k_1 k_2 k_3 k_4 = 8.32 + 18 \times 1.0 \times 1.2 \times 1.484 \times 1.0 = 40.37℃$$

式中：T_p——混凝土入模温度，℃；

T'——混凝土内部最高温度升高基准值，冬季温升 $T'=18$℃，取值见《规程》表3.5-7；

k_1——水泥强度（标号）修正系数，取值见《规程》表3.5-4；

k_2——水泥品种修正系数，普通硅酸盐水泥取1.2；

k_3——胶凝材料用量修正系数，$k_3=\frac{W_c}{275}$；

W_c——实际胶凝材料用量，408kg/m³；

k_4——模板修正系数，钢模板取1.0。

D. 混凝土内部最高近似计算温度

以上三种估算法估算的混凝土内部最高温度分别为：45.1、44.2℃和40.4℃。前两者相比较接近，安全起见，取三者的平均值43℃作为混凝土内部最高近似计算温度继续往下计算。2003年12月4日实测中心最高温度峰值为45.63℃，表面最高温度30℃（上）和40℃（下），混凝土内部最高温度（有效温度）值：

$$\frac{4\times45.63+30+40}{6}=42.1℃$$

施工组织设计时的估算温度基本符合实际情况。

③ 各龄期混凝土最高水化热温差

施工组织设计按规范控制降温速度，根据大体积混凝土降温的一般规律，第 3～9d 平均下降控制在 2.0℃/d 左右，第 9～18d 平均下降控制在 1.5℃/d 左右，第 18～30d 平均下降控制在 1.0℃/d 左右。根据以上降温控制计划，各龄期混凝土最高水化热温差为：

$$\Delta T_{max}(6)=-7℃$$

$$\Delta T_{max}(9)=-2\times3=-6℃$$

$$\Delta T_{max}(12)=-1.5\times3=-4.5℃$$

$$\Delta T_{max}(15)=-1.5\times3=-4.5℃$$

$$\Delta T_{max}(18)=-4.5℃$$

$$\Delta T_{max}(21)=-1\times3=-3℃$$

$$\Delta T_{max}(24)=-3℃$$

$$\Delta T_{max}(27)=-3℃$$

$$\Delta T_{max}(30)=-2.5℃$$

④ 混凝土收缩量计算

据《规程》A.2.1：

$$\varepsilon_y(t)=\varepsilon_y^0(1-e^{-0.01t})M_1M_2M_3\cdots M_{11}$$

$$\varepsilon_y^0=3.24\times10^{-4}$$

据《规程》表 A.2.1，不同条件情况下影响混凝土收缩量的修正系数 $M_1M_2M_3\cdots M_{11}$ 计算与取值如下：

普通硅酸盐水泥修正系数 $M_1=1.0$；

水泥细度 700m²/kg 修正系数 $M_2=2.05$；

水胶比 0.417 修正系数 $M_3=1.0357$；

胶浆量 24%修正系数 $M_4=1.16$；

初期养护时间 14d 修正系数 $M_5=0.93$；

环境相对湿度 50%修正系数 $M_6=1.0$；

水力半径倒数用插入法确定修正系数 M_7 取值为：

$$M_7=0.54+\frac{(0.76-0.54)\times0.00526}{0.1-0}=0.552$$

广义配筋率 $\frac{E_sA_s}{E_cA_c}=\frac{2.0\times10^5}{3.15\times10^4}\times0.00774=0.0491$

修正系数 $M_8=0.86$；

加入减水剂修正系数 $M_9=1.3$；

粉煤灰掺量 24.5%修正系数 $M_{10}=0.8735$；

矿渣粉掺量 14.71%修正系数 $M_{11}=1.0074$。

$$M_1M_2M_3\cdots M_{11}=1.0\times2.05\times1.0357\times1.16\times0.93\times1\times0.552\times0.86\times1.3\times0.875\times1.007$$

$$= 1.24387$$

$$\varepsilon_y(t) = \varepsilon_y^0(1 - e^{-0.01t})M_1M_2M_3\cdots M_{11} = 3.24 \times 10^{-4} \times (1 - e^{-0.01t}) \times 1.24387$$
$$= 4.03 \times 10^{-4} \times (1 - e^{-0.01t})$$

计算龄期 3d 的混凝土收缩量：

$$\varepsilon_y(3) = 4.03 \times 10^{-4} \times (1 - e^{-0.01\times3}) = 1.191 \times 10^{-5}$$

计算龄期 6d 的混凝土收缩量：

$$\varepsilon_y(6) = 4.03 \times 10^{-4} \times (1 - e^{-0.01\times6}) = 2.347 \times 10^{-5}$$

计算龄期 9d 的混凝土收缩量：

$$\varepsilon_y(9) = 4.03 \times 10^{-4} \times (1 - e^{-0.01\times9}) = 3.469 \times 10^{-5}$$

计算龄期 12d 的混凝土收缩量：

$$\varepsilon_y(12) = 4.03 \times 10^{-4} \times (1 - e^{-0.01\times12}) = 4.557 \times 10^{-5}$$

计算龄期 15d 的混凝土收缩量：

$$\varepsilon_y(15) = 4.03 \times 10^{-4} \times (1 - e^{-0.01\times15}) = 5.613 \times 10^{-5}$$

计算龄期 18d 的混凝土收缩量：

$$\varepsilon_y(18) = 4.03 \times 10^{-4} \times (1 - e^{-0.01\times18}) = 6.639 \times 10^{-5}$$

计算龄期 21d 的混凝土收缩量：

$$\varepsilon_y(21) = 4.03 \times 10^{-4} \times (1 - e^{-0.01\times21}) = 7.633 \times 10^{-5}$$

计算龄期 24d 的混凝土收缩量：

$$\varepsilon_y(24) = 4.03 \times 10^{-4} \times (1 - e^{-0.01\times24}) = 8.599 \times 10^{-5}$$

计算龄期 27d 的混凝土收缩量：

$$\varepsilon_y(27) = 4.03 \times 10^{-4} \times (1 - e^{-0.01\times27}) = 9.536 \times 10^{-5}$$

计算龄期 30d 的混凝土收缩量：

$$\varepsilon_y(30) = 4.03 \times 10^{-4} \times (1 - e^{-0.01\times30}) = 10.44 \times 10^{-5}$$

⑤ 混凝土收缩当量温度计算

$$T_y(t) = \frac{\varepsilon_y(t)}{\alpha}$$

据《规程》A.2.2

式中：$T_y(t)$—— 龄期为 t 时，混凝土的收缩当量温度；

α——混凝土的线膨胀系数。查《规程》表 2.5-1，花岗石骨料的线膨胀系数 $\alpha = 0.9\times10^{-5}$。

计算龄期 3d 的混凝土收缩当量温度：

$$T_y(3) = \frac{1.191 \times 10^{-5}}{0.9 \times 10^{-5}} = 1.32℃$$

计算龄期 6d 的混凝土收缩当量温度：

$$T_y(6) = \frac{2.237 \times 10^{-5}}{0.9 \times 10^{-5}} = 2.61℃$$

计算龄期 9d 的混凝土收缩当量温度：

$$T_y(9) = \frac{3.469 \times 10^{-5}}{0.9 \times 10^{-5}} = 3.85℃$$

计算龄期 12d 的混凝土收缩当量温度：

$$T_{y}(12)=\frac{4.557\times10^{-5}}{0.9\times10^{-5}}=5.06℃$$

计算龄期 15d 的混凝土收缩当量温度：

$$T_{y}(15)=\frac{5.613\times10^{-5}}{0.9\times10^{-5}}=6.24℃$$

计算龄期 18d 的混凝土收缩当量温度：

$$T_{y}(18)=\frac{6.639\times10^{-5}}{0.9\times10^{-5}}=7.38℃$$

计算龄期 21d 的混凝土收缩当量温度：

$$T_{y}(21)=\frac{7.633\times10^{-5}}{0.9\times10^{-5}}=8.48℃$$

计算龄期 24d 的混凝土收缩当量温度：

$$T_{y}(24)=\frac{8.599\times10^{-5}}{0.9\times10^{-5}}=9.55℃$$

计算龄期 27d 的混凝土收缩当量温度：

$$T_{y}(27)=\frac{9.536\times10^{-5}}{0.9\times10^{-5}}=10.60℃$$

计算龄期 30d 的混凝土收缩当量温度：

$$T_{y}(30)=\frac{10.44\times10^{-5}}{0.9\times10^{-5}}=11.61℃$$

⑥ 混凝土收缩当量温差计算：

据《规程》A.5.1

$$\Delta T_{y}(t_{k})=T_{y}(t_{k})-T_{y}(t_{k-i})$$

$$\Delta T_{y}(6)=T_{y}(6)-T_{y}(3)=2.61-1.32=1.28℃$$

$$\Delta T_{y}(9)=T_{y}(9)-T_{y}(6)=3.85-2.61=1.25℃$$

$$\Delta T_{y}(12)=T_{y}(12)-T_{y}(9)=5.06-3.85=1.21℃$$

$$\Delta T_{y}(15)=T_{y}(15)-T_{y}(12)=6.24-5.06=1.17℃$$

$$\Delta T_{y}(18)=T_{y}(18)-T_{y}(15)=7.38-6.24=1.14℃$$

$$\Delta T_{y}(21)=T_{y}(21)-T_{y}(18)=8.48-7.38=1.11℃$$

$$\Delta T_{y}(24)=T_{y}(24)-T_{y}(21)=9.55-8.48=1.07℃$$

$$\Delta T_{y}(27)=T_{y}(27)-T_{y}(24)=10.6-9.55=1.04℃$$

$$\Delta T_{y}(30)=T_{y}(30)-T_{y}(27)=11.61-10.6=1.01℃$$

⑦ 各龄期混凝土温差计算：

$$\Delta T(t) = \Delta T_y(t) - \Delta T_{max}(t)$$

$$\Delta T(6) = \Delta T_y(6) - \Delta T_{max}(6) = 1.28 + 7 = 8.28℃$$

$$\Delta T(9) = \Delta T_y(9) - \Delta T_{max}(9) = 1.25 + 6 = 7.25℃$$

$$\Delta T(12) = \Delta T_y(12) - \Delta T_{max}(12) = 1.21 + 4.5 = 5.71℃$$

$$\Delta T(15) = \Delta T_y(15) - \Delta T_{max}(15) = 1.17 + 4.5 = 5.67℃$$

$$\Delta T(18) = \Delta T_y(18) - \Delta T_{max}(18) = 1.14 + 4.5 = 5.64℃$$

$$\Delta T(21) = \Delta T_y(21) - \Delta T_{max}(21) = 1.11 + 3 = 4.41℃$$

$$\Delta T(24) = \Delta T_y(24) - \Delta T_{max}(24) = 1.07 + 3 = 4.07℃$$

$$\Delta T(27) = \Delta T_y(27) - \Delta T_{max}(27) = 1.04 + 3 = 4.04℃$$

$$\Delta T(30) = \Delta T_y(30) - \Delta T_{max}(30) = 1.01 + 2.5 = 3.51℃$$

累计降温差 48.3℃，其中，收缩当量温差 10.3℃，混凝土降温差 38℃，混凝土内部温度从 43℃降低到了 5℃左右，预计可以和当时月平均气温持平。

2）混凝土表面保温材料所需厚度

根据公式，保温层材料厚度 δ 计算式为：

$$\delta = \frac{0.5H\lambda_i(T_b - T_q)K}{\lambda(T_{max} - T_b)}$$

式中：δ——保温层材料厚度，m；

H——混凝土结构截面厚度，2m；

λ_i——保温层材料保温被导热系数，0.14W/（m·K)；

λ——混凝土导热系数，2.3W/（m·K)；

T_{max}——混凝土中心计算最高温度，43℃；

T_b——混凝土表面温度，20℃；

T_q——混凝土浇筑后 3～5d 间的大气平均温度，5℃；

K——不同风速时传热系数的修正值，施工现场风速大于 4m/s，计划采用塑料布和保温被，$K=2.3$。

$$\delta = \frac{0.5H\lambda_i(T_b - T_q)K}{\lambda(T_{max} - T_b)} = \frac{0.5 \times 2 \times 0.14 \times (20-5) \times 2.3}{2.3 \times (43-20)}$$

$$\approx 0.092\text{m}$$

通过计算选择采用 10cm 厚的保温被，作为混凝土养护的覆盖保温措施。

(8) 举例说明大体积混凝土结构施工的最大水平拉应力计算内容及方法。

最大水平拉应力：各龄期混凝土弹性模量计算、混凝土外约束系数、最大水平拉应力计算。

1）结构综合计算系数 β 计算

结构计算高度 H 为 2000mm，地基水平阻力系数 C_x 为 3.6×10^{-2}MPa/mm。

① 混凝土弹性模量计算

混凝土弹性模量计算时按计算时段龄期的平均值取值，《C35 混凝土弹性模量随龄期增长的计算值》见表2-4-7，则：

$$E_c(t_k)=\frac{E(t_k)+E(t_{k-i})}{2}$$

$$E_c(6)=\frac{E(6)+E(3)}{2}=\frac{13143+7454}{2}=10299\text{MPa}$$

$$E_c(9)=\frac{E(9)+E(6)}{2}=\frac{17487+13143}{2}=15315\text{MPa}$$

$$E_c(12)=\frac{E(12)+E(9)}{2}=\frac{20803+17487}{2}=19154\text{MPa}$$

$$E_c(15)=\frac{E(15)+E(12)}{2}=\frac{23334+20803}{2}=22069\text{MPa}$$

$$E_c(18)=23667\text{MPa}$$

$$E_c(21)=26004\text{MPa}$$

$$E_c(24)=27304\text{MPa}$$

$$E_c(27)=28297\text{MPa}$$

$$E_c(30)=29055\text{MPa}$$

② 计算各龄期的结构综合计算系数：

$$\beta(t)=\sqrt{\frac{C_x}{HE_c(t)}}$$

式中：$\beta(t)$——结构综合计算系数；

C_x——基底水平综合阻力系数；

H——结构截面（mm）；

E_c（t）——计算时段龄期的混凝土弹性模量平均值。

$$\beta(6)=\sqrt{\frac{3.6\times10^{-2}}{2000\times10299}}=4.181\times10^{-5}$$

$$\beta(9)=\sqrt{\frac{3.6\times10^{-2}}{2000\times15315}}=3.428\times10^{-5}$$

$$\beta(12)=\sqrt{\frac{3.6\times10^{-2}}{2000\times19154}}=3.066\times10^{-5}$$

$$\beta(15)=\sqrt{\frac{3.6\times10^{-2}}{2000\times22069}}=2.856\times10^{-5}$$

$$\beta(18)=2.758\times10^{-5}$$

$$\beta(21)=2.631\times10^{-5}$$

$$\beta(24)=2.568\times10^{-5}$$

$$\beta(27)=2.522\times10^{-5}$$

$$\beta(30)=2.489\times10^{-5}$$

2）最大水平拉应力

最大计算长度按88.2m计算。按增量叠加法计算最大水平拉应力σ_{max}：

$$\sigma_{max}=\sum_{i=1}^{n}\sigma(t)_{max}=\frac{\alpha}{1-\mu}\sum_{i=1}^{n}\left(\left(1-\frac{1}{\cosh\left(\frac{\beta_i l}{2}\right)}\right)E_{ci}(t)\Delta T_i H(t,\tau_i)\right)$$

式中：　σ_{max}——总降温产生的最大拉应力；

$\sigma(t)_{max}$——各龄期混凝土基础所承受的温度应力；

α——混凝土线膨胀系数；

μ——泊松比，当基础为双向受力时取 0.15；

$E_{ci}(t)$——各龄期混凝土的弹性模量；

ΔT_i——各龄期综合温差，均以负值代入；

$H_i(t,\tau_i)$——各龄期混凝土松弛系数；

l——基础的长度；

β_i——各龄期的结构综合计算系数。

$$\sigma(6)_{max}=-\frac{\alpha}{1-\mu}\left(1-\frac{1}{\cosh\left(\frac{\beta(6)l}{2}\right)}\right)E_c(t)\Delta T(t)H(30,6)$$

$$=\frac{0.9\times10^{-5}}{1-0.15}\times\left(1-\frac{1}{\cosh\left(\frac{4.181\times10^{-5}\times88200}{2}\right)}\right)\times10299\times8.28\times0.208$$

$$=0.130\text{MPa}$$

$$\sigma(9)_{max}=\frac{0.9\times10^{-5}}{1-0.15}\times\left(1-\frac{1}{\cosh\left(\frac{3.428\times10^{-5}\times88200}{2}\right)}\right)\times15315\times7.25\times0.214$$

$$=0.146\text{MPa}$$

$$\sigma(12)_{max}=\frac{0.9\times10^{-5}}{1-0.15}\times\left(1-\frac{1}{\cosh\left(\frac{3.066\times10^{-5}\times88200}{2}\right)}\right)\times19145\times5.71\times0.215$$

$$=0.128\text{MPa}$$

$$\sigma(15)_{max}=\frac{0.9\times10^{-5}}{1-0.15}\times\left(1-\frac{1}{\cosh\left(\frac{2.856\times10^{-5}\times88200}{2}\right)}\right)\times22069\times5.67\times0.233$$

$$=0.147\text{MPa}$$

$$\sigma(18)_{max}=\frac{0.9\times10^{-5}}{1-0.15}\times\left(1-\frac{1}{\cosh\left(\frac{2.758\times10^{-5}\times88200}{2}\right)}\right)\times23667\times5.64\times0.252$$

$$=0.162\text{MPa}$$

$$\sigma(21)_{max}=\frac{0.9\times10^{-5}}{1-0.15}\times\left[1-\frac{1}{\cosh\left(\frac{2.631\times10^{-5}\times88200}{2}\right)}\right]\times26004\times4.41\times0.477$$

$$=0.232\text{MPa}$$

$$\sigma(24)_{max}=\frac{0.9\times10^{-5}}{1-0.15}\times\left[1-\frac{1}{\cosh\left(\frac{2.568\times10^{-5}\times88200}{2}\right)}\right]\times27304\times4.07\times0.524$$

$$=0.257\text{MPa}$$

$$\sigma(27)_{max}=\frac{0.9\times10^{-5}}{1-0.15}\times\left[1-\frac{1}{\cosh\left(\frac{2.522\times10^{-5}\times88200}{2}\right)}\right]\times28297\times4.04\times0.570$$

$$=0.280\text{MPa}$$

$$\sigma(30)_{max}=\frac{0.9\times10^{-5}}{1-0.15}\times\left[1-\frac{1}{\cosh\left(\frac{2.489\times10^{-5}\times88200}{2}\right)}\right]\times29055\times3.51\times1.0$$

$$=0.431\text{MPa}$$

$$\sigma_{max}=\sum_{i=1}^{n}\sigma(t)_{max}=\sigma(6)_{max}+\sigma(9)_{max}+\sigma(12)_{max}+\sigma(15)_{max}+\sigma(18)_{max}+\sigma(21)_{max}$$
$$+\sigma(24)_{max}+\sigma(27)_{max}+\sigma(30)_{max}$$
$$=0.130+0.146+0.128+0.147+0.162+0.232+0.257+0.280+0.431$$
$$=1.912\text{MPa}$$

把上述拉应力计算数据和按抗拉强度标准值计算的抗裂安全系数汇总后列在表 2-4-21 内。

拉应力计算数据和抗裂安全系数汇总表 **表 2-4-21**

龄期（d）	6	9	12	15	18	21	24	27	30
抗拉强度标准值（MPa）	1.836	2.052	2.140	2.176	2.190	2.196	2.198	2.199	2.200
最大拉应力计算值（MPa）	0.130	0.276	0.400	0.551	0.712	0.944	1.201	1.481	1.912
抗裂安全系数（标准）	15.52	8.17	5.88	4.34	3.38	2.56	2.01	1.63	1.26

从表 2-4-21 中数据对比可以看出，在计算龄期的任何一点，抗裂安全系数均高于规范要求的最低值 1.15，混凝土内部不会出现有害裂缝。（实测 30d 龄期时混凝土内部温度仍保持在 10～15℃范围内波动，实际降温幅度低于计算降温值）

(9) 举例说明大体积混凝土结构施工的一次浇筑结构最大长度计算方法。

一次性现场浇筑混凝土结构的最大长度计算：

上面的近似计算已经考虑到混凝土温度可以下降到与气温接近的 5℃，本工程基础位于地下三层，长期使用状态下的环境温度可按当地地下工程环境温度考虑。根据讨论的地温环境温度近似计算，北京年均气温 13.1℃，在拆模后及时回填覆土后，基础底板埋设在 9m 以下时，最低稳定温度值 $T_{\theta z}$ 为：

$$T_{\theta z} = 13.1 - 1 = 12.1℃$$

另根据北京地铁工程的设计资料，在北京市的最冷月室外平均气温为－5℃时，地表下 10m 深的土壤温度一般仍可在 10～12℃以上。再据北京某地下室的温湿度实测数据：1～4月地下室一直处在较低温度之下，温度变化在 13～16℃之间，年底 12 月的湿度在 52%～62%之间，年初 1 月份以及 2 月份的湿度在 45%～62%之间。

这说明计算中按 5℃考虑气温下限时，实际已超出了本地下工程基础长期使用状态下的可能环境温度，施工组织设计时偏于安全考虑，计算一次性现场浇筑混凝土结构的最大长度时按 12℃计算，$T_2 = 5 - 12 = -7℃$。

根据以上的讨论，当我们取伸缩缝的平均间距作为允许的结构施工长度的话，计算结果有 70%的可靠性。

$$[L] = \frac{1.5}{\beta} \operatorname{arcch}\left(\frac{\alpha \mid \Delta T \mid}{\alpha \mid \Delta T \mid - \varepsilon_p}\right)$$

式中：ΔT——综合计算温差，

$$\Delta T = T_1 + T_2 + T_3 = 38 - 7 + 10.3 = 41.3℃;$$

T_1——水化热温差，℃，

T_2——环境温差，℃，

T_3——计算的收缩当量温差，℃；

$$E_e = \frac{E_c}{\phi_c} = \frac{31500}{1.734} = 18166\text{MPa}$$

β——结构计算综合系数，$\beta = \sqrt{\frac{C_x}{HE_e}} = \sqrt{\frac{0.036}{2000 \times 18166}} = 3.148 \times 10^{-5}$；

α——线膨胀系数取 0.9×10^{-5}；

ε_p——极限拉伸应变取 2.603×10^{-4}。

$$[L] = \frac{1.5}{3.148 \times 10^{-5}} \operatorname{arcch}\left(\frac{0.9 \times 10^{-5} \times 41.3}{0.9 \times 10^{-5} \times 41.3 - 2.603 \times 10^{-4}}\right)$$

$$= 89426\text{mm} > 88200(77450)\text{mm}$$

根据上述计算得知，底板伸缩缝平均间距为 89.4m，超过了结构纵横向长度。在施工中采取有效的综合控制裂缝措施和方法后，一次性浇筑施工，可以防止有害裂缝的出现，确保工程质量。

如果精心组织施工，养护良好，徐变影响简化计算系数 k_c 取为 2 时，底板伸缩缝平均间距为 103.6m，更超过了结构纵横向长度。

(10) 相邻仓的浇筑间隔时间不应少于 7d 是如何确定的?

跳仓法的基本原理是对混凝土硬化过程中产生的收缩应力“先放后抗”。即在早期的 7d 内，对混凝土温度收缩采取临时性的分块，以释放一大部分温度收缩效应（先放）；7d 后，再合拢形成整体，剩余的降温及收缩作用由混凝土的抗拉应变来承受（后抗）。

从大量的混凝土结构测温记录（见图 2-4-3）可以看出，水化热温升在混凝土浇筑后的 1～2d 迅速达到峰值，早期偏高偏快，以后迅速下降，经过 5～7d，接近于环境温度。

混凝土水化热温度峰值见表 2-4-22。

混凝土水化热温度峰值　　表 2-4-22

混凝土强度等级	水化热温度峰值（℃）
C20～C25	40～45
C25～C30	45～50
C30～C40	50～60
C45～C60	50～70
高强混凝土	60～80

随着混凝土强度等级提高，早期的 7d 内温度峰值迅速下降引起的混凝土收缩量大幅度增加、早期拉应力很高，而抗拉能力增加很少，开裂概率显著增加，此时完全靠混凝土自身“抗”的能力很难抗得住，所以采用主动设缝、临时分块释放温度收缩效应。而 7d 后混凝土大部分温度收缩效应得到释放，从图 2-4-4 可以看出塑性收缩已趋于稳定，这时候，可以将之前分块合拢连成整体，利用混凝土的抗拉能力承受剩余降温及收缩作用，通过实践检验这种方法是完全可行的。这就是跳仓法“先放后抗”的设计原则。这一原则和后浇带的原理是一致的，只是后浇带改变成为施工缝。同时需要说明的是，后浇带的间隔时间是 45d 到 2 个月（《高层建筑混凝土结构技术规程》JGJ 3－2010、14d《混凝土结构工程施工规范》GB 50666—2011，而跳仓法间隔时间是不小于 7d，这是因为在后浇带理论的初期，希望尽量利用足够的后浇带封闭时间更多的释放一些温度应力，而对混凝土的抗拉能力估计偏低，这种具体做法上的差异对于后浇带做法是偏安全的。这种原理的一致性也是主张提前到 7d 封闭后浇带的依据。

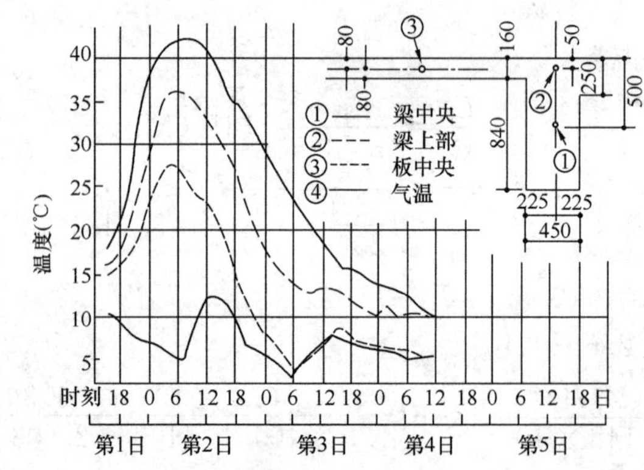

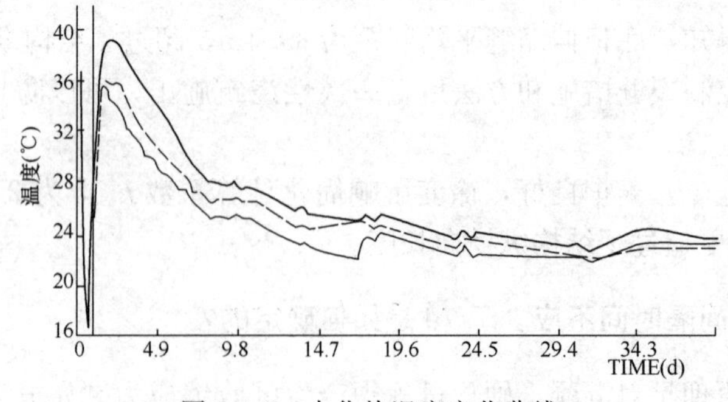

图 2-4-3　水化热温度变化曲线

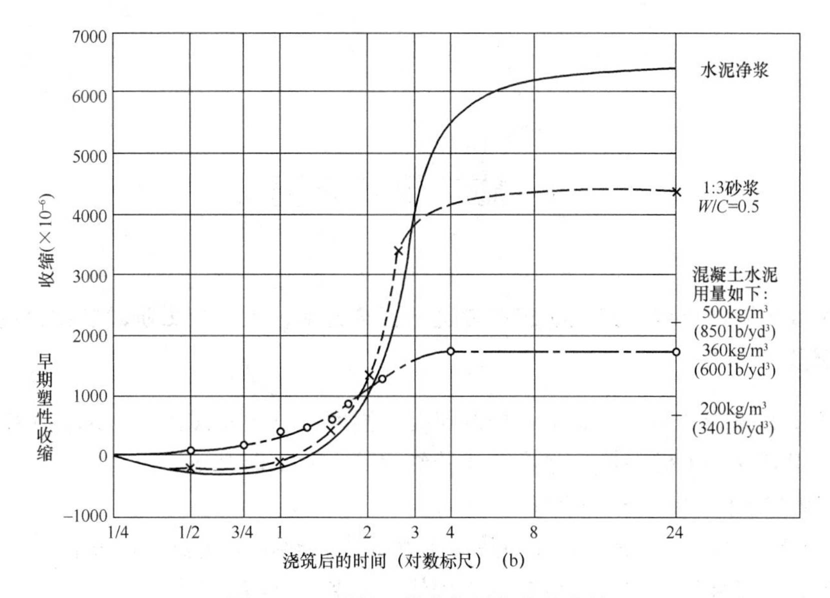

图 2-4-4　混凝土拌合物早期收缩曲线

5 施工要点十问

(1) 超长大体积混凝土结构跳仓施工前应进行图纸会审，提出施工阶段的综合抗裂措施应包括哪些？

为了防止裂缝的产生，应着重在控制混凝土温度上升、延缓混凝土降温速率、减少混凝土收缩、提高混凝土极限抗拉强度、改善约束等方面采取措施。

1）控制混凝土温度上升的措施

① 选用低热水泥：混凝土升温的热源是水泥水化热，选用低热的水泥品种，如普通硅酸盐水泥，矿渣硅酸盐水泥，可减少水化热，使混凝土减少升温。

② 利用混凝土的后期强度：常规混凝土强度的评定是以标准养护28d时的试件抗压强度为准的，混凝土强度在28d内完成大部分增长，但28d以后仍有一定的强度增长。所谓充分利用混凝土的中后期强度，指的是利用这部分强度，也就是说，以较长龄期的抗压强度来评定大体积混凝土的强度是否达到设计强度，譬如60d，90d时的强度，这样倒推过去，28d时混凝土强度就可以低于设计强度了，也就可以降低水泥用量了。试验证明，每立方米的混凝土水泥用量，每增减10kg，水泥水化热将使混凝土的温度相应升降1℃。因此，为控制混凝土温度上升，在保证基础有足够强度、满足使用要求的前提下，可以利用混凝土的后期强度，以减少水泥的用量，降低温度应力，减少产生温度裂缝的可能性。

③ 掺加减水剂：减水剂对水泥颗粒有明显的分散效应，并能使水的表面张力降低而引起加气作用。在混凝土搅拌过程中掺加适量减水剂，不仅能使混凝土的和易性有明显的改善，同时又减少了10%左右的拌合水，节约10%左右的水泥，从而降低了水化热，并明显推迟水化热的峰值期。

④ 掺加粉煤灰：实验资料表明，在混凝土内掺入一定数量的粉煤灰，由于粉煤灰具有一定活性，不但可代替部分水泥，而且粉煤灰颗粒呈球形，具有“滚珠效应”而起润滑作用，能改善混凝土的黏塑性，改善混凝土的可泵性，降低混凝土的水化热。

⑤ 粗骨料的选择：宜优先采用以自然连续级配的粗骨料配制混凝土，并控制石子、砂子的含泥量不超过1%、3%。因为用连续级配粗骨料配制的混凝土具有较好的和易性、较少的用水量和水泥用量，以及较高的抗压抗拉强度。在石子规格上可根据施工条件，尽量选用粒径较大的、级配良好的石子。因为增大骨料粒径，可减少用砂量，而使混凝土的收缩和泌水随之减少，同时又减少了水泥用量，从而使水泥的水化热减小，最终降低了混凝土的升温。

2）减小混凝土的降温速率：

大体积混凝土浇筑后，为了减少升温阶段内外温差，防止产生表面裂缝；给予适当的潮湿养护条件，防止混凝土表面脱水产生的干缩裂缝，使水泥顺利进行水化，提高混凝土的极限拉伸值；以及使混凝土的水化热降温速率延缓，减少结构计算温差，防止产生的温度应力和产生温度裂缝，对混凝土进行保湿和保温养护是重要的。

3）减少混凝土的收缩、提高混凝土的极限抗拉强度。

混凝土的收缩值和极限抗拉强度，除与水泥质量、骨料品种和级配、水灰比、骨料含泥量等有关外，还与施工工艺和施工质量密切相关。

对浇筑后的混凝土进行二次振捣，能排除混凝土因泌水在粗骨料、水平筋下部生成的水分和空隙，提高混凝土与钢筋的握裹力，防止因混凝土沉落而出现的裂缝，减少内部微裂，增加混凝土密度，使混凝土的抗压能力提高10%～20%，从而提高抗裂性。

4）改善边界约束和构造设计：

① 设置滑动层：由于边界存在约束才会产生温度应力，如在与外约束的接触面上全部设滑动层，则可大大减弱外约束。墙在外约束的两端和1/5～1/4的范围内设置滑动层，则结构的计算长度可折减约一半。

② 避免应力集中：在孔洞周围、变断面转角部位、转角处等由于温度变化和混凝土收缩，会产生应力集中而导致裂缝。为此，可在孔洞四周增配斜向钢筋、钢筋网片；在断面处避免断面突变，可作局部处理使断面逐渐过渡，同时增配抗裂钢筋。

③ 设置缓冲层：在高、低底板交接处、底板地梁处等，用30～50mm厚聚苯泡沫塑料做垂直隔离，以缓冲基础收缩的侧向压力。

5）做好混凝土温度控制工作：

① 做好混凝土测温工作，控制混凝土内部温度与表面温度之差不超过25℃，表面温度与环境温度之差不超过20℃。

② 做好混凝土的保温养护时间，混凝土中心部位降温速率不宜大于2℃/d。

（2）跳仓法施工，如何保障混凝土连续供应?

根据跳仓法施工需要，要求混凝土供应单位在生产前做好如下准备工作：

1）在确定施工日期后，提前通知其他用户，做好安排，尽量避开混凝土的施工时间，以保证本项目的混凝土连续供应。

2）做好混凝土生产安排工作，在确定供应生产线同时，应确定替补生产线。对混凝土搅拌机进行计量校核，并对搅拌机、铲车等设备进行全方位的检查、维护保养，保证计量准确及各项机械设备的连续运转。

3）提前做好腾仓工作，各种原材料进行储备，保证所需原材料满仓，确保生产时原材料的供应，并保证原材料的质量稳定。

4）试验室做好技术储备，安排技术人员值班，保证现场有技术人员解决出现的质量问题。

5）提前落实机械故障、停水、停电等情况的生产应急措施，确保混凝土生产连续，直到故障解除。

6）在生产前，落实运输车辆数量，并进行检查、保养，使之保证连续运输工作。

7）提前确定运输路线，包括主选路线和备选路线。

8）对施工现场进行勘察，确定泵车安放位置、车辆进出场路线、车辆停放位置及车辆洗车位置，将施工现场的情况对泵车司机、罐车司机进行交底。

9）安排现场调度提前到达施工现场，调整车辆间隔，保证工地连续浇筑，且保证不可压车过多。

10）考虑道路高峰期因素，为保证连续浇筑，在高峰时段前将混凝土提前运输到工地，保证不断车。

(3) 超长大体积混凝土结构跳仓法施工分层浇筑有何规定？

1）混凝土浇筑分层厚度，宜为300～500mm。当水平结构的混凝土浇筑厚度超过500mm时，可按1∶6～1∶7坡度分层浇筑，且上层混凝土应超前覆盖下层混凝土500mm以上。

2）在混凝土分层浇筑过程中，为了使上下层不产生冷缝，上层混凝土振捣应在下层混凝土初凝前完成，且振捣棒下插50mm。

3）振捣棒要采取快插慢拔的原则，防止先将上层混凝土振实而下层混凝土气泡无法排出。

4）振捣棒略为上下抽动，使之振捣密实，但振捣时间不要过长，一般控制表面出浮浆且不再下沉为止。

5）混凝土的浇筑顺序，按输送管距离由远而近浇筑。

6）同一区域的混凝土，应按先竖向结构后水平结构的顺序，分层连续浇筑。

7）当不允许留施工缝时，区域之间、上下层之间的混凝土浇筑间歇时间，不得超过混凝土初凝时间；当下层混凝土终凝后，浇筑上层混凝土时，应按留施工缝的规定处理。

(4) 在浇筑基础底板时，如何防止在振捣中产生泌水？

1）泵送混凝土时，在满足泵送的条件下，坍落度易尽量小一些，同时严禁随意向混凝土加水。

2）严格控制混凝土拌合物的振捣时间，不能过长，一般每一振捣点的振捣时间以20～30s为宜，以混凝土表面不再显著下沉、不再出现气泡、表面泛出灰浆为准，并尽可能减少对已振实部位的反复振动。

3）混凝土自高处倾落时，其自由倾落高度不宜超过2m，如高度超过2m，应设置串筒分层进行浇筑。

4）浇筑时采用分层浇筑，分层厚度不宜过厚，宜为300～500mm。

(5) 浇筑过程中，应采取什么措施防止受力钢筋、定位筋、预埋件等移位和变形？

为防止受力钢筋、定位筋、预埋件等移位和变形，可采取以下措施：

1）将受力钢筋、定位筋、预埋件等，采取有效措施固定。

2）定型定尺寸垫块必须有效绑扎，应采用扎丝与主筋固定。

3）浇筑时，机械设备、泵管和施工人员应尽量避免碰撞、压靠、扭动受力钢筋、定位筋、预埋件等。

4）浇筑过程中，应尽量避免振捣棒直接碰撞受力钢筋、定位筋、预埋件等。

5）提前铺设好浇筑混凝土用的马道，以免施工人员和泵管对受力钢筋、定位筋、预埋件等造成损坏。

6）混凝土浇筑时，一定要有施工人员看护，责任到人，及时调整移位和变形的受力钢筋、定位筋、预埋件等。

(6) 保湿养护的基本要求是什么?

1) 保湿养护主要分为:

① 洒水、喷雾养护。是在不对混凝土进行封闭覆盖的情况下，采取洒水、喷雾的方式，额外补充混凝土水化所需水分的一种养护方法。

② 塑料布养护。是采用塑料布覆盖在混凝土表面，将混凝土表面予以密封，阻止混凝土中的水分蒸发，使混凝土保持或接近饱水状态，保证水泥水化反应正常进行的一种养护方法。

③ 薄膜养护剂养护。是在混凝土表面喷涂一层液态薄膜养护剂（又称薄膜养生液）后，养护剂在混凝土表面能很快形成一层不透水的密封膜层，阻止混凝土中的水分蒸发，使混凝土中的水泥获得充分水化条件的一种养护方法。

2) 保湿养护的基本要求:

① 及时。保证早龄期混凝土在实际施工过程中得到及时养护，可从初凝后就开始养护。

② 全面。对于形状不规则或者尺寸较大的结构物，应克服困难做到全面养护。

③ 持续。保湿养护的持续时间不得少于14d，应经常检查洒水、喷雾情况，检查塑料薄膜或养护剂涂层的完整情况，保持混凝土表面持续湿润。

(7) 为什么在冬期施工到来前地下室顶板上部尚未完成建筑装修时，地下室顶板上方应采取保温措施?

在冬期施工到来前，地下室顶板上部尚未完成建筑装修时，应根据对地下室顶板混凝土表面和环境温度进行连续观测，对地下室顶板上方采取保温措施；因为当地下室顶板混凝土表面温度与环境温度的最大温差大于20℃时，混凝土容易开裂。

地下室外墙、地下车库顶板未及时回填、长期暴露，是目前出现混凝土裂缝的重要原因，必须引起高度重视。尽快回填，有利于将混凝土浇筑体的里表温度差值控制在25℃以下，将混凝土浇筑体的内部降温速率控制在2.0℃/d以下。

(8) 在保温养护过程中，当混凝土浇筑体的里表温差实测结果或降温速率实测结果不满足温控指标的要求时，应如何调整保温养护措施?

里表温差是混凝土浇筑体中心与表层下50mm温度之差。在覆盖养护或带模养护阶段，混凝土浇筑体的里表温度差值不应大25℃。当保温养护过程中，当混凝土浇筑体的里表温差实测结果大于25℃时，说明混凝土表面温度过低，保温养护措施不够，应增加或加强保温养护措施，如加盖塑料薄膜、麻袋、阻燃保温被和地下结构及时回填土等，必要时可搭设挡风保温棚。

降温速率是在散热条件下，混凝土浇筑体内部温度达到温升峰值后每天的温度下降的值。大体积混凝土浇筑体的内部降温速率不宜大于2.0℃/d。在保温养护过程中，当混凝土浇筑体的降温速率实测结果大于2.0℃/d时，说明环境温度过低，保温养护措施不够，造成混凝土浇筑体的降温太快，应增加或加强保温养护措施，如加盖塑料薄膜、麻袋、阻燃保温被和地下结构及时回填土等，必要时可搭设挡风保温棚。

(9) 雨雪天不宜露天浇筑混凝土，当须浇筑时，应采取哪些确保混凝土质量的措施？

1）中雨、中雪以上天气，不得浇筑混凝土，有抹面要求的大体积混凝土不得在雨雪天气施工。

2）在小雨、小雪天气进行浇筑时，应采取下列措施：

① 适当减少混凝土拌合用水量和出机口混凝土的坍落度，必要时应适当减小混凝土的水胶比；

② 加强仓内排水和防止周围雨水流入仓内。

③ 做好新浇筑混凝土面尤其是接头部位的保护工作。

3）若在混凝土浇筑过程中，突遇大雨、大雪时，应及时在结构合理部位留置施工缝，并应尽快中止混凝土浇筑；对已浇筑还未硬化的混凝土应振捣密实并立即进行覆盖，严禁雨水直接冲刷新浇筑的混凝土。

(10) 混凝土浇筑过程中突遇大雨或大雪天气时，应在结构什么部位合理留置施工缝？

施工缝的位置应设置在结构受剪力较小和便于施工的部位，柱应留水平缝，梁、板、墙应留垂直缝，且应符合下列规定：

1）施工缝应留置在基础的顶面、梁或吊车梁牛腿的下面、吊车梁的上面、无梁楼板柱帽的下面。

2）和楼板连成整体的大断面梁，施工缝应留置在板底面以下 20～30mm 处。当板下有梁托时，留置在梁托下部。

3）对于单向板，施工缝应留置在平行于板的短边的任何位置。

4）有主次梁的楼板，宜顺着次梁方向浇筑，施工缝应留置在次梁跨度中间 1/3 的范围内。

5）墙上的施工缝应留置在门洞口过梁跨中 1/3 范围内，也可留在纵横墙的交接处。

6）楼梯上的施工缝应留在踏步板的 1/3 处。

7）水池池壁的施工缝宜留在高出底板表面 200～500mm 的竖壁上。

8）双向受力楼板、大体积混凝土、拱、壳、仓、设备基础、多层刚架及其他复杂结构，施工缝位置还应按设计要求留设。

6 质量控制十问

(1) 跳仓法施工应符合哪些规范规定?

跳仓法施工除应符合《超长大体积混凝土结构跳仓法技术规程》DB11/T 1200—2015要求外，还应符合其他有关规范标准的规定，主要包括：

1)《大体积混凝土施工规范》GB 50496

2)《建筑工程施工质量验收统一标准》GB 50300

3)《混凝土结构工程施工规范》GB 50666

4)《混凝土结构工程施工质量验收规范》GB 50204

5)《混凝土质量控制标准》GB 50164

6)《地下工程防水技术规范》GB 50108

7)《普通混凝土配合比设计规范》JGJ 55

8)《硅酸盐水泥、普通硅酸盐水泥》GB 175

9)《普通混凝土用砂、石质量及检验方法标准》JGJ 52

10)《混凝土外加剂应用技术规范》GB 50119

11)《预拌混凝土规范》GB/T 14902

(2) 跳仓法施工方案应包括那些主要内容?

跳仓法施工方案除应符合北京市相关规定外，还应包括以下主要内容：

1) 超长大体积混凝土结构跳仓法施工温度应力和收缩应力的计算。

2) 超长大体积混凝土结构跳仓仓格长度的确定。

3) 施工阶段温控措施。

4) 原材料优选、配合比设计、制备与运输。

5) 混凝土主要施工设备和现场总平面布置。

6) 温控监测设备和测试布置图。

7) 混凝土浇筑顺序和施工进度计划。

8) 混凝土保温和保湿养护方法。

9) 主要应急保障措施（交通堵塞、不利气候条件下等）。

10) 特殊部位和特殊气候条件下的施工措施。

(3) 如何判断混凝土浇筑是否初凝?

混凝土凝结时间分为初凝时间和终凝时间。初凝时间为水泥加水拌合起，至水泥浆开始失去塑性所需的时间。终凝时间从水泥加水拌合起，至水泥浆完全失去塑性并开始产生强度所需的时间。在混凝土施工中，初凝时间不宜过短，终凝时间不宜过长。

一般现场判断混凝土浇筑是否初凝，就是查看混凝土表面的水分吸收情况，用手轻按表面有手印为准。看混凝土基本收水了，手指按上去有轻微痕迹应该就是初凝了。实际工作中，尽管混凝土实际初凝时间受气温高低和空气湿度影响很大，但混凝土生产单位提供报告中的初凝时间仍可以作为大致的参考时间。

（4）超长大体积混凝土结构跳仓法施工的拆模时间如何确定？

超长大体积混凝土结构跳仓法施工的拆模时间应满足下列规定：

1）应满足现行国家标准《混凝土结构工程施工规范》GB 50666—2011 对混凝土的强度要求，相关条文摘录于下。

4.5.2 底模及支架应在混凝土强度达到设计要求后再拆除；当设计无具体要求时，同条件养护的混凝土立方体试件抗压强度应符合表 4.5.2 的规定。

表 4.5.2 底模拆除时的混凝土强度要求

构件类型	构件跨度（m）	达到设计混凝土强度等级值的百分率（%）
板	≤2	≥50
	>2，≤8	≥75
	>8	≥100
梁、拱、壳	≤8	≥75
	>8	≥100
悬臂结构		≥100

4.5.3 当混凝土强度能保证其表面及棱角不受损伤时，方可拆除侧模。

4.5.4 多个楼层间连续支模的底层支架拆除时间，应根据连续支模的楼层间荷载分配和混凝土强度的增长情况确定。

2）竖向结构（墙、柱）的混凝土拆模强度应达到 1.2MPa，且要保证构件棱角完整无破坏。

3）混凝土浇筑体表面以下 50mm 处与大气温差不应大于 20℃。

4）当模板作为保温养护措施的一部分时，其拆模时间应根据《超长大体积混凝土结构跳仓法技术规程》DB11/T 1200—2015 中的温控要求确定。

（5）混凝土施工时进行温度控制，如何做到在覆盖养护或带模养护阶段，混凝土浇筑体内部的温度与混凝土浇筑体表面温度差值不大于 25℃？

1）在覆盖养护或带模养护阶段，应对混凝土浇筑体内部的温度与混凝土浇筑体表面温度进行监测，根据监测情况调整覆盖措施和控制拆模进度，必要时，采取保温措施，防止混凝土结构表面温度变化过大，减少混凝土结构中心与表面的温差，使混凝土结构中心与表面的温差始终控制在 25℃以下。

2）如遇气温突降天气，必须对混凝土进行更加严格的外部保温。可在上表面用塑料薄膜加土工布覆盖，条件允许时也可蓄水养护，或搭设保温棚，使用热水养护。

（6）混凝土施工时进行温度控制，如何做到结束覆盖养护或拆模后，混凝土浇筑体表面以内 50mm 位置处的温度与环境温度差值不大于 20℃？

1）在覆盖养护或带模养护阶段，应对混凝土浇筑体表面以内 50mm 位置处的温度与环境温度进行监测，必要时，采取保温措施，使混凝土浇筑体表面以内50mm位置处的温度与环境温度差值不大于20℃。

2）混凝土在降温阶段如遇气温突降天气，必须对混凝土进行更加严格的外部保温。可在上表面用塑料薄膜加土工布覆盖，条件允许时也可蓄水养护，或搭设保温棚，使用热水养护。

（7）混凝土施工时进行温度控制，如何做到混凝土浇筑体内相邻两测温点的温度差值不大于25℃和内部降温速率不大于2.0℃/d？

混凝土在施工时，对混凝土浇筑体内的温度进行监测，并根据监测情况采取措施，对混凝土浇筑体内的温度进行控制，使混凝土浇筑体内相邻两测温点的温度差值不大于25℃，和内部降温速率不大于2.0℃/d。具体方法如下：

一种是降温法，即在混凝土浇筑成形时，预埋冷却水管，通过循环冷却水降温，从混凝土结构内部进行温度控制。

另一种是保温法，即混凝土浇筑成形后，通过保温材料、碘钨灯或定时喷浇热水、蓄存热水等办法，提高混凝土表面及四周散热面的温度，从混凝土结构外部进行温度控制。

对于大体积混凝土而言，如果降温过快，虽然里表温差仍然控制在规范要求之内，但由于混凝土内部温差过大，温差应力达到混凝土的极限抗拉强度时，理论上就会出现裂缝，而且此裂缝出现在大体积混凝土的内部，如果相差过大，就会出现贯穿裂缝，影响结构使用。因此，降温速率的快慢直接关系到大体积混凝土内部拉应力的发展。

混凝土施工时进行温度控制可遵循降温速率“前期大、后期小”的原则。养护前期，混凝土处于升温阶段，弹性模量、温度应力较小，而抗拉强度增长较快，在保证混凝土表面湿润的基础上应尽量少覆盖，让其充分散热，以降低混凝土的温度，亦即养护前期混凝土降温速率可稍大。养护后期，混凝土处于降温阶段，弹性模量增加较快，温度应力较大，应加强保温措施，控制降温速率。

（8）超长大体积混凝土结构跳仓法施工的混凝土采用60d或90d龄期的强度指标，如何进行混凝土强度评定？

《混凝土结构工程施工质量验收规范》GB 50204第7.1.1条的条文说明中指出：“混凝土强度进行合格评定时的试验龄期可以大于28d（如60d或90d），具体龄期可由建筑结构设计部门确定。设计规定龄期是指混凝土在掺矿物掺合料后，设计部门根据矿物掺合料的掺合量及结构设计要求，所规定的标准养护试件的试验龄期。”

超长大体积混凝土结构跳仓法施工的混凝土采用60d或90d龄期的强度指标，可根据《混凝土强度检验评定标准》GB 50107相关规定进行混凝土强度评定，该规范第4.3.1条中规定：“对掺矿物掺合料的混凝土进行强度评定时，可根据设计规定，可采用大于28d龄期的混凝土强度。”

另外，对于影响60d或90d龄期混凝土结构实体检验的等效养护龄期问题，在《混凝土结构工程施工质量验收规范》GB 50204第10.1.2条的条文说明中明确：“对于设计规定标准养护试件验收龄期大于28d的大体积混凝土，混凝土实体强度检验的等效养护龄期也应相应按比例延长，如规定龄期为60d，等效养护龄期的度日积为1200℃·d。”

(9) 超长大体积混凝土结构跳仓法施工后，对建筑物沉降进行长期观测，有什么规定?

《北京地区建筑地基基础勘察设计规范》DBJ 11/501—2009 表 7.4.3 和表 7.4.4 规定了多层建筑和高层建筑地基变形允许值，不仅通过计算进行控制，并应进行沉降实际观测进行验证。根据规范第 3.0.10 条规定，由于跳仓法是地基基础新技术、新工艺，应进行建筑物沉降长期观测。

根据《建筑变形测量规范》JGJ 8—2007 规定，建筑物沉降观测应测定建筑物地基的沉降量、沉降差及沉降速度并计算基础倾斜、局部倾斜、相对弯曲及构件倾斜。沉降观测点的布置，应以能全面反映建筑物地基变形特征并结合地质情况及建筑结构特点确定。

超长大体积混凝土结构跳仓法施工后，在沉降观测点位选设位置方面，重点是多层、高层主楼与裙房或地下车库之间，相邻处应根据规定分别设点。沉降观测的周期和观测时间，可按下列要求并结合具体情况确定:

1）建筑物施工阶段的观测，应随施工进度及时进行。一般建筑，可在基础完工后或地下室砌完后开始观测，大型、高层建筑，可在基础垫层或基础底部完成后开始观测。观测次数与间隔时间应视地基与加荷情况而定。民用建筑可每加高 1～5 层观测一次；工业建筑可按不同施工阶段（如回填基坑、安装柱子和屋架、砌筑墙体、设备安装等）分别进行观测。如建筑物均匀增高，应至少在增加荷载的 25％、50％、75％和 100％时各测一次。施工过程中如暂时停工，在停工时及重新开工时应各观测一次。停工期间，可每隔 2～3 个月观测一次。

2）建筑物使用阶段的观测次数，应视地基土类型和沉降速度大小而定。除有特殊要求者外，一般情况下，可在第一年观测 3～4 次，第二年观测 2～3 次，第三年后每年 1 次，直至稳定为止。观测期限一般不少于如下规定：砂土地基 2 年，膨胀土地基 3 年，黏土地基 5 年，软土地基 10 年。

3）在观测过程中，如有基础附近地面荷载突然增减、基础四周大量积水、长时间连续降雨等情况，均应及时增加观测次数。当建筑物突然发生大量沉降、不均匀沉降或严重裂缝时，应立即进行逐日或几天一次的连续观测。

4）沉降是否进入稳定阶段，应由沉降量与时间关系曲线判定。对重点观测和科研观测工程，若最后三个周期观测中每周期沉降量不大于两倍的测量中误差，可认为已进入稳定阶段。一般观测工程，若沉降速度小于 0.01～0.04mm/d，可认为已进入稳定阶段，具体取值宜根据各地区地基土的压缩性确定。

(10) 混凝土的搅拌运输车单程运送时间有何规定?

根据现行国家标准《预拌混凝土》GB 14902 规定，混凝土的运送时间系指从混凝土由搅拌机卸入运输车开始至该运输车开始卸料为止。

混凝土的搅拌运输车单程运送时间应满足合同规定，当合同未作规定时，采用搅拌运输车运送的混凝土宜在 1.5h 内卸料；当最高气温低于 25℃时，运送时间可延长 0.5h。如需延长运送时间，则应采取相应的技术措施，并应通过试验验证。

第3篇

应　用　案　例

案例1：北京鲜活农产品流通中心工程超长混凝土结构跳仓法施工方案

编制人：
审核人：
审批人：

北京建工集团有限责任公司
北京鲜活农产品流通中心工程项目部
二〇一六年八月二十六日

目　　录

北京鲜活农产品流通中心工程超长混凝土结构跳仓法施工方案

1 编制依据

1.1 施工图（见表 3-1-1）

施工图表 **表 3-1-1**

序号	图纸名称	图纸编号	出图日期
1	Ⅲ-Ⅰ基础结构平面布置图	S10-001	2016 年 7 月 30 日
2	Ⅲ-Ⅰ B2F 顶板结构平面布置图	S20-001	2016 年 7 月 30 日
3	Ⅲ-Ⅰ B1F 顶板结构平面布置图	S20-002	2016 年 7 月 30 日
4	Ⅲ-Ⅱ基础结构平面布置图	S14-001（结防）	2016 年 7 月 30 日
5	Ⅲ-Ⅱ B4F 顶板结构平面布置图（一）	S23-001（结防）	2016 年 7 月 30 日
6	Ⅲ-Ⅱ B4F 顶板结构平面布置图（二）	S23-002（结防）	2016 年 7 月 30 日
7	Ⅲ-Ⅱ B3F 顶板结构平面布置图（一）	S23-003（结防）	2016 年 7 月 30 日
8	Ⅲ-Ⅱ B3F 顶板结构平面布置图（二）	S23-004（结防）	2016 年 7 月 30 日
9	Ⅲ-Ⅱ B2F 顶板结构平面布置图（一）	S23-029	2016 年 7 月 30 日
10	Ⅲ-Ⅱ B2F 顶板结构平面布置图（二）	S23-030	2016 年 7 月 30 日
11	Ⅲ-Ⅱ B1F 顶板结构平面布置图（一）	S23-031	2016 年 7 月 30 日
12	Ⅲ-Ⅱ B1F 顶板结构平面布置图（二）	S23-032	2016 年 7 月 30 日

1.2 相关规范、标准、图集（见表 3-1-2）

规范、标准、图集 **表 3-1-2**

序号	类别	名称	编号	备注
1	国家	《预拌混凝土》	GB/T 14902—2012	
2		《建筑地基基础工程施工规范》	GB51004－2015	
3		《混凝土强度检验评定标准》	GB/T 50107—2010	
4		《地下工程防水技术规范》	GB 50108—2008	
5		《混凝土外加剂应用技术规范》	GB 50119—2013	
6		《粉煤灰混凝土应用技术规范》	GBT 50146—2014	
7		《混凝土质量控制标准》	GB 50164—2011	
8		《混凝土结构工程施工质量验收规范》	GB 50204—2015	
9		《地下防水工程质量验收规范》	GB 50208—2011	
10		《建筑工程施工质量验收统一标准》	GB 50300－2013	
11		《大体积混凝土施工规范》	GB 50496—2009	
12		《混凝土结构工程施工规范》	GB 50666—2011	
13		《矿物掺合料应用技术规范》	GB/T 51003—2014	
14		《预防混凝土碱骨料反应技术规范》	GB/T 50733—2011	
15		《建筑工程施工绿色评价标准》	GB/T 50640—2010	

续表

序号	类别	名称	编号	备注
16	行业	《高层建筑箱形与筏形基础技术规范》	JGJ 6—2011	
17		《普通混凝土配合比设计规范》	JGJ 55—2011	
18		《混凝土泵送施工技术规程》	JGJ/T 10—2011	
19		《建筑工程冬期施工规程》	JGJ/T 104—2011	
20		《高强混凝土应用技术规程》	JGJ/T 281—2012	
21		《建筑机械使用安全技术规程》	JGJ 33—2012	
22		《建筑地基处理技术规范》	JGJ 79—2012	
23	地方	《北京市建筑工程资料管理规程》	DB11/T 695—2009	
24		《建筑结构长城杯工程质量评审标准》	D11/T 1074—2014	
25		《混凝土外加剂应用技术规范》	DB 11/1314—2015	
26		《超长大体积混凝土结构跳仓法技术规程》	DB11/T 1200—2015	
27	图集	建筑物抗震构造详图	11G329-1	
28		混凝土结构施工图平面整体表示方法制图规则和构造详图	16G101-1～3	

1.3 相关法律法规及其他（见表 3-1-3）

法规、规定 **表 3-1-3**

序号	名　称	编　号	备注
1	北京市建设工程施工试验实行有见证取样和送检制度的暂行规定（试行）	京建法（2009）289 号	
2	预防混凝土工程碱集料反应技术管理规定（试行）	京建科［1999］230 号	
3	北京市建筑施工企业安全生产责任制	（90）京建法字第 055 号	
4	北京市建筑工程质量管理条例		
5	北京市住房和城乡建设委员会关于在本市建设工程增加 7 天混凝土见证检测项目的通知	京建法〔2014〕18 号	
6	本工程施工组织设计		

2 施工部位概况与分析

2.1 单位工程概况（见表 3-1-4）

单位工程概况 **表 3-1-4**

序号	项　目	内容
1	工程名称	北京鲜活农产品流通中心
2	工程地址	朝阳区黑庄户乡黑庄户村南
3	建设单位	北京农产品中央物流园有限公司
4	设计单位	北京市建筑设计研究院有限公司（4A3 设计所）
5	监理单位	北京中城建建设监理有限公司

续表

序号	项　　目	内容
6	质量监督单位	北京市建筑工程质量监督总站
7	施工总承包单位	北京建工集团有限责任公司
8	混凝土搅拌站	北京建工新型建材有限责任公司 北京建工一建工程建设有限公司混凝土分公司 北京住总商品混凝土中心
9	施工工期	1197d
10	合同质量目标	合格，争创鲁班奖

2.2 设计概况（见表 3-1-5）

设计概况　　**表 3-1-5**

<table>
<tr><th>序号</th><th>项　　目</th><th colspan="3">内　　容</th></tr>
<tr><td>1</td><td>建筑功能</td><td colspan="3">综合配套服务、交易、冷库、理货配送、交通停车及人防空间等功能</td></tr>
<tr><td rowspan="2">2</td><td rowspan="2">总建筑面积（616450.64m^2）</td><td>地上建筑面积</td><td colspan="2">332025.00m^2</td></tr>
<tr><td>地下建筑面积</td><td colspan="2">284425.64m^2</td></tr>
<tr><td rowspan="2">3</td><td rowspan="2">层数</td><td>交易区</td><td colspan="2">地上 4～5 层，地下 2 层</td></tr>
<tr><td>综合服务楼</td><td colspan="2">地上 6～7 层，地下 4 层</td></tr>
<tr><td rowspan="2">4</td><td rowspan="2">结构形式</td><td>基础形式</td><td colspan="2">有梁式筏板基础</td></tr>
<tr><td>结构形式</td><td colspan="2">交易区为框架结构，综合服务楼为框架剪力墙结构</td></tr>
<tr><td rowspan="10">5</td><td rowspan="10">混凝土强度等级</td><td rowspan="5">交易区</td><td>基础底板、基础梁</td><td>C35、p8</td></tr>
<tr><td>地下室外墙</td><td>C40、P8</td></tr>
<tr><td>梁、楼板</td><td>C30</td></tr>
<tr><td>剪力墙及连梁</td><td>C40</td></tr>
<tr><td>柱</td><td>C60</td></tr>
<tr><td rowspan="5">综合服务楼</td><td>基础底板、基础梁</td><td>C35、P8</td></tr>
<tr><td>地下室外墙</td><td>C50、P8</td></tr>
<tr><td>梁、楼板</td><td>C30</td></tr>
<tr><td>剪力墙及连梁</td><td>C50</td></tr>
<tr><td>柱</td><td>C50</td></tr>
<tr><td>6</td><td>大体积混凝土所在位置</td><td colspan="3">基础筏板、基础梁、柱</td></tr>
<tr><td rowspan="2">7</td><td rowspan="2">大体积混凝土主要构件尺寸</td><td>综合楼</td><td colspan="2">基础梁：8.4m×1.4m×2.0m、8.4m×1.0m×2.6m、8.4m×1.8m×3.0m、8.4m×1.0m×3.0m；墙体：1000mm 厚</td></tr>
<tr><td>交易楼</td><td colspan="2">基础梁：9m×1.2m×2.4m、9m×1.5m×2.4m、9m×1.2m×3.4m；柱：1.0m×1.2m、1.8m×1.8m、1.8m×3.0m、1.5m×1.5m</td></tr>
</table>

续表

序号	项 目	内 容		
8	混凝土浇筑工程量（m^3）	约 341761		
9	地下水位	地下水类型	埋深（m）	标高（m）
		上层滞水（一）	1.60～3.60	22.57～24.03
		潜水（二）	8.60～13.00	13.50～17.09
		层间潜水（三）	11.20～15.10	10.76～14.83
		承压水（四）	14.20～19.60	7.14～12.35

2.3 场地概况

（1）本工程拟建建筑物其东侧距通马路、南侧距萧太后河、西侧距双桥西路均不远，北侧为黑庄户村。工程地理位置优越，交通十分便利。通马路和双桥西路白天上、下班时间车流量较大，其余时间交通通畅。南侧萧太后河水流较小，对工程基本无影响。

（2）基地东西宽约 690m，南北长约 210～280m。施工现场沿基坑设置循环运输道，北侧道路宽为 7m，东西侧道路宽为 7m，南侧为 10m；地泵布置在道路内侧 3.5m 宽道路（临近基坑边一侧），外侧道路作为混凝土罐车循环运输车道。具体详见地泵平面布置图。

2.4 典型平、立、剖面图

（1）基础平面图（交易楼 230m×540m、综合服务楼 97.7m×225m）（见图 3-1-1、图 3-1-2）。

（2）综合服务楼典型剖面图（图 3-1-3）。

（3）交易区典型剖面图（图 3-1-4）。

（4）加强后浇带、沉降后浇带位置及相关尺寸线（图 3-1-5）。

（5）较大坡度的部位剖面图（图 3-1-6）

2.5 大体积混凝土施工特点、难点

（1）管理难点

1）本工程底板面积大，工期紧，结构超长，东西约 690m，南北约 210m～280m。地下结构总体混凝土浇筑方量很大，仅基础底板混凝土浇筑方量就达 12.5 万 m^3。应对措施：将本工程分为五个施工区域，每个施工区域由独立的施工队伍组织施工。根据工期及工程量，各部门研讨，精心策划混凝土施工进度计划，在施工进度计划中找出关键线路。根据关键线路及施工进度计划提前策划施工人员及施工物资进场时间，确保关键线路按进度计划施工，其他工作可以在其机动时间内进行调整。每天对比施工实际进度和计划进度，发现进度有滞后立即组织各部门及分包单位分析滞后原因，然后采取应对措施。工程施工前进行考察混凝土搅拌站，选择距离工地近，且实力、信誉、质量优的搅拌站，确保在计划工期内完成混凝土的浇筑。

2）本工程工程量大、土建施工队多、机电专业单位多。如何建立强有力的项目组织机构，确定最优的施工组织是本工程的难点。

应对措施：将本工程划分 5 个施工区域，每个施工区域按专业配置相应的栋号长、专业工长、专业质检员、专业试验员、资料员。每个区域相当于一个小的项目管理体系，整个工程以项目经理为总协调，每天下午五点开生产会，汇报明天施工准备情况，协调相关专业交叉施工问题。需要建设单位解决的问题，通过每周一监理例会同建设单位协商解决。

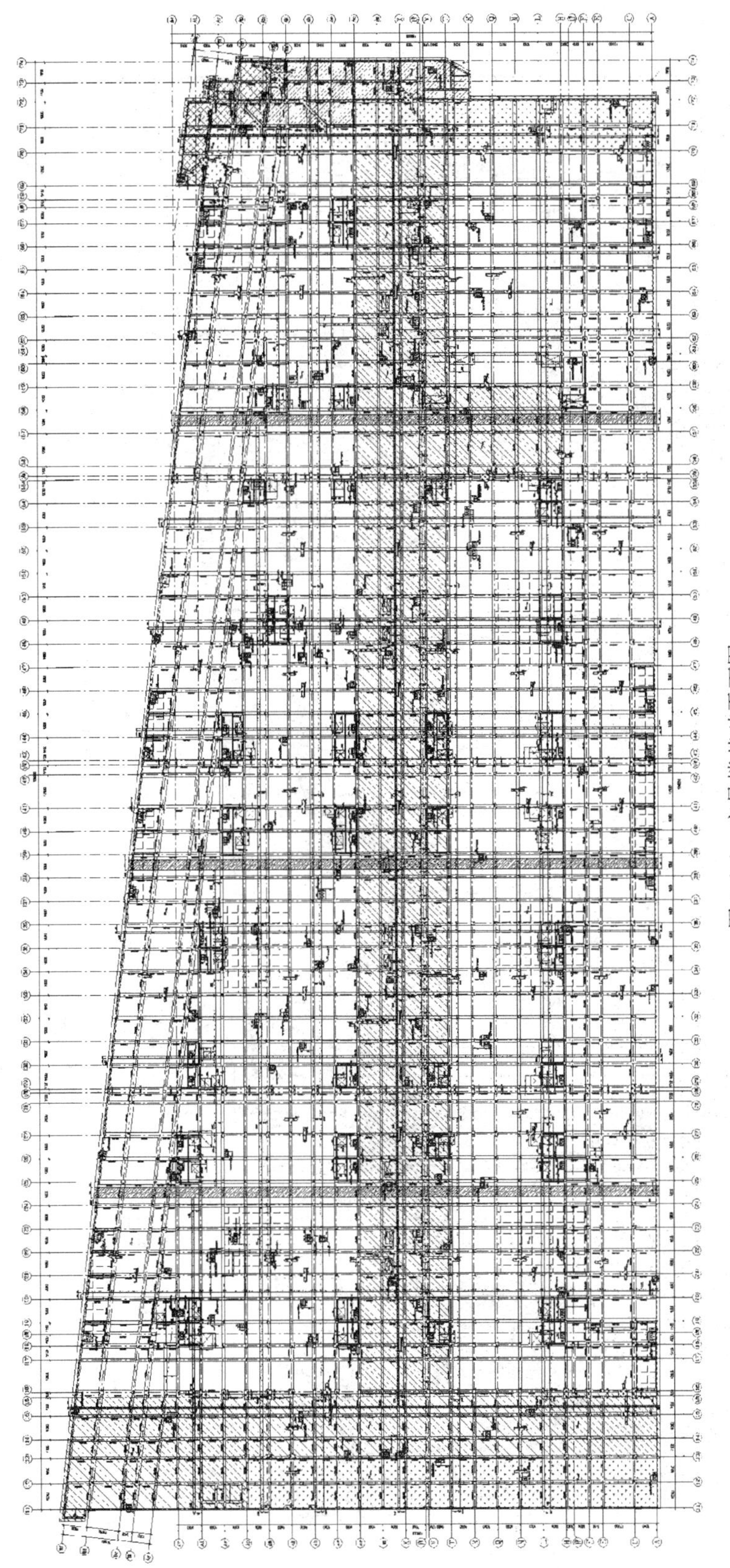

图 3-1-1　交易楼基础平面图

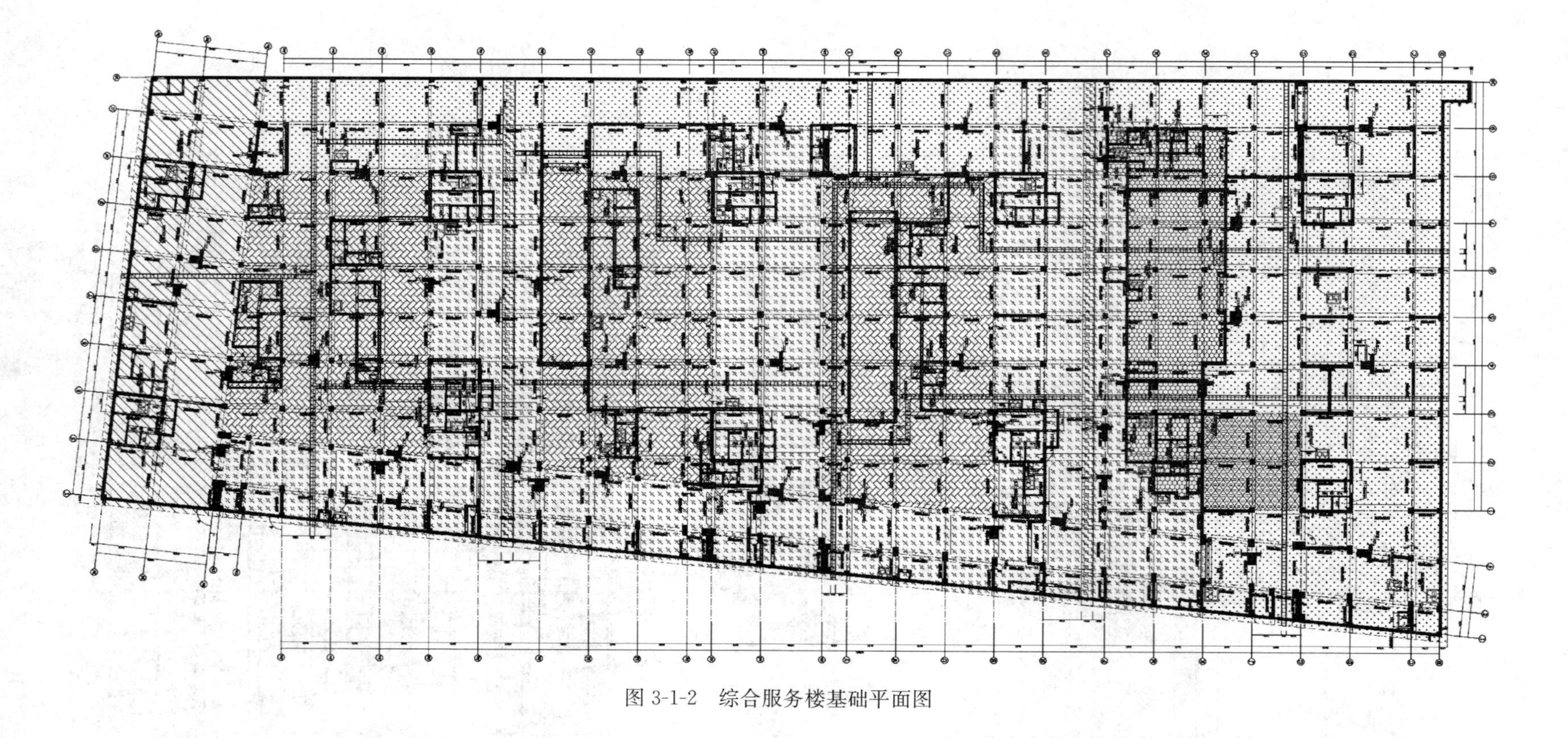

图 3-1-2 综合服务楼基础平面图

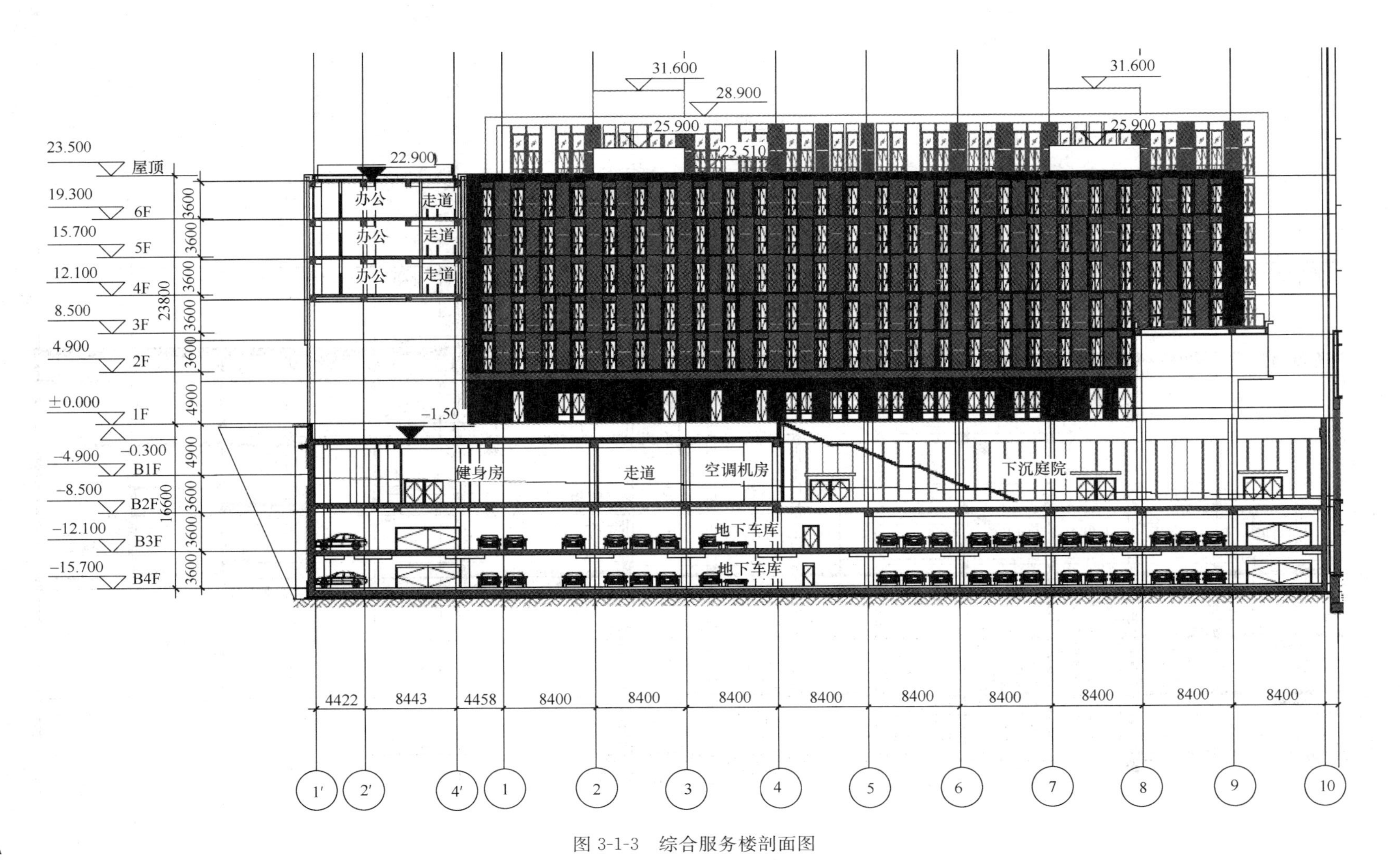

图 3-1-3　综合服务楼剖面图

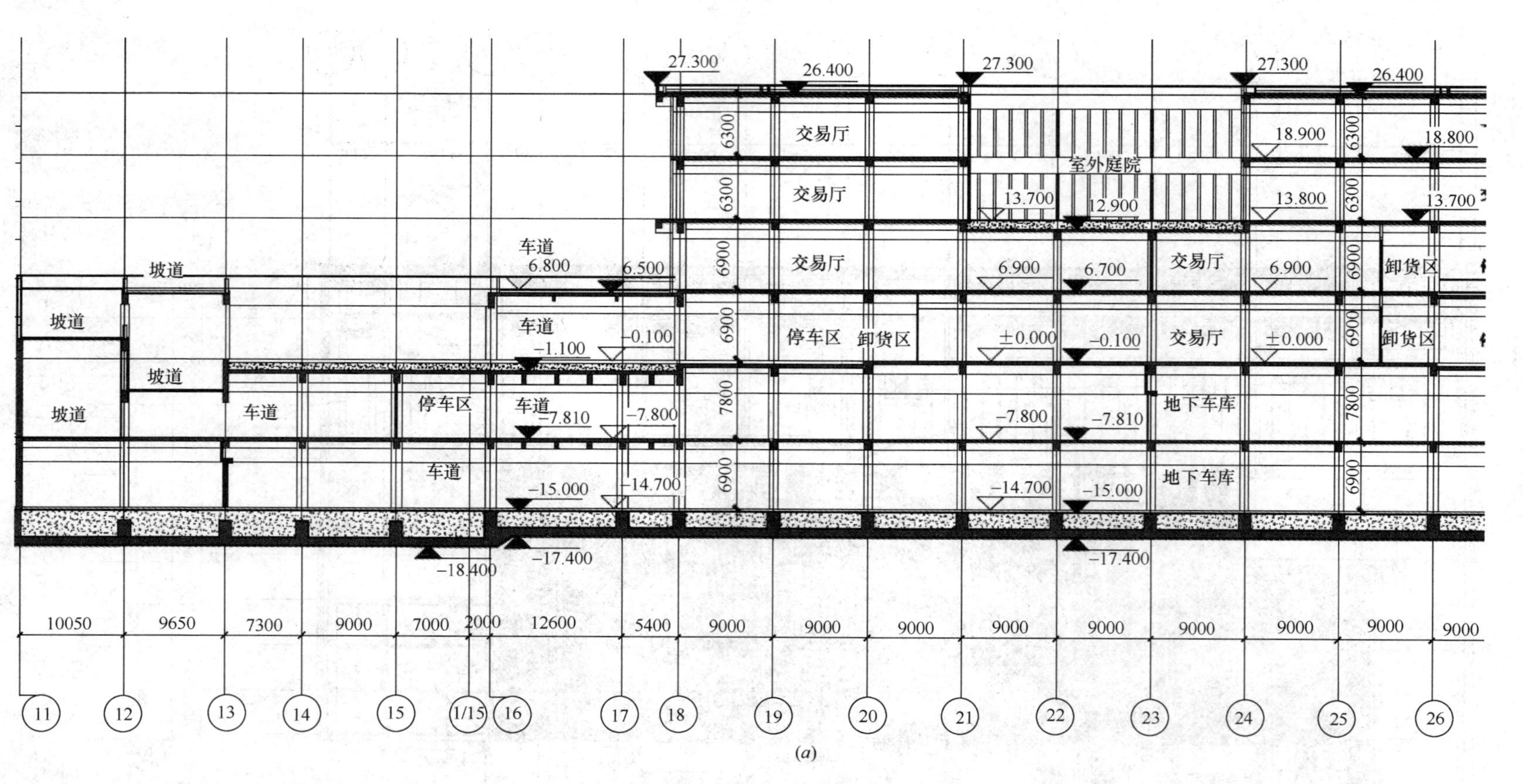

(a)

图 3-1-4　交易区剖面图

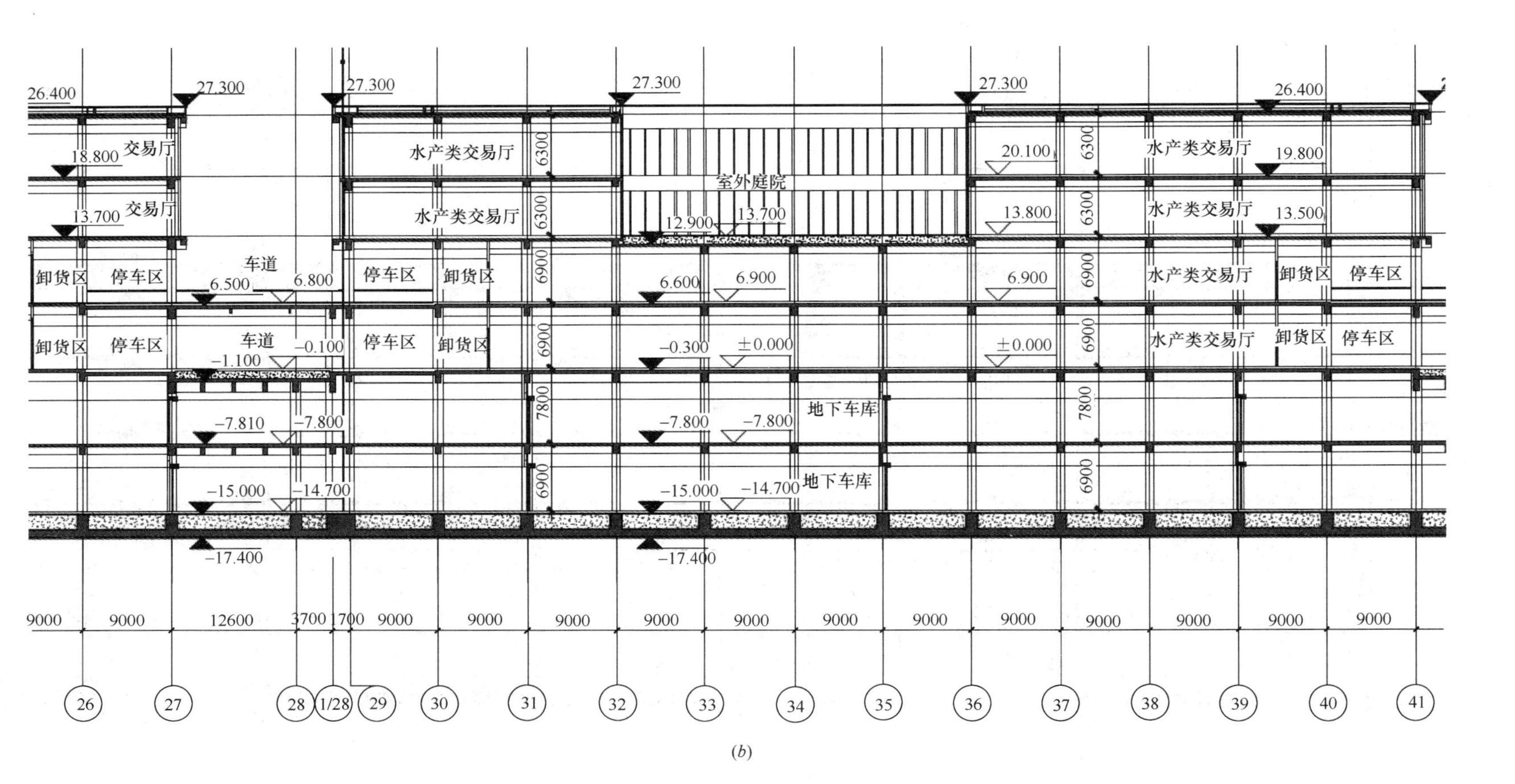

(b)

图 3-1-4 交易区剖面图（续）

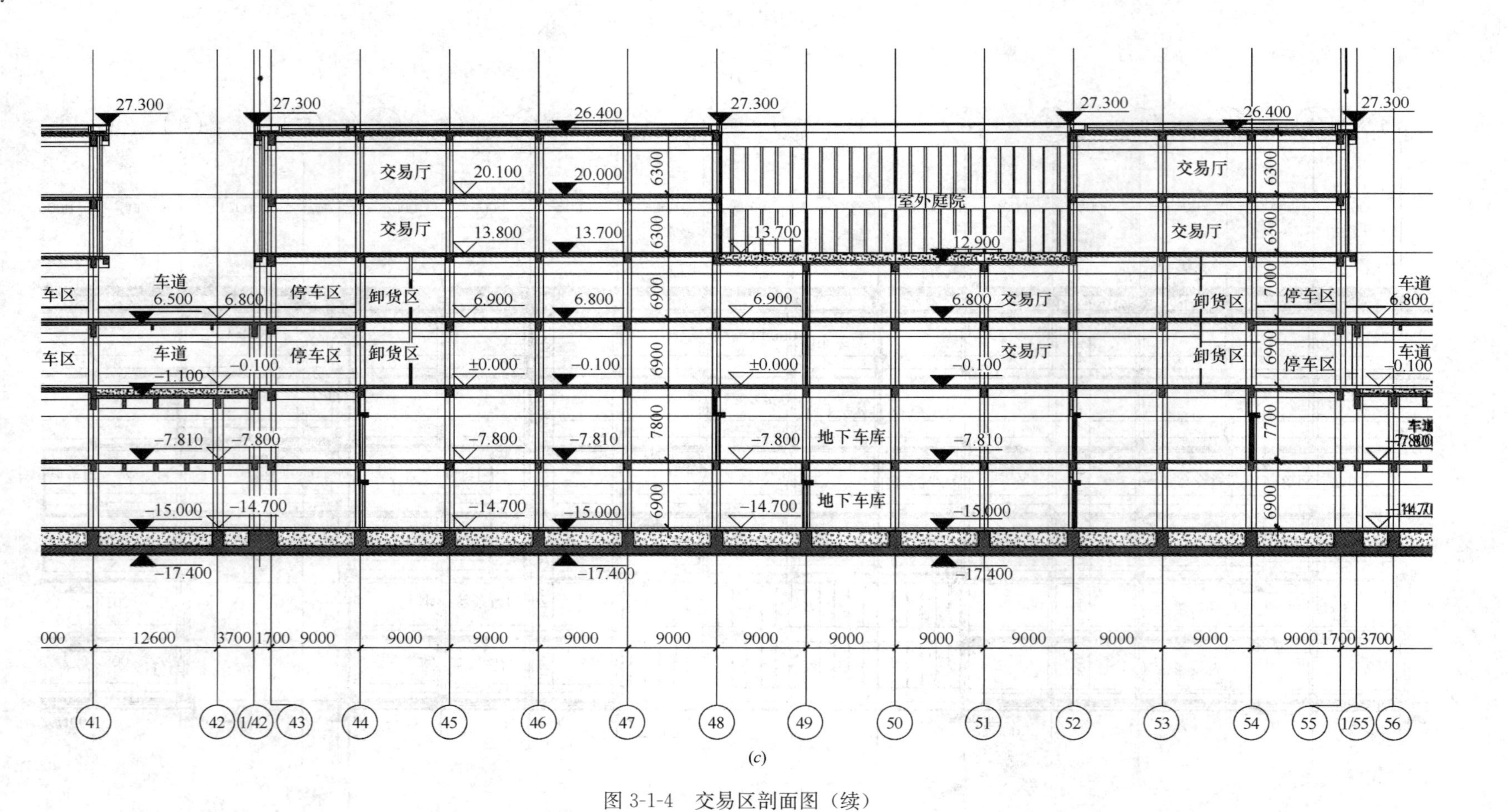

(c)

图 3-1-4　交易区剖面图（续）

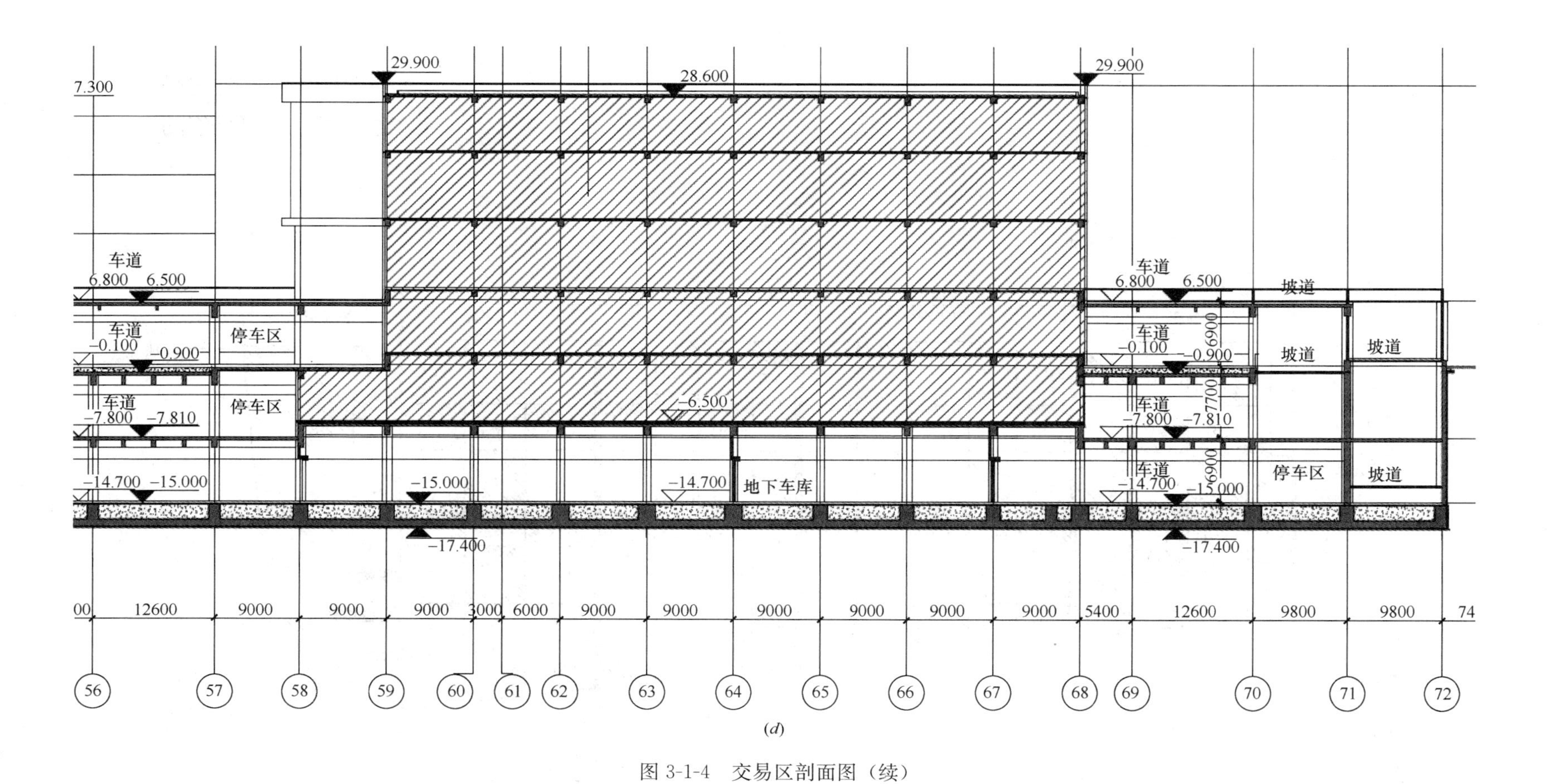

(*d*)

图 3-1-4　交易区剖面图（续）

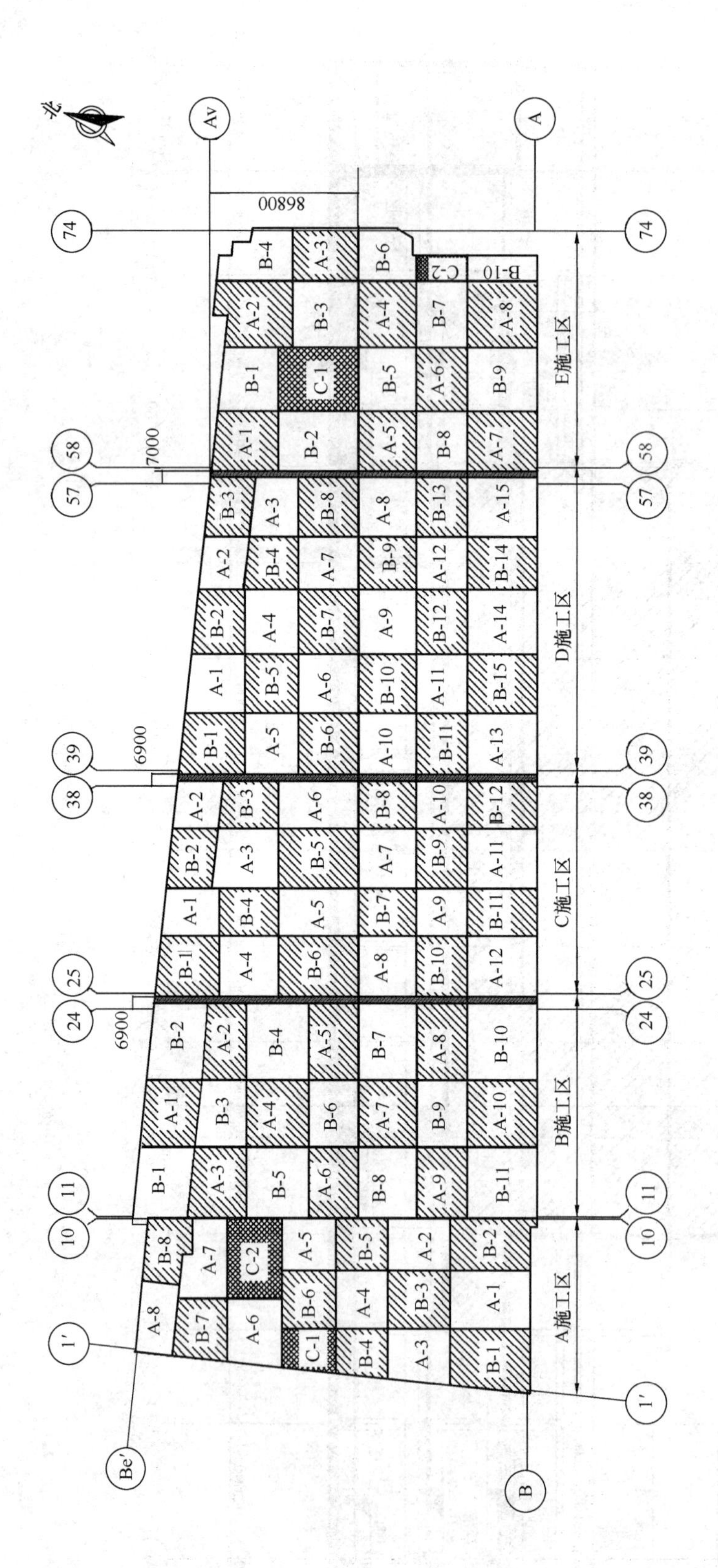

图 3-1-5　加强后浇带、沉降后浇带位置

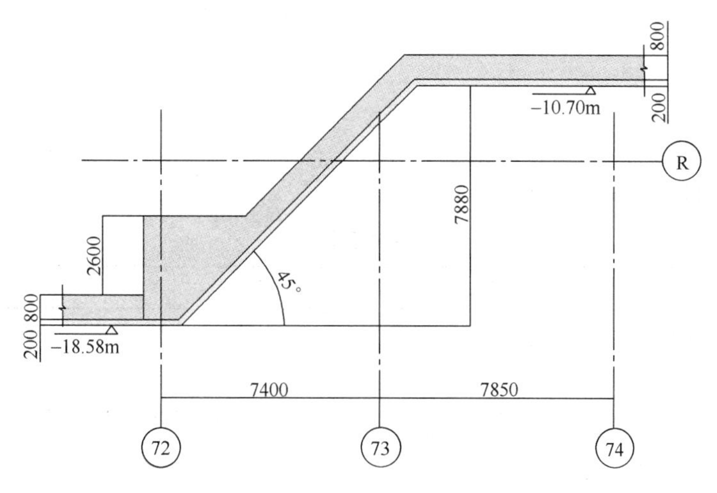

图 3-1-6　较大坡度部位剖面

3）本工程施工场地狭小，施工现场布置车载泵受到限制，泵送距离远，水平距离最远达 140m 以上，水平和竖向输送管总长达 160m 以上，混凝土泵送距离远，故需要合理布置地泵位置及管道位置（尤其是拐弯处），避免由于长距离混凝土运输堵塞泵管。应对措施：根据各个区域混凝土浇筑分仓图，以及现场实际场地情况，组织有此类工程经验的混凝土厂家来现场考察。听取混凝土厂家的想法及经验，再结合公司项目部的实际情况，根据混凝土分仓浇筑顺序，精心策划地泵位置及地泵管的布置。

（2）技术难点

1）本工程施工后浇带较多，拟采用"跳仓法"施工，取消施工后浇带，如何组织流水施工且满足 7～10d 分仓要求是工作重点。应对措施：根据图纸及规范要求，提前将施工区段按规范要求划分为工程量均衡的若干施工流水段，标注好各施工区域的流水施工顺序。施工现场要严格按照划分的施工顺序组织流水施工。

2）本工程基础底板混凝土浇筑方量大，如何保证混凝土的连续浇筑是工程的难点。应对措施：在满足混凝土强度要求的同时尽量采用水化热低的水泥。根据基础底板混凝土浇筑方量，精心策划、计算混凝土泵车及混凝土运输车台数。实地考察混凝土搅拌站，根据现场施工要求，确保混凝土搅拌站有供应能力，采用多家搅拌站同时供应，根据现场场地合理布置混凝土泵车及混凝土泵管，确定满足混凝土施工要求后再进行施工。

3）本工程采用"跳仓法"施工，相邻仓之间如何保证先浇筑的混凝土不流到相邻仓中是又一重点。应对措施：在相邻仓之间采用 20 目/cm^2 的钢丝网和 ϕ8@80 钢筋骨架封堵混凝土，或采用木模板封堵，具体根据实际样板效果再确定。

4）本工程混凝土浇筑恰好要经过冬季，如何保证冬期施工质量是本工程的重点。应对措施：首先，在进入冬期施工前，组织项目部各部门进行研讨冬施相关措施，编制冬施方案。要求混凝土搅拌站在进入冬施时，对混凝土的配合比、外加剂适当调整，必须掺防冻剂。混凝土运输车和混凝土地泵泵管采取保温措施，减少混凝土温度损失，保证混凝土入模温度满足规范要求。混凝土浇筑完成后要及时覆盖保温、保湿。按规范要求测温，如混凝土温度低于规范要求，采用加热毯给混凝土加热或暖棚法以保证混凝土质量。

3　施工安排

3.1　管理目标

（1）总体目标（见表 3-1-6）。

总体目标　　表 3-1-6

序号	项　目	内　　容
1	工期目标	256 日历天
2	质量目标	结构长城金杯；建筑长城金杯；争创鲁班奖
3	安全目标	施工现场杜绝发生重大伤亡事故，轻伤事故控制在 2‰以下
4	文明施工目标	创北京市安全文明示范工程
5	绿色施工目标	将“四节一环保”作为施工实施过程中的总原则，各阶段工作围绕该目标进行，创北京市绿色示范工程
6	消防管理目标	杜绝重、特大火灾事故发生，一般事故发生率不超过单位总人数的 3‰

（2）分项工程目标：

混凝土分项工程达到长城杯标准“精”。

3.2　组织机构与职责

项目部组织机构见（图 3-1-7）。

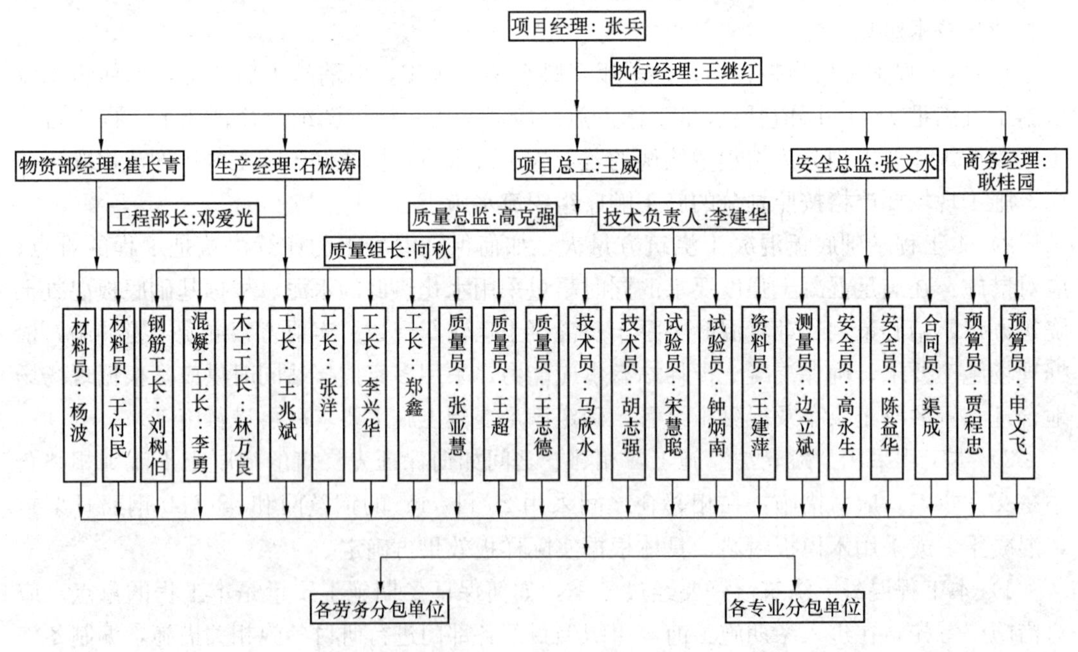

图 3-1-7　组织结构

3.2.1　管理层负责人及职责：

（1）人员要求

① 管理人员：施工经验丰富，管理协调能力强，责任心强，实行生产主管负责制。

② 施工人员：素质高，经验丰富，责任心强，管理完善，听从指挥。

③ 试验员：经过专业培训考核，具备相应的试验工作资格。

④ 测温员：上岗前需经过技术部门培训，按照工程量及测温时间要求分组测温，按时测温并留存相关记录。

(2) 人员分工及职责

1) 项目经理

① 在本单位内贯彻执行公司的质量方针、实现质量目标。

② 确定项目组织机构和职责分配。

2) 技术总工

① 协助项目经理做好质量管理的全面工作，执行国家、地方的有关法规和公司质量方针，实现质量目标。

② 负责混凝土施工技术管理工作，负责组织编制混凝土跳仓施工方案及技术交底工作。

③ 组织分部工程质量评定，按规定组织过程检验。

④ 定期召开技术质量例会，及时组织不合格的质量分析会，提出纠正措施。及时向有关单位反馈各种质量信息。

⑤ 督促检查各部门人员、操作人员做好生产过程中的各种原始记录，保证资料的完整性、准确性和可追溯性。

3) 生产经理

① 有效、动态地对现场施工活动实施全方位、全过程管理。

② 负责组织编制施工进度计划，合理安排施工搭接，确保每道工序按施工方案和技术要求施工，最终形成优质产品。

③ 落实项目进度计划，确保计划科学管理，并随工程实际情况不断调整具体实施计划安排，以保证实现总进度计划。

④ 负责作业过程中的指导、监督和管理，确保工序管理严格实施。

⑤ 负责现场文明施工、安全、保卫、环卫环保管理工作。

4) 物资经理

① 负责混凝土供应搅拌站的确定，机械设备的管理、维修、保养及采购或租赁。

② 组织对供应商的评价，建立供应商档案。

③ 具体负责工程项目经理部的机械设备工作，保证施工机械的正常使用。

④ 在项目经理部统一生产调度安排计划下，组织机械设备进场并负责保养，使用维修。

⑤ 根据工程需要制订材料、机械、设备的进场计划，并协调各分包单位对工程机械的具体使用。

5) 技术总监

① 制订并组织技术人员实施工作目标、工作计划及相关技能培训。

② 组织制定并实施技术岗位规章制度和实施细则。

③ 参与编制施工方案，优化施工方案、施工节点，负责落实各项技术节约措施。

④ 组织本项目部有关人员审核图纸，并提交书面审图意见。

⑤ 负责组织专家、设计方对方案进行论证，论证是否可行。

⑥ 负责公司质量体系文件在工程项目上的组织实施。

⑦ 负责工程资料管理和竣工档案的编制。

6）质量总监

① 负责本工程质量工作；制定质量目标，组织确定各分部分项工程的质量验收标准。

② 根据合同文件及质量目标，对工程实施全过程的质量控制和检查、监督工作。

③ 负责对分部、分项工程及最终产品的检验，并参与最终产品的质量评定工作，独立行使施工过程中的质量监督权力。

7）安全总监

① 组织协调相关人员开展施工安全、消防、保卫、环保等方面工作。

② 对参加本工程的所有施工单位进行统一安全管理，并负责指导、监督、检查和协调工作。

③ 负责组织建立健全安全管理制度，填写、记录、收集、整理安全管理资料，强化安全管理工作。

④ 负责组织完善本项目各类安全生产制度，并有针对性地制定安全生产细则。

⑤ 监督分包商认真执行安全、保卫、消防、环保法规、条例、标准和规定的实施。

⑥ 协调进行场容场貌文明施工管理、定期组织各分包商进行安全、文明施工的检查考核，强化施工的环保意识。

8）项目经理部技术员

① 负责编制混凝土跳仓施工方案及技术交底，协助各专业工长编制作业指导书。

② 负责整理施工技术资料。

③ 负责办理各种洽商及设计变更手续。

9）项目经理部测量员

负责测量定位，在施工过程中检查、验线工作。

10）项目经理部质检员

① 执行国家、行业、地方、企业的技术标准和质量评定标准；随时掌握项目部的质量动态，定期分析并提出改进工程质量的意见，及时反馈到项目技术负责人。

② 深入现场检查混凝土施工质量，发现问题及时纠正，对可能造成严重质量隐患的作业行为有权制止，并责令纠正，直至令其停止施工和对责任者处以罚款。

11）项目经理部施工员（各专业工长）

① 熟悉混凝土的质量验收规范，保证施工过程符合图纸、规范及合同要求，使分部、分项工程质量达到预期标准。

② 按施工组织设计和施工方案的要求精心组织施工，使本专业项目在施工过程中处于受控状态。

③ 参加生产例会，认真填写施工日志和质量记录。

④ 熟悉本工程有关专业图纸，对分部、分项工程的作业班组进行书面的技术和安全交底（注：技术交底、安全交底须经技术总监和安全总监审核（批准）后执行），保证施工按规定程序、规程进行。负责对过程参数、产品特性进行监控，发现偏差按有关规定及时采取措施，参与对特殊过程作业人员持证上岗的鉴定工作。

⑤ 负责本工种或专业的用工、用料计划工作。

⑥ 负责组织自检、交接检及分项工程质量的评定工作。

⑦ 负责贯彻执行文明施工管理的各项规定，做到安全生产。

12）项目经理部试验员

① 执行有关试验工作的管理规定。

② 严格按照有关规范、规程、标准的规定，随机制做混凝土（抗渗）试块，并做好试块的管理养护工作。

③ 在项目经理部技术员的指导下，认真填写试验委托单。

④ 检查施工现场混凝土的坍落度、扩展度、稠度、搅拌时间、运输时间，发现异常现象及时向领导汇报，并做好记录。

⑤ 对现场的试验和送样项目要分别建立台账，认真做好记录。

13）项目经理资料员

① 按照规范要求收集整理，与本分项工程有关的资料工作，做到资料真实性、及时性。

② 做好资料的台账，保存好施工资料。

3.2.2 劳务层负责人及职责

1）劳务负责人

① 主持作业队全面工作，对作业队施工生产全面负责，保证作业队的施工生产处于受控状态。

② 负责作业队人员的日常管理和现场劳动力调配，保证施工进度按计划进行。

③ 负责编制上报现场施工需要的人员、材料和机具设备需求计划。

④ 负责抓好安全质量管理，组织开展安全质量教育，落实安全质量管理措施。

⑤ 组织现场文明施工。

2）劳务质检员

① 严格按照图纸、规范及施工方案检查现场的施工情况，发现问题要及时上报项目部。

② 按照规范要求的验收程序，组织对现场的施工情况进行验收，验收合格后上报项目部。

3）劳务安全员

① 对施工作业人员进行安全教育，加强施工作业人员的安全意识。

② 在施工过程中检查作业人员的安全行为、物的安全状态，确保施工安全。

③ 对施工现场出现的安全事故要及时上报项目部负责人及总包单位。

④ 参加、接受项目部的安全培训工作。

4）劳务施工员

① 严格按施工组织设计和施工方案的要求组织施工，使本专业项目在施工过程中处于受控状态。

② 参加总包单位生产例会，严格执行总包单位的施工要求。

③ 熟悉本工程有关专业图纸，对分部、分项工程的作业班组进行书面的技术和安全交底（注：技术交底、安全交底须经技术总监和安全总监审核（批准）后执行），保证施

工按规定程序、规程进行。

④ 负责组织对每道工序进行自检、交接检及分项工程质量的评定工作。

⑤ 负责贯彻执行文明施工管理的各项规定，做到安全生产。

3.3 工期要求

（1）工程总工期要求，根据本工程实际情况，计划于2016年9月17日～2017年4月29日期间进行地下结构混凝土浇筑施工。

（2）各部位工期要求（见表3-1-7）。

各部位工期要求 **表3-1-7**

序号	施工部位	开始时间	完成时间
1	地基钎探、验槽	2016年9月17日	2016年10月16日
2	垫层、防水及保护层	2016年10月02日	2016年10月31日
3	基础底板混凝土	2016年10月17日	2016年12月15日

3.4 大体积混凝土“跳仓法”施工方案选择

（1）本工程地下结构属于超长结构，东西为690m，南北为210m～280m，交易区混凝土底板厚为800mm、综合服务区混凝土底板厚为700mm，交易区基础梁大部分为1.2m×3.4m、1.8m×2.4m、1.2m×2.4m、1.5m×2.4m；综合服务区基础梁为1.8m×2.0m、1.0m×3.0m、1.4m×3.0m、1.4m×2.6m、1.0m×2.6m。为了加快施工进度拟采用“跳仓法”进行基础底板结构混凝土浇筑施工。

（2）本工程综合楼基础底板混凝土强度等级为C35，抗渗等级为P8；交易区底板混凝土强度为C35，抗渗等级为P8。

（3）原材料规定：

1）所用水泥应符合现行国家标准《硅酸盐水泥、普通硅酸盐水泥》GB 175的有关规定，当采用其他品种时，其性能指标必须符合国家现行有关标准规定。

2）选用中热或低热的水泥品种，在配制混凝土配合比时尽量减少水泥的用量，宜控制在220～300kg/m^3，选用保水性好、泌水小、干缩小的水泥，优先选用矿渣硅酸盐水泥。

3）混凝土有抗渗指标要求时，所用水泥的铝酸三钙含量不宜大于8%。

4）所用水泥在预拌混凝土生产单位的使用温度不应大于60℃，水泥3d水化热宜小于240kJ/kg，7d的水化热宜小于270kJ/kg。

5）预拌混凝土生产单位在水泥进场时应对水泥品种、强度、等级、包装或散装仓号、出厂日期等进行检查，并应对其强度、安定性、凝结时间、水化热等性能指标及其他必要的性能指标进行复检，并向施工单位提供检测报告。

（4）材料的选择，除应符合现行行业标准《普通混凝土用砂、石质量及检验方法标准》JGJ 52的有关规定外，尚应符合下列规定：

1）选用天然或机制中粗砂，级配良好，其细度模数在2.3～3.0的中粗砂，含泥量（重量比）不应大于3%，泥块含量（重量比）不应大于1%。

2）选用质地坚硬，连续级配，不含杂质的非碱活性碎石。石子粒径，地下室底板、内外墙梁板、地下室梁板宜选用5mm～31.5mm。石子含泥量（重量比）不应大于1%，泥块含量（重量比）不应大于 0.5%，针片状颗粒含量不应大于 8%。

3）宜采用Ⅱ级粉煤灰，减少水泥用量，降低水化热，减缓早强速率，减少混凝土早期裂缝。掺量为胶凝材料总量的 20%～40%。

4）选用高效减水剂，优选选用聚羧酸减水剂，不宜掺加早强型减水剂。

5）使用自来水或符合国家现行标准的地下水，用量不宜超过 170kg/m^3。

（5）混凝土结构配合比设计，除应符合现行行业标准《普通混凝土配合比设计规程》JGJ 55 外，尚应符合下列规定：

1）混凝土采用 60d 强度作为混凝土配合比设计依据。

2）底板及地下外墙抗渗防裂要求较高，在配合比设计时，既应满足强度要求，也应重点满足抗渗要求，还需考虑温升控制，降低水化热，控制温度裂缝的产生。

3）最大水胶比和最小水泥用量应符合现行行业标准《普通混凝土配合比设计规范》JGJ 55 的相关要求。

4）混凝土配制强度等级不得超出设计强度的 30%。

5）水胶比宜为 0.4～0.45；坍落度实测为 120mm～160mm；砂率宜控制在 31%～42%。

（6）混凝土制备及运输：

1）混凝土采用预拌混凝土，与混凝土供应商需签订混凝土采购合同，合同必须有符合规范的技术标准，报监理单位备查。

2）混凝土的制备量与运输能力满足混凝土浇筑工艺的要求，并应选用具有生产资质的预拌混凝土生产单位，其质量应符合现行国家标准《预拌混凝土》GB/T 14902 的有关规定，并应满足施工工艺对坍落度损失、入模坍落度、入模温度等的技术要求。

3）多厂家制备预拌混凝土，应符合原材料、配合比、材料计量等级相同，以及制备工艺和质量检验水平基本相同的原则。

4）混凝土拌合物的运输应采用混凝土搅拌运输车，运输车应具有防风、防晒、防雨和防寒设施。

5）搅拌运输车在装料前应将罐内积水排净。

6）搅拌车的数量应满足混凝土浇筑的工艺要求。

7）预拌混凝土搅拌运输车单程运输时间不应大于 90min。

8）当运输过程中出现离析或使用外加剂进行调整时，搅拌运输车应进行快速搅拌，搅拌时间应不小 120s。

9）运输过程中严禁向拌合物中加水。

10）运输过程中，坍落度损失或离析严重，经补充外加剂或快速搅拌已无法恢复混凝土拌合物的工艺性能时，不得浇筑入模。

（7）混凝土浇筑采用车载泵、地泵和移动式布料杆，以及马道式溜槽；并根据现场实际情况由塔吊配合局部混凝土浇筑。

（8）根据“跳仓法”施工要求，将地下结构 A 区划分 18 个流水段；B 区划分 21 个流水段；C 区划分 24 个流水段；D 区划分 30 个流水段；E 区划分 20 个流水段。

（9）基础底板最小流水段混凝土浇筑方量为 498m^3，最大的混凝土浇筑方量为 1624m^3；平均每个流水段的浇筑方量为 1100m^3。计划采用两个地泵共同浇筑一个流水段，需要时间约 12.2h（$1100m^2/2\times45m^2=12.2$）。混凝土浇筑尽量安排在夜间，不影响白天施工。

3.5 现场劳动力组织

将劳动力分白班和夜班两大班，每班12个小时进行换班，每班劳动力安排见人员配备表（表3-1-8）。

区段/白班、夜班/劳动力人员配备表　　表3-1-8

序号	工作名称	人数	主要工作内容	备注
1	现场总指挥	1	总协调	项目部
2	指挥员	2	指挥车辆、交通、运输、混凝土泵配备	
总计		3		
3	混凝土工	30	下料、平仓（后浇带、施工缝遮挡）	
4	架子工	6	安装泵管、布料杆、安拆架子等	
5	振捣（手）工	6	人工振捣、电动振动尺	
6	抹灰工	4	机械抹压，人工搓抹等	
7	钢筋工	4	浇筑混凝土时看钢筋	
8	木工	4	看模（止水带、模板、支撑）	
9	基坑排水	2	积水、积雪	
10	暂电值班	2	照明等用电设备管理	
11	机械	2	电动工具维修	
12	测量工	3	控制标高和核对尺寸	
13	养护	3	测温、养护（保湿或保温）	
14	下灰	3	混凝土泵处下灰	
15	其他	2	做试块、检测坍落度、记录等	含影像
16	后勤	4	餐饮供应	
总计		75		

注：1. 劳动力按A、B、C、D、E区域独立配备；
2. 区域应根据流水段（节拍）大小及时调整劳动力，确保施工按计划完成。

4 施工准备

4.1 技术准备

（1）施工前进行图纸会审，针对工程特点，制定施工方法、施工步骤，编制切实可行的施工方案，保证大体积混凝土浇筑均衡连续、有效。

（2）绘制混凝土施工现场平面布置图，包括供水、供电、道路、机械等的安排。

（3）组织相关人员熟悉施工组织设计、施工方案，以及相应的规范及图纸要求；明确混凝土跳仓施工工艺，质量保证措施，对现场施工人员进行详细的交底。

（4）提前在与商品混凝土供应厂家签订的技术合同中提出相应的混凝土技术要求（混凝土采用60d强度的配合比，混凝土出罐温度，入模温度，技术交底、资质供应能力，原材料等技术保证资料），多个预拌混凝土厂家同时供应混凝土时，对原材料、配合比、材料计量以及制备工艺和质量检验水平应基本相同。

（5）冬期施工混凝土配合比应选择较小水胶比。雨期施工应随时关注骨料的含水率，根据实际情况及时调整。

（6）对施工阶段大体积混凝土的温度、温度应力及收缩应力进行验算，制定温控施工的技术措施。

（7）测温点布置按浇筑平面对称轴的半条轴线为测试区，每条轴线测点不少于4处，且间距不大于10m，每个测点在外表、底面和中心分3层布设。

（8）工长对混凝土输送泵操作人员进行安全技术交底、培训、分工，收取（混凝土小票），填写混凝土运输单等。

（9）关注大体积混凝土浇筑施工期内天气情况，提前制定相应的措施，以保证混凝土的施工质量。

4.2 材料准备

（1）商品混凝土的性能要求。

1）保水性和黏聚性要求：为了保证混凝土在浇筑过程中不离析，要求混凝土要有足够的黏聚性，要求在泵送过程中不泌水、不离析，搅拌站供应的混凝土泌水速度要慢，以保证混凝土的稳定性和可泵性。

2）坍落度要求：混凝土坍落度根据实际情况由项目部工长通知搅拌站（以混凝土申请单形式确定）。在施工现场要对到场的混凝土进行坍落度检测，要求每车测一次，做好记录。实测坍落度与要求坍落度之间的允许偏差为±20mm，否则视为不合格。坍落度控制在120～160mm。

（2）主要材料计划。

根据工程材料用量及各阶段材料计划进行采购订货，与厂家签订供货合同，确保工程施工的顺利进行；地下结构混凝土用量计划见表3-1-9。

混凝土用量计划 **表3-1-9**

序号	名称		规格	单位	数量	进场时间	用途
	区域	材料					
1	交易区	商品混凝土	C15	m^3	10961	2016年10月2日	垫层
2		商品混凝土	C35	m^3	109489	2016年10月17日	梁筏
3	服务区	商品混凝土	C15	m^3	1998	2016年10月2日	垫层
4			C35	m^3	19475	2016年10月17日	梁筏
5	塑料薄膜			m^2	13万	2016年9月25日	养护
6	保温毡被			m^2	17000	2016年10月15日	保温
7	塑料软管			m	1500	2016年9月25日	养护
8	测温导线			根	3200	2016年11月10日	测温
9	电子测温仪			台	15	2016年11月10日	测温备5个
10	电热毯			条	6000	2016年11月10日	养护
11	麻袋片			m^2	13000	2016年10月10日	养护、保温
12	土工布（无纺）			m^2	13000	2016年10月10日	养护、保温
13	挤塑聚苯板			m^2	800	2016年10月10日	养护、保温
14	混凝土养护剂			桶	10	2016年10月10日	养护

4.3 机具准备

根据工程量及施工安排，合理组织施工机具，配备足量的机械设备，以保证混凝土的顺利施工，机具使用计划见表 3-1-10。

机具使用计划　　表 3-1-10

序号	机具名称	型号	数量	备注
1	混凝土地（拖）泵	HTB80	20 台	$45m^3/h$
2	布料杆	HGY18Ⅱ	20 台	18m
3	泵管	$\phi125\times3m$	3000m	
4	尖锹		40 把	随情况增减
5	平锹		40 把	随情况增减
6	平耙		40 把	随情况增减
7	电闸箱		120 个	三级箱
8	振捣棒	$\phi50$	100 条	附着式振捣器 10 个
		$\phi30$	20 条	随情况增减
9	料斗		5 个	随情况增减
10	串筒		5 个	随情况增减
11	溜槽		10 个	随情况增减
12	铝合金长刮杠	3m	60 根	随情况增减
13	木抹子		100 把	随情况增减
14	电动混凝土震动尺		5 台	刮平、震动、排气泡
15	混凝土抹光机		20 台	随情况增减
16	手电		20 支	随情况增减
17	标尺		10 个	随情况增减

4.4 试验准备

4.4.1 混凝土试验

（1）在施工现场要对到场的混凝土进行坍落度检测，要求每车测一次，做好（含影像）记录。实测坍落度与要求坍落度之间的允许偏差为±20mm，否则视为不合格。做好检测结果的记录（混凝土强度、车牌号、浇筑区段及部位、坍落度实测值、时间等）。保留好检测时的见证及视频资料，检测出现问题后应立即要求退场，保留好混凝土不合格退场记录、见证视频资料。

（2）黏聚性的判断方法是在测量坍落度之后用捣棒轻轻打击已坍落的混凝土锥体的一边，如锥体能渐渐下沉，表示黏聚性良好；如锥体突然倒坍、部分崩裂或石子离析，则表示黏聚性不良。

（3）对混凝土保水性的检测，保水性是指混凝土拌合物保持水分不易析出的能力，以稀浆析出的程度来评定。坍落度筒提起后如有较多稀浆从混凝土锥体底部析出，且因失浆过多而使砂石外露，就表示保水性不良；如坍落度筒提起后无稀浆或仅有少量稀浆从底部析出，且混凝土锥体含浆饱满，则表示保水性良好。

（4）混凝土试块留置的要求：

1）混凝土抗压强度试块的留置。

取样原则：①每次浇筑不超过 100m³ 的同配合比的混凝土，取样不得少于一次。②当一次连续浇筑超过 1000m³ 时，同一配合比的混凝土每 200m³ 混凝土取样不得少于一次。③每一楼层、同一配合比的混凝土，取样不得少于一次。④每次取样应至少留置一组标准养护试件，同条件养护试件的留置组数（如拆模前，拆除支撑前等）应根据实际需要确定。⑤冬期施工时，应留置与结构同条件养护的用以检验受冻临界强度试件及解除冬期施工后转常温养护 28d 的同条件试件。⑥用于结构实体检验的同条件养护试件留置应符合下列规定：对混凝土结构工程中的各混凝土强度等级，均应留置同条件养护试件；同一强度等级的同条件养护试件，其留置的数量应根据混凝土工程量和重要性确定，不宜少于 10 组，且不应少于 3 组（实体检测对于墙、柱、梁必须留置同条件试件，对于基础、垫层。楼板可以不留置同条件试件）。⑦根据“北京市住房和城乡建设委员会关于在本市建设工程增加 7 天混凝土见证检测项目的通知（经建法【2014】18 号）”的要求，在制作混凝土试件时，应增加一组 *7d* 标准养护混凝土试件。综合服务楼和交易楼混凝土试验计划见表 3-1-11、表 3-1-12。

综合服务楼混凝土抗压强度试验计划　　表 3-1-11

序号	施工部位	强度等级	计划用量	28d 取样组数	7d 取样组数	检测项目
1	垫层	C15	1998m³	31	18	抗压强度
2	基础底板	C35	19475m³	114	18	抗压强度

交易楼混凝土抗压强度试验计划　　表 3-1-12

序号	施工部位	强度等级	计划用量	28d 取样组数	7d 取样组数	检测项目
1	垫层	C15	10961m³	171	95	抗压强度
2	基础底板	C35	109489m³	681	95	抗压强度

2）混凝土抗渗等级的试验计划。

取样原则：①连续浇筑抗渗混凝土每 500m³ 应留置一组抗渗试件（一组为 6 个抗渗试件），且每项工程不得少于两组。采用预拌混凝土的抗渗试件，留置组数应视结构的规模和要求而定。混凝土的抗渗性能，应采用标准条件下养护混凝土抗渗试件的试验结果评定。②留置抗渗试件的同时需留置抗压强度试件并应取自同一盘混凝土拌合物中。取样方法同普通混凝土，试块应在浇筑地点制作。混凝土抗渗试验计划见表 3-1-13。

混凝土抗渗等级的试验计划　　表 3-1-13

序号	施工部位	强度等级	抗渗等级	计划用量	取样组数	检测项目
1	基础底板	C35	P8	19475m³	40	抗渗强度
2	基础底板	C35	P8	109489m³	220	抗渗强度

3）补偿收缩缝混凝土试验计划（表 3-1-14）。

取样原则：对于配合比试配，应至少进行一组限制膨胀率试验；施工过程中对于连续生产的同一配合比的混凝土，应至少分成两个批次取样进行限制膨胀率的试验，每个批次应至少取一组试件。其抗压强度、抗渗性能和限制膨胀率必须符合设计要求。

掺膨胀剂的补偿收缩混凝土试验计划　　表 3-1-14

序号	施工部位	强度等级	计划用量	取样组数	检测项目
1	基础底板	C40	2520m^3	26	抗拉强度、抗渗性能、水中养护 14 天后的限制膨胀率

注：此部位混凝土只有交易楼加强后浇带和沉降后浇带，限制膨胀率取样每次浇筑不少于两组。

4.4.2 工器具试验、检验

设备仪器使用注意事项：设备仪器专人保管及定期保养；现场使用的工器具试验检验应合格，如泵管及配件、泵管支架、计量器具、振捣棒等。

4.4.3 试验器具准备

为保证试验工作的正常开展和顺利进行，现场标养室配备各种试验设备，具体见表 3-1-15。

试验设备　　表 3-1-15

序号	设备名称	型号	数量
1	混凝土试模	100mm×100mm×100mm	250 组
2	振动台	800mm×800mm	4 台
3	气泵		2 台
4	抗渗试模	ϕ175（顶）×ϕ185（底）×150mm（高）	40 组
5	限制膨胀率试模	100mm×100mm×300mm	5 组
6	坍落度筒	100mm×200mm×300mm	10 套
7	温度计		40 支
8	盒尺	2m	3 把
9	高低温度计		2 支
10	铁抹子		3 把
11	铁锹		10 把
12	温湿控制仪		2 台
13	空调		4 台
14	加热棒		2 套
15	噪声检测设备		3 套
16	PM2.5 监测设备		4 套

以上各种设备在施工前根据现场情况做好计划，安排采购和进场，保证施工满足需要。

4.5 现场准备

（1）施工现场设施按照大体积混凝土施工现场平面图要求按时完成。现场车辆出入口设置，场内道路坚实平坦，混凝土输送泵或汽车泵位置，现场配备料斗，采用布料杆时，在操作面上布料杆、混凝土泵管立在结构面上或者穿结构时，要有可靠的固定措施。

（2）场外运输应事先与市政、交管部门协调，制定场外临时疏导方案，确保现场混凝土浇筑过程连续正常，避免在施工过程中因间隔时间过长而使先、后浇筑的混凝土之间形成冷缝。

（3）对钢筋、模板、预埋件及支架等工作验收合格。

5 主要施工方法及工艺要求

5.1 流水段划分

（1）原设计的留置后浇带做法。

综合服务楼和交易区之间采用变形缝将两个楼房分开；综合服务楼东西设置 8 条 800mm 宽施工后浇带，南北设置两条 800mm 宽的施工后浇带，后浇带总长为 1157m；交易区东西设置 5 条 800mm 宽施工后浇带，1 条 800mm 宽的沉降后浇带，南北设置 3 条 4000mm 宽的加强后浇带，8 条 800mm 宽的施工后浇带，2 条 800mm 宽沉降后浇带，总后浇带长为 5748m。原设计的后浇带位置示意图如图 3-1-8 所示。

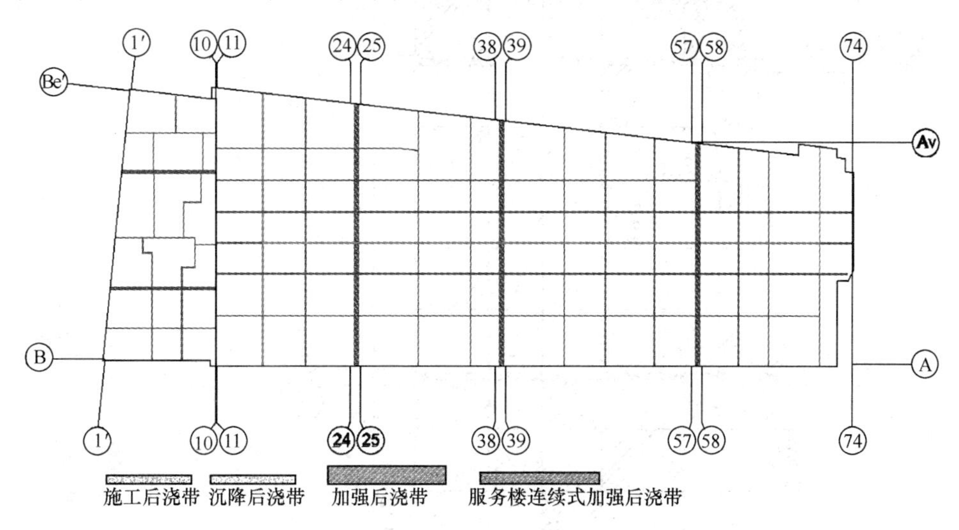

图 3-1-8 后浇带位置

（2）综合楼和交易区基础底板为筏板基础：

综合楼筏板厚度为 700mm，上返梁尺寸大部分为 1400mm×2000mm、1000mm×3000mm、1400mm×2600mm；综合服务楼基础底板双层双向钢筋上铁为 ϕ25@270，下铁为 ϕ25@270，附加筋为 ϕ16@270。

交易区筏板厚度为 800mm，上返梁尺寸大部分为 1200mm×2400mm、1500mm×2400mm、1200mm×3400mm、1800mm×2400mm，筏板配双层双向钢筋为上铁为 ϕ25@300，下铁为 ϕ25@300，附加筋为 ϕ16@300。基础底板取消后浇带后分仓图如图 3-1-9 所示。

5.2 分仓设计及施工顺序

交易区保留原设计 4000mm 宽加强后浇带和 800mm 宽沉降后浇带，综合楼施工后浇带全部取消。取消施工后浇带，将基础底板划分仓块，每块的边长尽量不大于 40m，其中最大一块为 45m×36.1m（E 区 C-1 号仓）。具体分仓见基础底板分仓图（图 3-1-9）。

（1）混凝土浇筑顺序：

1）A 区马道在北侧，施工先从南侧插入，因此从 A-1 仓块开始按照“品字形”跳仓浇筑混凝土，施工顺序如下：

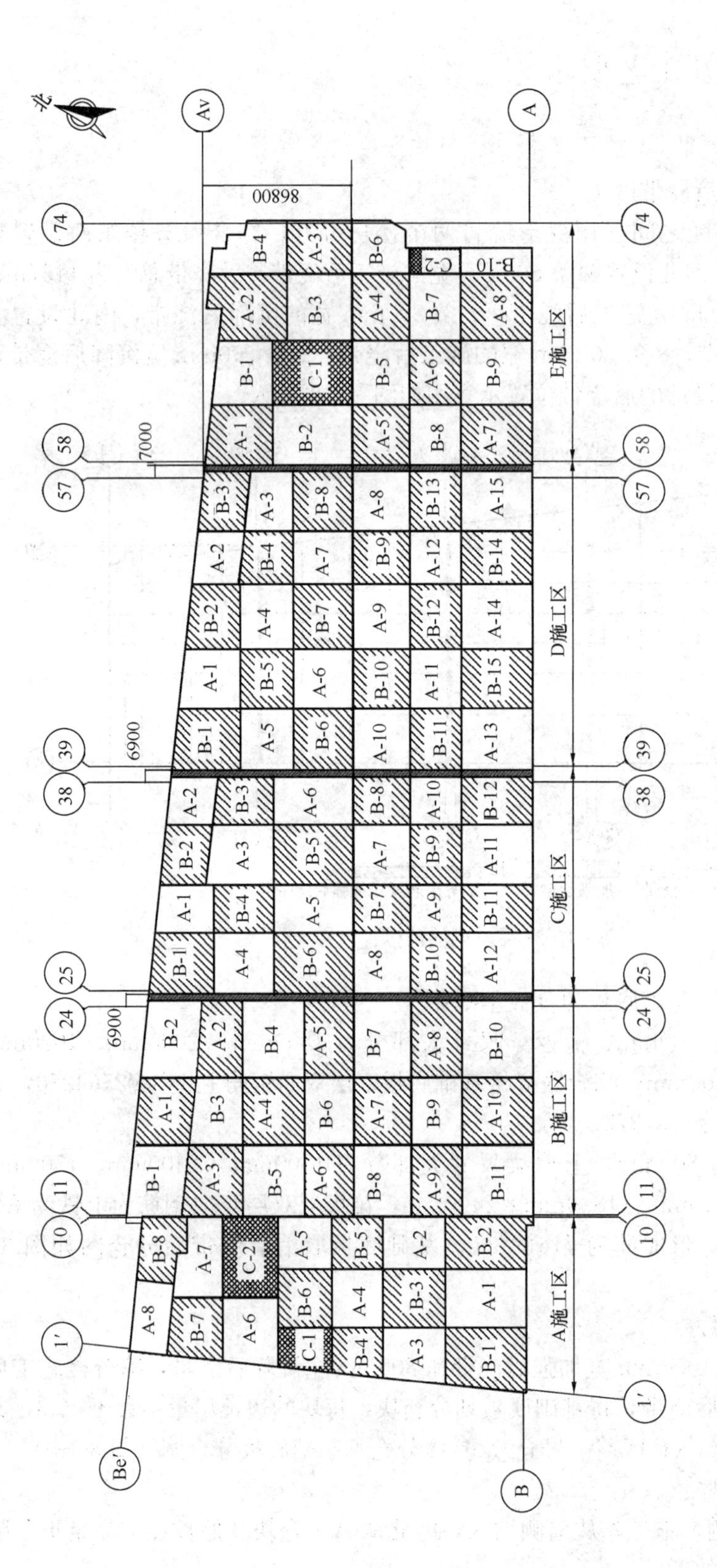
北
Av
A
Be′
B
1′
10
11
24
25
38
39
57
58
74
8800
7000
6900
6900
A施工区
B施工区
C施工区
D施工区
E施工区

加强后浇带
沉降后浇带

图 3-1-9　底板分仓

跳仓：A-1→A-2→A-3→A-4→A-5→A-6→A-7→A-8。

封仓：B-1→B-2→B-3→B-4→B-5→B-6→B-7→B-8→C-1→C-2。

封仓时必须在与之相邻的仓块浇筑完成间隔7d后方可进行。

本工程出土马道设置在A-8仓块，该处最后通过C区马道进行土方收坡，工期较长，所以将A-8仓块放在所有仓块的最后一个浇筑混凝土，跳仓至A-6后即开始从B-1仓块按照顺序进行封仓施工，待B-8仓块封仓完成7d之后再浇筑C-1和C-2仓块。

2）B区马道在南侧，施工先从北侧插入，因此从A-1仓块开始按照“品字形”跳仓浇筑混凝土，施工顺序如下：

跳仓：A-1→A-2→A-3→A-4→A-5→A-6→A-7→A-8→A-9→A-10。

封仓：B-1→B-2→B-3→B-4→B-5→B-6→B-7→B-8→B-9→B-10→B-11。

封仓时必须在与之相邻的仓块浇筑完成间隔7d后方可进行。

本工程出土马道设置在A-10仓块，该处最后通过C区马道进行土方收坡，工期较长，所以将A-10仓块放在所有仓块的最后一个浇筑混凝土，跳仓至A-9后即开始从B-1仓块按照顺序进行封仓施工。

3）C区马道在南侧，施工先从北侧插入，因此从A-1仓块开始按照“品字形”跳仓浇筑混凝土，施工顺序如下：

跳仓：A-1→A-2→A-3→A-4→A-5→A-6→A-7→A-8→A-9→A-10→A-11→A-12。

封仓：B-1→B-2→B-3→B-4→B-5→B-6→B-7→B-8→B-9→B-10→B-11→B-12。

封仓时必须在与之相邻的仓块浇筑完成间隔7d后方可进行。

本工程出土马道设置在A-11仓块，该处最后采用长臂挖掘机进行土方收坡，工期较长，所以将A-11、A-12仓块放在所有仓块的最后浇筑混凝土，跳仓至A-10后即开始从B-1仓块按照顺序进行封仓施工。

4）D区马道在南侧，施工先从北侧插入，因此从A-1仓块开始按照“品字形”跳仓浇筑混凝土，施工顺序如下：

跳仓：A-1→A-2→A-3→A-4→A-5→A-6→A-7→A-8→A-9→A-10→A-11→A-12→A-13→A-14→A-15。

封仓：B-1→B-2→B-3→B-4→B-5→B-6→B-7→B-8→B-9→B-10→B-11→B-12→B-13→B-14→B-15。

封仓时必须在与之相邻的仓块浇筑完成间隔7d后方可进行。

本工程出土马道设置在A-13仓块，该处最后采用长臂挖掘机进行土方收坡，工期较长，所以将A-13仓块放在所有仓块的最后浇筑混凝土，跳过A-13仓浇筑，浇筑完A-15仓后，即开始从B-1仓块按照顺序进行封仓施工。

5）E区马道在东侧，施工先从西侧插入，因此从A-1仓块开始按照“品字形”跳仓浇筑混凝土，施工顺序如下：

跳仓：A-1→A-2→A-3→A-4→A-5→A-6→A-7→A-8。

封仓：B-1→B-2→B-3→B-4→B-5→B-6→B-7→B-8→B-9→B-10→C-1→C-2。

封仓时必须在与之相邻的仓块浇筑完成间隔7d后方可进行。

本工程出土马道设置在A-3仓块，该处最后采用长臂挖掘机进行土方收坡，工期较长，所以将A-3仓块放在所有仓块的最后浇筑混凝土，跳过A-3仓浇筑，浇筑完A-8仓后，即开始从B-1仓块按照顺序进行封仓施工。

（2）各包块混凝土浇筑量

1）A区各仓块混凝土浇筑量见表3-1-16。

A区各仓混凝土量 **表3-1-16**

仓块	混凝土量	仓块	混凝土量	仓块	混凝土量
A-1	1500.52m^3	A-7	1254m^3	B-5	944.66m^3
A-2	1045.98m^3	A-8	1157.1m^3	B-6	1011.08m^3
A-3	1036.9m^3	B-1	1495.86m^3	B-7	1031.7m^3
A-4	1020.74m^3	B-2	1388.68m^3	B-8	800.04m^3
A-5	935.72m^3	B-3	1098.02m^3	C-1	703.36m^3
A-6	1236.7m^3	B-4	808.35m^3	C-2	1468.23m^3

2）B区各仓块混凝土浇筑量见表3-1-17。

B区各仓混凝土量 **表3-1-17**

仓块	混凝土量	仓块	混凝土量	仓块	混凝土量
A-1	1212.72m^3	A-8	1275m^3	B-5	1436.4m^3
A-2	1138.2m^3	A-9	1197m^3	B-6	1011.08m^3
A-3	1248.87m^3	A-10	1502.2m^3	B-7	1449.25m^3
A-4	1332m^3	B-1	1294.44m^3	B-8	1360.59m^3
A-5	1151.75m^3	B-2	1392.02m^3	B-9	1110m^3
A-6	1113.21m^3	B-3	1002.7m^3	B-10	1725.5m^3
A-7	1261.7m^3	B-4	1530m^3	B-11	1619.94m^3

3）C区各仓块混凝土浇筑量见表3-1-18。

C区各仓混凝土量 **表3-1-18**

仓块	混凝土量	仓块	混凝土量	仓块	混凝土量
A-1	823.14m^3	A-9	807m^3	B-5	1494.1m^3
A-2	642.91m^3	A-10	807m^3	B-6	1547.62m^3
A-3	1189.25m^3	A-11	1360.1m^3	B-7	917.29m^3
A-4	1231.85m^3	A-12	1408.82m^3	B-8	917.29m^3
A-5	1199.74m^3	B-1	1165.92m^3	B-9	1005m^3
A-6	1199.74m^3	B-2	901.15m^3	B-10	1041m^3
A-7	1142.35m^3	B-3	954.95m^3	B-11	1092.14m^3
A-8	1182.27m^3	B-4	954.95m^3	B-12	1092.14m^3

4）D区各仓块混凝土浇筑量见表3-1-19。

D 区各仓混凝土量 **表 3-1-19**

仓块	混凝土量	仓块	混凝土量	仓块	混凝土量
A-1	1071.84m³	A-11	1008m³	B-6	1148.85m³
A-2	803.32m³	A-12	900m³	B-7	1212.12m³
A-3	809.25m³	A-13	1400.7m³	B-8	1183m³
A-4	1121.12m³	A-14	1477.84m³	B-9	1023m³
A-5	1062.6m³	A-15	1319.5m³	B-10	1145.76m³
A-6	1118.88m³	B-1	1228.2m³	B-11	1035m³
A-7	999m³	B-2	1011.92m³	B-12	1092m³
A-8	1108.25m³	B-3	866.55m³	B-13	975m³
A-9	1241.24m³	B-4	861m³	B-14	1218m³
A-10	1176.45m³	B-5	1034.88m³	B-15	1364.16m³

5）E 区各仓块混凝土浇筑量见表 3-1-20。

E 区各仓混凝土量 **表 3-1-20**

仓块	混凝土量	仓块	混凝土量	仓块	混凝土量
A-1	1213.8m³	A-8	1433.18m³	B-7	1059m³
A-2	1429.65m³	B-1	1144.37m³	B-8	1020m³
A-3	1143.3m³	B-2	1530m³	B-9	1465.66m³
A-4	1203.73m³	B-3	1277.86m³	B-10	672.3m³
A-5	1159.4m³	B-4	1050m³	C-1	1624.5m³
A-6	1083m³	B-5	1231.01m³	C-2	498m³
A-7	1218m³	B-6	954.17m³		

最大混凝土浇筑方量为 E 区的 C-1 仓块；共 1624.5m³，按照每小时混凝土浇筑量 45m³ 计算，3 台汽车泵 12.1h 内可浇筑完成。因此，各个仓块可连续施工，间隔时间 1d。

5.3 工艺流程

钢筋（包括水电预留预埋）已经完成隐蔽检查验收→模板安装加固完毕并已完成预检验收→混凝土浇灌申请上报监理批准→泵机试运转→搅拌站供货→核实混凝土配合比、开盘鉴定，混凝土运输单→检查混凝土质量、坍落度→输送与混凝土同配合比水泥砂浆润滑输送管内壁→输送混凝土→分层浇筑→振捣→抹面→扫出浮浆、排除泌水→养护→测温→成品保护。

预拌混凝土的运输：

（1）根据北京市相关文件规定，在具有合格资质的预拌混凝土企业名录中选择供应单位，明确供应单位生产经营地址，项目负责人，运距及供应能力等信息。混凝土场外运输应根据现场实际情况，合理调度运输车辆，做好与交通及城管部门的协调，确保现场混凝土浇筑过程连续正常，避免在施工过程中因间隔时间过长而使先、后浇筑的混凝土之间形成冷缝。

（2）根据实际施工情况做好供需双方协作分工，确保供应时间、数量控制及随时调整。

(3) 混凝土运输车应具有防风、防晒、防雨、防寒设施。

(4) 预拌混凝土运输过程中严禁加水，出现离析时需要补充外加剂或调整拌合物时，应加速搅拌。搅拌时间不应小于 120s。

5.4 浇筑方法的选择

(1) 本工程均采用预拌商品混凝土，以车载泵和布料杆浇筑为主，基坑周边配汽车泵能够覆盖到的部位尽量采用汽车泵浇筑；混凝土浇筑量小的局部可采用塔吊和料斗配合浇筑。

(2) 根据筏板整体性要求、构件结构大小、钢筋疏密、混凝土供应情况，本工程采用墙体整体分层连续浇筑，基础底板和基础梁采用推移式连续浇筑施工。

(3) 后浇带或变形缝的设置和施工按图纸及国家规范标准的规定。

5.5 混凝土的泵送

(1) 根据浇筑工程量、施工进度以及混凝土的泵输送距离，本工程配置 20 台车载泵，型号为 HTB80，额定输送量 $80m^3/h$，实际输送量约 $45m^3/h$。

(2) 考虑场地，泵位，管道走向，各个泵车浇筑工程量协调调车的方便。泵位与管道布置详见布置图（图 3-1-20）。

(3) 混凝土泵输送管布置宜平直，少用弯管和软管；泵管设置固定支撑，管道接头严密，有足够强度，可快速装拆；混凝土输送管道用钢管支架固定或穿楼板采用预留洞时用木楔挤紧；混凝土输送管道应定期检查保证无孔洞，凹凸损伤和弯折现象。

(4) 多台混凝土泵同时泵送应分工明确相互配合，统一指挥。泵送完毕，及时清理及维护混凝土泵及泵管。

(5) 泵送人员应具有相应的工作能力，专人负责统一指挥。

5.6 混凝土的浇筑

(1) 大体积混凝土浇筑必须分层，整体浇筑分层厚度宜为 300～500mm，层间最大浇筑间隔时间不大于混凝土初凝时间。

(2) 对混凝土应进行分层振捣。

(3) 混凝土浇筑宜从低处开始，延长边方向字一端向另一端进行。混凝土供应有保障时，可多点同时浇筑，并明确浇筑方向。

(4) 混凝土浇筑时，应用木脚手板铺设临时马道，供施工人员通行。

(5) 集水坑、电梯基坑等特殊异型构件混凝土浇筑时，根据其面积大小、深浅以及坑壁的厚度不同，调整好泵管的坡度，采取一次浇筑或分层浇筑，防止混凝土产生离析现象。

(6) 沉降后浇带及加强后浇带在主体结构全部完工后两个月且沉降趋于稳定以后封闭（如有沉降观测，根据沉降观测结果证明沉降在主体结构全部完工之前已趋于稳定时，经结构设计人员同意后可适当提前）。封闭后浇带的混凝土应采用比原强度等级高一级的补偿收缩混凝土。采用掺膨胀剂的补偿收缩混凝土，水中养护 14d 后的限制膨胀率不应小于 0.015%。后浇带浇筑混凝土前，应清除浮浆、松动石子、松软混凝土层，并将结合面处洒水湿润（不得有积水）或刷界面剂，浇筑前应将后浇带内垃圾清理干净，排除积水。混凝土应在气温较低时浇筑（不得低于 5℃），后浇带混凝土的养护，其湿润养护时间不应少于28天。

(7) 大体积混凝土浇筑过程中，应有防止受力钢筋、定位筋等移位变形的措施，应清除混凝土表面的泌水。

(8) 大体积混凝土应及时进行二次抹压处理，抹压最好不少于三次。

(9) 浇筑混凝土过程中突遇大雨或大雪天气应及时在结构合理部位留置施工缝，对已浇筑未硬化的混凝土应立即进行覆盖。

基础混凝土浇筑：

本工程基础底板厚度分别为700mm、800mm，底板有上返梁，梁高1600mm、2600mm、900mm、1900mm、2300mm。底板混凝土浇筑按照基础混凝土浇筑顺序分仓浇筑，相邻仓的浇筑时间间隔不少于7d，不应大于10d。底板混凝土浇筑时，使用50型手提振捣棒，最大浇筑厚度不能大于振捣器作用长度的1.25倍（本工程振捣器作用长度380mm，1.25mm×380mm=475mm)，取每次浇筑高度为400mm。

基础混凝土浇筑需分层布料、分层振捣、斜坡式推进施工（图3-1-10、图3-1-11)，以确保混凝土浇筑均匀，振捣密实，防止在振捣中产生泌水。混凝土表面的水泥浆需分散开，在初凝前用木抹子两次压实，混凝土收面的抹压不少于3遍。混凝土浇筑前，在基础钢筋上使用木脚手板平铺一道行人通道，防止振捣过程中人员直接踩踏在钢筋上，造成钢筋变形、定位筋、马凳走位等。

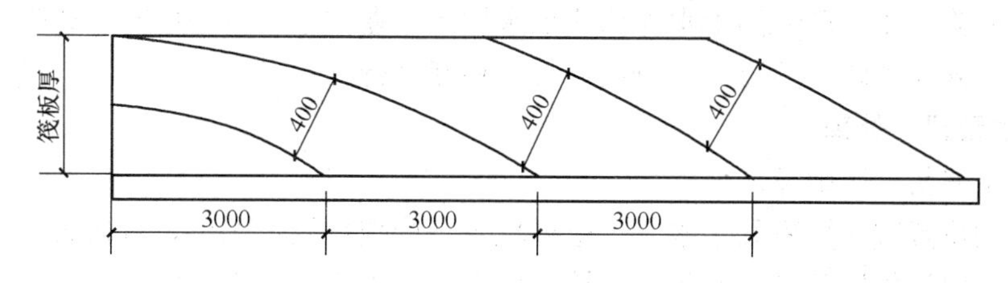

图3-1-10　底板混凝土斜坡推进法施工

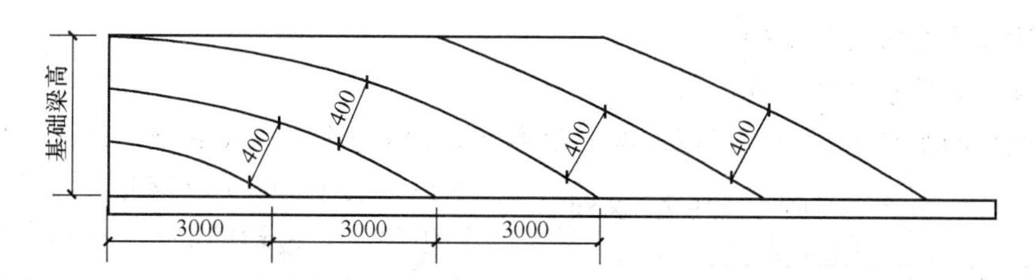

图3-1-11　基础梁混凝土斜坡推进法施工

上返梁采用“吊模”的支模方法，与底板同时浇筑成形。

混凝土振捣时要做到“快插慢拔”，振捣上层混凝土时振捣棒应插入下层50mm左右，以消除两层间的接缝。每点的振捣时间控制在10～20s左右，以混凝土表面不再显著下沉，表面无气泡产生且有均匀的水泥浆泛出为准。两个插入点之间的距离应不大于其作用半径的1.5倍（本工程选用的振捣棒作用半径为250mm，因此振点间距定为375mm)，插入点呈梅花形布置，如图3-1-12、图3-1-13所示。

振捣棒插入处距模板的距离应大于其作用半径的0.5倍，即125mm，以减少振捣对模板造成的扰动，同时应避免碰到钢筋、模板、预留管道和预埋件；在反梁钢筋较密处应采用直径 30mm 振捣棒进行振捣。窗口下无法插入振捣棒，采用附着式振捣器进行振捣，确保混凝土振捣密实，满足施工质量要求。

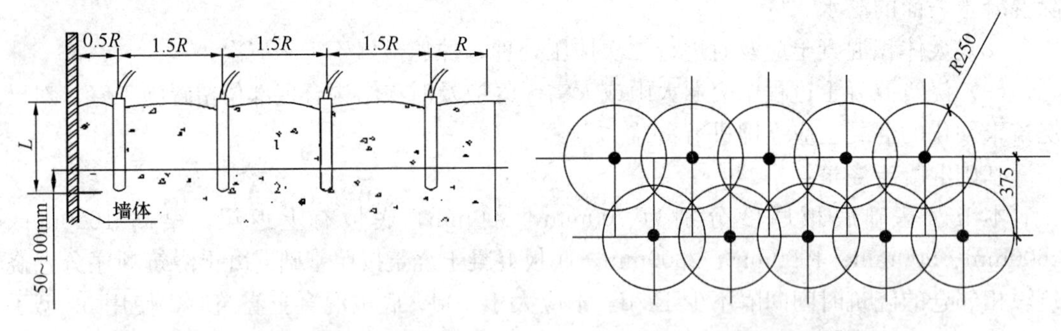

图 3-1-12　振捣棒移动间距及插入深度示意

图 3-1-13　振捣点布置示意图

底板混凝土在第一次振捣完成后，停歇 20～30min 进行二次振捣，确保振捣密实。振捣完成后，及时用 3m 铝合金刮杠将混凝土表面刮平，上刮杠时应带线尺量检查，保证底板表面标高准确。如混凝土表面的泌水较多，应采取排水措施将泌水排出，然后开始抹压收面。

底板混凝土表面的返浆较厚，采用木抹子进行三遍抹压，在终凝前完成，表面搓出麻面。要坚持原浆抹压，严禁洒干水泥面或加水抹压。在抹压最后一遍时，要带线尺量检查表面平整度，麻面纹路要顺直，一行压一行且相互平行。

5.7　施工缝留置、处理

（1）施工缝留置原则及部位。

施工缝的位置应尽量避开集水井、电梯坑等结构变化较大部位，且设置在结构受力较小部位。具体留设位置要求：底板施工缝应留在所在板跨的 1/3 范围内，外墙水平施工缝留置在底板（楼板）以上 500mm 处，竖向施工缝留置在所在跨的 1/4～1/3 处；梁、楼板施工缝留置在所在次梁跨中的 1/3 处。

（2）基础底板水平施工缝。

基础底板的水平施工缝留置在外墙上距离基础梁上表面 500mm 处。居墙中安装止水钢板，采用 3mm 厚钢板，高度 300mm。钢板用 $\phi14$ 短钢筋间距 300mm 将止水钢板与上下层钢筋固定在一起，钢板接头部位满焊连接，搭接长度不小于 50mm。在外墙防水卷材施工前增加一道 SBS 弹性沥青防水卷材附加层，附加层宽度 500mm，沿施工缝纵向通长设置。底板分仓水平施工缝节点见图 3-1-14～图 3-1-16 所示。

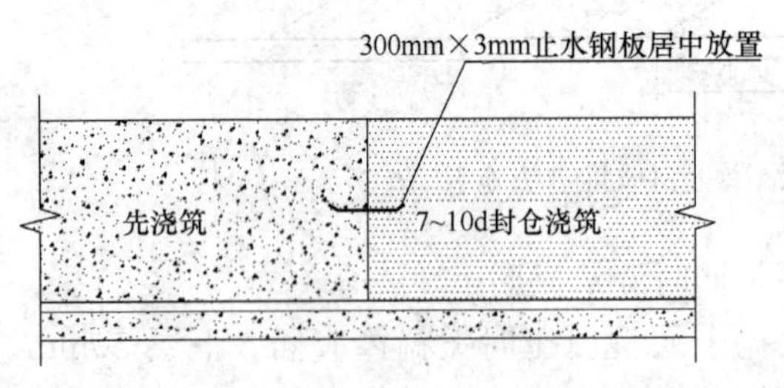

图 3-1-14　分仓浇筑图

5.8　大体积混凝土的测温

（1）大体积混凝土施工需要记录入模温度（入模温度每台班不少于两次）、大气温度、混凝土测点里表温度。

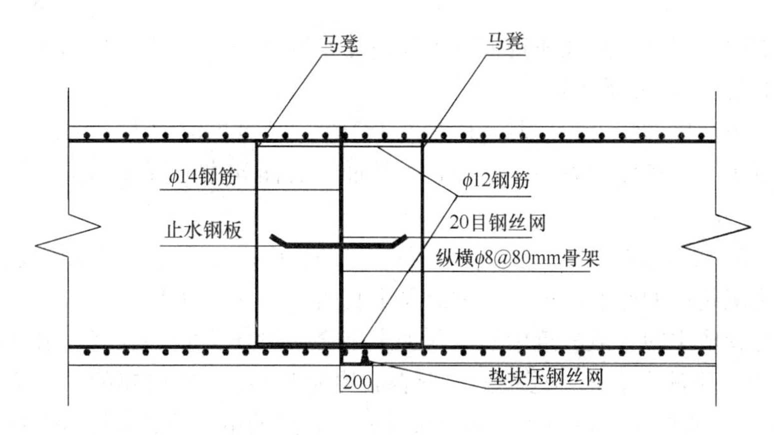

图 3-1-15　底板分仓缝处理措施

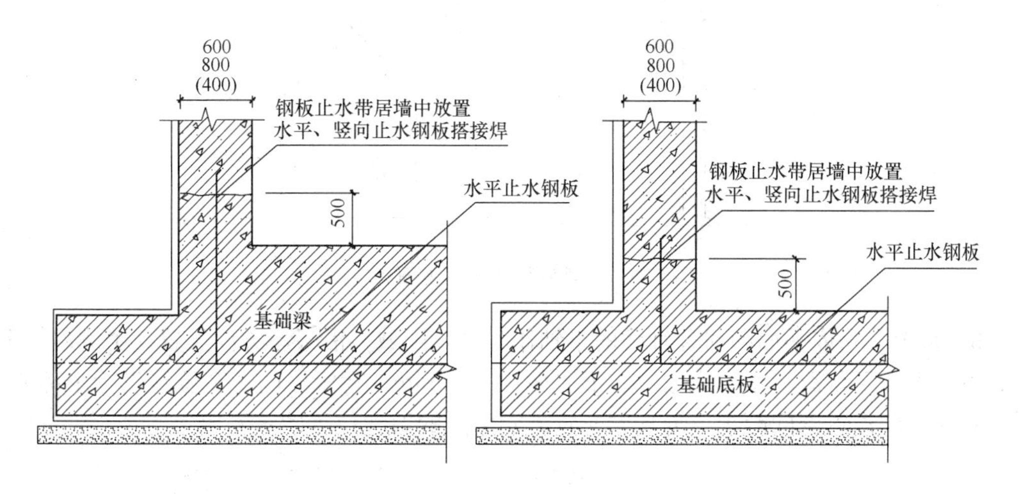

图 3-1-16　外墙水平施工缝留置

（2）大体积混凝土浇筑入模 10h 后开始测温，每昼夜测温不少于 4 次。混凝土每测温一次，应做好记录，计算每个测温点的升降值及温差值。表面以内 40mm～100mm 位置的温度与环境温度的差值小于 20℃时停止测温。

（3）将温度传感器用细铁丝固定在 $\phi16$ 钢筋上，按照设置的测温传感器长度标识区别测点上中下三层温度。

（4）混凝土施工温度控制的要求：

1）混凝土入模温度不宜大于 30℃；

2）在覆盖养护或带模养护阶段，混凝土浇筑体内部的温度与混凝土浇筑体表面温度差值不应大于 25℃；结束覆盖养护或拆模后，混凝土浇筑体表面以内 50mm 位置处的温度与环境温度差值不应大于 20℃；

3）混凝土浇筑体内相邻两个测温点的温度差不应大于 25℃；

4）混凝土中心部位的降温速率不宜大于 2℃/d。

（5）测温点的布置：

1）本工程基础反梁较大，基础底板厚度为 700mm 和 800mm，应对基础底板、基础梁、柱均进行测温。

2）测温点的布置范围应在所选混凝土浇筑体平面图对称轴线的半轴线为测试区，在测试区内监测点按平面分层布置。

3）在沿每条测试轴线上，监测点位宜不少于 4 处，且不应大于 10m。

4）沿混凝土浇筑体厚度方向，必须布置外面、底面和中心温度测点，其余测点宜按测点间距不大于 600mm 布置。

5）混凝土浇筑体的外表面温度，宜为混凝土外表面以内 50mm 处的温度。

6）混凝土浇筑体的底面温度，宜为混凝土底面上 50mm 处的温度。

7）每个分仓取中间（或靠近中间）两个十字交叉梁作为测温区域，沿梁厚方向设置 3 个测温点，上、下测温点距离底板上、下表面均为 50mm，在梁厚的 1/2 位置设置中部的测温点；纵向测温点的间距为 4 处均匀布置。测温点的留置位置如图 3-1-17 所示。

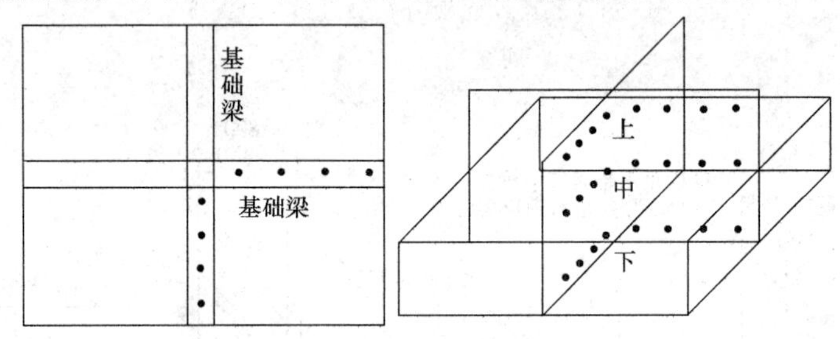

图 3-1-17　基础梁测温点平面布置图

8）每个分仓取平面图对称轴线的半轴作为测温区域，沿板厚方向设置 3 个测温点上、中、下，上、下测温点距离底板上、下表面均为 50mm，在板厚的 1/2 位置设置中部的测温点；纵向测温点的间距为 4 处均匀布置。测温点的留置位置图 3-1-18。

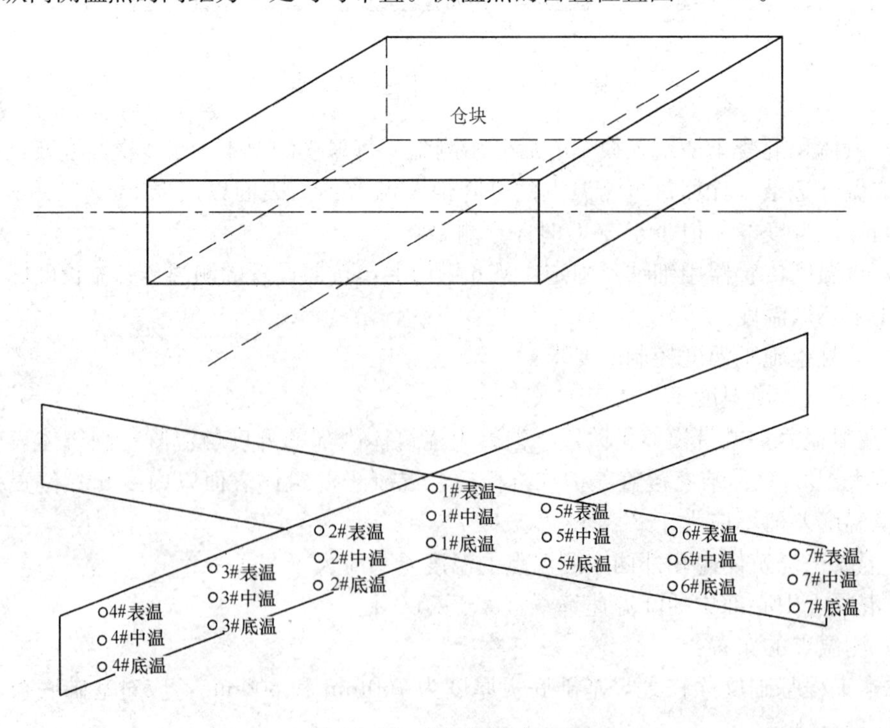

图 3-1-18　板厚测温点留置

9）每个分仓区柱测点两个颗柱，测温点的留置位置图3-1-19。

10）混凝土的养护：

① 应设专人负责保温养护工作，做好测温记录。

② 保湿养护持续时间：对养护情况进行过程检查，确保混凝土表面湿润。

③ 根据对混凝土里表温差和降温速率监测数据，及时调整保温养护措施。大体积混凝土里表温差控制在25℃范围内。

④ 季节性施工养护的注意事项：冬期施工加塑料布及保温被保温防冻，夏季养护采用蓄水或塑料布加保温被养护。

⑤ 混凝土表面温度与环境温差小于20℃时可停止测温。

⑥ 本工程混凝土养护，应在混凝土终凝后12h内开始养护，养护时间不得少于14d。

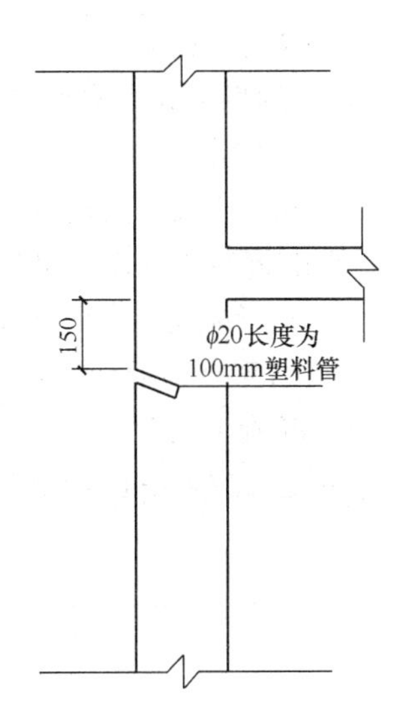

图3-1-19 墙柱测温点留设位置图

⑦ 基础底板混凝土采用覆盖塑料薄膜并浇水的方式进行养护，浇水的频率应能保证混凝土始终处于湿润状态（夏季）。根据混凝土温控措施和温度监测的情况确定是否采取保温被保温的措施。

6 质量要求

6.1 验收程序

（1）混凝土工程检验批划分。

混凝土分项工程地下检验批的划分，分为五个施工区域，每个施工区域每层按流水段划分检验批。综合服务楼地下结构每层按流水段划分检验批。

（2）混凝土工程验收程序。

验收程序应符合GB 50300—2013的规定，按照管理制度文件的要求进行检查验收。在专业施工队自检、工长专业检、质检员检（核）查合格基础上报监理检查验收，检验批由专业监理工程师组织施工单位项目专业质量质检员、专业工长等进行验收，分项工程应由专业监理工程师组织施工单位项目专业技术负责人等进行验收。

6.2 质量验收

6.2.1 材料要求

（1）原材料要求。

掌握搅拌站对水泥、砂、石、粉煤灰、外加剂等材料品种、性能进行检验和试验情况。派监理、质检员驻场监督预拌混凝土过程质量。

（2）质量证明文件要求。

仔细核对预拌混凝土随车必备的搅拌站的开盘鉴定、配合比、原材及外加剂的试验单、检测报告。现场认真核对混凝土运输单，按照实际情况填写坍落度记录及浇筑过程的四个时间，即出站时间、到场时间、开始浇筑时间、浇筑完成时间记录。

6.2.2 检验和试验

（1）到场检验：检查混凝土坍落度、扩展度、混凝土和易性。

（2）现场试验：

1）混凝土浇筑时由专职试验员取样，明确取样相关规定及各部位数量，连续浇筑1000m³ 的混凝土施工，可每 200m³ 取一组抗压试块。

2）按照规范要求进行混凝土试块取样，包括：60d 标养试块、7d 标养试块、转常温56d 试块（掺外加剂）、结构实体检测试块、抗渗试块、同条件试块。

6.2.3 混凝土验收

混凝土结构允许偏差和检查方法见表 3-1-21。

混凝土结构允许偏差和检查方法 **表 3-1-21**

项次	项目		允许偏差（mm）			检查方法
			国家标准	企业优良标准	结构长城杯标准	
1	轴线位置	基础	15	12	10	尺量
		墙、柱、梁	8	8	5	尺量
2	垂直度	层高≤5m	8	5	5	经纬仪、吊线、尺量
		层高≥5m	10	8	8	
		全高（H）	H/1000，且≤30mm	H/1000，且≤30mm	H/1000，且≤30mm	
3	标高	层高	±10	±10	±5	水准仪、尺量
		全高	±30	±30	±30	
4	截面模内尺寸	基础宽、高	+8，−5	±5	±5	尺量
		柱、墙、梁宽、高	+8，−5	±5	±3	
5	表面平整度		8	5	3	2m 靠尺、塞尺
6	角、线顺直度		—	—	3	拉线、尺量
7	保护层厚度	基础	—		±5	尺量
		柱、梁、墙、板	—		+5、−3	
8	楼梯踏步板宽度、高度		—	—	±3	尺量
9	电梯井筒	长、宽对定位中心线	+25，0	+20，0	+20，0	经纬仪、尺量
		筒全高（H）垂直度	H/1000，且≤30mm	H/1000，且≤30mm	H/1000，且≤30mm	
10	预留孔、洞中心线位置		10	12	10	尺量

续表

<table>
<tr><th rowspan="2">项次</th><th rowspan="2" colspan="2">项　目</th><th colspan="3">允许偏差（mm）</th><th rowspan="2">检查方法</th></tr>
<tr><th>国家标准</th><th>企业优良标准</th><th>结构长城杯标准</th></tr>
<tr><td rowspan="3">11</td><td rowspan="3">预埋设施中心线位置</td><td>预埋件</td><td>10</td><td>4</td><td>3</td><td rowspan="2">尺量</td></tr>
<tr><td>预埋螺栓</td><td>5</td><td>＋5，0</td><td>＋5，0</td></tr>
<tr><td>预埋管</td><td>5</td><td>5</td><td>3</td><td></td></tr>
</table>

7　其他要求

7.1　质量保证措施

（1）加强工序施工“三检制”和验收会签制。混凝土施工前，要完成三级技术交底，技术负责人在施工班组完成自检、互检和交接检基础上，组织专业工长和质检员认真对钢筋、模板分项工序进行复查，填报隐预检单、工程报验单及混凝土浇筑申请单。并经专业会签后再向监理工程师申请报验，必须严格执行报验程序，在手续不全或未经报验情况下，不允许进行混凝土浇筑。

（2）制定质量奖惩制度，落实质量责任制。每层混凝土拆完模板后，由技术负责人组织工长、技术员对该层混凝土质量进行检查和考评，依质量优劣情况进行奖惩。

（3）坚持质量例会，技术负责人组织工长、技术员、质检员及外包队操作班组等参加，共同分析混凝土质量情况，查找原因，制定整改措施，并派专人负责落实。

（4）质检员、试验员应对每次浇筑混凝土坍落度进行检测，检查混凝土的和易性和可泵性，如发现不合格，立即停止浇筑。

（5）应全面考虑混凝土泵送出现堵泵、泵送高度、施工气温以及泵送时间的影响造成混凝土坍落度的降低，并及时进行配合调整。

（6）夜间施工必须有足够的照明。

（7）由于泵送混凝土坍落度较大，而且下料速度较快，对模板的侧压力较大，容易导致墙体跑模，因此施工过程中必须严格按照方案对模板进行加固，认真检查，严格控制混凝土下料高度，要分层进行浇筑，上层振捣时，振捣棒插入下层深度不能过大（要求为5cm），否则易造成胀模或跑模。在混凝土浇筑过程中，应派专人进行看模，随时观察模板支架、钢筋、预埋件和预留孔洞的情况，当发现有变形、位移时，应停止浇筑，重新进行加固调整后施工。

（8）施工中应在浇筑地点按规定进行混凝土取样、制作试块、养护，并按规定进行试验，保证试块的真实有效、有代表性。

（9）加强现场施工调度指挥，保证施工的顺利连续进行，减少停歇，避免由于停灰过长形成冷缝，影响混凝土的施工质量。施工中若出现停灰、停电或机械故障等情况，停歇时间超过45min或混凝土出现离析现象时，应立即用压力水冲洗管内残留的混凝土（该混凝土不得再浇筑在结构部位），并及时通知现场留设施工缝。

（10）避免浇筑过程中造成钢筋位移、压弯的现象。混凝土浇筑完后，及时派人进行钢筋的调整，保证位置正确。

（11）严控墙体混凝土的拆模时间，拆模时以混凝土同条件强度试块为准，严禁过早或过晚拆模，以免造成粘模影响混凝土质量。

（12）混凝土施工中若发现蜂窝、麻面、漏筋、孔洞等缺陷时，不得私自进行处理，必须经过技术部门会同设计、监理等有关单位研究后再进行处理。处理前必须有方案及交底，并做好相应记录。

7.2 安全生产保证措施

7.2.1 安全生产的组织机构

（1）由项目工程部、安全部负责地下结构混凝土工程安全文明施工、职业健康、消防管理工作，制定管理措施，推行项目地下混凝土工程安全文明施工、职业健康、消防管理各项管理制度，落实岗位责任制、奖罚制度，布置工作及检查。项目安全总监组织进场人员的三级安全教育，安全管理制度教育，负责工作汇报。

（2）项目施工管理人员按照项目工程部、安全部工作布置要求，做好自己职责范围内安全文明施工、职业健康、消防工作的安排检查，负责整改工作的完成。

（3）项目安全总监，负责日常安全文明施工、职业健康、消防工作监督检查，填写检查记录，督促整改工作的完成，有权对违纪人员的罚款。并负责安全资料的搜集、整理、归档，督促有关人员完成自己安全工作记录。

7.2.2 安全生产责任制与安全责任协议书

分包单位进场后，由安全部对进场施工人员进行安全教育，并与分包单位签订安全责任协议书。明确总、分包单位的安全责任及义务。

7.2.3 安全防护措施

（1）对安全生产设施进行必要的、合理的投入。重要劳动防护用品必须购买定点厂家的认定产品。进入现场的施工作业人员必须戴好安全帽，高处作业必须系好安全带，并做到三宝（安全帽、安全带、安全网）用品齐备。

（2）认真执行建委颁发的“建筑施工现场安全防护标准”及有关的规定和制度。做好“三宝、四口、五临边”的防护工作，尤其是基坑边坡防护、施工层临边防护，基坑边坡采用定型防护网架进行防护。

（3）对进入施工现场的施工人员进行安全教育，让施工人员清楚现场的施工条件、周边情况，提前做好防范措施。

（4）定期对施工机械进行维修、保养，确保施工机械正常使用。

（5）混凝土施工人员，在高处作业时必须挂好安全带，安全带要高挂低用。

7.2.4 机械安全管理措施

（1）所有施工机械必须检测合格后方可使用。

（2）定期保养、维修与本分项工程有关的机械，如混凝土输送泵、塔吊、振捣机具等，确保施工机械正常使用。

7.2.5 安全生产的检查

（1）做好日常安全检查、定期安全检查、不定期安全检查、专项安全检查。

（2）日常安全检查由项目部专职安全员负责，对检查中发现的不安全行为或不安全状态可立即纠正。对较严重的事故隐患应发事故隐患通知，由相关班组限期整改。

（3）定期安全检查每月一次，由项目经理负责，项目技术负责人、安全总监、各专项工长、安全员、各班组长参加。检查内容为工地现场综合安全状况。按《建筑施工安全检查标准》有关内容进行评定。

（4）不定期安全检查在以下情况安排：

①恶劣气候条件（大风、大雨、大雪、冰雹等）之后。

②高温天气。

③节假日后。

④其他情况。

不定期安全检查由项目经理负责组织，有关人员参加，检查结果应填写“安全检查记录表”。

（5）专项安全检查包括以下几个方面：

① 深基坑支护及监测。

② 结构支撑架体。

③ 施工机械性能。

④ 安全、绿色及文明施工。

专项检查由项目经理负责组织，项目技术负责人、安全总监、安全员、有关责任工长、班组长参加，检查结果应填写“安全检查记录表”。

7.2.6 安全生产的奖惩制度

有下列情况之一的，处以责任人或当事人 50 元～200 元罚款：

1）进入施工现场不戴安全帽或不系下颏带者；

2）无防护措施高处作业不系安全带者；

3）不正确使用（或不用）个人劳动保护用品者；

4）随意攀爬各种禁止攀登的设备、设施及脚手架者；

5）违反消防安全管理规定储存、使用易燃易爆物品者；

6）擅自拆改脚手架及防护设施者；

7）酒后作业者；

8）在施工现场、料场或仓库违章吸烟者；

9）无特种作业操作证件（含持假证），从事特种作业者；

10）私拉乱接电源线、违章使用电热器具或假冒伪劣电器者；

11）违反消防规定库房内住人者。

12）有其他严重影响安全生产行为者。

7.2.7 安全生产教育与培训计划的制定

（1）新进场施工人员的教育：

①新进场施工人员安全教育，要把消防作为重点内容之一，学习消防法律法规和基本消防知识，安全技术规程、各类消防器材的分布，熟悉其使用的对象和场所，学会正确的操作。

②班组的消防教育，由班组具体负责，根据工种特点，具体介绍所在岗位的安全生产特点、流程、设备材料性质、易燃易爆危险性、重点部位、本岗位消防器材的种类、名称、使用方法、使用范围。

③经过安全教育的员工，考核合格后方可进入岗位。

（2）特殊工种防火教育制度：

①结合年度安全教育，突出消防安全意识和防火安全技能的提高。

②特殊工种防火教育要有针对性，要结合技能培训进行。

③每月进行一次安全培训、安全宣传教育课。

7.2.8 应急救援预案

混凝土施工期间容易发生的安全事故为基坑塌方、火灾、中毒及中暑、机械伤害、高处坠物、坠落等，具体应急救援预案详见《安全生产应急救援预案专项施工方案》。

7.3 消防安全管理措施

7.3.1 消防管理组织

本分项工程以项目经理为第一责任人，项目部安全部协助管理，专业工长负责现场管理，分包单位负责制的管理组织。

1）施工现场成立消防领导小组，实行逐级防火责任制，制定严格的管理制度，特别是坚持防火安全交底制度，签订责任书。

2）施工区与其他功能区分开并设专人负责。

3）施工现场设置消防水泵房，合理布置消防器材和消火栓。消火栓处昼夜要有明显标志，配备足够的水龙带，周围3m内不准存放任何物品。

4）施工作业用火必须经安全、保卫部门审查批准，领取用火证，方可作业，用火证只在指定地点和限定时间内有效。

5）施工现场严禁吸烟，现场和生活区未经保卫部门批准不得使用电热器具。

6）建立健全消防安全管理制度。

7.3.2 防火责任制

按公司规定签订总分包消防责任协议。

7.3.3 消防管理制度

定期培训教育，检查、完善消防设备，建立防火档案制度、防火值班巡逻制度、奖罚制度等。

7.3.4 消防技术措施

1）现场基坑周围设置消防给水系统，包括消火栓、施工用水接口，消火栓每100m设置一处；施工用水接口根据每个楼座一个设置。

2）现场设置足够的干粉灭火器具及消防器材。

3）现场易燃、易爆材料的存放在规定的仓库中，派专人进行管理，且要远离明火。

7.3.5 消防管理要求

1）易燃物品堆放场地照明应为防火安全灯，现场动火如在此附近，应经过项目安全负责人批准后，方可动火。

2）施工现场按规范要求配备灭火器，以备防火。

3）现场及保安人员如发现有火情时，应用手提消防器材灭火的同时，及时通知项目管理人员组织人员进行灭火。

7.4 绿色施工管理措施

1）优先使用国家、行业推荐的节能、高效、环保的施工设备和机具，如选用变频技术的节能施工设备等。

2）选择功率与负载相匹配的施工机械设备，避免大功率施工机械设备低负载长时间运行。

3）合理安排工序，提高各种机械的使用率和满载率，降低各种设备的单位耗能。

4）混凝土配制过程中尽量使用工业废渣，如粉煤灰。

5）利用废弃混凝土余料预制地砖、做排水沟、垫块等

6）现场混凝土泵送的采取降噪措施。

7）混凝土养护用水采用地下降水。

7.5 文明工地管理措施

1）进入现场的机械车辆做到少发动、少鸣笛，以减少噪声。

2）施工操作人员不得大声喧哗，操作时不得出现刺耳的敲击、撞击声。

3）混凝土浇灌需连续作业时，必须办理夜间施工证，报有关部门批准后方可施工，同时要事先做好周围居民的工作，以避免不必要的麻烦。

4）现场做到活完料净脚下清，及时清理现场的落地灰。施工垃圾要采用容器吊运，落地灰要二次过筛，减少浪费。施工中严禁从建筑的窗口扔撒垃圾。

5）清洗泵车的水必须经过沉淀后，方可排入市政管线。

6）采用低噪声的浇筑设备和振捣机具，杜绝强振模板、钢筋，降低噪声扰民。

7）混凝土浇筑完成后及时安排人员清扫场内、场外道路，保持现场周边环境卫生。

7.6 成品保护措施

1）浇筑完的混凝土应达到强度后方可上人，在施工层及以下三层的主要通道上，应进行保护，并用三角钢筋架对水电预留管进行保护。

2）冬施期间，盖保温草帘要站在脚手板上。

3）柱混凝土浇筑完成后要采用护角措施，避免施工中将柱边角碰坏、磕掉。

4）采用浇水养护方式的浇水养护时间不得少于7d，并保证混凝土工具有足够湿润状态；冬期施工平面及立面结构采用覆盖塑料薄膜和保温被，直到混凝土达到规范要求强度。

5）浇筑后的混凝土强度达到1.2MPa以后，才能上人和安装钢管支架及模板。如果混凝土未达到临界强度，但又必须上人操作时，必须在混凝土表面铺设跳板或胶合板增大受力面积，防止混凝土被踩坏。

8 附图

8.1 地下结构浇筑区段划分图（见图3-1-20）

8.2 混凝土泵送设备布置图（见图3-1-21）

8.3 测温点布置图（见图3-1-22）

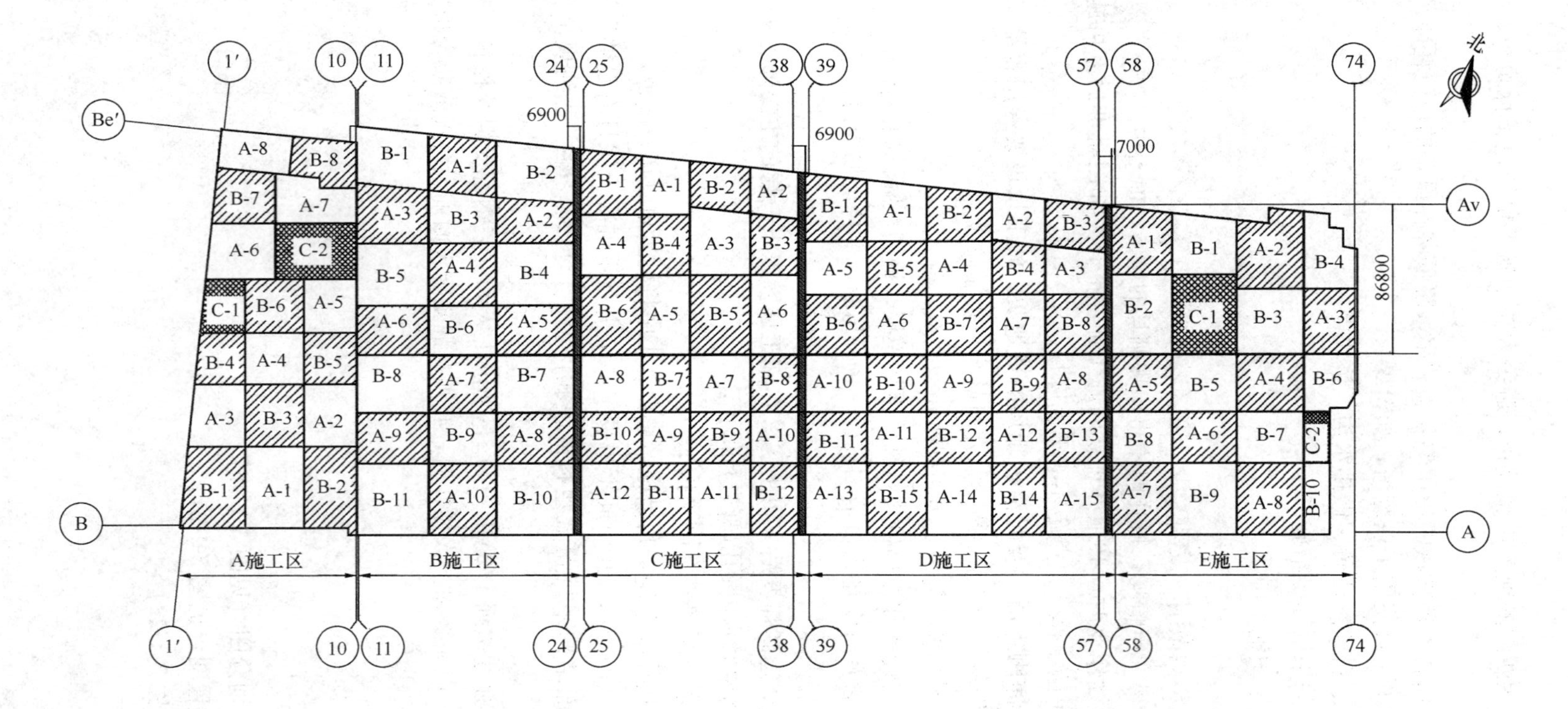

图 3-1-20　基础底板分仓划分图

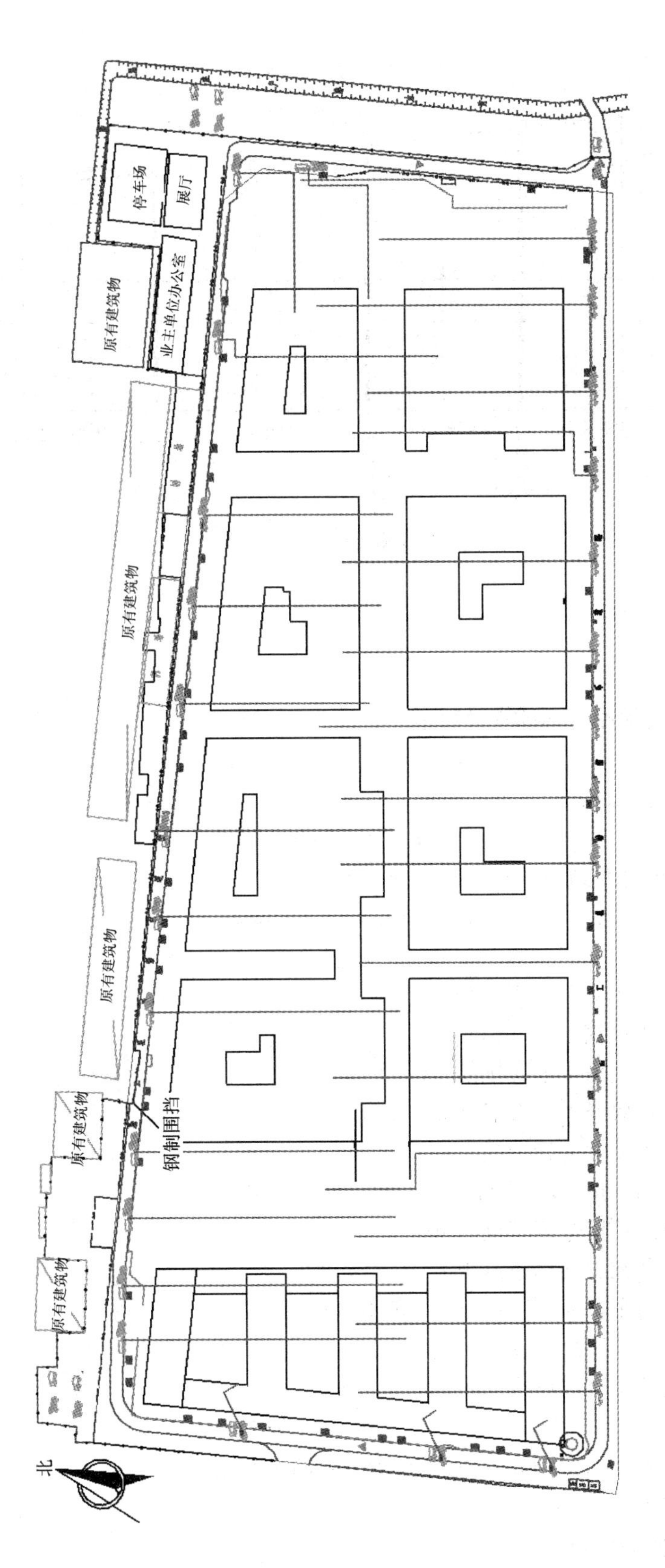

图 3-1-21 混凝土泵送设备布置图

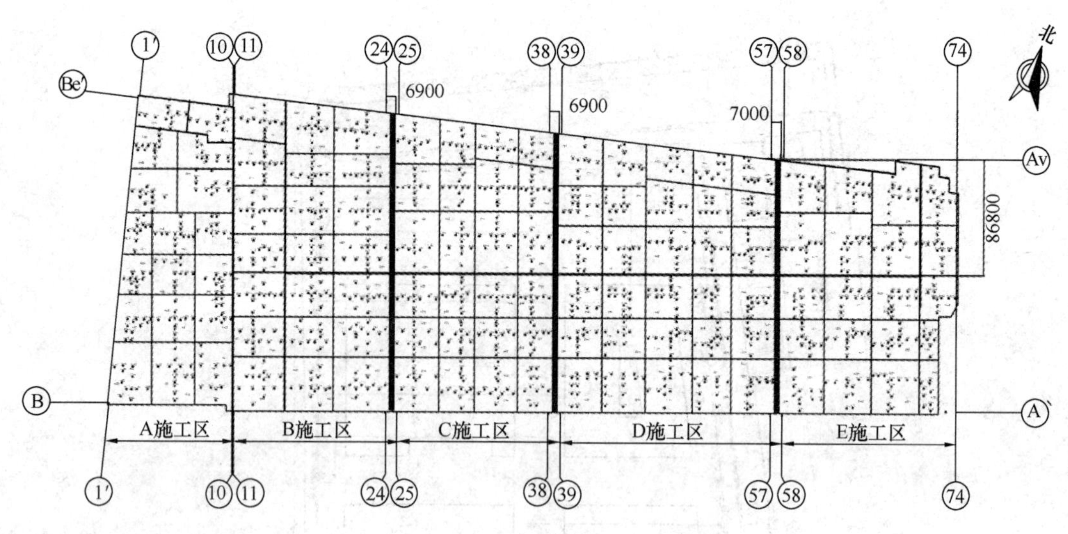

图 3-1-22　基础测温点布置平面图

9　附件

9.1　每台车载泵需配混凝土运输车计算书

（1）计算公式：

1）泵车数量计算公式：

$$N = q_n / (q_{max} \times \eta)$$

2）每台泵车需搅拌车数量计算公式：

$$n_1 = q_m \times (60l/v + t)/(60Q)$$

$$q_m = q_{max} \times \eta \times \alpha$$

式中：N——混凝土输送泵车需用台数；

q_n——混凝土浇筑数量（m^3/h）；

q_{max}——混凝土输送泵车最大排量（m^3/h）；

η——泵车作业效率，一般取 0.5～0.7；

n_1——每台泵车需配搅拌的数量；

q_m——泵车计划排量（m^3/h）；

Q——混凝土搅拌运输车容量（m^3）；

l——搅拌站到施工现场往返距离（km）；

v——搅拌运输车车速（km/h）；一般取 30；

t——一个运输周期总的停车时间（min）；

α——配管条件系数，可取 0.8～0.9。

（2）计算参数：

1）混凝土浇筑量 q_n=550（m^3/h）；（每个分仓两个车载泵）

2）泵车最大排量 q_{max}=80（m^3/h）；

3）泵送作业效率 η=0.6；

4）搅拌运输车容量 $Q=12$（m^3）；

5）搅拌运输车车速 $v=60$（km/h）；

6）往返距离 $l=10$（km）；

7）总停车时间 $t=30$（min）；

8）配管条件系数 $\eta_\alpha=0.9$；

（3）计算结果：

1）混凝土输送泵车需台数 $N=12$（台）；

2）每台输送泵需配备搅拌运输车台数 $n1=3$（台）；

3）共需配备搅拌运输车：36（台）；

9.2 保温法控制计算书

（1）计算公式：

保温材料所需厚度计算公式：

$$\delta=\frac{0.5h\lambda_i(T_b-T_q)}{\lambda_0(T_{max}-T_b)}K_b$$

式中：δ——混凝土表面的保温层厚度（m）；

h——混凝土结构的实际厚度（m）；

λ_i——第 i 层保温材料的导热系数［W/(m·K)］；

λ_0——混凝土的导热系数；

T_{max}——混凝土浇筑体内的最高温度（℃）；

T_b——混凝土浇筑体的表面温度（℃）；

T_q——混凝土达到最高温度（浇筑后 3d～5d）的大气平均温度（℃）；

K_b——传热系数修正值。

（2）计算参数：

1）混凝土的导热系数 $\lambda_0=2.3$［W/(m·K)］；

2）保温材料的导热系数 $\lambda_i=0.07$［W/(m·K)］；

3）混凝土结构的实际厚度 $h=0.80$（m）；

4）混凝土浇筑体表面温度 $T_b=30.00$（℃）；

5）混凝土浇筑体内的最高温度 $T_{max}=51.00$（℃）；

6）混凝土达到最高温度时，大气平均温度 $T_q=15.00$（℃）；

7）转热系数修正值 $K_b=2.30$。

（3）计算结果：

保温材料所需厚度 $\delta=0.02$（m）。

9.3 底板分仓缝间距计算书

（1）计算公式：

伸缩缝间距计算公式：

$$L_{max}=1.5(H\cdot E_w^0/C_z^0)^{1/2}\cdot \mathrm{arcch}(|qT|/(|\alpha T|-\varepsilon_g))$$

式中：L_{max}——板或墙允许最大伸缩缝间距（m）；

H——板厚或墙高计算厚度或高度（m）；

L_{max}——底板或长墙的全长（m）；

E_w^0——底板或长墙的混凝土龄期内的弹性模量（N/mm^2）；

C_z^0——反映地基对结构约束程度的地基水平阻力系数（N/mm^3）；

T——结构相对地基的综合温差，包括水化热温差，气温差和收缩当量温差（℃）；

ε_g——混凝土的极限变形值；

α——混凝土或钢筋混凝土的线膨胀系数，取 1.0×10^{-5}。

（2）计算参数：

1）计算高度或厚度 $H=0.80$（m）；

2）地基水平阻力系数 $C_x=0.03$；

3）混凝土或钢筋混凝土的线膨胀系数 $\alpha=1.0\times10^{-5}$；

4）收缩当量温差 T_y，按下式计算

$$\varepsilon_y(t)=\varepsilon_y^0(1-e^{-0.01t})\cdot M_1\cdot M_2\cdot M_3\cdots\cdots M_n$$

$$T_y(t)=\varepsilon_y(t)/\alpha$$

计算得，收缩当量温差 $T_y=-12.84$（℃）；

5）水化热温差 T_2，按下式计算：

$$T(t)=\frac{WQ}{c\rho}(1-e^{-mt})$$

计算得，绝热温升值 $T_2=22.40$℃

6）气温差 $T_3=15.00$（℃）；

7）混凝土的极限变形值 $\tau_p=0.000053$。

（3）计算结果：

1）混凝土的弹性模量 $E_{(60)}=31，357.65(N/mm^2)$；

2）伸缩缝间距 $L_{max}=50.55$（m）；

9.4 自约束裂缝控制计算书

（1）计算公式：

浇筑大体积混凝土时，由于水化热的作用，中心温度高，与外界接触的表面温度低，当混凝土表面受外界气温影响急剧冷却收缩时，外部混凝土质点与混凝土内部各质点之间相互约束，使表面产生拉应力，内部降温慢受到自约束产生压应力。则由于温差产生的最大拉应力和压应力可由下式计算：

$$\sigma_t=\frac{2}{3}\cdot\frac{E_{(t)}\alpha\Delta T_1}{1-\gamma}$$

$$\sigma_c=\frac{1}{3}\cdot\frac{E_{(t)}\alpha\Delta T_1}{1-\gamma}$$

式中：σ_t、σ_c——分别为混凝土的拉应力和压应力（N/mm^2）；

$E_{(t)}$——混凝土的弹性模量（N/mm^2）；

α——混凝土的热膨胀系数（1/℃）；

ΔT_1——混凝土截面中心与表面之间的温差（℃），其中心温度按下式计算，

$$T(t)=\frac{WQ}{c\rho}(1-e^{-mt})$$

$$T_{max}=T_0+T_{(t)}\zeta$$

计算所得中心温度为：38.87℃；

ξ——混凝土的泊松比，取 0.15～0.20；

由上式计算的 σ_t 如果小于该龄期内混凝土的抗拉强度值，则不会出现表面裂缝，否则则有可能出现裂缝，同时由上式知，采取措施控制温差 ΔT_1 就有可能有效地控制表面裂缝的出现。

大体积混凝一般允许温差宜控制在 20℃～25℃范围内。

（2）计算：

取 $E_0=3.15\times10^4\mathrm{N/mm^2}$，$\sigma=1\times10^{-5}$，$\Delta T_1=8.87$℃，$\xi=0.15$

① 混凝土在 7d 龄期的弹性模量，由下式计算：

$$E_{(t)}=E_c(1-e^{-0.09t})$$

计算得：$E_{(7)}=1.47\times10^4\mathrm{N/mm^2}$

② 混凝土的最大拉应力由下式计算：

$$\sigma_t=\frac{2}{3}\cdot\frac{E_{(t)}\alpha\Delta T_1}{1-\gamma}$$

计算得：$\sigma_t=1.02\mathrm{N/mm^2}$

③ 混凝土的最大压应力由下式计算：

$$\sigma_c=\frac{1}{3}\cdot\frac{E_{(t)}\alpha\Delta T_1}{1-\gamma}$$

计算得：$\sigma_c=0.51\mathrm{N/mm^2}$

④ 7d 龄期的抗拉强度由下式计算：

$$f_{tk}(t)=f_{tk}(1-e^{-jt})$$

计算得：$f_t(7)=1.93\mathrm{N/mm^2}$

结论：因内部温差引起的拉应力不大于该龄期内混凝土的抗拉强度值，所以不会出现表面裂缝。

9.5 浇筑前裂缝控制计算书

（1）计算公式：

大体积混凝土基础或结构（厚度大于 1m）贯穿性或深进的裂缝，主要是由于平均降温差和收缩差引起过大的温度收缩应力而造成的。混凝土因外约束引起的温度（包括收缩）应力（二维时），一般用约束系数法来计算约束应力，按以下简化公式计算：

$$\sigma=-\frac{E_{(t)}\alpha\Delta T}{1-\mu}\cdot S_{(t)}R$$

$$\Delta T=T_0+(2/3)\cdot T_{(t)}+T_{y(t)}-T_h$$

式中：σ——混凝土的温度（包括收缩）应力（$\mathrm{N/mm^2}$）；

$E_{(t)}$——混凝土从浇筑后至计算时的弹性模量（$\mathrm{N/mm^2}$），一般取平均值；

α——混凝土的线膨胀系数，取 1.0×10^{-5}；

ΔT——混凝土的最大综合温差绝对值（℃），如为降温取负值；当大体积混凝土基础长期裸露在室外，且未回填土时，ΔT 值按混凝土水化热最高温升值（包括浇筑入模温度）与当月平均最低温度之差进行计算；计算结果为负值，则表示降温，按下式计算：

$$\Delta T = T_0 + (2/3) \cdot T_{(t)} + T_{y(t)} - T_h$$

计算得，综合温差 ΔT=1.18（℃）

T_0——混凝土的浇筑入模温度（℃）；

$T_{(t)}$——浇筑完一段时间 t，混凝土的绝热温升值（℃），按下式计算：

$$T(t) = \frac{WQ}{c\rho}(1 - e^{-mt})$$

计算得，绝热温升值 $T_{(t)}$=19.65（℃）

$T_{y(t)}$——混凝土收缩当量温差（℃），按下式计算：

$$\varepsilon_y(t) = \varepsilon_y^0(1 - e^{-0.01t}) \cdot M_1 \cdot M_2 \cdot M_3 \cdots\cdots M_n$$

$$T_y(t) = \varepsilon_y(t)/\alpha$$

计算得，收缩当量温差 $T_{y(t)}$=－1.92（℃）

T_h——混凝土浇筑完后达到的稳定时的温度，一般根据历年气象资料取当年平均气温（℃）；

$S_{(t)}$——考虑徐变影响的松弛系数，一般取 0.3～0.5；

R——混凝土的外约束系数，当为岩石地基时，R=1；当为可滑动垫层时，R=0，一般土地基取 0.25～0.50；

μ——混凝土的泊松比。

（2）计算：

取 $S_{(t)}$=0.30，R=1.00，α=1×10－5，ξ=0.15。

① 混凝土 7d 的弹性模量由式：

$$E_{(t)} = E_c(1 - e^{-0.09t})$$

计算得：$E_{(7)}=1.47\times10^4\text{N/mm}^2$

② 最大综合温差 ΔT=1.18℃

③ 基础混凝土最大降温收缩应力，由式：

$$\sigma = \frac{E_{(t)}\alpha\Delta T}{1-\gamma_c} \cdot S_{(t)}R$$

计算得：$\sigma=0.06\text{N/mm}^2$

④ 不同龄期的抗拉强度由式：

$$f_{tk}(t) = f_{tk}(1 - e^{-\gamma t})$$

计算得：f_t（7）=1.93N/mm^2

⑤ 抗裂缝安全度：

K=1.93/0.06=32.17>1.15，计算满足抗裂条件。

9.6 浇筑后裂缝控制计算书

（1）计算原理：

弹性地基基础上大体积混凝土基础或结构各降温阶段综合最大温度收缩拉应力，按下式计算：

$$\sigma_{(t)} = -\frac{\alpha}{1-\mu}\left[1 - \frac{1}{\cosh\left(\beta \cdot \frac{L}{2}\right)}\right]\sum_{n=i}^{n} E_{i(t)}\Delta T_{i(t)}S_{i(t)}$$

降温时，混凝土的抗裂安全度应满足下式要求：

$$K = \frac{f_t}{\sigma_{(t)}} \geqslant 1.15$$

式中：$\sigma_{(t)}$——各龄期混凝土基础所承受的温度应力（N/mm^2）；

α——混凝土线膨胀系数，取 1.0×10^{-5}；

μ——混凝土泊松比，当为双向受力时，取 0.15；

$E_{i(t)}$——各龄期综合温差的弹性模量（N/mm^2）；

$\Delta T_{i(t)}$——各龄期综合温差（℃），均以负值代入；

$S_{i(t)}$——各龄期混凝土松弛系数；

cosh——双曲余弦函数；

β——约束状态影响系数，按下式计算：

K——抗裂安全度，取 1.15；

f_t——混凝土抗拉强度设计值（N/mm^2）。

$$\beta = \sqrt{\frac{C_x}{H \cdot E_{(t)}}}$$

H——大体积混凝土基础式结构的厚度（mm）；

C_x——地基水平阻力系数（地基水平剪切刚度）（N/mm^3）；

L——基础或结构底板长度（mm）。

（2）计算：

1）计算各龄期混凝土收缩值及收缩当量温差

取 $\varepsilon_y^0 = 4.0 \times 10^{-4}$；$M_1 = 1.42$；$M_2 = 0.93$；$M_3 = 0.70$；$M_4 = 0.95$，则 3d 收缩值为：

$$\varepsilon_{y(3)} = \varepsilon_y^0 \times M_1 \times M_2 \cdots\cdots \times M_{11}(1 - e^{-0.01 \times 3}) = 0.104 \times 10^{-4}$$

3d 收缩当量温差为：

$$T_{y(3)} = \varepsilon_{y(3)} / \alpha = 1.04℃$$

同样由计算得：

$$\varepsilon_{y(6)} = 0.205 \times 10^{-4}, T_{y(6)} = 2.05℃$$

2）计算各龄期混凝土综合温差及总温差

6d 综合温差为：

$$T_{(6)} = T_{(3)} - T_{(6)} + T_{y(6)} - T_{y(3)} = 12.01℃$$

3）计算各龄期混凝土弹性模量

3d 弹性模量：

$$E_{(3)} = E_c(1 - e^{-0.09 \times 3}) = 0.745 \times 10^4 N/mm^2$$

同样由计算得：

$$E_{(6)} = 1.314 \times 10^4 N/mm^2$$

4）各龄期混凝土松弛系数

根据实际经验数据荷载持续时间 t，按下列数值取用：

$$S_{(3)} = 0.186；S_{(6)} = 0.208$$

5）最大拉应力计算

取　$\alpha = 1.0 \times 10-5$；$\xi = 0.15$；$C_x = 0.03$；$H = 800mm$；$L = 54000mm$。

根据公式计算各阶段的温差引起的应力：

① 6d（第一阶段）：即第 3 天到第 6 天温差引起的应力：

由公式：

$$\beta = \sqrt{\frac{C_x}{H \cdot E_{(t)}}}$$

得：

$$\beta = 0.5343 \times 10^{-4}$$

再由公式：

$$\sigma_{(t)} = -\frac{\alpha}{1-\gamma}\left[1-\frac{1}{\cosh\beta \cdot \frac{L}{2}}\right]\sum_{n=i}^{n} E_{i(t)} \Delta T_{i(t)} S_{i(t)}$$

得：

$$\sigma_{(6)} = 0.386\text{N/mm}^2$$

② 总降温产生的最大温度拉应力：

$$\sigma_{max} = \sigma_{(6)} = 0.386\text{N/mm}^2$$

混凝土抗拉强度设计值取 0.77N/mm^2，则抗裂缝安全度：$K=0.77/0.386=1.99>1.15$，计算满足抗裂条件。

案例2：北京新机场安置房超长混凝土跳仓法施工方案

编制人：

审核人：

审批人：

中建一局集团第二建筑有限公司

北京新机场安置房项目部

二〇一五年十月二十日

目　　录

北京新机场安置房超长混凝土跳仓法施工方案

1 编制依据（见表3-2-1）

编 制 依 据 表3-2-1

序号	名 称		编 号
1	北京新机场安置房项目（榆垡组团）8标段（6片区0310地块）工程施工图纸		2014-29-B
2	北京新机场安置房项目（榆垡组团）8标段（6片区0310地块）工程施工组织设计		YJ/GCWJ/新机场/01
3	国标	混凝土结构工程施工质量验收规范	GB 50204—2015
4		混凝土结构工程施工规范	GB 50666—2011
5		混凝土强度检验评定标准	GBJ 107—2010
6		地下工程防水技术规范	GB 50108—2008
7		地下防水工程质量验收规范	GB 50208—2011
8		建筑工程施工质量验收统一标准	GB 50300—2015
9	地标	超长大体积混凝土结构跳仓法技术规程	DB11/T 1200—2015
10	其他	建筑施工手册（第五版）	
11		王铁梦“跳仓”法工艺相关文献	

2 工程概况（见表3-2-2）

工 程 概 况 表3-2-2

序号	项目	内 容
1	工程名称	北京新机场安置房项目（榆垡组团）8标段（6片区0310地块）工程
2	工程地址	北京市大兴区榆垡镇区
3	建设单位	北京新航城控股有限公司
4	设计单位	北京市住宅建筑设计研究院有限公司
5	监理单位	北京中科国金工程管理咨询有限公司
6	施工总包	中建一局集团第二建筑有限公司

续表

序号	项目	内容				
7	建筑面积（m^2）	建筑名称	总建筑面积	地上面积	地下面积	—
		1、4#住宅楼	14739.10	13919.94	819.16	
		9#地下车库	28657.63	855.94	27801.69	
		10#配套公建	7649.13	2281.00	5368.13	
8	建筑平面	建筑名称	纵轴编号	纵轴长度（mm）	横轴编号	横轴长度（mm）
		1、4#住宅楼	Ⓐ-Ⓖ	12890	①～㊹	71860
		9#地下车库	Ⓐ-(AA)	146750	①～㉖	174750
		10#配套楼	Ⓐ-Ⓔ	28380	①～⑩	62880
9	主体结构形式	建筑名称	基础类型	结构类型	楼梯	坡道
		住宅楼	筏板基础	剪力墙结构	板式楼梯	箱形结构
		9#地下车库	平板式筏基基础	板柱剪力墙结构		
		10#配套楼	梁板式筏形基础	框架结构		
10	结构断面尺寸（mm）	建筑名称	住宅楼	9#地下车库	10#配套楼	—
		基础底板	650	600	350	
		地下室墙体	160、200、250、350	300、350、400	300、350、400	
		楼板	110、120、130、140	200、250	180、250、280等	
11	抗震等级	建筑名称	住宅楼	9#地下车库	10#配套楼	—
		抗震等级	三级抗震（构造措施二级）	框架抗震等级为四级（构造措施为三级）	三级抗震（构造措施二级）	
		设防烈度	7度			
12	混凝土强度等级	建筑名称	住宅楼	9#地下车库	10#配套楼	—
		筏板基础	C30P6	C35P8	C35P6	
		剪力墙及连梁	B1：C35 外墙P6 F1-F2：C35 F3以上：C30	C30 外墙B2：P8 外墙B1：P6	C30P6	
		框架柱		C40（与墙相连的柱C30）	B2-F2：C40 F3-F4：C30	
		梁板	C30	C35 人防区P6		

本工程1#、4#住宅楼、9#地下车库和10#配套楼涉及结构超长情况，原设计图纸中设计了800mm宽温度后浇带。经与设计、监理、业主等多方协商，从便于施工角度考虑，根据《超长大体积混凝土结构跳仓法技术规程》DB11/T 1200—2015的规定要求，本工程采用“跳仓法”施工，同时取消原设计图纸中关于后浇带的相关设计。

3 超长混凝土结构跳仓法施工的选择

3.1 跳仓法原理和优点

3.1.1 跳仓法的定义

在大体积混凝土工程施工中，在早期温度收缩应力较大阶段，将超长的混凝土块体分为若干小块体间隔施工，经过短期的应力释放，在后期收缩应力较小的阶段再将若干小块体连成整体，依靠混凝土抗拉强度抵抗下一段的温度收缩应力的施工方法。

3.1.2 跳仓法原理

根据结构长度与约束应力的非线性关系，即在较短范围内结构长度显著的影响约束应力，超过一定长度后约束应力随长度的变化趋于恒定，所以跳仓法采用先放后抗，采用较短的分段跳仓以“放”为主，以适应施工阶段较高温差和较大收缩，其后再连成整体以“抗”为主，以适应长期作用的较低温差和较小收缩。跳仓间隔时间为7d。

跳仓法和后浇带的设计原则是一致的，都是“先放后抗”，只是后浇带改变成为施工缝跳仓法是解决超长混凝土结构不设缝的一种有效手段，是以施工缝取代后浇带和永久性变形缝。跳仓法施工裂缝控制是采用“抗放兼施”、“先放后抗”、“以抗为主”的综合方法来控制混凝土结构裂缝。

3.1.3 跳仓法优点

（1）运用跳仓法施工，把后浇带的两道施工缝变为一道施工缝，相邻混凝土浇筑接缝紧密，融为一个整体，取消了二次浇筑，可提前进行防水、回填土施工。后浇带由于需要延迟封闭，所以对后期二次结构、装饰装修等施工影响较大。取消后，则为后续施工带来方便，缩短了工期。

（2）仓间施工缝清理简易，混凝土结合有保证。利用仓间混凝土的浇筑时间间隔短、施工缝处混凝土强度较低，后浇仓的钢筋尚未绑扎完成之前，垃圾杂物较少，易于边施工边清理，这就有利于仓体间混凝土的结合。

（3）取消后浇带，可最快地形成整体结构，避免后浇带部位出现降水不及时产生的底板隆起，破坏附加防水层。

3.2 “跳仓法”在本工程应用可行性分析

（1）本工程属于超长混凝土结构。但住宅筏板厚度为650mm，车库筏板厚度为600mm，均未达到大体积混凝土的结构尺寸，故结构整体不存在大体积混凝土。车库地下一层，单层施工面积约14000m^2，有足够的流水段。住宅和配套建筑单层施工面积较小，但住宅地下及配套建筑施工均不在工期关键线路上，故可以放缓施工进度，满足混凝土浇筑的施工间隔。墙体由于不便于跳仓施工，采用保留后浇带与顶板混凝土同时浇筑的方法，但间隔时间不少于7d。后浇带混凝土采用比两侧墙体高一级别的非膨胀普通混凝土。

（2）地下工程在施工中承受的温度和湿度变化较大，而在地下回填土以后，正常使用阶段，温湿度变化较小。在这样的施工环境中，施工阶段中发生的温度应力远大于混凝土材料的抗拉能力，完全靠“抗”的办法很难抗得住，应当采取“抗放兼施”、“先放后抗”，最后“以抗为主”的办法。这说明地下工程环境条件最适于“跳仓法”施工。

4 施工部署

4.1 跳仓法施工总体部署

本工程涉及有后浇带的单体为1＃、4＃住宅楼；9＃地下车库和10＃配套楼，现拟取消所有温度后浇带。住宅、地下车库和配套楼按原设计图纸中后浇带分别分为2个仓格、11个仓格和2个仓格。具体的分段的位置详见流水施工分段图（图3-2-1～图3-2-3）。

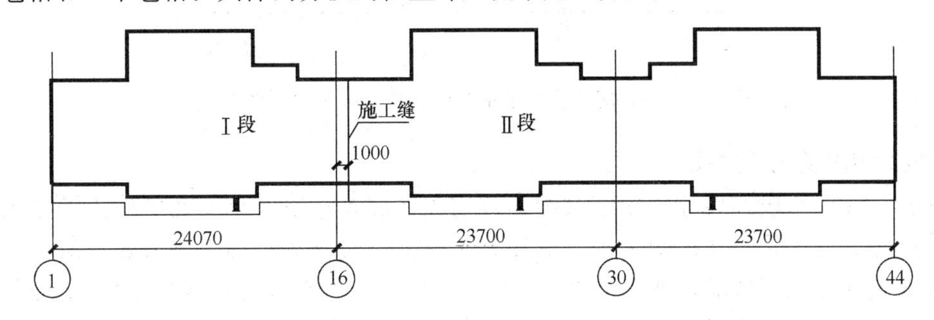

图3-2-1 1＃、4＃住宅楼筏板基础施工缝平面布置图

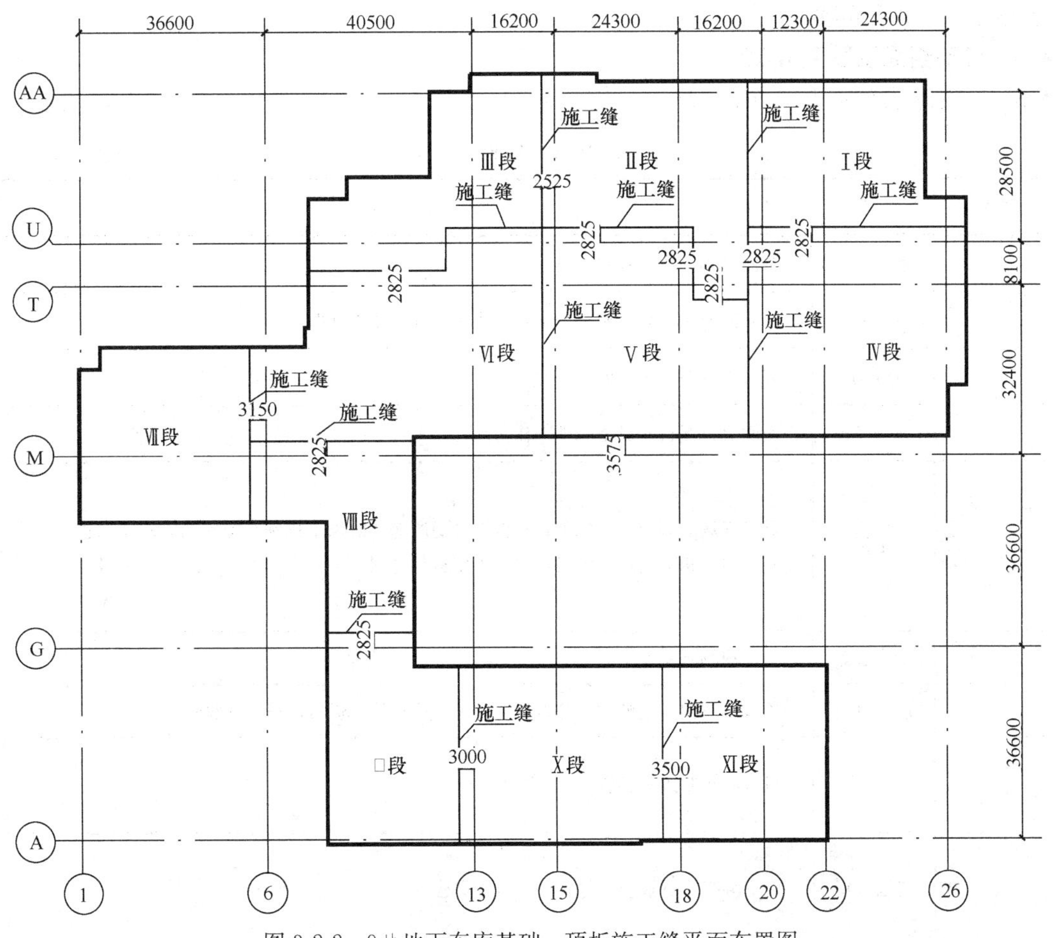

图3-2-2 9＃地下车库基础、顶板施工缝平面布置图

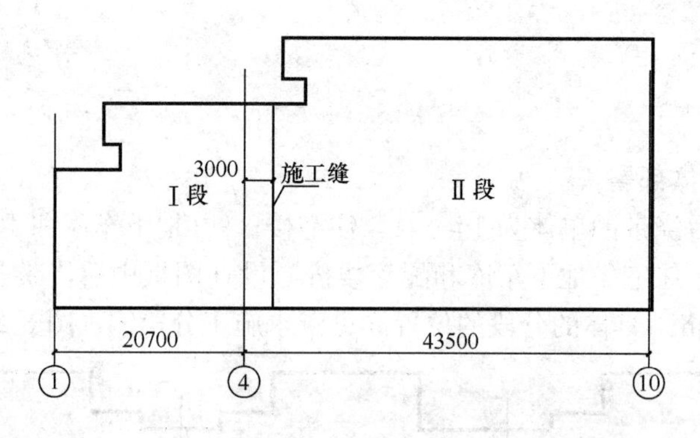

图 3-2-3　10＃配套楼地下室基础、外墙施工缝平面布置图

4.2　施工顺序及浇筑方式

根据施工流水段的划分，住宅及配套楼均顺次浇筑；地下车库北区施工顺序为Ⅴ→Ⅱ、Ⅳ→Ⅰ、Ⅵ→Ⅲ→Ⅶ；南区施工顺序为Ⅹ→Ⅺ→Ⅸ→Ⅷ，均采用泵送混凝土施工技术，结合现场及工程情况，地下阶段共设置7台地泵，住宅与地下车库共用，保证混凝土的连续浇筑。各个区段混凝土浇筑前所有泵管的布置均采用"退管浇筑"的施工方法，避免施工中接管的麻烦。当地泵泵管发生堵塞时，采用备用汽车泵继续进行混凝土浇筑，防止混凝土浇筑不连续。

4.3　劳动组织及职责分工

4.3.1　管理层负责人（见表 3-2-3）。

管理人员职责　　表 3-2-3

姓名	项目职务	岗位职责
	项目总工	全面负责工程的技术工作
	技术主管	编制混凝土跳仓法施工方案，解决现场施工技术问题
	技术员	解决现场施工技术问题
	现场经理	全面负责项目部日常管理工作
	工长	负责现场混凝土浇筑施工，机械设备的调配，协调结构和专业队伍，对工人进行技术交底，填写相应的技术资料，提施工用材料计划
	安全总监	负责现场施工安全
	质量总监	负责检查混凝土的质量是否符合要求，填写报验资料，报监理验收
	资料员	负责收集整理各种资料
	试验员	负责混凝土试块的留置及见证取样送检

4.3.2 劳务层负责人（见表 3-2-4）。

劳务人员岗位职责 **表 3-2-4**

姓名	职　务	岗位职责
	北　区	
	施工队总负责人	负责现场劳动力和各工种的协调
	施工队技术负责人	负责混凝土施工中的技术支持
	施工队混凝土负责人	负责管理现场混凝土浇筑、泵管安装管理
	施工队质量负责人	负责混凝土浇筑过程质量控制
	施工队安全负责人	负责混凝土浇筑施工安全
	南　区	
	施工队总负责人	负责现场劳动力和各工种的协调
	施工队技术负责人	负责混凝土施工中的技术支持
	施工队混凝土负责人	负责管理现场混凝土浇筑、泵管安装管理
	施工队质量负责人	负责混凝土浇筑过程质量控制
	施工队安全负责人	负责混凝土浇筑施工安全

4.3.3 工人数量及分工

根据现场的实际情况，考虑到施工分段，地下车库底板施工时工程量最大，故按地下车库底板混凝土施工时考虑人员需求，详见表 3-2-5。

施工人员配备 **表 3-2-5**

序号	工种	人数	备注
1	地泵司机	4 人（备用 2 人）	培训合格，持证上岗
2	振捣手	20 人	专人负责
3	混凝土工	40 人	随实际工程进度增减
4	钢筋工	20 人	随实际工程进度增减
5	结构木工	20 人	随实际工程进度增减
6	其他	10 人	随实际工程进度增减

混凝土采用泵送，混凝土泵的操作是一项专业技术工作。操作人员必须经过专门培训合格后，方可上岗独立操作。

施工中必须要保证南北区各有两班施工人员轮流操作，特别是在进行底板的混凝土浇筑时。施工过程中木工主要负责看模板，一旦发现模板有漏浆、跑模等现象要及时进行修理，钢筋工主要负责修补施工过程中造成的钢筋偏位；混凝土工主要负责混凝土地泵的支设和混凝土浇筑。同时要求浇筑底板混凝土时，搅拌站派 1 人进驻现场，共同协助控制混凝土的质量。

5 施工准备

5.1 技术准备

5.1.1 混凝土供应

（1）本工程商品混凝土搅拌站选用北京中建宏福混凝土有限公司和北京诚智乾懋混凝

土有限公司两家搅拌站，搅拌站必须具有相应资质，两家搅拌站的施工区域根据结构两家劳务公司的施工范围划分，北区为中建宏福混凝土有限公司，南区为北京诚智乾懋混凝土有限公司。

（2）对预拌混凝土搅拌站所使用的外加剂，施工单位、工程监理应派驻专人监督其质量、数量和投料计量；最后复核掺入量应符合要求。

（3）混凝土浇筑温度宜控制在25℃以内，依照运输情况计算混凝土的出厂温度和对原材料的温度要求。

（4）混凝土汽车泵的位置应接近浇筑地点且便于罐车行走、错车、喂料和退管施工。

（5）混凝土泵管配置应最短，且少设弯头，混凝土出口端应装布料软管。

5.1.2 跳仓法施工混凝土配合比的设计原则

（1）跳仓法施工混凝土配合比的设计除应符合工程设计所规定的强度等级、耐久性、抗渗性、体积稳定性等要求外，尚应符合超长混凝土施工工艺的要求，并应符合合理施工材料、减少水泥用量、降低混凝土绝热温升值的要求，控制温度裂缝的产生。

（2）跳仓法施工超长混凝土结构，不应掺加膨胀剂和膨胀类外加剂。

（3）跳仓法施工混凝土的制备和运输，应根据预拌混凝土运输距离、运输设备、供应能力、材料批次、环境温度等调整预拌混凝土的有关参数。

（4）配合比设计严格按照《普通混凝土配合比设计规程》执行，并且满足超长混凝土施工要求。水泥用量宜控制在220～300kg/m^3；水胶比建议在0.40～0.45之间；采用高效减水剂，不宜参加早强型减水剂，用水量不应大于170kg/m^3；砂率宜控制在31%～42%；粗骨料用量不应低于1050kg/m^3。

（5）超长混凝土配置强度等级不得超出设计强度的30%。

（6）根据以上配合比设计原则，我们要求两家搅拌站进行了配合比设计计算，并进行了热工计算。经试配试拌检测，混凝土拌合物的强度抗渗性能、流动性等性能可满足本工程的施工要求。具体配合比见表3-2-6～表3-2-8。

混凝土强度等级及使用部位 **表3-2-6**

强度等级	C35P8	C35P6	C35	C30P8	C30P6	C30
使用部位	车库底板	配套楼底板、外墙 住宅地下外墙 车库人防区和地下一层顶板	车库顶板	车库外墙	住宅楼底板 车库外墙	住宅顶板 配套楼顶板

北京中建宏福混凝土配合比 **表3-2-7**

等级	水胶比	砂率	水	水泥	砂	石	粉煤灰	矿粉	外加剂
C35P8 C35P6 C35	0.43	43	170	217	782	1036	51	126	7.9
C30P8 C30P6 C30	0.47	44	170	201	808	1029	51	113	7.0

北京诚智乾懋混凝土配合比 **表 3-2-8**

等级	水胶比	砂率	水	水泥	砂	石	粉煤灰	矿粉	外加剂
C35P8 C35P6 C35	0.43	43	166	251	770	1021	73	81	8.5
C30P8	0.46	43	167	223	813	994	76	79	7.6
C30P6 C30	0.46	45	167	223	813	994	76	79	7.6

5.2 材料准备

（1）水泥：水泥进场时均需严格检查其品种级别、出厂编号、出厂日期等。并对水泥的细度、凝结时间、体积安定性、胶砂强度等重要的性能指标进行复检，其质量必须符合《硅酸盐水泥、普通硅酸盐水泥》GB 175—2007 等标准的要求。

（2）石子：主要技术指标符合现行行业标准《普通混凝土用砂、石质量及检验方法标准》的技术要求：含泥量＜1.0％、泥块含量＜0.5％、针片状含量＜8％、压碎指标值＜10％、低碱活性。

（3）砂子：主要技术指标符合现行行业标准《普通混凝土用砂、石质量及检验方法标准》JGJ 52 的技术要求：细度模数为 2.5～3.0、含泥量＜2％、泥块含量＜1％、低碱活性。

对进厂的砂石逐车目测，如对其规格（细度模数）、含泥量、泥块含量怀疑时，必须检测；其他情况，按批量进行复试。

（4）粉煤灰：选用Ⅱ级 F 类粉煤灰。其细度＜25.0％、烧失量＜8.0％、需水量比＜105％，其他技术指标符合现行国家标准《用于水泥和混凝土中的粉煤灰》GB 1596—2005，用于混凝土中的掺加量符合国家现行标准《普通混凝土配合比设计规程》JGJ 55—2011 中的相关规定。

（5）矿粉：选用 S95 级矿粉。其比表面积在 400～450m^2/kg 之间，流动度比大于95％、7d 抗压强度比达到 78％以上，28d 抗压强度比达到 98％以上，其他技术指标符合现行国家标准《用于水泥和混凝土中的粒化高炉矿渣粉》GB 18046，用于混凝土中的掺加量符合国家现行标准《普通混凝土配合比设计规程》JGJ 55—2011 中的相关规定。

（6）外加剂：选用高性能减水剂，减水率高，每立方米混凝土带入碱含量符合要求，经试验其与冀东水泥适应性良好，无假凝、速凝、分层或离析现象；外加剂碱含量满足现行地方标准《混凝土外加剂应用技术规程》DBJ 01—61 中规定的碱含量要求；氯离子含量满足现行地方标准《混凝土外加剂应用技术规程》DBJ 01—61 的规定，单方混凝土中氯离子含量 0.02kg/m^3 以下，不含氯盐及尿素等有害物质。

5.3 机具设备一览表（见表 3-2-9）

机具设备表 **表 3-2-9**

序号	机械名称	类型型号	功率 kW	需要量		进场时间
				数量	单位	
1	地泵	HBT80		7	台	2016.6
2	汽车泵	55m		1	台	随混凝土浇筑日期
3	混凝土振捣棒	ZX 系列	1.1	20	只	2016.6

续表

序号	机械名称	类型型号	功率 kW	需要量		进场时间
				数量	单位	
4	平板震动器	ZN10	3	4	个	2016.6
5	抹子			若干	个	2016.6
6	刮杠	3m		若干	个	2016.6

注：夜间施工中所必需的照明、电力设备等必须要准备齐全。

5.4 施工作业

（1）施工方案所确定的施工工艺流程，流水作业段的划分，浇筑程序与方法，混凝土运输与布料方式、方法以及质量标准，安全施工等已交底。

（2）施工道路，施工场地，水、电、照明已布设。

（3）施工脚手架、安全防护搭设完毕。

（4）混凝土地泵或汽车泵已布设并试车。

（5）钢筋、模板、预埋件，施工缝、后浇带支挡，标高线等已检验合格。

（6）模内清理干净，前一天模板及垫层或防水保护层已喷水润湿并排除积水。

（7）工具备齐，振动器试运合格。

（8）现场调整坍落度的外加剂或水泥砂等原材料已备齐，专业人员到位。

（9）防水混凝土的抗压、抗渗试模备齐。

（10）需持证上岗人员已经培训，证件完备。

（11）与社区、城管、交通、环境监管部门已协调并已办理必要的手续。

5.5 混凝土运输

（1）混凝土运输采用混凝土罐车，罐车间隔时间宜为10～15min，要求搅拌站保证混凝土罐车的连续性。

（2）混凝土泵输出量和需要的地泵数量。

混凝土泵的实际平均输出量，可根据混凝土泵的最大输出量、配管情况和作业效率，按下式计算：

$$Q_1 = Q_{max} \times \alpha_1 \cdot \eta$$

式中：Q_1——每台混凝土泵的实际平均输出量（m^3/h）；

Q_{max}——每台混凝土泵的最大输出量（m^3/h）；现场每段混凝土浇筑配置一台地泵、一台汽车泵，理论最大输出量地泵为$80m^3/h$；

α_1——配管条件系数，地泵取0.8；

η——作业效率，根据混凝土搅拌运输车向混凝土泵供料的间断时间、拆装混凝土输出管和布料停歇等情况，地泵取0.6。

经计算，$Q_1 = 38.4m^3/h$。

最大的施工段混凝土浇筑量$1100m^3$，两台混凝土地泵的实际输出总量为$76.8m^3/h$，共需浇筑14.3h完工。

（3）预拌混凝土运输车辆台数选定。

为保证混凝土浇筑的连续性，施工时要精心组织施工，混凝土的运输要尽量避开早

7～9 点、晚 5～7 点出现的交通高峰期。

当混凝土泵连续作业时，混凝土泵所需配备的混凝土搅拌运输车台数，可按下式计算：

$$N=(Q1/V)(L/S+T_t)=(38.4/16)\times(60/40+0.5)=4.8\approx 5\text{ 台}$$

式中：N——1 台地泵需要配备的混凝土运输车的台数；

L——混凝土运输车往返一次的行程距离，按距离较远的搅拌站考虑，取 30×2＝60km；

S——混凝土运输车行车平均速度，按路况一般取 40km/h；

T_t——每台混凝土运输车一个运输周期总停歇时间，取 0.5h；

V——每台混凝土运输车容量，选择 $16m^3$ 的罐车。

考虑混凝土运输过程中不利因素，在上述公式计算的数量上再增加 2 台车，每台混凝土泵所需配备的罐车数量 N=7 台车。

（4）当运输过程中出现离析或使用外加剂进行调整时，搅拌运输车应进行快速搅拌，搅拌时间应不小于 120s。

（5）运输过程中严禁向拌合物中加水。

（6）运输过程中，坍落度损失或离析严重，经补充外加剂或快速搅拌已无法恢复混凝土拌合物的工艺性能时，不得浇筑入模。

6 主要施工方法

6.1 “跳仓法”施工的构造要求

6.1.1 地下车库扶壁柱位置的构造

本工程地下车库为地上无房屋设计，故根据规范要求，在外墙有附壁柱的位置沿竖向原有水平分布钢筋间距之间增加直径 8mm、长度为柱每边向外伸出 800mm 的附加钢筋（图 3-2-4）。

6.1.2 “跳仓法”施工缝的留置和构造

（1）地下室底板水平施工缝。

基础底板水平施工缝在缝下设 350mm 宽外贴式橡胶止水带，同时在板厚中间设 300mm 宽、3mm 厚的钢板止水带。

（2）外墙水平施工缝。

底板与外墙交点的第一道水平施工缝及车库负一层墙体、配套楼夹层墙体根部水平施工缝设在基础底板及楼板上表面向上 500mm 位置，采用 300mm 宽、3mm 厚钢板止水带；板底外墙水平施工缝留于楼板与外墙交接部位，板底以上 20mm 处，采用墙内预埋遇水膨胀止水条。水平施工缝处墙体外侧加做一道做 1.5mm 厚水泥基防水涂料，500mm 宽，沿施工缝上下各 250mm（图 3-2-5）。

（3）外墙垂直施工缝。

外墙垂直施工缝设置于墙厚中间位置，采用 300mm 宽、3mm 厚钢板止水带，同时在墙外做 500mm 宽、1.5mm 厚水泥基防水涂料，沿缝两侧各 250mm 宽。

（4）楼板水平施工缝。

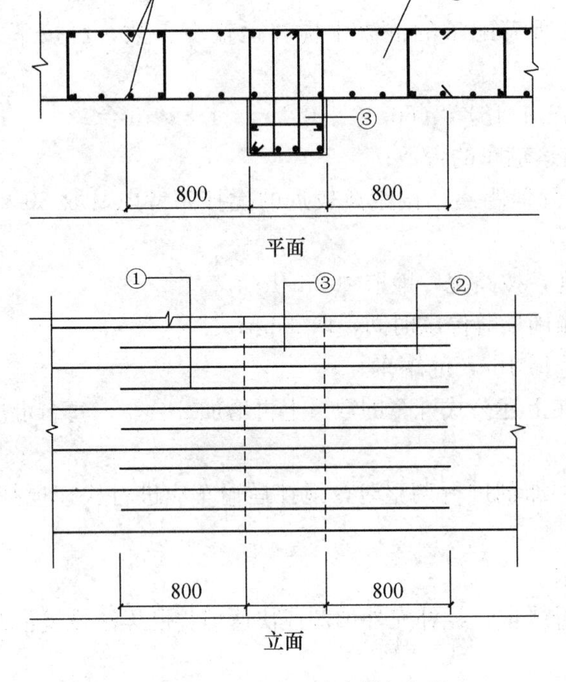

图 3-2-4　外墙附壁柱旁附加钢筋
①—附加水平分布钢筋；②—外墙；③—附壁柱

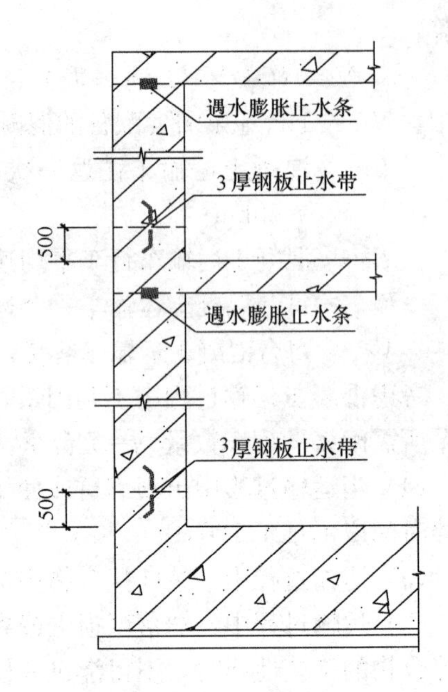

图 3-2-5　地下室外侧墙体水平施工缝布置图

地库顶板水平施工缝设置于板厚中间位置，采用 300mm 宽、3mm 厚钢板止水带，同时在板面涂刷 500mm 宽、1.5mm 厚水泥基防水涂料，沿施工缝两侧各 250mm 宽。

（5）施工缝施工措施。

1）钢板止水带采用搭接焊接，搭接长度 50mm，采用双面搭接焊。所有焊缝均应满足相关规范要求，以保证焊接质量，在柱中采用两支箍筋与止水带焊接固定，墙体中用短钢筋与墙体钢筋焊接固定。

2）止水条施工前要将前段混凝土清理干净，水平缝利用钢钉间距 1000mm 固定，接头部位切成斜面，搭接 5cm 以上并用水泥钉固定。

3）施工缝采用 ϕ6.5 双向方格（80mm×80mm）骨架，用 20 目/cm^2 钢纱网封堵混凝土。设钢板止水带时骨架及钢纱网断开，保持钢板止水带连续贯通。

4）在施工缝施工时，在已硬化的混凝土表面上（浇筑完成至少 24h 后），用錾子清除水泥薄膜和松动的石子以及软弱的混凝土层，并加以凿毛。施工缝混凝土浇筑前一天用水冲洗干净并充分湿润，并在施工缝处铺一层与混凝土内成分相同的水泥砂浆。从施工缝处开始浇筑时，应避免直接靠近缝边下料。机械振捣前宜向施工缝处逐渐推进，并距 800～1000mm 处停止振捣，但应加强对施工缝接缝的捣实工作。

（6）施工缝的节点做法如图 3-2-6 所示。

6.2　混凝土的浇筑

本工程混凝土施工采用商品混凝土，到达施工现场后泵送至浇筑部位。浇筑前，对混凝土泵管进行检查，合格后方可进行，浇筑混凝土时首先在泵管内泵送 2m^3 与混凝土同

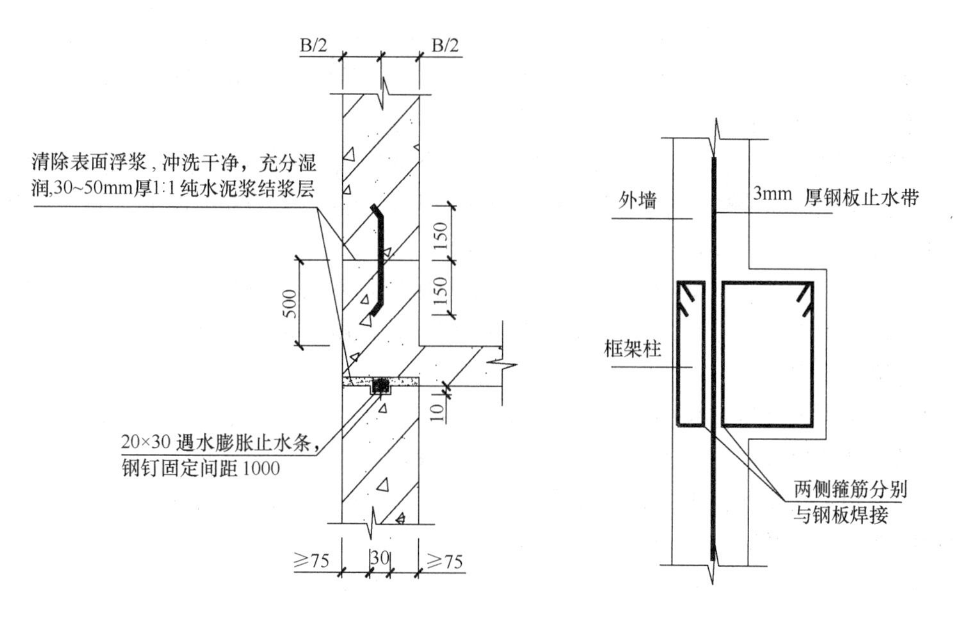

图 3-2-6　墙体水平施工缝做法

配合比的砂浆，对管道进行湿润，润泵砂浆应卸入专用料斗另行分散处理。采用插入式振捣棒振捣施工，一定要二次振捣，确保混凝土振捣密实。

混凝土采用“一个坡度、分层浇筑、循序推进、一次到顶”的浇灌工艺，分层厚度不超过 500mm。对于部分落差大的外墙采取溜槽、串筒及于墙中开设浇灌孔等措施，以防止混凝土离析。每层浇筑间隔时间不得超出前一层混凝土的初凝时间，在浇筑接茬处应振捣到位（图 3-2-7）。

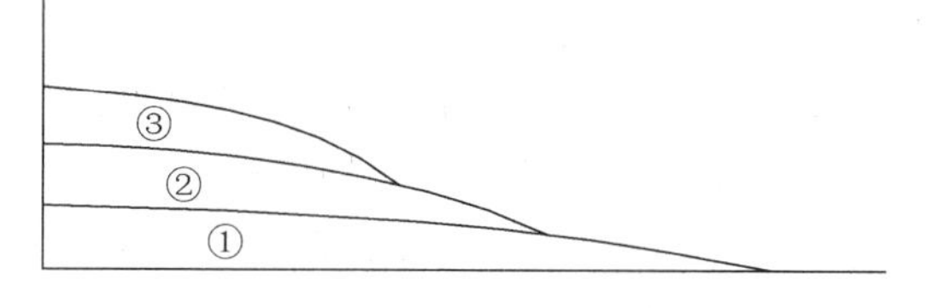

图 3-2-7　混凝土浇筑分层示意图

沿浇筑混凝土的方向，在前、中、后布置 3 道振捣棒，第 3 道捣动棒布置在底排钢筋处或混凝土的坡脚处，确保混凝土下部的密实；后一道振捣棒布置在混凝土的卸料点，解决上部混凝土的捣实；中部一道振捣棒使中部混凝土振捣密实，并促进混凝土流动。

混凝土浇筑前，针对各个部位的浇筑特点，进行详细交底，管理人员跟班作业，检查和监督振捣作业。

振捣棒移动间距不大于 400mm，振捣时间 15～30s，快插慢拔，还应视混凝土表面不再明显下沉、不再出现气泡、表面泛出灰浆为准，而且应插入下层混凝土 50mm 左右，以消除两层之间的接缝。振捣过程要全面仔细，禁止因出现漏振而导致蜂窝、麻面等混凝土施工质量事故。混凝土的振捣要定人、定范围。

当混凝土浇到板顶标高后，应用 2m 长铝合金刮杠将混凝土表面找平，且控制好板顶标高。然后用木抹子拍打、搓抹两遍，并随后铺设塑料薄膜保水养护。

6.3　防止开裂的措施

（1）混凝土的浇筑方法：

采用斜面分层连续浇筑，不留施工缝，并符合下列规定：

1）混凝土的摊铺厚度应根据所用振捣器的作用深度及混凝土的和易性确定，当采用泵送混凝土时，混凝土的摊铺厚度不大于500mm；当采用非泵送混凝土时，混凝土的摊铺厚度不大于400mm。

2）推移式连续浇筑，其层间的间隔时间应尽量缩短，必须在前层混凝土初凝之前，将其次层混凝土浇筑完毕。层间最长的时间间隔不大于混凝土的初凝时间。当层间间隔时间超过混凝土的初凝时间，层面应按施工缝处理。

（2）混凝土的拌制、运输必须满足连续浇筑施工，以及尽量降低混凝土出罐温度等方面的要求，混凝土的运输宜采用混凝土搅拌运输车，混凝土搅拌运输车的数量应满足混凝土连续浇筑的要求。

（3）在混凝土浇筑过程中，应及时清除混凝土表面的泌水。泵送混凝土的水灰比一般较大，泌水现象也较严重，不及时清除，将会降低结构混凝土的质量。

（4）采用二次压光技术，在混凝土浇筑完成4h后进行二次压光技术。有效消除表面早期塑性裂缝，并及时进行塑料薄膜覆盖。

（5）混凝土浇筑完毕后，应及时进行养护，并应经常检查塑料薄膜的完整情况。保湿养护的持续时间不得少于14d，保持混凝土表面湿润。

（6）在楼板混凝土浇筑完成12h后，仅限于做测量、定位、弹线等准备工作，最多允许竖向钢筋的接长，不允许吊卸大宗材料，避免冲击震动。24h后，可逐渐加大上楼面荷载，进行竖向构件的钢筋绑扎过渡到模板支设等施工工序。施工的材料，运上楼层后应做到尽量分散就位，沿支座堆放，不得过多地集中堆放，放置时要轻放，以减少楼面荷重和振动。这对于裂缝的控制非常重要，因为此时的混凝土强度还很低，有了冲击力和集中压力，混凝土会产生内伤，很多裂缝是在此时产生的。

6.4 控制超长混凝土水化热的措施

（1）满足混凝土和易性、力学性能和耐久性的条件下，降低胶凝材总量、降低水泥用量，并采用超量取代的办法提高掺合料用量，减少水泥用量可减少总的水化放热量，从而降低混凝土内部最高温度，减少混凝土的塑性收缩，降低水泥的水化热，降低混凝土的内外温差，减小温度应力，抑制应力裂缝的产生。

（2）掺入具有缓凝作用的外加剂，可抑制和延缓水泥水化，放慢水泥水化热释放速度，从而可以降低放热峰值及延长混凝土的放热峰值的出现，抑制温度应力裂缝。

（3）掺入优质的Ⅱ级粉煤灰、S95级粒化高炉矿渣粉。以部分取代水泥，不仅可以改善混凝土的和易性，有利于施工操作，而且对降低混凝土水化热有良好作用。

（4）减少混凝土的用水量，即采用较小的水灰比，增大混凝土的密实度。

（5）尽可能减小砂率，减少混凝土收缩。

（6）采用覆膜保温、保湿养护方法，可降低混凝土表面和内部产生的温度梯度，避免产生超过未成熟混凝土抗拉强度的拉应力而使混凝土开裂。

6.5 混凝土的养护

（1）混凝土浇筑后，应在裸露混凝土表面采用塑料布等防水材料覆盖，柱墩柱帽等厚度较大的部位加盖一层毡垫保温材料，以防止风干脱水。

（2）混凝土收面时要及时将表面多余浆体刮走，在初凝前增加压抹次数，以闭合收缩裂纹，对于混凝土初凝前产生的细小裂纹要及时用工具拍打抹压，因此时混凝土还有塑性，裂纹会闭合不会对结构产生影响。

（3）底板、楼板混凝土二次抹面后立即用塑料薄膜覆盖保水养护，待混凝土强度大于1.2MPa后方可上人进行楼层放线工作，放线时不可将薄膜全部揭除，只可揭开轴线位置进行放线，放线时间避开中午高温时期。放线完成后，立即对放线位置底板进行洒水养护。

（4）尽量延长混凝土的养护时间，水化反应释放热量会使内部温升较高。较早撤销养护措施可能使裸露在空气中的未成熟混凝土的抗拉应力小于内外温差所产生的温度应力，而导致温度裂缝的产生。养护周期不能少于14d。

（5）地下室外墙混凝土凝固后松动对拉螺杆，使墙体模板与混凝土面略微有一点缝隙，同时于顶部浇水注入模板内。养护期要随时观察混凝土表面，发现问题进行处理。

（6）混凝土在养护过程中，如发现遮盖不全或局部浇水养护不足，以致表面泛白或出现细小干缩裂缝时，立即仔细覆盖，充分浇水，加强养护，并延长浇水日期加以补救。

6.6 混凝土的测温

（1）混凝土浇筑体内监测点的布置，应真实地反映出混凝土浇筑体内最高温升、里表温差、降低速率及环境温度。该工程大面积为非大体积混凝土施工，但地下车库底板柱墩厚度达到了1100mm，且该部分混凝土强度最大，水泥用量较高，综合考虑选取该构件进行测温。由于地下车库南北两区所用混凝土生产厂家不同，故南北两区分别在各区所浇筑的第一段筏板进行选点（即Ⅴ和Ⅹ段），并在仓格最长的一段进行选点（即Ⅵ段），每段选取4个点。具体的测温点平面布置图如图3-2-8～图3-2-10所示。

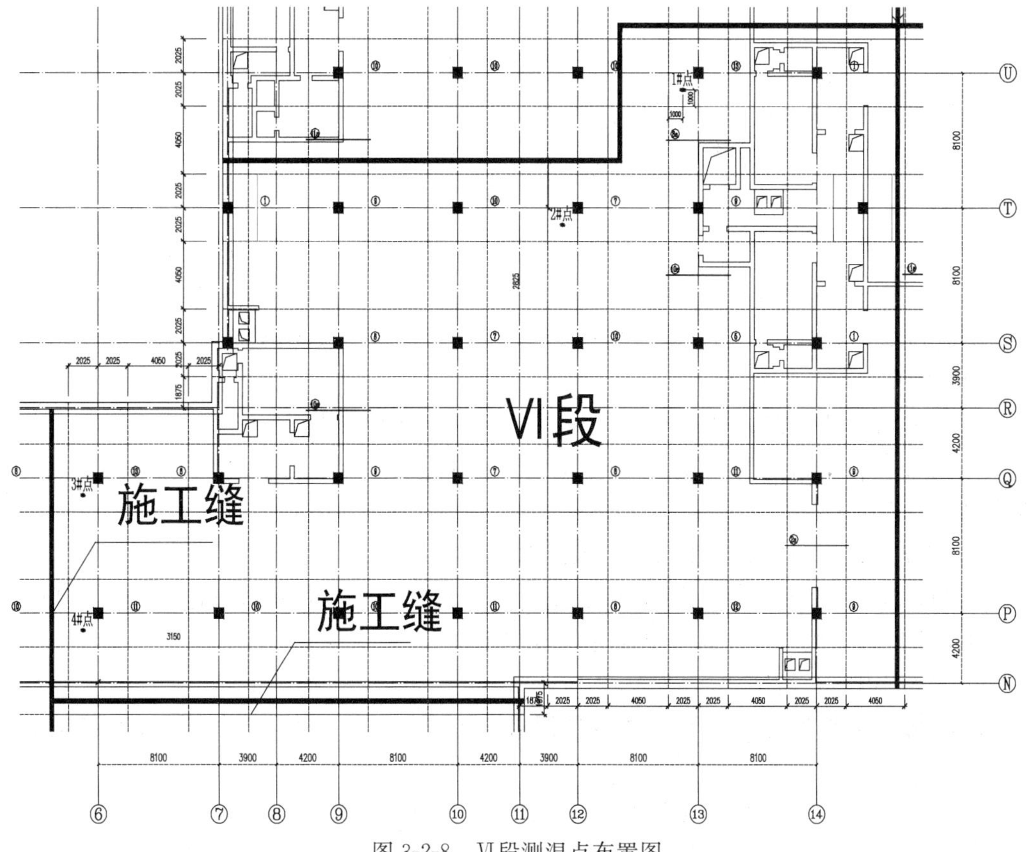

图3-2-8　Ⅵ段测温点布置图

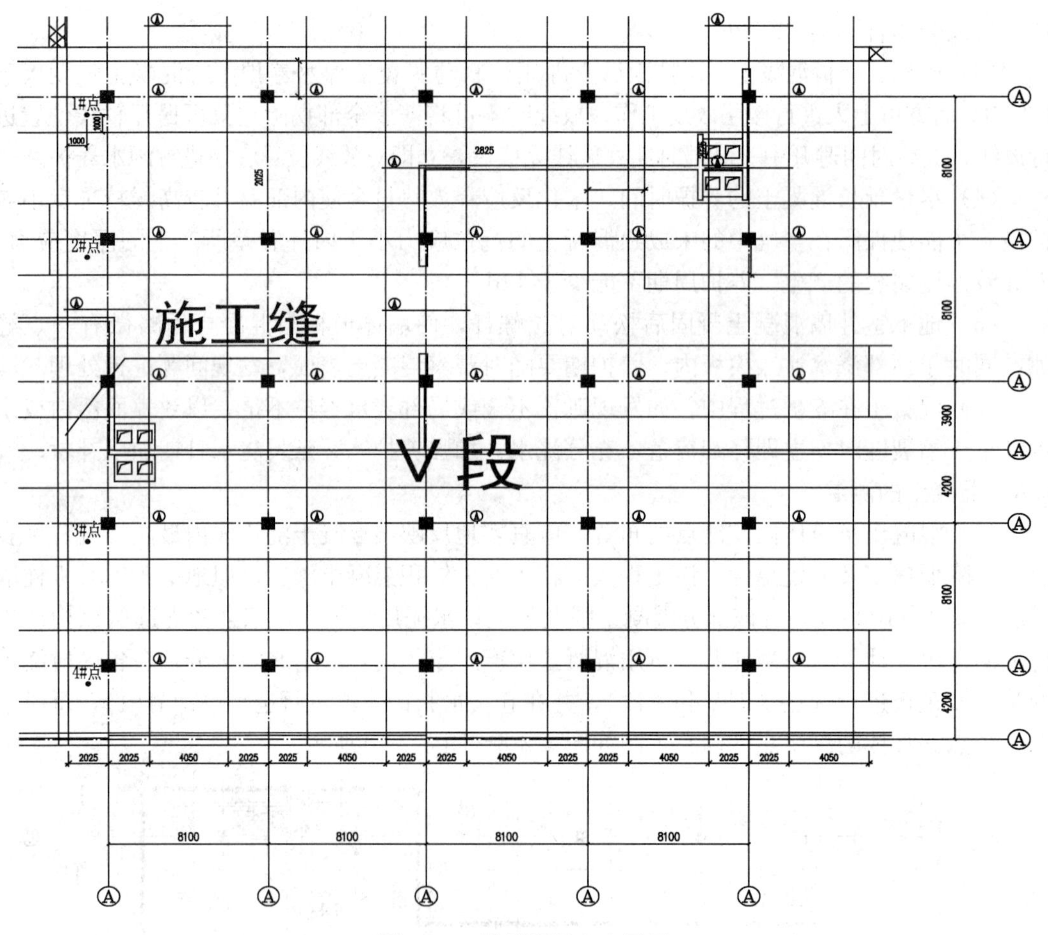

图 3-2-9 V段测温点布置图

(2) 测温采用电子测温仪，每个测杆分上、中、下 3 个测点，每个测点均布置备用点，其中上测点距混凝土上表面 50～100mm，中测点位于混凝土底板竖向中心位置，下测点距混凝土下表面 50～100mm。每个测温点位位置如图 3-2-11 所示。

(3) 测温元件的安装及保护：

1) 测试元件安装前，必须在水下 1m 处经过浸泡 24h 不损坏。

2) 测试元件结构安装位置应准确，固定应牢固，并与固定钢筋用布条及胶带进行绝热处理。

3) 测试元件引出线应集中布置并加以保护。

4) 测试元件周围应进行保护，混凝土浇筑过程中，下料时不得直接冲击测试测温元件及其引出线；振捣时不得触及测温元件及引出线。

(4) 测温内容及指标：

1) 混凝土入模温度不大于 35℃（指混凝土入模振捣后，在 50～100mm 深度处的温度）。

2) 混凝土浇筑体在入模温度基础上的温升值不宜大于 50℃。

3) 混凝土浇筑块体的里表温差（不含混凝土收缩的当量温度）不宜大于 25℃。

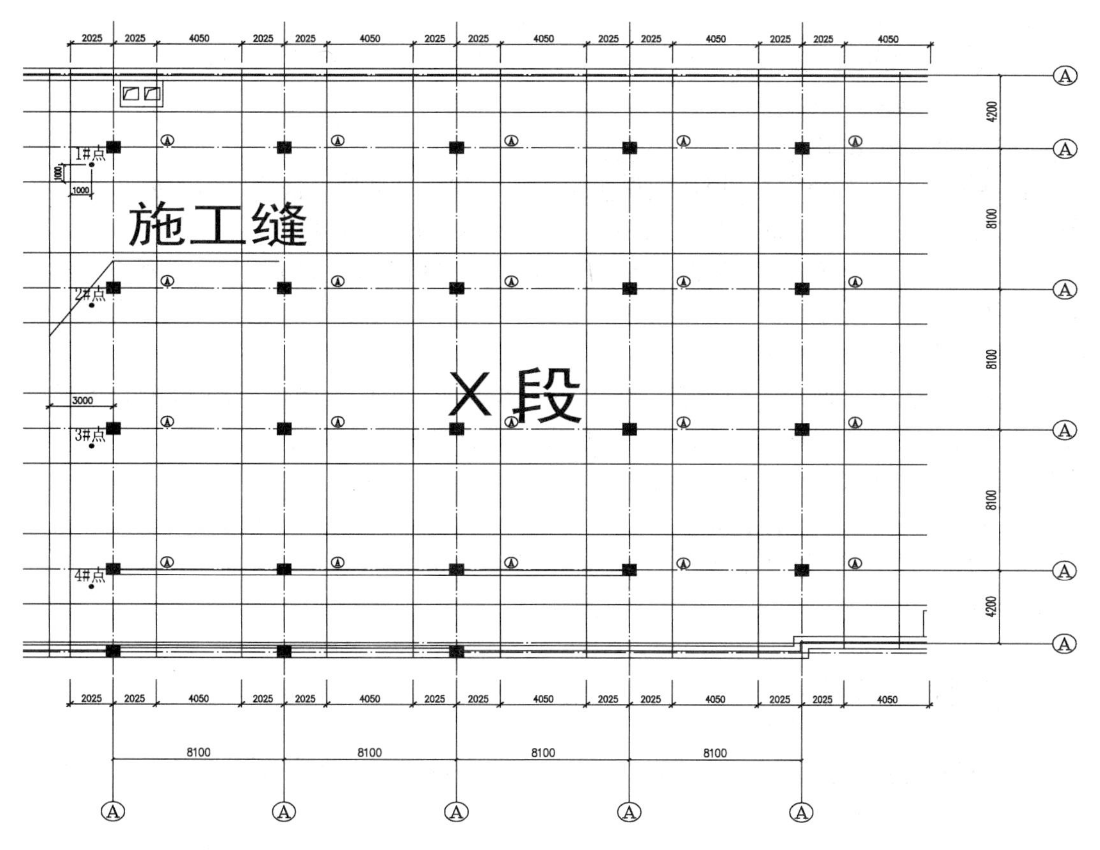

图 3-2-10　X段测温点布置图

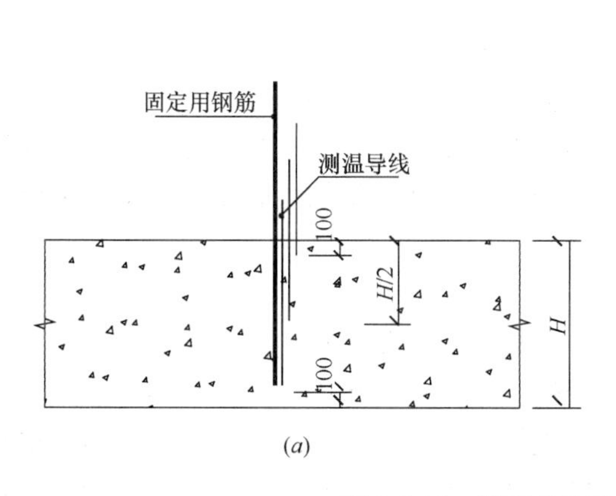

(a)

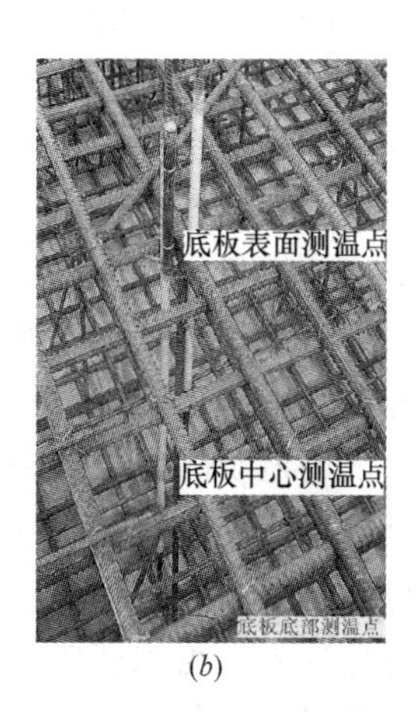

(b)

图 3-2-11　测温点位置

4）混凝土浇筑体的降温速率不宜大于 2.0℃/d。

5）混凝土浇筑体表面与大气温差不宜大于 20℃。

（5）测温频率：

1）第 1 天至第 4 天，每 4h 不应少于一次。

2）第 5 天至第 7 天，每 8h 不应少于一次。

3）第 8 天至测温结束，每 12h 不应少于一次。

4）混凝土浇筑体表面以内 50mm～100mm 位置的温度与环境温度的差值小于 20℃时，可停止测温。

（6）测温操作要求。

仪器使用人员必须严格按照使用说明操作，读数记录准确。仪器使用人员要爱护设备，严禁故意损坏仪器设备。电子测温仪为精密仪器，班组交接班时交接使用，工作交替时，相关人员要检查确认仪器是否损坏，若损坏要及时报告计量质量主管，否则视为相关人员责任。

（7）加强测温工作的管理。

测温记录表由专职测温员填写，测温记录必须真实、准确、完整，字迹工整，不得涂改。测温员必须经过培训，了解混凝土的性质、测温要求，对现场覆盖不严、温差过大、混凝土温度过高或过低等不正常现象要有很灵敏的反应，并及时向混凝土责任工程师和技术负责人反映实际情况，若混凝土与大气温差大于 25℃，即刻组织现场工人进行覆盖一层毡垫进行保温。每次测完温度，要立即把签字完整的测温记录表报技术负责人，审核后在技术部归档。

7 质量保证措施

（1）严格控制配合比，施工过程随时抽测混凝土坍落度，保证符合设计及施工规范要求。

（2）浇筑底板混凝土，为防止出现施工冷缝，采取连续分层浇筑的方法，下层混凝土浇筑时间与上层混凝土浇筑的时间间隔不超过下层混凝土的初凝时间，同时，要保证不出现分层。

（3）加强振捣，特别是柱、墙等钢筋较密集的地方，设专人进行振捣。

（4）对混凝土表面处理：当混凝土振捣完毕后，用 2m 长的铝合金刮杠按设计标高进行找平，并随刮随拍打，使混凝土密实。然后用木抹子再反复搓抹找平，使混凝土面层进一步的密实；最后，在混凝土初凝后终凝前再用铁抹子抹压收浆两遍，可避免因混凝土收缩而出现裂缝。

（5）施工现场遇雨的紧急措施。

浇筑混凝土要提前收听天气预报，掌握远期气象变化，尽量避免雨天施工混凝土，如果遇到临时降雨，要迅速利用塑料薄膜进行覆盖，防止雨水流进混凝土。

（6）为防止混凝土泌水造成离析，现场准备真空泵一台，必要时用塑料布覆盖混凝土表面用真空泵将多余水分吸干。现场同时准备干棉纱，水分不多时用棉纱蘸水，将多余水分吸出。

（7）“分仓”划分，应确保浇筑区域内混凝土不形成对角施工，以免产生点应力而导致混凝土开裂。

（8）混凝土浇筑工程中，要保证混凝土保护层厚度及钢筋位置的正确性；浇筑混凝土时，钢筋骨架一旦变形或移位，应及时纠正。

8 安全保证措施

（1）班前进行安全交底，施工人员进入现场要戴好安全帽，不得吸烟，不得酒后作业，不得嬉戏打闹。

（2）混凝土浇筑之前一定要全面检查模板的支护，所有的模板必须要支护牢固，防止模板垮塌。

（3）振捣棒操作人员应戴绝缘手套、穿胶靴，湿手不得接触开关，电线不得破皮。移动振捣棒禁止直接拉拽电源线或用钢丝等金属物拖拽。

（4）施工人员上下基坑、楼层必须走专用通道，禁止穿越防护网。

（5）泵车操作工必须是经培训合格的有证人员，严禁无证操作。

（6）夜间施工要有足够的照明，非电工不得拆接电线，非专业人员不得动用机电设备。

（7）施工过程中，应加强四周边坡的观测，若发现位移现象或其他情况，应立即停止作业，并及时向有关部门汇报。

（8）布料杆必须固定牢固，扶管人员一定要把管扶住，防止泵管摆动伤人。

（9）现场严禁私拉乱接电器，拆接电线必须找电工，临时接线不得使用裸线，电路架设要按要求进行，防止电线被碾压或被水浸泡而造成漏电、断电事故。

（10）施工中的机械设备装置应当齐全，缺少安全装置或者安全装置已失效者不得使用。

（11）在指定电箱上接线。振捣棒有专用开关箱，并接漏电保护器，接线不得任意接长。电缆线必须架空，严禁落地。

（12）电器设备的安装、拆修，必须由电工负责，其他人员一律不准乱动。振动器不准在初凝混凝土、地板、脚手架、道路和干硬的地方试振。移动振动器时，要切断电源后进行。各种振动器，在做好保护接零的基础上，还要安装漏电保护器。严禁用振动器撬拨钢筋和模板，或将振动器当大锤使用。夜间浇筑混凝土时，要有足够的照明设备。

（13）泵管的质量应符合要求，对已经磨损严重及局部穿孔现象的泵管不准使用，以防爆管伤人。泵管转弯宜缓，接头应连接紧密可靠（必须垫胶皮圈），不漏浆。泵管支撑架必须安全、牢固，转弯处必须设置井字式固定架。

（14）混凝土浇筑结束前用压力水压泵时，泵管口前面严禁站人。

（15）现场各种化学外加剂及有毒物品、油料等可燃物品，要设专人负责并定期进行检查。

9 绿色文明施工措施

（1）噪声的控制。现场施工的操作工人在施工时，要有意识地控制说话的声量，混凝土浇筑期间，振捣时不得碰到钢筋或钢模板。罐车等候时必须熄火，以减少噪声。

（2）混凝土泵噪声排放的控制。加强对混凝土泵操作人员的培训及责任心教育，保证混凝土泵、罐车协调一致、平稳运行，禁止高速运行。要求商品混凝土供应商加强对混凝土泵的维修保养，及时进行监控。

（3）对施工现场采取遮挡、搭防护棚封闭等吸声、隔声措施，合理控制各施工阶段噪声峰值，不得超过施工阶段噪声限值要求，结构施工期间，昼间不大于70dB，夜间不大于55dB。

（4）现场内设专人打扫卫生、洒水，保持现场干净整洁，无扬尘。

（5）施工人员严禁打闹、嬉戏或大声喧哗。

（6）施工区和生活区分别装设水表进行计量，用水水源处应设置明显的节约用水标示。

（7）及时收集施工现场用水资料，建立用水统计台账，并进行分析、对比，提高节水率。

（8）优化施工方案，选用绿色材料，积极推广新材料、新工艺，促进材料的合理使用，节省施工材料消耗量。

（9）现场大门口设置冲洗车辆设施，泵车必须经过冲洗后方可离场。

（10）现场进行机械剔凿作业时，作业面局部应遮挡、掩盖或采取水淋等降尘措施。

（11）施工车辆、机械设备的尾气排放应符合国家和北京市规定的排放标准。

（12）混凝土输送泵及运输车辆清洗处应当设置专门污水池沉淀池。废水不得直接排入市政污水管网，可经二次沉淀后用于洒水降尘，建立污水循环系统。

（13）施工现场设置封闭式垃圾站，施工垃圾、生活垃圾应分类存放，并按规定由有北京市垃圾清运资质的公司及时清运消纳。

（14）泵送过程中被废弃的和泵送终止时多余的混凝土应按预先确定的处理方法和场所及时进行妥善处理，最好用于道路硬化以及一些预制混凝土板的浇筑。

10　雨期施工

浇筑混凝土前必须收听天气预报，底板及车库顶板浇筑确保连续两天无雨，其他确保一天无雨的情况下方可浇筑混凝土，浇筑完毕后要用塑料布覆盖。投入足够的人员、混凝土罐车、混凝土泵车、其他施工机械，协调周边，保证混凝土浇筑在48h内完成。

11　计算书

由于两家搅拌站配合比不一致，故按照水泥用量较大的配合比进行验算，以地下车库地板为计算实例，混凝土强度为C35P8，厚度600mm。

混凝土的配合比见表3-2-10。

混凝土配合比　　**表3-2-10**

等级	水胶比	砂率	水（kg/m³）	水泥（kg/m³）	砂（kg/m³）	石（kg/m³）	粉煤灰（kg/m³）	矿粉（kg/m³）	外加剂（kg/m³）
C35P8	0.43	0.43	166	251	770	1021	73	81	8.5

$$L_{\max} = 1.5\sqrt{\frac{H \cdot E_{c}}{C_{x}}}\operatorname{arcch}\frac{|\alpha T|}{|\alpha T| - \varepsilon_{p}}$$

式中：L_{max}——平均伸缩缝间距；

E_c——混凝土弹性模量，$E(t)=\beta E_0(1-e^{-0.09t})$；

H——底板厚度或墙板高度，取 600mm；

C_x——地基或基础水平阻力系数，$60\times10^{-2}N/mm^3$；

α——混凝土线性膨胀系数，1.0×10^{-5}；

T——互相约束结构的综合降温差，$T=T_j+2/3T(t)+T_y(t)-T_q$；

ε_p——钢筋混凝土的极限拉伸，取 1.2×10^{-4}；

11.1 水泥水化热总量

$$Q_0=4/(7/Q_7-3/Q_3)$$

式中：Q_0——水泥水化热总量（kJ/kg）；

Q_7——水泥 7d 水化热实测值，332kJ/kg；

Q_3——水泥 3d 水化热实测值，296kJ/kg。

计算得，$Q_0=363$kJ/kg

11.2 胶凝材料水化热总量

$$Q=kQ_0$$

式中：Q——胶凝材料水化热总量（kJ/kg）；

k——不同掺量掺合料水化热调整系数，见表 3-2-11，$k=k1+k2-1$（$k1$ 取 0.96，$k2$ 取 0.92）。

水化热调整系数　　表 3-2-11

掺量	0	10%	20%	30%	40%
粉煤灰（$k1$）	1	0.96	0.95	0.93	0.82
矿渣粉（$k2$）	1	1	0.93	0.92	0.84

$$Q=319\text{kJ/kg}$$

11.3 各龄期混凝土的绝热温升值

$$T(t)=WQ(1-e^{-mt})/C\rho$$

式中：$T(t)$——混凝土的绝热温升，(℃)；

W——每立方米混凝土的胶凝材料用量，$403kg/m^3$

Q——胶凝材料水化热总量，319kJ/kg；

C——混凝土的比热容，取 0.97kJ/(kg·K)；

ρ——混凝土质量密度，取 $2370kg/m^3$；

e——常数，e=2.718；

m——与水泥品种、浇筑温度有关的系数，m 取 0.40；

t——混凝土龄期（d）。

各龄期混凝土的绝热温升值见表 3-2-12。

绝热温升值　　表 3-2-12

龄期 t（d）	3	5	7
$T(t)$（℃）	39.1	48.3	52.4

11.4 各龄期混凝土收缩变形计算

$$\xi_y(t) = \xi_y^0(1 - e^{-0.01t}) \times M_1 \times M_2 \times M_3 \times \cdots \times M_{11}$$

式中：t——龄期（d）；

ξ_y^0——混凝土在标准条件下极限收缩值，取 3.24×10^{-4}；

e——常数，e=2.718；

M_1——水泥品种影响系数，取 1.00；

M_2——水泥细度影响系数，取 1.06；

M_3——水胶比影响系数，取 1.0；

M_4——胶浆量影响系数，取 1.2；

M_5——养护影响系数，取：1.0；

M_6——环境相对湿度影响系数，取 1.0；

M_7——水力半径倒数影响系数，取 1.03；

M_8——配筋率影响系数，取 0.61；

M_9——减水剂影响系数，取 1.3；

M_{10}——粉煤灰掺量影响系数，取 0.86；

M_{11}——矿粉掺量影响系数，取 1.01。

将以上各值代入式中可得不同龄期时混凝土收缩变形值，见表 3-2-13。

不同龄期变形收缩值 **表 3-2-13**

t（d）	3	5	7
ξ_y（t）	0.89×10^{-5}	1.40×10^{-5}	1.9×10^{-5}

11.5 各龄期混凝土的收缩当量温差计算

$$T_y(t) = \xi_y(t)/\alpha$$

式中：ξ_y（t）——不同龄期时混凝土的收缩变形值；

α——混凝土线膨胀系数，取 1×10^{-5}。

则各龄期混凝土收缩当量温差见表 3-2-14。

收缩当量温差计算 **表 3-2-14**

t（d）	3	5	7
$Ty_{(t)}$	0.89	1.4	5.40

11.6 各龄期混凝土最大综合温度（表 3-2-15）

$$T = T_j + T(t) + T_y(t) - T_q$$

式中：T_j——混凝土浇筑温度，取 25℃；

$T(t)$——龄期 t 时的绝热温升，$T(t) = WQ(1 - e^{-mt})/C\rho$；

$T_y(t)$——龄期 t 时的收缩当量温差，$T_y(t) = \xi_y(t)/\alpha$；

T_q——混凝土达到稳定时的温度，取 30℃；

最大综合温度（℃） **表 3-2-15**

t（d）	3	5	7
T	34.99	44.7	52.8

11.7　各龄期混凝土弹性模量

$$E(t)=\beta E_0(1-e^{-0.09t})$$

式中：$E(t)$——混凝土龄期为 t 时，混凝土弹性模量，N/mm^2；

E_0——28d 混凝土的弹性模量，C35 混凝土取 3.15×10^4（N/mm^2）；

e——常量，2.718；

β——混凝土中掺合料对弹性模量修正系数，$\beta=\beta_1\beta_2$，可按表 3-2-16 取值，β_1 取 0.99，β_2 取 1.02。

β_1、β_2 取值　　**表 3-2-16**

掺量	0	20%	30%	40%
粉煤灰（β_1）	1	0.99	0.98	0.96
矿渣粉（β_2）	1	1.02	1.03	1.04

各龄期混凝土弹性模量 E（t）（表 3-2-17）。

各龄期弹性模量 E　　**表 3-2-17**

t（d）	3	5	7
$E(t)$ /（N/mm^2）	0.75×10^4	1.15×10^4	1.48×10^4

11.8　平均伸缩缝间距

混凝土浇筑后一般间隔 7d 进行下一段的浇筑，验算 7d 时间点的裂缝间距：

$$L_{max}=1.5\sqrt{\frac{H\cdot E_c}{C_x}}\operatorname{arch}\frac{|\alpha T|}{|\alpha T|-\varepsilon_p}$$

式中：L_{max}——平均伸缩缝间距；

E_c——混凝土弹性模量，$E(t)=\beta E_0(1-e^{-0.09t})$；

H——底板厚度或墙板高度，取 600mm；

C_x——地基或基础水平阻力系数，考虑防水层和隔离层起到滑动作用，可减小阻力，故取 $1\times10^{-2}N/mm^3$；

α——混凝土线性膨胀系数，1.0×10^{-5}；

T——互相约束结构的综合降温差；

ε_p——钢筋混凝土的极限拉伸，取 1.2×10^{-4}。

计算得，$[L](7)=89.33m$

根据计算，方案中所确定的仓格长度满足要求。

案例3：朝阳区东风乡绿隔第二宗地农民安置房项目跳仓法施工方案

编制：
审核：
审批：

北京市朝阳田华建筑集团公司
年　月　日

编　制　说　明

为了配合建设单位提出的抢工要求，在确保工程质量合格的前提下，采纳北京方圆监理公司提出的地下基础底板及基础结构“跳仓法”施工方法。通过该公司多年的监理经验，此方法可以有效地控制施工结构裂缝和加快施工进度。现编制“跳仓法”施工方案，供甲方、设计、专家组共同讨论确认。方案编制过程中，方圆监理公司给予了极大帮助和支持，在此特表示感谢！

施工中，地下室外墙壁附柱亦是容易产生裂缝的地方，通过设计计算及以往的施工经验，墙体可以承受上部全部荷载，建议在对墙体采取措施的前提下取消壁附柱。

安全消防、绿色文明施工亦是本方案要求的内容，具体内容详见本工程的绿色安全文明施工专项施工方案。

目　录

朝阳区东风乡绿隔第二宗地农民安置房项目跳仓法施工方案

1 编制依据

（1）朝阳区东风乡绿隔第二宗地农民安置房项目 E、F 块施工图

（2）朝阳区东风乡绿隔第二宗地农民安置房项目 E、F 块施工组织设计

（3）朝阳区东风乡绿隔第二宗地农民安置房项目岩土工程勘察报告

（4）朝阳区东风乡绿隔第二宗地农民安置房项目 CFG 深化设计图

（5）相关规范、文件

1）《混凝土结构工程施工质量验收规范》GB 50204—2002，2011 版

2）《建筑工程施工质量验收统一标准》GB 50300—2013

3）《预拌混凝土》GB/T 14902—2012

4）《混凝土强度检验评定标准》GB/T 50107—2010

5）《混凝土泵送施工技术规程》JGJ/T 10—2011

6）北京市关于《预防混凝土工程碱集料反应技术管理规定（试行）》

7）《建筑工程冬期施工规程》JGJ 104—97

8）《大体积混凝土施工规范》GB 50496—2009

9）《超长大体积混凝土跳仓法技术规程》

10）《工程结构裂缝控制-抗与放的理论及其在跳仓法设计施工的应用》（王铁梦著）

2 工程概况

2.1 工程项目基本情况

本工程为朝阳区东风乡绿隔第二宗地农民安置房项目（E 地块），使用功能为住宅，其地理位置位于北京市朝阳区东风乡原豆各庄村，西邻星火西路，北临辛庄南街，东邻北豆各庄中路，南邻北豆各庄路。

（1）抢工工期：

开工日期：2015 年 4 月 1 日。

竣工日期：2016 年 8 月 31 日。

工期：519 日历天。

（2）创优目标：结构“长城杯”。

（3）绿色文明施工目标：创北京市绿色安全文明工地。

2.2 相关单位简介

（1）工程名称：朝阳区东风乡绿隔第二宗地农民安置房项目（E 地块）

（2）建设单位：北京星火房地产开发有限责任公司

（3）设计单位：北京中天元工程设计有限责任公司

（4）监理单位：北京方圆工程监理有限公司

（5）施工总承包单位：北京市朝阳田华建筑集团公司

（6）质量监督单位：北京市朝阳区建设工程质量监督站

（7）质量目标：合格

2.3 设计概况

设计概况见表 3-3-1。

设计概况 **表 3-3-1**

<table>
<tr><th>序号</th><th colspan="2">项　目</th><th colspan="2">内　容</th></tr>
<tr><td>1</td><td colspan="2">建筑功能</td><td colspan="2">农民安置房</td></tr>
<tr><td rowspan="3">2</td><td colspan="2" rowspan="3">建筑面积</td><td colspan="2">E 总建筑面积 204781.41m^2</td></tr>
<tr><td colspan="2">E 地下建筑面积 62782.90m^2</td></tr>
<tr><td colspan="2">E 地上建筑面积 141998.51m^2</td></tr>
<tr><td rowspan="2">3</td><td colspan="2">基础及结构形式</td><td colspan="2">主楼、车库：筏形基础；主楼：抗震墙结构体系；
车库：框架结构体系</td></tr>
<tr><td colspan="2">基础板底标高</td><td colspan="2">−11.850m</td></tr>
<tr><td rowspan="2">4</td><td rowspan="2">地基</td><td>持力层以下土质类别</td><td colspan="2">工程编号（BGEC-J 堪-2013-1022）：为细砂③层、黏质粉土、砂质粉土③层$_1$，地基承载力 f_{ka}=220kPa</td></tr>
<tr><td>地基承载力</td><td colspan="2">主楼地基处理后基础底面处 CFG 桩平均压力值为 620kN/m^2</td></tr>
<tr><td rowspan="7">5</td><td rowspan="7">基础</td><td rowspan="5">底板及顶板厚、混凝土强度</td><td colspan="2">E 地块 1～6 号楼</td></tr>
<tr><td>板厚</td><td>混凝土强度</td></tr>
<tr><td>主楼底板 1000mm</td><td>C35　P8</td></tr>
<tr><td colspan="2">车库底板 450mm 厚，混凝土强度 C35 P8</td></tr>
<tr><td colspan="2">车库顶板−1 层 250mm 厚、−2 层 300mm 厚，混凝土强度等级 C35P6</td></tr>
<tr><td>层高</td><td colspan="2">主楼：地下一层 3.2m、地下二层 3.7m、地下三层 3.7m
地上标准层 2.8m，顶层 2.9m
车库：地下一层 4.0m、地下二层 3.85m</td></tr>
<tr><td>檐高</td><td colspan="2">28 层 79m</td></tr>
<tr><td rowspan="2">6</td><td rowspan="2">层数</td><td>地上</td><td colspan="2">28 层</td></tr>
<tr><td>地下</td><td colspan="2">主楼地下 3 层、车库地下 2 层</td></tr>
<tr><td>7</td><td colspan="2">安全等级</td><td colspan="2">二级</td></tr>
<tr><td>8</td><td colspan="2">设计使用年限</td><td colspan="2">50 年</td></tr>
<tr><td>9</td><td colspan="2">抗震设防烈度</td><td colspan="2">8 度</td></tr>
<tr><td>10</td><td colspan="2">耐火等级</td><td colspan="2">一级</td></tr>
</table>

续表

序号	项目	内容
11	地基与基础	车库采用天然地基，±0.000m 绝对标高 36.10m，抗浮水位标高为 30.000m；住宅楼天然地基承载力不能满足设计要求，采用 CFG 桩复合地基处理
12	设计对后浇带要求	（1）伸缩后浇带：待同层结构混凝土浇筑完毕 60d 后可以浇筑。 （2）沉降后浇带：待高层主体结构混凝土完成，相邻单元沉降观测趋于稳定，可以浇筑；或在高层结构混凝土浇筑全部完成之前，相邻单元沉降观测趋于稳定，也可以提前浇筑

2.4 后浇带施工存在的问题

2.4.1 工作内容增加

（1）需要根据设计要求，单独进行后浇带留置、保护、清理和浇筑封闭。

（2）根据《高层建筑混凝土结构技术规程》第 12.2.3 条规定，后浇缝处底板及外墙宜增设附加防水层；后浇带封闭混凝土强度等级宜提高一级，并宜采用无收缩混凝土。

（3）对地下室防水抗渗要求的还应留设止水带或企口模板，以防后浇带处渗水。

（4）根据《地下工程防水技术规范》第 5.2.4 条规定，后浇带混凝土的养护时间不得少于 28d。

2.4.2 施工工艺复杂

（1）接缝处模板支设复杂；

（2）后浇带处需单独防护；

（3）两侧支撑模板长时间留置；

（4）封闭前清理困难；

（5）混凝土单独浇筑；

（6）混凝土养护时间长。

2.4.3 存在质量隐患

（1）后浇带，尤其是底板后浇带，空间狭小，施工缝清理难度大，清理不到位，影响混凝土的接缝质量，不利于保证混凝土强度，也存在渗漏隐患。

（2）由于后浇带长时间暴露在空气中，钢筋腐蚀严重，虽然后浇带浇筑前进行钢筋除锈，但不能保证钢筋的直径不变，也不彻底，影响混凝土与钢筋的握裹力。

（3）在地下外墙每条后浇带处，混凝土刚性防水都多出两条施工缝，尽管采取止水钢板等措施，仍存在质量隐患。如果筏形基础和地下结构处于地下水位以下，地下室沉降后浇带长期不封闭，施工降水措施就不能停，外墙卷材也不能正常施工封闭。

2.4.4 影响施工进度

（1）由于设置沉降后浇带导致的施工内容增加、工艺相对复杂，会影响施工进度。

（2）后浇带本质是一个不规则、不合理的流水段，影响结构施工的整体流水安排。

（3）沉降后浇带是在结构封顶、沉降稳定后才能封闭，影响相应部位的回填土、二次结构、装修和机电安装施工等相关工作。

2.4.5　费用增加

（1）内容增加导致费用的直接增加。

（2）内容增加导致费用的间接增加，包括施工缝清理、周转材料滞留，也包括为保证施工进度而进行的额外投入等。

3　跳仓法施工的原理、优点及可行性

3.1　跳仓法原理

3.1.1　跳仓法的定义

在大体积混凝土及混凝土工程施工中，将超长的混凝土块体分为若干小块体间隔施工，经过短期的应力释放，再将若干小块体连成整体，依靠混凝土抗拉强度抵抗下一段的温度收缩应力的施工方法。

3.1.2　跳仓法原理

（1）根据结构长度与约束应力的非线性关系，即在较短范围内结构长度显著的影响约束应力，超过一定长度后约束应力随长度的变化趋于恒定，所以跳仓法采用先放后抗，采用较短的分段跳仓以“放”为主，以适应施工阶段较高温差和较大收缩，其后再连成整体以“抗”为主，以适应长期作用的较低温差和较小收缩。跳仓间隔时间7～10d。

（2）跳仓法和后浇带的设计原则是一致的，都是“先放后抗”，只是用施工缝代替后浇带。

3.2　地下室混凝土施工不留后浇带理由

（1）首先，地下室的整体刚度大，没有必要留沉降后浇带。

可以认为，建筑物均匀沉降不会出现沉降裂缝，只是不均沉降超出了允许的范围才会出现裂缝。其实，地下室就是一个“盒子”结构，整体刚度远比底板大几十倍，在地下室施工阶段，当±0.000m以上没有施工，不会出现差异荷载，所有的后浇带此时可以视为温度后浇带，用“跳仓法”施工是可行的、合理的，不留后浇带就会增大盒子结构的整体刚度，如果留了后浇带反而损害了“盒子”的整体刚度。当±0.000m以上开始施工后，不留后浇带就形成了整体刚度很大的盒子结构，共同来抵抗不均匀沉降，就不会出现沉降裂缝。

（2）后浇带宽度80cm，对地基释放差异沉降没有实际作用。

大量的沉降观测说明，后浇带两侧的差异沉降是不存在或很小，证明地基的压缩是向四周传递的，因此现今后浇带的宽度不能体现地基对沉降传递宽度，留沉降后浇带是不必要的。上海建工集团总工、工程院院士叶可明及控制混凝土裂缝专家王铁梦教授对上海地区30多年的经验提出上海地区软土地基绝对差异沉降在30mm以内，相对差异沉降≤1/500～1/1000（视工程情况而定），满足上述要求者，即可取消沉降后浇带。

（3）后浇带的施工难度带来的工程隐患，留了不如不留。

1）后浇带内的杂物泥水是没办法清除干净的。

2）水位以下的后浇带承受水压，不早处理给防水效果留下隐患。

3）地下室的设备机房受后浇带的影响，设备安装不能如期开始，以至于拖后整体工程竣工时间。

3.3 跳仓法优点

（1）仓间施工缝清理简易，混凝土结合有保证，有利于仓体间混凝土的结合。

（2）可将本工程原设计后浇带分割成的“大块”重新细分为较小的跳仓法“小块”，而“小块”“停滞”一定时间可释放本身的大部分早期温升收缩变形，减少约束，即先“放”；经过一定时间后，再合拢连成整体，剩余的降温及收缩作用将由混凝土的抗拉强度来抵抗，即后“抗”，做到“抗放兼施，先放后抗”，最后“以抗为主”的原则控制裂缝。

（3）跳仓法施工方法是以“缝”代“带”，其关键是“跳仓”间隔浇筑，底板、楼板及侧墙钢筋、模板、混凝土，均可“小块”分仓流水施工，流水节拍变短，从而可缩短工期。

（4）分块跳仓法浇筑综合技术措施是不设后浇带，解决了超长、超宽、超厚的大体积混凝土裂缝控制和防渗问题。减少基层降水时间，二次结构、设备安装可以提前插入。

3.4 “跳仓法”在本工程应用可行性分析

（1）本工程属于超长混凝土结构，主楼地下3层，车库地下2层，主楼筏形基础最厚为1000mm，地下车库筏板450mm厚，单层施工面积E地块约20000m^2，F地块16800m^{2}左右，有足够的时间按“隔一打一”流水段施工。

（2）地下工程在施工中承受的温度和湿度变化较大，而在地下回填土以后正常使用阶段，温、湿度变化较小。在这样的施工环境中，施工阶段中发生的温度应力远大于混凝土材料的抗拉能力，应当采取“抗放兼施”、“先放后抗”，最后“以抗为主”的办法。这说明地下工程环境条件最适于“跳仓法”施工。

（3）采用跳仓法施工，即把整体结构按施工缝分段，隔一段浇一段（跳开一段浇一段），经过不少于7d时间再浇筑成整体。用此方案施工即可避免一部分施工初期的温差及干缩作用，大量消减施工期间的温度伸缩应力，有效控制裂缝，还能加快施工进度。

（4）根据《超长大体积混凝土跳仓法技术规程》第4.1.7条规定，在楼与裙房或地下室连成整体的基础，设计单位应进行核算，当满足下列规定之一时，可取消设置的沉降后浇带：其中主楼基础采用桩基或复合地基，裙房或地下车库采用筏形基础的天然地基，经计算最终相邻柱距的差异沉降值小于1/500。通过对类似诸多工程沉降观测，最大沉降量和相对差异沉降量都能满足规范要求的范围之内。本工程主楼是CFG桩，沉降量很小，符合上述规定，差异沉降量更小，因此，可以将沉降后浇带视为温度收缩后浇带，实施跳仓法施工。

4 混凝土跳仓法分仓划分

根据我公司对业主的工期、质量等方面的承诺，公司决定，择优选择劳务分包单位，整体划分仓块流水施工，使工期、质量、安全等得以有可靠的保障。

4.1 跳仓法界限划分

车库底板及−2、−1层墙、楼板（含楼座部分）以后浇带划分为分界，采用跳仓法施工。主楼±0.000m以上也以后浇带为界采用跳仓法施工。

4.2 跳仓法的跳仓原则、尺寸和间隔施工时间

跳仓法的原则为"隔一跳一"，即至少隔一仓块跳仓或封仓施工，上下层的分仓施工缝可不对齐。最大分块尺寸不宜大于40m，分块最大尺寸可调整到60m。跳仓间隔施工的时间不宜小于7d，封仓间隔施工时间宜为7～10d。

4.3 后浇带数量

本工程E地块沉降后浇带总长度2040m，伸缩后浇带2484m；F地块沉降后浇带总长度1522m，伸缩后浇带1011m。

4.4 各部位跳仓法仓块的划分

本工程主楼地下室底板属于大体积及超长混凝土施工。地下室底板及各层楼板依据"跳仓"工艺划分成。

选择两家劳务分包单位，以Q～R轴、Q～P轴东西向后浇带为界，北侧车库及1、2、3号楼为河北源华劳务分包队施工范围；南侧车库及4、5、6号楼为四川宏益劳务分包队施工范围，各自划分流水段组织施工。

（1）主楼及车库底板、顶板仓块划分：

本工程地下室底板、各层楼板依据"跳仓"工艺划分成33块仓块，车库底板450mm厚，仓块尺寸最大的是12号仓块，12号仓块（面积1600m^2，混凝土方量约720m^3），最小仓块为9号（221m^2，混凝土方量为99m^3）；主楼底板1000mm厚，最大仓块为6号仓块（面积为1000m^2，混凝土方量约934m^3），最小仓块为3号仓块（面积为505m^2，混凝土方量约390m^3）。

河北源华劳务浇浇顺序：

首次浇筑：13—32—5—3—9—11—7号块。

二次浇筑：14—4—2号块。

三次浇筑：8—1—10—6—12号块。

四川宏益劳务浇筑顺序：

首次浇筑：30—27—29—23—15—17—19号块。

二次浇筑：31—28—24—16—18—20—22—26号块。

三次浇筑：21—25号块。

（2）外墙"跳仓"划分：

地下室外墙采用跳仓法，其区格长度不宜大于40m，沿外墙30～40m设一800mm施工后浇带，后浇带可在顶板浇筑混凝土时同时进行浇筑，且后浇带两侧混凝土间隔不小于7d。

依据以上原则，本工程外墙施工段划分结合地下室底板仓位划分的区域，分为29个施工段，所有800mm宽后浇带，全部在顶板施工时浇筑，且不少于7d，即：河北源华分包：29、1～10块共计11块仓块；四川宏益分包：11～28块共计18块仓块。

主楼、车库底板及地下结构采用跳仓法施工。具体跳仓分块图如图3-3-1、图3-3-2所示。

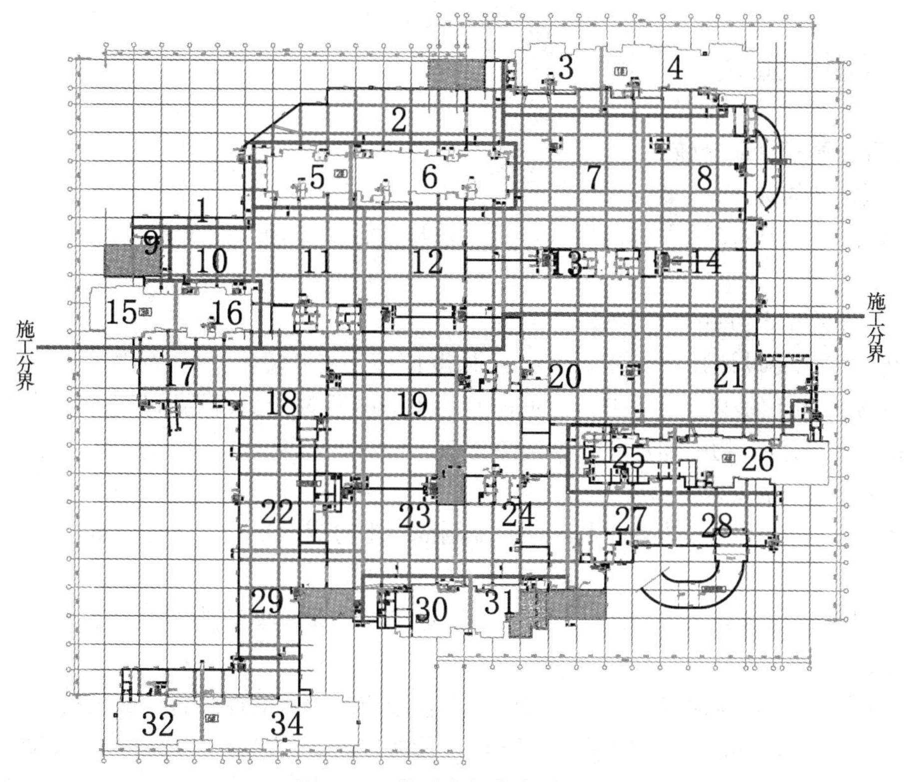

图 3-3-1 基础底板分仓平面图

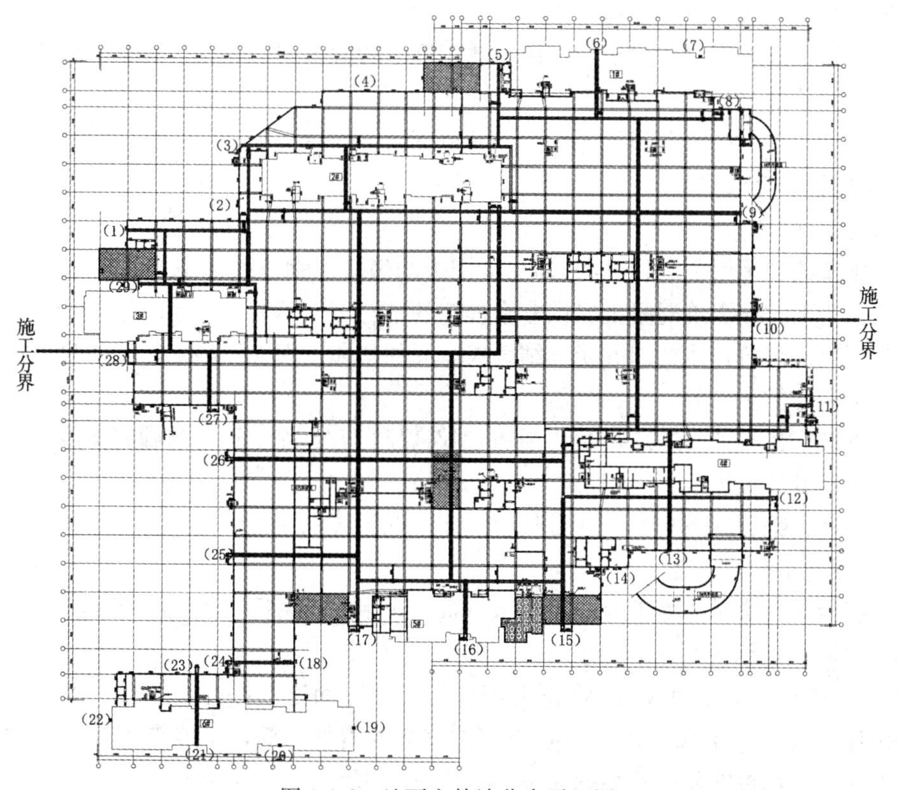

图 3-3-2 地下室外墙分仓平面图

5 混凝土施工技术措施

5.1 混凝土质量保证措施

5.1.1 搅拌站的选择

选择北京市合格名册中的搅拌站，选用前经建设、监理、施工单位考察合格，方可选用。

5.1.2 预拌混凝土质量

首先，要满足设计强度要求，其试验强度值控制在110%～130%为宜，不宜过高；混凝土初凝时间不宜少于4h，终凝时间不宜小于6h；混凝土到现场坍落度宜控制在140～180mm。严禁向拌合物中加水。

5.1.3 对原材料的要求

（1）水泥：选用矿渣硅酸盐水泥，在配制混凝土时应尽量减小水泥用量，一般控制在220～300kg/m^3。

（2）砂：选用天然或机制中粗砂，级配良好，其细度模数为2.3～3.0，含泥量≤3%，泥块含量≤1%。

（3）石子：选用质地坚硬、连续级配、不含杂质的非碱活性碎石。石子料径，地下室底板宜选用5～31.5mm。石子含泥量≤1%，泥块含量≤0.5%，针片状颗粒含量≤8%。

（4）粉煤灰：宜采用Ⅱ级粉煤灰，减少水泥用量，降低水化热，减缓早强速率，减少混凝土早期裂缝，掺量为胶凝料总量的20%～40%。

（5）外加剂：选用高效减水剂，优先选用聚羧酸减水剂，不宜掺加早强型减水剂，不得加入膨胀类外加剂。

（6）水：自来水或符合国家现行标准的地下水，用量为155～170kg/m^3。

5.2 基础底板跳仓法施工

5.2.1 施工缝隔离做法

（1）施工缝处采用20目钢丝网加止水钢板的做法。钢丝网在浇筑混凝土接口处形成粗糙表面，为下一次浇筑混凝土提供非常理想的结合面，不需要人工凿毛、清洗，即可进行第二次混凝土浇筑，使新旧混凝土结合成牢固的整体，大大提高了接缝质量，提高了接缝处的抗渗漏性能。

（2）安装密目钢丝网隔离带时，用$\phi 6$钢筋焊制$H/2$高（H为基础底板厚度）钢丝网隔离带的钢筋骨架，短钢筋间距15cm。

（3）将密目钢丝网绑扎在钢筋骨架上，作为施工缝混凝土隔离带。

5.2.2 底板止水钢板安装

（1）底板分仓块时的施工缝采用止水钢板，止水钢板由厂家加工成形的300mm（宽）×3mm（厚）槽形钢板制作。

（2）用$\phi 8$短钢筋间距30cm将止水钢板与上下层钢筋点焊在一起。止水钢板的接长采用搭接焊方式，搭接长度10cm（点焊部位钢筋要附加钢筋，不能点焊在底板主筋上）。底板施工缝及止水板安装形式如图3-3-3和图3-3-4所示。

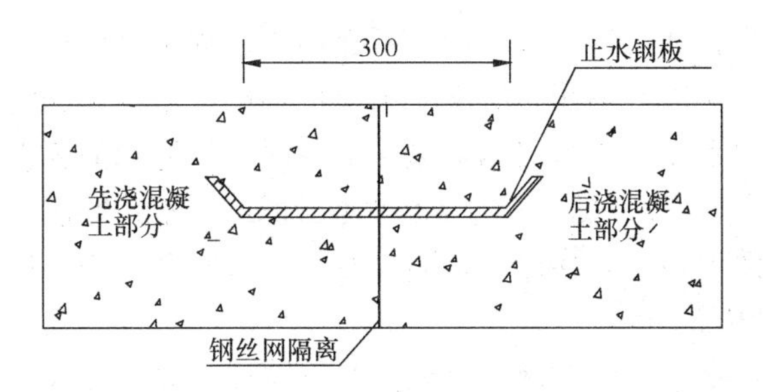

图 3-3-3　施工缝防水示意图

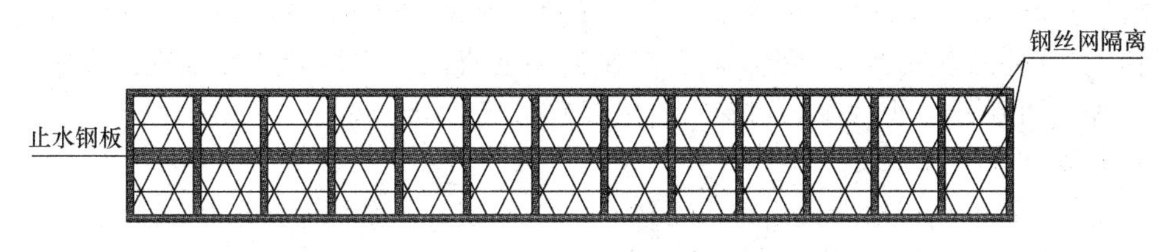

图 3-3-4　施工缝防水处理示意图

5.2.3 拆模时间

混凝土构件侧模板松模、拆模时间应不少于 5d。为对混凝土进行保护，防止裂缝的产生，混凝土浇筑体表面与大气温度差不大于 20℃时安排拆模（由测温确定）。

5.2.4 底板混凝土浇筑

（1）跳仓法混凝土施工要求

1）机械的选用：基础底板混凝土浇筑采用移动式混凝土车载泵，管径 150mm，数量 4 台。

2）泵送混凝土的布料方法：

① 在浇筑竖向结构混凝土时，布料设备的出口离模板内侧面不应小于 50mm，并且不向模板内侧面直冲布料，也不得直冲钢筋骨架。

② 浇筑水平结构混凝土时，不得在同一处连续布料，应在 2～3m 范围内水平移动布料，且宜垂直于模板。混凝土浇筑分层厚度，一般厚为 300～500mm。当水平结构的混凝土浇筑厚度超过 500mm 时，可按 1∶6～1∶10 坡度分层浇筑。振捣泵送混凝土时，振动棒插入的间距一般为 400mm 左右，振捣时间一般为 15～30s，并且在 20～30min 后对其进行二次复振。

（2）跳仓顺序和混凝土结构施工顺序

1）施工时，严格按照跳仓的顺序布置图进行混凝土浇筑施工。

2）混凝土基础底板及基础结构施工顺序：底板→柱、墙→梁、板→柱、墙→顶板。

（3）混凝土施工缝要求

1）跳仓接缝处应按施工缝的要求设置和处理。在地下室底板、外墙等部位施工缝处沿构件的厚度方向中间位置预埋止水钢板，与止水钢板垂直方向焊接 $\phi6@100\times100$ 的钢筋网片并绑扎密目钢丝网。底板周边剪力墙上口、平楼层面位置水平施工缝，应凿除施工缝处的浮浆、不密实部位的混凝土，其余部位凿毛处理。

2）施工缝在封仓前，应对施工缝处的杂物、混凝土浮浆、松散混凝土块、止水钢板上的混凝土应清除干净，并进行清洗湿润。若在施工缝周围（已浇筑完的快易收口网内侧的混凝土）存在孔洞、松散等不密实的混凝土部位，应将钢丝网和混凝土一起凿除，直至密实为止；然后，清洗干净，浇水湿润，以保证混凝土接缝处的施工质量。

3）为了防止杂物落入施工缝，在施工缝处先铺通长的宽度适宜的彩条布，后盖以胶合板并加固好，可有效地防止杂物侵入，同时有利于文明施工的管理。

4）施工缝的处理措施。

在施工缝施工时，在已硬化的混凝土表面上（浇筑完成至少 24h 后），用錾子清除水泥薄膜和松动的石子以及软弱的混凝土层，并加以凿毛。施工缝混凝土浇筑前一天用水冲洗干净并充分湿润，并在施工缝处铺一层与混凝土内成分相同的水泥砂浆。从施工缝处开始浇筑时，应避免直接靠近缝边下料。机械振捣前宜向施工缝处逐渐推进，并距 800～1000mm 处停止振捣，但应加强对施工缝接缝的捣实工作。

5）混凝土的浇筑要求：

① 混凝土浇筑前应对混凝土振捣工进行培训，使其了解混凝土的施工要求和掌握本工程混凝土的浇筑、振捣施工工艺和操作技能。

② 混凝土采用斜坡分层连续浇筑的方式进行施工，所有水平分层或水平构件的混凝土均用振动棒振捣密实，层间最长的间歇时间不应大于混凝土的初凝时间，顺边搭接振捣宽度不少于 50mm。剪力墙竖向施工缝周边的混凝土浇筑应放慢浇筑速度，待分层振捣密实后，方可继续向上浇捣混凝土；底板施工缝周边的混凝土，第一次浇筑高度应略比止水钢板高 2～3cm，宽度不少于 1.2m 宽，待振捣密实后，方可继续往上浇捣混凝土，以保证施工缝处混凝土的浇筑质量。本工程车库底板为 450mm 厚，每次浇筑高度不分层，主楼分为两层浇筑，第一层浇 450～500mm 厚，第二层 450～500mm 厚。具体分层浇筑见图 3-3-5。

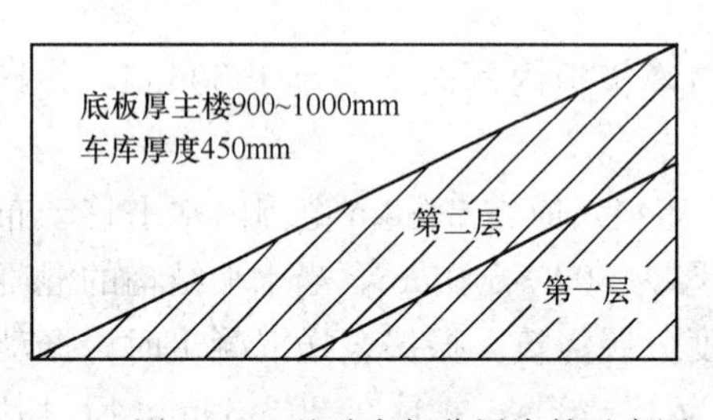

图 3-3-5　基础底板分层浇筑示意图

③ 在电梯井坑、集水井坑和底板高低跨相接处模板安装，应注意在进行混凝土浇筑时从模板两侧对称部位同时下料，振捣时振捣棒斜插入模板下口先振捣，由于模板底部开口，混凝土内气泡能泛出，故模板下口部位的混凝土能保证振实。在浇筑坑底部混凝土 2～3h 后，待底部混凝土接近初凝时，再进行其他部分混凝土的浇筑。

④ 混凝土的振捣。振捣做到快插慢拨，快插是为了防止上层混凝土振实后而下层混凝土内气泡无法排出，慢拨是为了能使混凝土能填满振捣棒所造成的空洞。在振捣过程中，振捣棒略上下抽动，使混凝土振捣密实，插点要均匀，插点之间距离一般控制在 40cm 左右，振捣时间不超过 15s，离开模板距离不大于 25cm，采用单一的行列形式，不要与交错式混用，以免漏振。振捣时间要掌握好，不要过长，也不要过短，一般控制在 20～30s 之间，宜在混凝土表面泛浆，不出现气泡，混凝土不再下沉为止。在振捣过程中，不得触及钢筋，模板，以免其发生移位，出现跑模现象。振捣上层混凝土时，振捣棒插入下层混凝土约 50mm，以消除上下层之间冷缝，确保混凝土质量。

⑤ 根据混凝土泵送时自然形成的坡度，在每个浇筑带的前后，中部布置三道振动器，

主要通过混凝土的振动流淌达到均匀的铺摊的要求。振动器的振捣要做到快插慢拔。快插是为了防止先将表面混凝土振实而与下面混凝土发生分层、离析现象：慢拔是为了使混凝土填满振动棒抽出时所造成空洞。

⑥ 混凝土的坍落度应及时跟踪实测，浇筑工作面的坍落度应控制在 120±20mm。当个别泵车的混凝土坍落度不满足施工要求时，可以使用外加剂对混凝土坍落度进行适度调整。当采用外加剂调整混凝土拌合物质量，搅拌运输车应进行快速搅拌，搅拌时间不应小于 120s，符合要求后，方可出料浇筑。

⑦ 严禁采用直接加水改变混凝土坍落度和混凝土拌合物质量的方法。

⑧ 混凝土浇筑应加强振捣，但应避免漏振、过振，以期获得密实的混凝土，提高混凝土密实度和抗拉强度。浇筑后，及时排除表面积水，约 2～3h 后进行一次抹面，防止早期收缩裂缝的出现。

⑨ 在大体积混凝土浇筑过程中，应采取防止受力钢筋、定位筋、预埋件等移位和变形的措施，并应及时清除混凝土表面的泌水。

⑩ 大体积混凝土的表面水泥浆较厚，在浇筑后要进行处理。当混凝土浇筑到设计标高时用长刮尺刮平，在初凝前用木抹子打磨压实，以闭合收缩裂缝。

⑪ 大体积混凝土浇筑面应及时进行二次抹压处理，不宜采用二次振捣工艺。浇筑面可以用圆盘磨光机先进行收面收光处理。初凝时（脚踩下去，脚印有 4～5mm 的下陷），随即用木抹子进行抹压处理，应做到随裂随压。抹压与喷雾养护可同时进行。二次抹压压光后，应马上进行保温保湿养护。

⑫ 雨天浇筑混凝土时，应及时用塑料薄膜对混凝土浇筑面进行封盖，严禁雨水直接冲刷新浇筑的混凝土。

⑬ 混凝土振捣时要做到“快插慢拔”，在振捣过程中，将振捣棒上下略有抽动，以使上下振动均匀，振动棒应插入下层 50mm 左右，以消除两层之间的接缝。每点振动时间为 20～30s 为宜，但还应视混凝土表面不再显著下沉、表面无气泡产生且混凝土表面有均匀的水泥浆泛出为准。振点间距 50cm，梅花形布局，振动时禁止碰到钢筋、模板、预埋件等。

⑭ 底板泵送混凝土，其表面水泥浆较厚，在混凝土浇筑结束后要认真处理。随时按标高用长刮尺刮平，在初凝前，用木抹子拍压三遍，搓成麻面，以闭合收水裂缝。在木抹子压第三遍时，抹面纹路要顺直，由东向西为纹路方向保证纹路一行压一行且相互平行。

⑮ 泌水处理。大体积混凝土浇筑、振动过程中，容易产生泌水现象。泌水现象严重时，可能影响相应部分的混凝土强度指标。为此必须采取措施，消除和排除泌水。一般情况下上涌的泌水和浮浆会顺着混凝土浇筑坡面下流到坑底。施工中根据混凝土浇筑流向，用自吸泵及时抽除混凝土表面泌水，局部少量泌水采用海绵吸除处理的方法。

5.3 表面抹压与养护

（1）大面积平板构件。当混凝土浇到顶板标高后，应用 2m 长铝合金刮杠将混凝土表面找平，控制好板顶标高，然后用木抹子拍打、搓抹两遍，开始喷雾养护。混凝土终凝前 1～2h，提浆机二遍收光，边收光边覆盖 0.4mm 厚塑料薄膜防止水分蒸发，保证薄膜内处于 100%湿度，养护结束后，薄膜继续保留，防止后期干燥收缩。养护过程若遇较大暴雨需在板面铺设麻袋，避免形成较大的水流冲刷楼面，造成过快降温。

（2）墙体尽量延长拆模时间，浇筑2d后，松动模板螺栓，从螺栓孔洒水进入模板孔和混凝土之间的缝隙进行养护，强度达到50%后拆模，之后开始洒水养护，然后再在墙体两侧覆盖塑料薄膜，养护时间7d，保持湿润，控制混凝土中心的降温速率不大于2℃/d。

5.4 基础外墙混凝土跳仓法施工

5.4.1 施工缝隔离做法

（1）施工缝处采用洞眼较小的20目钢丝网加止水钢板的做法。钢丝网在浇筑混凝土后，接口处形成粗糙表面，为下一次浇筑混凝土提供非常理想的结合面，不需要人工凿毛、清洗，即可进行第二次混凝土浇筑，使新旧混凝土结合成牢固的整体，大大地提高了接缝质量，提高了接缝处的抗渗漏性能。

（2）安装密目钢丝网隔离带时，用$\phi6$钢筋焊制$b/2$宽（b为墙体厚度）钢丝网隔离带的钢筋骨架，短钢筋间距15cm。

（3）将密目钢丝网绑扎在钢筋骨架上作为施工缝混凝土隔离带。

5.4.2 墙体止水钢板安装

（1）基础外墙全部设置500mm高导墙，止水钢板由厂家加工成形的300mm(宽)×3mm(厚)槽形钢板制作。地下－3、－2层墙体接高施工缝在承压水以上，采用30mm×30mm×25mm遇水膨胀止水条。

（2）用$\phi8$短钢筋间距30cm将止水钢板与内外墙体附加钢筋点焊在一起。止水钢板的接长采用搭接焊方式，搭接长度5cm（点焊部位钢筋要附加钢筋，不能点焊在底板主筋上）。地下－1层以上墙体接高施工缝止水条采用UPVC胶粘固定。外墙施工缝及止水板安装形式见图3-3-6所示。

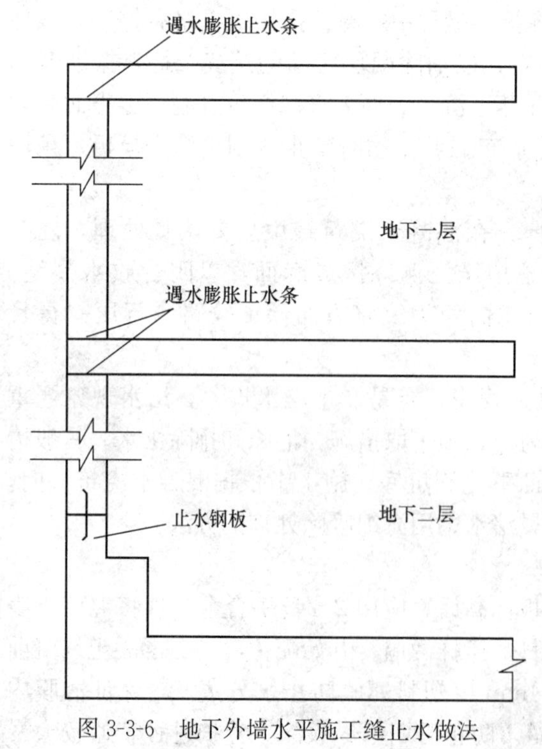

图3-3-6 地下外墙水平施工缝止水做法

5.4.3 墙体混凝土浇筑

（1）跳仓接缝处应按施工缝的要求设置和处理。在地下室外墙部位施工缝处沿构件的厚度方向中间位置预埋止水钢板，与止水钢板垂直方向焊接$\phi6$@100×100的钢筋网片并绑扎密目钢丝网，与墙体的另一侧附加钢筋焊接在一起留置施工缝。施工缝应凿除施工缝处的浮浆、不密实部位的混凝土，其余部位凿毛处理。

（2）施工缝在封仓前，应对施工缝处的杂物、混凝土浮浆、松散混凝土块、止水钢板上的混凝土清除干净，并进行清洗湿润。若在施工缝周围存在孔洞、松散等不密实的混凝土部位，应将钢丝网和混凝土一起凿除，直至密实为止，然后清洗干净，浇水湿润，以保证混凝土接缝处的施工质量。

5.5 地下室顶板混凝土跳仓法施工

（1）主楼地下室及车库各层顶板按原后浇带划分，仓块划分同基础底板相同。

（2）施工缝隔离做法：

1）施工缝处采用洞眼较小的20目钢丝网的做法。钢丝网在浇筑混凝土接口处形成粗糙表面，为下一次浇筑混凝土提供非常理想的结合面，不需要人工凿毛、清洗，即可进行第二次混凝土浇筑，使新旧混凝土结合成牢固的整体，大大地提高了接缝质量，提高了接缝处的抗渗漏性能。

2）安装密目钢丝网隔离带时，用$\phi6$钢筋焊制钢丝网隔离带的钢筋骨架，短钢筋间距30cm。

3）将密目钢丝网绑扎在钢筋骨架上作为施工缝混凝土隔离带。

（3）顶板膨胀止水条安装：

1）顶板分仓块时的施工缝采用膨胀止水条，止水由合格供应商提供，提前进场，复试合格后使用。

2）用UPVC胶，将膨胀止水条与先浇筑的仓块施工缝一侧粘好（位置为板厚的1/2处，通长设置不间断）。

5.6 混凝土养护

5.6.1 底板、顶板混凝土养护

本工程1～6号楼及该范围车库基础底板施工，正处于2015年4、5月份。

混凝土的表面二次搓压（能上人）后，要及时进行保温保湿覆盖。夏季高温天气时，混凝土表面进行二次抹压后，直接覆盖一层土工布（厚度按计算铺设），然后再进行连续喷雾养护；冬季低温天气时，混凝土表面进行二次抹压后，先覆盖一层塑料薄膜，然后覆盖土工布（厚度按计算铺设），塑料薄膜和草垫要覆盖严实，以防混凝土暴露，这样能有效地保持混凝土表面的水分和温度，控制混凝土内外温差小于25℃，表面与大气温度小于20℃，防止混凝土内部裂缝的产生。

5.6.2 外墙混凝土养护

外墙混凝土应带模板养护不少于3d，然后对墙体模板进行松模拆除，随后立即用土工布挂在墙体表面，然后可采用喷雾、喷水、浇水等养护形式进行养护。

5.6.3 混凝土养护与管理

（1）混凝土浇筑后及时进行保温保湿养护，养护时间不少于14d，并应经常检查塑料薄膜和土工布的完整情况，保持混凝土表面湿润。

（2）在保温养护中，应对混凝土浇筑体的里表温差和降温速率进行现场监测，当实测结果不满足温控指标要求时，应及时调整保温养护方案。

（3）当保温保湿覆盖后，现场如需要放样时，可把保温层掀开，放样完后应及时进行覆盖。

（4）大体积混凝土养护期结束后，地下结构（含地下室顶板）应及时回填土，不宜长期暴露在自然环境中。地下室顶板可覆盖15cm厚的砂层进行养护。

5.7 混凝土测温

5.7.1 目的

测温点的布置应真实反映混凝土浇筑体内最高温升、里表温差、降温速率及环境温

度。通过测温，将混凝土深度方向的温度梯度控制在规范允许范围以内。同时，通过测温，由于对混凝土内部温度，各关键部位温差等精确掌握，还可以根据实际情况，尽可能地缩短养护周期，使后续工序尽早开始，加快施工进度并节约成本。

5.7.2 监测范围

基础底板由项目部进行温度监测与控制，监理监督。基础底板测温平面图如图 3-3-7 所示。

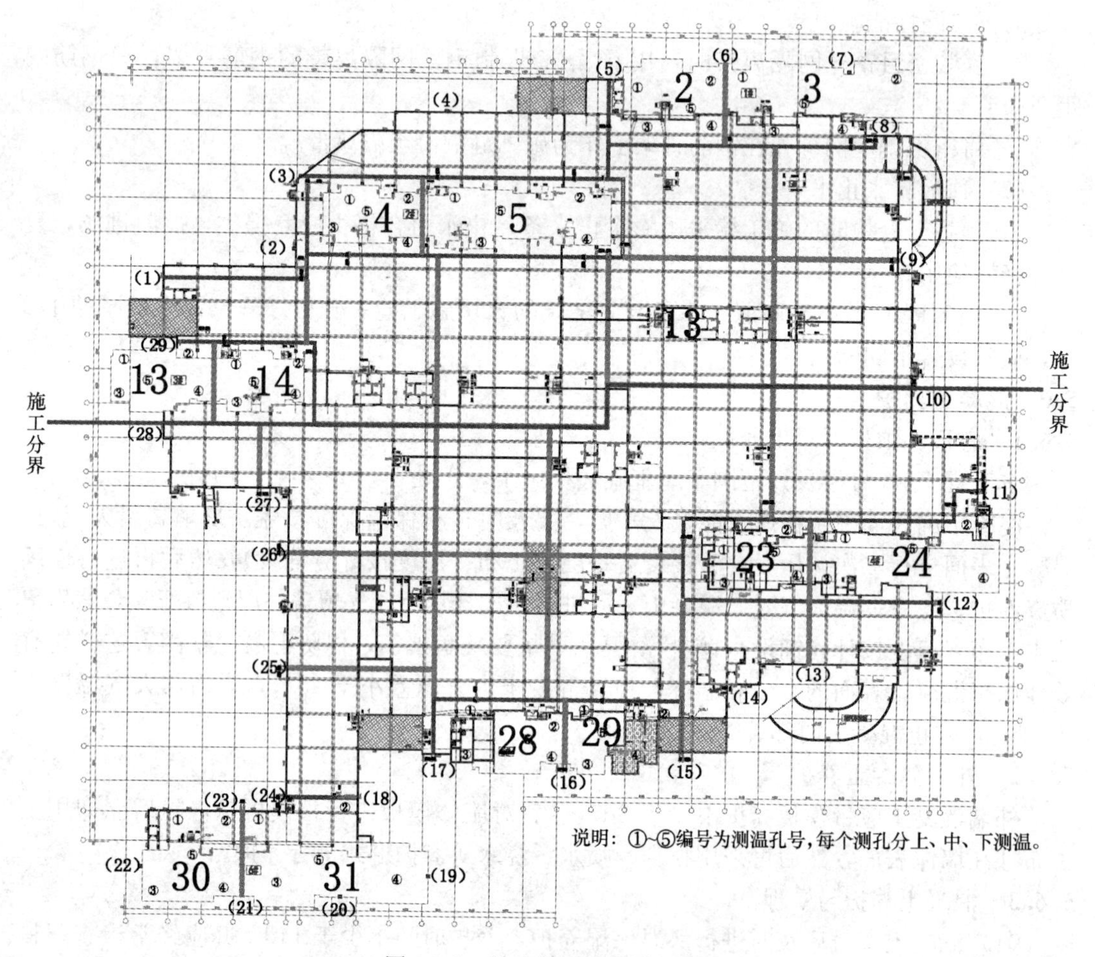

图 3-3-7 基础底板测温平面图

5.7.3 温度控制

（1）混凝土入模温度不宜大于 30℃，混凝土最大绝热温升不宜大于 50℃。

（2）在覆盖养护阶段，混凝土内部温度与混凝土表面温差不应大于 25℃，结束覆盖养护或拆模后，混凝土浇筑表面以内 40～100mm 位置处的温度与环境温度差不应大于 20℃。

（3）混凝土内部降温速率不宜大于 2.0℃/d，当有可靠经验时，降温速率要求可适当放宽。

5.7.4 监测布点

为防止温度裂缝，有效控制内外温度差值，本工程采用便携式建筑电子测温仪及温度传感器。设 5 组测温点，每组设上、中位置，用 DJC-2 建筑电子测温仪测混凝土内温，用计量检测合格的温度计测量大气温度和混凝土外面温度。测温管布置如图3-3-8所示。

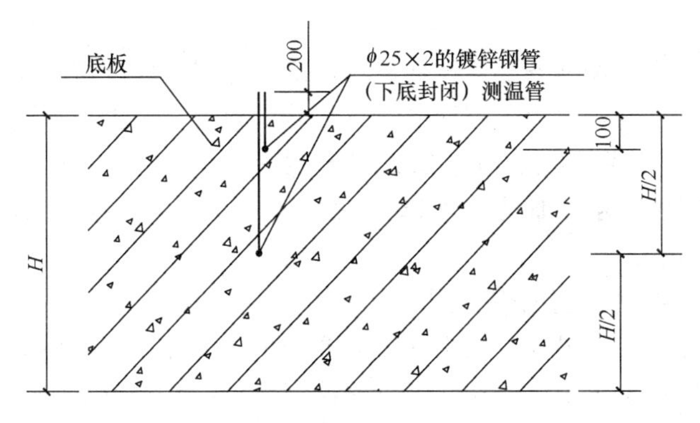

图 3-3-8 测温管埋设布置图

（1）测点布置

筏板大体积混凝土根据本工程施工图设计、施工顺序及测温点的布置要求具有代表性的原则，在楼座筏板每个块仓范围各设 5 组测温点，每组设上、中二层测温混凝土热感应器，测温点的布置力求能反映混凝土内部温度的变化情况，及时发现问题，便于采取对策和措施。

（2）温度监测

为严格监测混凝土的温度变化，坚持 24h 连续测温。测温工作从混凝土终凝后开始，前 3d 内每 2h 测一次，第 4 天后每 4h 测一次，第 8 天后每 8h 一次。测温工作由经过培训、责任心强的专人进行，每个测点的每次测温时间、测量温度、测温人员均应记录。亦可根据混凝土内部的温度变化情况随时调整测试次数，以确保测温工作的连续性和可靠性。测温记录应交技术负责人阅签，并作为对混凝土施工和质量的控制依据，以便及时调整养护措施。

（3）结束时间：混凝土结构表面以内 50mm 位置的温度与环境温度的差值小于 20℃时，可停止测温。

5.8 钢筋、模板工程跳仓施工

5.8.1 钢筋、模板工程跳仓施工布置

为配合混凝土的跳仓浇筑，在钢筋绑扎与模板搭设上采取与混凝土跳仓浇筑相应的施工流水。

5.8.2 钢筋工程中抗裂要点

钢筋在混凝土板中起抵抗外荷载所产生的效应，以及防止和控制混凝土收缩裂缝发生于裂缝宽度的双重作用，而这一双重作用均需存在合理厚度的保护层，才能确保有效。因此，必须把钢筋保护层厚度控制作为钢筋工程中抗裂要点，其余方面按规范要求进行。

本工程楼板钢筋网有效高度保护问题的解决措施：

（1）楼面必须设置钢筋马凳，按间距 1000mm 梅花形布置。

（2）尽可能合理和科学地安排好各工种交叉作业时间，在基础底板或楼板下排钢筋绑

扎后，线管预埋和模板封镶收头应及时穿插并争取全面完成，做到不留或少留尾巴，以有效减少板面钢筋绑扎后的作业人员数量，减少踩踏。

(3) 在楼梯、通道等频繁和必需的通行处应搭设（或铺设）临时的简易通道，供施工人员通行。

(4) 采取有效的措施保证各部位钢筋位置正确，保护层厚度符合要求，并且架设专门施工马道，严禁踩踏钢筋，避免因钢筋位置不正确导致混凝土出现裂缝。

(5) 加强教育和管理，使全体操作人员充分重视保护板面上层负筋的正确位置，必须行走时，应自觉沿钢筋小马撑支撑点或梁上通行，不得随意踩踏中间架空部位钢筋。

(6) 在严格控制板面负筋的保护层厚度方面，现浇板负筋一般放置在支座梁钢筋上面，与梁筋应绑扎在一起。另外，采用马凳或混凝土垫块等措施来固定负筋的位置，保证在施工过程中板面钢筋不再下沉，从而可有效控制保护层，避免支座处因负筋下沉，保护层厚度变大而产生裂缝，板的保护层厚度防止过大或过小。

(7) 安排足够数量的钢筋工（一般应不少于 3～4 人或以上）在混凝土浇筑前及浇筑中及时进行整修，特别是支座端部受力最大处以及楼面裂缝最容易发生处（四周阳角处、预埋管线处以及大跨度房间处）应重点整修。

(8) 混凝土在浇筑时对裂缝的易发生部位和负弯矩筋受力最大区域，应铺设临时性活动挑板，扩大接触面，分散应力，尽力避免上层钢筋受到踩踏变形。在钢筋容易锈蚀的环境中，更要严格控制钢筋保护层厚度，当设计与规范不符时应与设计协商解决。

(9) 对于较粗的管线或多根线管的集散处，管线上皮应增设短钢筋网加强。

(10) 线管在敷设时应尽量避免立体交叉穿越，预埋管线应采用放射形分部，避免紧密平行排列，控制水电管线间距在 20mm 以上，以避免因管线过多造成的钢筋与混凝土粘结力下降，确保预埋管线底部和管线间的混凝土浇筑顺利，振捣密实。

(11) 多根预埋管线的集散处，应控制预埋管线之间间距大于 20mm，同时确保线管底部的混凝土浇筑顺利和振捣密实。当线管数量众多，使集散处的混凝土截面大量削弱时，宜按预留孔洞构造要求在四周增设井字形抗裂构造钢筋。

(12) 预埋于现浇板内的线管必须位于底板钢筋的上部、现浇板的中部，预埋的管径不宜超过板厚的 1/4。当预埋的管径超过板厚的 1/4 时，应沿预埋管线方向增设钢筋网片。

(13) 预埋线管在敷设时应尽量避免立体交叉穿越，三根预埋管线不得交于一点，当三根（或多根）预埋管线组成三角形（或多边形）时，边长不应小于 1500mm。

5.8.3 模板工程中抗裂要点

(1) 模板体系的承载力与刚度。

模板体系要有足够承载力与刚度，本工程要求：

模板必须具有足够的承载力、刚度和稳定性，能可靠承受新浇筑混凝土的自重及施工荷载。施工前应编制模板工程施工方案，特别是高支撑模板施工技术方案，方案中应有计算书，其内容包括施工荷载计算、模板及其支撑系统的强度、刚度、稳定性、抗倾覆等方面的验算和支撑层承载等方面的验算。施工过程中必须严格按照方案进行施工。当验算模板及其支架的刚度时，其最大变形值不得超过模板构件计算跨度的 1/400，支架的压缩变形值或弹性挠度，不得超过相应的结构计算跨度的1/10000。

支撑体系必须有足够的刚度，水平方料与模板的接触面不得有任何间隙，使每个接触面都有可靠的支撑点，在振捣过程中派专人进行看模，防止支撑立管上的扣件下沉现象产生。

(2) 新浇楼板的上载。

在楼层混凝土浇筑完毕的24h以前，可限于做测量、定位、弹线等准备工作，最多只允许暗柱钢筋焊接工作，不允许吊卸大宗材料，避免冲击振动。24h以后，可先分批安排吊运少量小批量的暗柱和剪力墙钢筋进行绑扎活动，做到轻卸、轻放，以控制和减少冲击振动力。第3天方可开始吊卸钢管等大宗材料以及从事楼层墙板和楼面的模板正常支模施工。在模板安装时，吊运（或传递）上来的材料应做到尽量分散就位，不得过多地集中堆放，以减少楼面荷重和振动。施工的材料运上楼层后应控制在均匀沿支座堆放，堆放高度尽可能减少，不能集中放在一个地方，放置时要轻放。这对于裂缝的控制非常重要，因为此时的混凝土强度还很低，有了冲击力和集中压力，混凝土会产生内伤，很多裂缝就是在此时产生的。

(3) 楼板浇筑前地模板湿润。

浇筑混凝土前，木模板应浇水湿润，因为木模板浇水湿润后膨胀缝隙减少，如果木模没有浇水，在浇筑混凝土过程中水泥浆容易流失；木模板本身是吸水的，在浇筑混凝土时影响到混凝土原有准确的水灰比。

5.9 施工管理裂缝控制

5.9.1 混凝土浇筑准备制度

每次混凝土浇筑前24h，由混凝土责任工长填写混凝土供货通知单，混凝土浇筑部位由质检员按照检验批部位提供给混凝土责任工长。混凝土责任工长按照检验批部位与施工图纸核对无误后，交技术负责人审核后方可报混凝土搅拌站。根据计算和试验确定的混凝土配合比与原材料技术要求，浇筑、振捣、养护技术要求发放至总包管理人员和施工队管理人员人手一份，随身携带，及时核查混凝土各项指标。

5.9.2 现场浇筑会签制度

每次隐蔽验收完成后，现场用于混凝土浇筑的物资和设备、人员均有效落实后，由混凝土负责人填写混凝土浇筑会签表，并按照以下顺序会签：试验员→钢筋责任工长→模板责任工长→机电责任工长→安装责任工长→安全员→质检员→技术负责人→项目经理。各相关负责人在签字后履行相关职责。

5.9.3 调度驻场制度

在完成会签后及时通知搅拌站供应混凝土，并要求混凝土搅拌站调度驻场及时协调，同时安排和组织好现场劳动力及各项准备工作。及时将搅拌站出站前每盘混凝土的各项指标及时传到总包，做到每盘混凝土与试验配合比及原材料的差异报告清楚。

5.9.4 技术指导制度

项目技术部应编制详尽的施工方案或作业指导书，以保证混凝土施工工艺的指导性及可操作性。混凝土施工前，技术负责人应对混凝土责任工长进行交底，混凝土责任工长对现场工人交底，并在现场管理过程中以此为依据对本道工序进行检查、督促，从而使管理人员在施工过程中加强了质量控制，将混凝土配合比和原材料的各项技术指标及要求发送至搅拌站，并对搅拌站试验室和技术人员交底，要求搅拌站严格按要求进行搅拌。

5.9.5 试验监督制度

混凝土浇筑申请后，每盘搅拌前均要将配合比申请单送至现场，经总包技术员与工长、试验员联合核查混凝土技术参数、所有原材料符合要求后，并交技术负责人审核、签字后方可通知搅拌站进行搅拌，每盘混凝土搅拌完后，提前将开盘鉴定报送总包，开盘鉴定合格后方可允许混凝土罐车进场。

试验员记录混凝土进场时间至入泵车时间，并按规定对混凝土坍落度进行检查。

混凝土在施工过程中，试验员和施工员旁站负责监督劳务队伍严禁向混凝土中加水。根据天气情况，由试验员和搅拌站联系，适当调整混凝土坍落度。

混凝土试块的取样制作与送检由试验员按方案进行，填写相关记录，同条件试块放置于所代表部位的结构实体处，进行同条件养护。

5.9.6 主管工长跟班制度

混凝土施工时，主管工长不得离开混凝土浇筑面，加强旁站监督，不得脱岗，不得长时间离岗。上一班管理人员与下一班管理人员进行交接时，要对本班施工情况、振捣、收面、施工人员情况进行交代。

混凝土收面压光时，主管工长做到每半小时巡视一次，及时跟踪检查混凝土裂缝情况。

每一养护部位，主管工长在养护时间做到天天有检查、天天有记录，随时跟踪检查混凝土养护温度和洒水间歇。

5.9.7 质检员抽查制度

混凝土浇筑过程中跟踪检查混凝土振捣情况、楼面混凝土面平整度，督促劳务队伍对混凝土覆盖、洒水养护。

检查过程中，发现模板出现变形、胀模，及时通知相关工长、劳务队伍进行处理。

负责混凝土施工管理人员交接班时，对混凝土浇筑部位要做好详细记录。

对重要工序施工做好质量交底、过程中检查，落实施工方案要求。

随时检查混凝土振捣方法是否正确。

5.10 跳仓施工收缩应力计算

5.10.1 底板跳仓收缩应力计算

（1）计算配合比

以下计算中的公式与参数参见《大体积混凝土施工规范》GB 50496—2009、《建筑施工手册》（第五版）、《建筑施工计算手册》（第二版）、《工程结构裂缝控制》等资料。

基础底板混凝土强度为C40P6，施工用底板混凝土配合比预计见表3-3-2。

底板大体积混凝土配合比 **表3-3-2**

材料名称	P. O42.5水泥	粉煤灰	矿粉	砂	石子	水
重量（kg/m³）	220	70	110	730	1080	150

（2）混凝土最大绝热温升计算

混凝土最大绝热温升计算公式为：

$$T_{(t)}=\frac{m_{\mathrm{c}}\cdot Q}{C\cdot\rho}(1-e^{-mt})$$

式中：$T_{(t)}$——混凝土最大绝热温升（℃）；

m_c——每立方米混凝土的胶凝材料用量（包括水泥、粉煤灰、矿粉等）（kg/m^3），根据混凝土配合比，取 $380kg/m^3$；

Q——每千克胶凝材料水化热（考虑粉煤灰和矿粉的影响），计算如下：

$$Q=(k1+k21-1)\times Q_0$$

Q_0——水泥的水化热总量，查表得 $Q_0=410kJ/kg$；

k——不同掺量水化热调整系数；根据表 3-3-3 取值。

不同掺量水化热调整系数 **表 3-3-3**

掺量	0	10%	20%	30%	40%
粉煤灰 k_1	1	0.96	0.95	0.93	0.82
矿渣粉 k_2	1	1	0.93	0.92	0.84

根据混凝土配合比，经计算得：

$$k=0.93+1-1=0.93$$

$$Q=k\times Q_0=0.93\times 410=381kJ/kg$$

C——混凝土比热，取 0.97kJ/kg；

ρ——混凝土的质量密度，取 $2415.1kg/m^3$；

t——计算龄期（d）；

m——与水泥品种、比表面积、浇筑时温度有关的经验系数，一般取 0.2～0.4，查表取 0.362。

经计算，7d 内混凝土最大绝热温升为：

$$T_{(7)}=\frac{m_c\cdot Q}{C\cdot\rho}(1-e^{-mt})=\frac{381\times 400}{0.97\times 2415}(1-e^{-0.362\times 7})=45.94℃$$

（3）混凝土中心温度计算

混凝土中心计算温度计算公式为：

$$T_{max}=T_j+T_{(t)}\times\xi$$

式中：ξ——不同浇筑混凝土块厚度的温度系数，计算以龄期 $t=7d$ 计算；

T_j——混凝土的浇筑温度，取当地 9 月平均气温为 27℃，入模温度 $T_j=35℃$；

$T_{(t)}$——混凝土最大绝热温升温度。

板厚取 1.0m，查表内插计算得 $\xi_3=0.42$、$\xi_7=0.27$、$\xi_{14}=0.07$、$\xi_{21}=0.03$

$$T_{max}=T_j+T_{(t)}\times\xi$$

底板不同龄期中心温度计算见表 3-3-4。

不同龄期中心温度 **表 3-3-4**

龄期（d）	3	7	14	21	28
降温系数 ξ	0.42	0.27	0.07	0.03	0
中心温度（℃）	54.2948	47.4038	38.2158	36.3782	35
每阶段降温值（℃）	0	6.891	9.188	1.8376	1.3782

(4) 底板干燥收缩计算

底板不同龄期收缩计算公式：

$$\varepsilon_{(t)} = 3.24 \times 10^{-4} \cdot M_1 \cdot M_2 \cdot M_3 \cdots M_n \times (1 - e^{-0.01t})$$

参数取值见表 3-3-5。

参 数 取 值 **表 3-3-5**

参数	M_1（水泥品种）	M_2（水泥细度）	M_3（骨料）	M_4（水灰比）	M_5（水泥用量）	M_6（初养护时间）	M_7（湿度）	M_8（水力半径）	M_9（振捣）	M_{10}（配筋率）
系数	1	1.13	1	1.1	1.2	1	1	0.54	1	0.84

不同龄期底板干燥收缩值见表 3-3-6。

底板干燥收缩值 **表 3-3-6**

龄期（d）	3	7	14	21	28
干燥收缩	6.89447E-06	1.57712E-05	3.04761E-05	4.41869E-05	5.69708E-05
收缩增量	0	8.8767E-06	1.47049E-05	1.37108E-05	1.27839E-05
等效降温值（℃）	0	0.89	1.47	1.37	1.28

(5) 不同龄期应力松弛系数计算

不同龄期应力松弛系数计算见表 3-3-7。

应力松弛系数 **表 3-3-7**

	加载时间（d）					
持荷时间（d）	3	7	14	21	28	35
4	0.216133	0.27112	0.31852	0.35884	0.40525	0.47728
7	0.204533	0.24568	0.28288	0.318674	0.359875	0.42382
14	0.197667	0.2294	0.2548	0.274686	0.297575	0.3331
21	0.194967	0.22006	0.23956	0.254577	0.271863	0.29869
28	0.193333	0.2104	0.2292	0.255257	0.28525	0.3318
35	0.1917	0.20074	0.21884	0.255937	0.298638	0.36491

持荷时间（d）	4	10	17	34	31
4	0.235667	0.2950	0.33616	0.3769	0.43612
7	0.219667	0.2620	0.29854	0.334707	0.38728
14	0.208933	0.2432	0.2635	0.283593	0.3128
21	0.203933	0.2308	0.24613	0.261304	0.28336
28	0.200667	0.2140	0.2406	0.266929	0.3052
35	0.1974	0.1972	0.23507	0.272554	0.32704

5.10.2 最大一次性浇筑长度估算

（1）混凝土的极限拉应变

混凝土的极限拉应变按下式计算：

$$\varepsilon_p = 0.5R_f\left(1+\frac{p}{d}\right)\times 10^{-4}$$

根据底板的配筋率为 $p=0.7\%$，可得：

$$\varepsilon_p = 0.5R_f\left(1+\frac{p}{d}\right)\times 10^{-4} = 0.5\times 2.01\left(1+\frac{0.7}{2.2}\right)\times 10^{-4}$$

$$=132.47\times 10^{-6}$$

考虑混凝土的徐变，取放大系数1.5（养护较好）：

$$\varepsilon_p = 132.47\times 10^{-6}\times 1.5 = 198.71\times 10^{-6}$$

（2）底板综合温差

底板的综合降温计算公式为：

$$T=\frac{2}{3}(T_1-T_3)+T_2$$

T_1-T_3 为底板中心水泥水化热形成的最大降温，底板截面的平均水化热降温为：

其中，

$$\frac{2}{3}(T_1-T_3)=\frac{2}{3}\times(81-35)=30.66℃$$

T_2 为混凝土收缩形成的当量降温，根据计算，底板干燥收缩等效降温可取为5.01℃（28d完成回填，只计算28d干燥收缩）。

综合温差 $$T=\frac{2}{3}(T_1-T_3)+T_2=35.66℃$$

（3）最大一次性浇筑长度（平均缝间距）

平均缝间距为：

$$[L]=1.5\sqrt{\frac{HE}{C_x}}\operatorname{arcch}\frac{|\alpha T|}{|\alpha T|-\varepsilon_p}$$

外约束介质水平变形刚度 C_x 由两部分组成：

一是软土地基水平变形刚度系数 C_{x1}，按表3-3-8取为0.02N/mm²；

外约束介质水平变形刚度（N/mm²） **表3-3-8**

外约束介质	软黏土	砂质黏土	硬黏土	风化岩、低强度等级素混凝土	C10以上配筋混凝土
C_x（10^{-2}）	1～3	3～6	6～10	60～100	100～150

另一部分为桩基水平变形刚度系数 C_{x2}，按以下公式计算：

$$C_{x2}=\frac{Q}{F}=\frac{4EJ\left(\sqrt[4]{\frac{K_hD}{4EJ}}\right)^3}{F}$$

$$=\frac{4\times 3.8\times 10^4\times\frac{3.14\times 1979^4}{64}\left(\sqrt[4]{\frac{0.01\times 1979}{4\times 3.8\times 10^4\times\frac{3.14\times 1979^4}{64}}}\right)^3}{9\times 9\times 10^6}$$

$$=0.22\times 10^{-2}\text{N/mm}^3$$

$$C_x=C_{x1}+C_{x2}=2\times 10^{-2}+0.22\times 10^{-2}=2.22\times 10^{-2}\text{N/mm}^3$$

$$[L]=1.5\sqrt{\frac{HE}{C_x}}\operatorname{arcch}\frac{|\alpha T|}{|\alpha T|-\varepsilon_p}=1.5\sqrt{\frac{1000\times 3\times 10^4}{0.0222}}\operatorname{arcosh}\frac{|35.66|}{|35.66|-19.87}$$

$$=80.685\text{m}$$

由计算可得，底板由于所受外约束较小，在加强养护充分利用徐变的基础上，可一次性浇筑 80.685m，而不出现有害的贯穿性裂缝。

(4) 典型底板跳仓施工收缩应力计算

本工程底板为圆形，为计算方便，取南北向最大的底板长度，进行整个跳仓过程的收缩应力计算，取地下一层底板进行计算，轴线处底板总长为 71m，北仓长 21m，南仓长 50m，第一次浇筑编号为 1 的北仓（长度 21m）的浇筑块，7d 后第二次浇筑编号 2 南仓（长度 50m）的浇筑块。

按规范，使用以下公式，对由于混凝土综合降温而产生的外约束应力进行计算。

$$\sigma_z(t)=\frac{\alpha}{1-\mu}\sum_{i=1}^{n}\Delta T_i(t)\times E_i(t)\times H_i(t,\tau)\times R_i(t)$$

计算参数取值，底板不同龄期中心温度计算见表 3-3-9。

中心温度计算 **表 3-3-9**

龄期（d）	3	7	14	21	28
降温系数 ζ	0.42	0.27	0.07	0.03	0
中心温度（℃）	54.2948	47.4038	38.2158	36.3782	35
每阶段降温值（℃）	0	6.891	9.188	1.8376	1.3782

不同龄期底板干燥收缩值见表 3-3-10。

干燥收缩值 **表 3-3-10**

龄期（d）	3	7	14	21	28
干燥收缩	6.89447E-06	1.57712E-05	3.04761E-05	4.41869E-05	4.69708E-05
收缩增量	0	8.8767E-06	1.47049E-05	1.37108E-05	1.27839E-05
等效降温值（℃）	0	0.89	1.47	1.37	1.28

不同龄期底板综合降温见表 3-3-11。

综合降温值　　　　**表 3-3-11**

龄期（d）	3	7	14	21	28
每时段底板综合降温值（℃）	0	7.77867	10.65849	3.20868	2.656586

不同加载龄期应力松弛系数计算见表 3-3-12。

应力松弛系数　　　　**表 3-3-12**

	加载时间（d）					
持荷时间（d）	3	7	14	21	28	35
4	0.216133	0.27112	0.31852	0.35884	0.40525	0.47728
7	0.204533	0.24568	0.28288	0.318674	0.359875	0.42382
14	0.197667	0.2294	0.2548	0.274686	0.297575	0.3331
21	0.194867	0.22006	0.23956	0.254577	0.271863	0.29869
28	0.193333	0.2104	0.2292	0.255257	0.28525	0.3318
35	0.1917	0.20074	0.21884	0.255937	0.298638	0.36491

C40 混凝土不同龄期弹模取值见表 3-3-13。

不同龄期弹模取值　　　　**表 3-3-13**

加载龄期（d）	5	10	17	24	28
弹模（MPa）	5792.711	11477.82	19260	26840.56	31083.8

C40 混凝土不同龄期混凝土轴心抗拉强度标准值取值见表 3-3-14。

轴心抗拉强度取值　　　　**表 3-3-14**

加载龄期（d）	5	10	17	24	28
抗拉强度（MPa）	1561508	1909927.99	1997746	2008499	2009548

不同浇筑长度不同龄期下的约束系数按下式计算：

$$R_i(t)=1-\frac{1}{\cosh\left(\sqrt{\frac{C_x}{HE_{(t)}}}\cdot\frac{L}{2}\right)}$$

计算结果见表 3-3-15。

约束系数计算结果　　　　**表 3-3-15**

R	加载龄期（d）				
长度（m）	3	7	14	21	28
$L=30$	0.531475	0.345762	0.251145	0.219161	0.206524
$L=33$	0.586475	0.394047	0.290927	0.255282	0.241088
$L=35$	0.620227	0.425405	0.317496	0.279635	0.264478
$L=38$	0.666519	0.470825	0.357066	0.316252	0.299781

续表

R	加载龄期（d）				
长度（m）	3	7	14	21	28
$L=40$	0.694578	0.499867	0.383078	0.340554	0.323301
$L=43$	0.732696	0.541385	0.421289	0.376598	0.35832
$L=50$	0.805101	0.62812	0.505392	0.457433	0.437454
$L=56$	0.851835	0.691153	0.570651	0.521672	0.500956
$L=60$	0.87671	0.727713	0.610355	0.561452	0.540568
$L=63$	0.906504	0.775126	0.664187	0.616295	0.595557
$L=76$	0.941121	0.837192	0.739471	0.694933	0.675228
$L=80$	0.951077	0.857056	0.76498	0.722152	0.70305
$L=86$	0.962951	0.882477	0.798867	0.75882	0.74075
$L=106$	0.985341	0.939002	0.881027	0.850649	0.836445
$L=126$	0.994202	0.968398	0.929933	0.908043	0.897472
$L=142$	0.997239	0.981334	0.95418	0.937718	0.929569
$L=184$	0.999606	0.995315	0.984994	0.977653	0.973885
$L=198$	0.999794331	0.997045044	0.9896578	0.98412372	0.98114813
$L=240$	0.999970674	0.999258438	0.996614458	0.994308009	0.992990176
$L=326$	0.999999	0.999956	0.999656	0.999303	0.999076

计算每一时段浇筑块收缩应力时，各参数取时间段的平均值。

1）1～7d 收缩应力

第一次浇筑第 1 仓，计算长度为 21m（表 3-3-16）。

第一次浇筑长度 **表 3-3-16**

浇筑仓	1	2	3	4	5
1～7d 计算长度（m）	21				

7d 后浇筑块内中部最大拉应力为：

$$\sigma_1^1(3\sim7)=\frac{a}{1-\mu}\Delta T_{3\sim7}\times\frac{E_3+E_7}{2}\times H(5\sim7)\times\frac{R_{21}(3)+R_{21}(7)}{2}$$
$$=0.083\leqslant1.23\text{MPa}$$

应力表达式中上标为浇筑仓编号，下标为浇筑混凝土批次编号，括号中数字为计算应力龄期。

2）7～14d 收缩应力

第 7d 后浇筑第 2 仓（长度 50m）的浇筑块，第 1 仓与第 2 仓相连，第 1 仓失去一个自由边计算长度为 42m，综合降温取 7～14d 值。第 2 仓计算长度均取相连后的长度 71m，综合降温取 3～7d 值（表 3-3-17）。

第二次浇筑长度 **表 3-3-17**

浇筑仓	1	2	3	4	5
1～7d 计算长度	21				
7～14d 计算长度	71	71			

第一批浇筑的混凝土：

$$\sigma_1^1(7\sim14)=\sigma_1^1(3\sim7)\times\frac{H(5\sim14)}{H(5\sim7)}+\frac{\alpha}{1-\mu}\Delta T_{7\sim14}\times\frac{E(7)+E(14)}{2}\times H(10\sim14)$$

$$\times\frac{R_{42}(7)+R_{42}(14)}{2}=0.449\text{MPa}\leqslant1.82\text{MPa}$$

第二批浇筑的混凝土：

$$\sigma_2^2(7)=\frac{\alpha}{1-\mu}\Delta T_{3\sim7}\times\frac{E(3)+E(7)}{2}\times H(5\sim7)\times\frac{R_{71}(3)+R_{71}(7)}{2}$$

$$=0.141\text{MPa}\leqslant1.23\text{MPa}$$

3）14～21d 收缩应力

第 14d，第 1 仓综合降温取 14～21d 值。第 2 仓综合降温取 7～14d 值（表 3-3-18）。

第三次浇筑长度 **表 3-3-18**

浇筑仓	1	2	3	4	5
1～7d 计算长度	21				
7～14d 计算长度	42	71			
14～21d 计算长度	42	71			

第一批浇筑的混凝土，第 1 仓计算长度 71m：

$$\sigma_1^1(14\sim21)=\sigma_1^1(3\sim7)\times\frac{H(5\sim21)}{H(5\sim7)}+\sigma_1^1(7\sim14)\times\frac{H(7\sim21)}{H(7\sim14)}$$

$$+\frac{\alpha}{1-\mu}\Delta T_{14\sim21}\times\frac{E(17)+E(21)}{2}\times H(17\sim21)\times\frac{R_{42}(14)+R_{42}(21)}{2}$$

$$=0.595\text{MPa}\leqslant2.06\text{MPa}$$

第二批浇筑的混凝土，第 2 仓计算长度 71m：

$$\sigma_2^2(7\sim14)=\sigma_2^2(3\sim7)\times\frac{H(5\sim14)}{H(5\sim7)}+\frac{\alpha}{1-\mu}\Delta T_{7\sim14}\times\frac{E(7)+E(14)}{2}$$

$$\times H(10\sim14)\times\frac{R_{71}(7)+R_{71}(14)}{2}$$

$$=0.261\text{MPa}\leqslant1.82\text{MPa}$$

4）21～28d 收缩应力

第 21d，第 1 仓综合降温取 21～28d 值。第 2 仓，综合降温取 14～21d 值（表 3-3-19）。

计 算 长 度 **表 3-3-19**

浇筑仓	1仓	2仓	3仓	4仓	5仓
1～7d计算长度	21				
7～14d计算长度	42	71			
14～21d计算长度	42	71			
21～28d计算长度	42	71			

第一批浇筑的混凝土，第1仓计算长度71m：

$$\sigma_1^1(21\sim28)=\sigma_1^1(3\sim7)\times\frac{H(5\sim28)}{H(5\sim7)}+\sigma_1^1(7\sim14)\times\frac{H(7\sim28)}{H(7\sim14)}+\sigma_1^1(14\sim21)\times\frac{H(17\sim28)}{H(17\sim21)}+\frac{\alpha}{1-\mu}\Delta T_{21\sim28}\times\frac{E(21)+E(28)}{2}\times H(24\sim28)\times\frac{R_{42}(21)+R_{42}(28)}{2}$$

$$=0.783\text{MPa}\leqslant2.06\text{MPa}$$

第二批浇筑的混凝土，第2仓计算长度71m：

$$\sigma_2^2(14\sim21)=\sigma_2^2(3\sim7)\times\frac{H(5\sim21)}{H(5\sim7)}+\sigma_2^2(7\sim14)\times\frac{H(7\sim21)}{H(7\sim14)}+\frac{\alpha}{1-\mu}\Delta T_{14\sim21}\times\frac{E(14)+E(21)}{2}\times H(17\sim21)\times\frac{R_{71}(14)+R_{71}(21)}{2}$$

$$=0.559\text{MPa}\leqslant2.06\text{MPa}$$

5）28～35d收缩应力

第28d，第1仓只有一个自由收缩边，计算长度乘2为72m，综合降温取28～35d值。第2仓，综合降温取21～28d值（表3-3-20）。

计 算 长 度 **表 3-3-20**

浇筑仓	1仓	2仓	3仓	4仓	5仓
1～7d计算长度	21				
7～14d计算长度	42	71			
14～21d计算长度	42	71			
21～28d计算长度	42	71			
28～35d计算长度	42	71			

第一批浇筑的混凝土，因收缩值已很小，在松弛作用下收缩应力将不断减小，故不再计算。

第二批浇筑的混凝土：

$$\sigma_2^2(21\sim28)=\sigma_2^2(3\sim7)\times\frac{H(5\sim28)}{H(5\sim7)}+\sigma_2^2(7\sim14)\times\frac{H(7\sim28)}{H(7\sim14)}+\sigma_2^2(14\sim21)$$

$$\times \frac{H(7\sim 28)}{H(7\sim 21)} + \frac{\alpha}{1-\mu} \Delta T_{21\sim 28} \times \frac{E(21)+E(28)}{2} \times H(21\sim 28)$$

$$\times \frac{R_{72}(21)+R_{72}(28)}{2}$$

$$=0.886\text{MPa} \leqslant 2.06\text{MPa}$$

6）收缩应力计算小结

从上述计算过程可看出：

① 由于温度收缩应力始终与降温幅度成正比，故控制混凝土的内部水化温升大小，是控制温度收缩应力的关键。应努力从减小胶凝材料用量、用水量、控制入模温度等方面控制水化温升值与干缩值。本工程中底板混凝土的强度为C40，建议可采用60d强度，则对控制裂缝更为有利。

② 由于混凝土在早期特别是前28d内的松弛效应十分显著，应充分利用徐变松弛效应来减小结构内部应力的叠加，因此必须保证7d的跳仓浇筑间隔，让应力得到充分松弛后再累加，同时做好保温、保湿养护措施，让混凝土缓慢降温充分利用徐变松弛效应，也同时避免由于内外温差与表面干燥形成的表面收缩裂缝。

③ 在不增加胶凝材料用量的前提下，提高混凝土本身的抗拉强度是控制裂缝的根本，主要从控制骨料的含泥量、优化骨料级配、细致振捣与收光，局部增加细而密的配筋等方面入手。

对于本工程，跳仓法在浇筑早期通过小块分仓，释放了大量早期水化热温度收缩应力，通过分仓间隔7d浇筑充分利用混凝土的徐变特性，使收缩应力逐段发生，每时段收缩应力得到了大量松弛后再叠加，连成整体后虽然计算长度较长，但此时由于收缩已较小，不会引起较大的收缩应力，故使用跳仓法施工可保证本工程底板不出现有害贯穿性裂缝。对于由于内外温差引起的混凝土表面裂缝，将通过保温、保湿养护进行控制。

案例 4：槐房再生水厂超大型水工构筑物跳仓法施工技术成果报告

北京城建集团有限责任公司

槐房再生水厂工程项目部

2015 年 12 月

目　　录

槐房再生水厂超大型水工构筑物跳仓法施工技术成果

1 立项背景

1.1 项目背景

北京市槐房再生水厂是根据北京市政府《加快污水处理和再生水利用设施建设三年行动方案（2013～2015 年）》的要求所确定的缓解城南地区污水处理压力，改善地区水环境质量的工程。

通过处理后的再生水将回用于湿地、绿地、河道等景观用水，从而改善周边环境。水厂建成运行后将还清凉水河、恢复一亩泉小龙河历史风貌，对改善本市西南地区水环境，支持区域社会经济发展具有良好的环境效益和社会效益。

1.2 国内外地下水厂发展情况

相对于传统的地上污水厂，地下污水厂具有占用空间小、噪声影响小、环境影响小、节省土地资源、美观性好等优点。自芬兰于 1932 年建造了世界上首座地下污水处理厂后，世界上许多国家都开发了地下污水处理厂，如美国、英国、瑞典、日本等，均取得了巨大的经济和社会效益。我国截至目前投资建设的污水处理厂，绝大多数采用地上式。随着我国经济的不断发展，人民对环境的要求越来越高，为改善水环境污染现状，优化生活与投资环境，近年来污水处理厂的布置形式也开始向半地下或地下式发展。近些年来，我国相继建成了几座地下式污水处理厂，例如，深圳布吉污水处理厂，日处理能力 20 万 m^3；广州京溪污水处理厂，日处理能力 10 万 m^3，均采用地下式布置形式。

在地下污水处理厂受到各国青睐的同时，污水处理工艺也在不断革新，在水环境污染治理战略目标与技术路线方面，许多国家已经进行了重大调整。水污染治理的战略目标已经由传统意义上的“污水处理、达标排放”转变为以水质再生为核心的“水的循环再用”，由单纯的“污染控制”上升为“水生态修复和恢复”。许多发达国家已不再建设传统意义上的污水处理厂（Waste Water Treatment Plant ，WWTP），而代之以“污水再生厂”。

目前，地下再生水厂建设在我国正处于起步阶段，建设前景良好，相关的施工技术尚未成形。

2 工程简介

2.1 工程概况

槐房再生水厂位于北京市的西南部，拟建厂址西侧为马家堡西路，东侧为槐房路，北侧为南环铁路，南侧为通久路，拟建厂区占地 31.36hm^2，规划流域面积约 137km^2（图 3-4-1）。

图 3-4-1　槐房再生水厂平面位置图

槐房再生水厂是北京市第一座全地下再生水厂，也是全国乃至全亚洲最大的主体处理工艺全部处于地下的再生水厂工程，东西长 685.83～805.31m、南北宽 350.67～519.4m，包括 45 个建、构筑物。槐房再生水厂地下部分东西长 648.1m、南北宽 254.65m、基坑深 7.32～17.45m，为地下两层、局部（管廊）地下三层，地下部分占地面积约 16.33 万 m^2（图 3-4-2）。

图 3-4-2　槐房再生水厂断面示意图

2.2　方案设计

2.2.1　方案设计要求

（1）设计方案可以减少施工缝设置。

生物池结构尺寸为 159.47m×116.335m，设计不超过 30m 设置一道后浇带，东西方向设计了 6 道后浇带，南北方向设置了 5 道后浇带，后浇带宽均为 1.0m。

（2）设计方案可以节约工期。

2015年是北京市政府提出《加快污水处理和再生水利用设施建设三年行动方案》的最后一年，本工程的施工建设工期仅有两年的时间，施工工期紧张。

（3）设计方案确保节能降造。

在方案设计选择过程中，不仅要考虑到节能降造要求，更要兼顾绿色施工等。

2.2.2　方案比选

通过查阅资料和咨询相关专家，发现跳仓法比较适合本工程的施工要求（表3-4-1）。

方案对比表　　**表3-4-1**

对比项目	设置后浇带施工	跳仓法施工
施工缝数量	施工缝多	施工缝少
工期	后浇带浇筑需要间隔42d	跳仓法浇筑间隔7d
造价	① 拆模后后浇带位置需要单独支撑 ② 施工缝位置预埋钢板使用量大 ③ 后浇带清理难度大 ④ 顶板、墙体后浇带需要单独支模 ⑤ 混凝土强度等级提高	① 拆模后无单独支撑体系 ② 止水钢板用量较少 ③ 施工缝不需要清理 ④ 不需要提高混凝土强度等级
质量	施工缝多增加渗漏风险	施工缝少降低渗漏风险
绿色施工	耗材使用多	耗材使用少

2.3　方案确定

综上所述，后浇带的做法，增加工程造价，延长了工期，如果接缝处理不好，还有可能影响结构抗渗性能。

经过讨论以及对方案的对比分析，业主、设计、监理和我单位均认为“跳仓法”施工可以满足方案设计提出的相关要求。

3　“跳仓法”在本工程应用可行性分析

3.1　跳仓法简介

3.1.1　“跳仓法”的定义

在大体积混凝土工程施工中，将超长的混凝土块体分为若干小块体间隔施工，经过短期的应力释放，再将若干小块体连成整体，依靠混凝土抗拉强度抵抗下一段的温度收缩应力的施工方法。

3.1.2　“跳仓法”原理

根据结构长度与约束应力的非线性关系，即在较短范围内结构长度对约束应力具有显著的影响，而超过一定长度后约束应力随长度的变化趋于恒定，所以“跳仓法”施工采用“先放后抗”的原理。首先，以“放”为主，以适应施工阶段较高温差和较大收缩；其后，以“抗”为主，再连成整体以适应长期作用的较低温差和较小收缩。一般跳仓法间隔时间为7d以上。

跳仓法和后浇带的设计原则是一致的，都是“先放后抗”，只是把后浇带改变成了施工缝，相比后浇带法没有利用混凝土的抗拉强度，更加安全。

3.1.3 “跳仓法”应用实例

通过查阅相关文献，跳仓法技术在20世纪武钢应用取得成功。此后，跳仓法在我国工业和民用建筑建设中取得了较大范围的推广和应用（表3-4-2）。但在全地下再生水厂工程中应用尚属空白区域。

典型工程简介 **表3-4-2**

序号	工程名称	建筑面积	应用部位	建筑用途
1	潍坊大剧院	$40000m^2$	底板	剧院
2	中国农业银行北京数据中心工程	$157067.4m^2$	底板	场馆
3	北京城乡世纪广场工程	$23159.83m^2$	底板	商场

3.2 技术可行性分析

3.2.1 本项目研究的创新点

（1）超大型水工构筑物“跳仓法”运用仿真模拟施工关键技术研究。

（2）超大型水工构筑物“跳仓法”综合技术研究。

（3）超大型水工构筑物大体积混凝土温度与应力监测自动报警关键技术研究。

3.2.2 主要技术思路

（1）通过调研、收集国内外本领域发展现状，总结已有类似工程成功的经验。

（2）使用ANSYS软件进行全过程模拟仿真，解决跳仓法模拟计算过程中的混凝土表面的热边界识别难题。

（3）通过高性能（抗裂抗渗）混凝土研究，控制混凝土原材料有关技术指标和优化配合比设计，研究减少干缩等通常大体积混凝土抗裂技术。

（4）设计施工缝免剔凿模板，加快施工进度。

（5）结构内埋设温度和应力传感器，与物联网技术、BIM技术以及光纤光栅监测系统结合运用，开发配套软件进行实时监测，发现异常及时报警并采取相应措施，保证施工质量。

4 超大型水工构筑物跳仓法施工技术研究

4.1 超大型水工构筑物“跳仓法”施工仿真模拟关键技术研究

由于跳仓法是首次应用在水工构筑物混凝土施工，虽然有以往的工程可借鉴，但跳仓法的适用性仍有待商榷。

根据王铁梦教授的建议，以及其他工程的施工经验，假定板跳仓法尺寸40m×40m为一仓，墙体20m/段跳仓施工，施工前使用有限元软件ANSYS对假定的跳仓数据进行温度和应力模拟计算分析研究。

4.1.1 有限元求解温度场和应力场方法

（1）有限元热分析理论与方法

1）有限元稳态热分析方法。

对于一个系统，如果其净热流率为0，即流入系统的热量加上系统自身产生的热量等于流出系统的热量，则系统处于热稳态。热稳态的条件为：

$$Q_{输入} + Q_{生成} - Q_{输出} = 0 \tag{3-4-1}$$

在稳态热分析中任一节点的温度都不随时间变化。稳态热分析的能量平衡方程为（以矩阵形式表示）：

$$[K]\{T\} = \{Q\} \tag{3-4-2}$$

式中：$[K]$——传导矩阵，包含导热系数、对流系数、辐射率和形状系数；

$\{T\}$——节点温度向量；

$\{Q\}$——节点热流率向量，包含热生成。

有限元软件模型几何参数、材料热性能以及所施加的边界条件，可以生成［K］、{T}以及{Q}。从而完成稳态热分析。

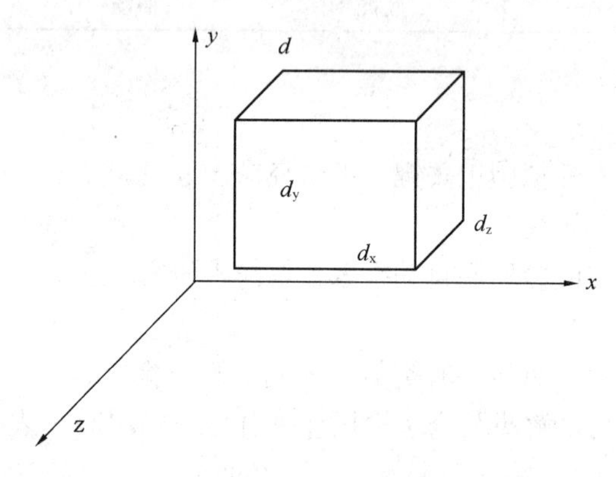

图 3-4-3　物体内部微元体

对于大体积混凝土浇筑过程，稳态分析主要用于形成浇筑 0 时刻的土壤、地基等在大气环境下形成的初始温度场。一旦混凝土浇筑开始，后续的都是瞬态热分析问题。

2）有限元瞬态热分析方法。

由于物体存在热交换，物体内部的温度随时间变化。若在物体内部取微元体 $dx \times dy \times dz$，如图 3-4-3 所示。非稳定温度场 $T(x, y, z, \tau)$ 必须满足热传导方程。由热量的平衡，温度升高所吸收的热量必须等于从外面流入的净热量与内部自身产生的热量之和。根据变分原理，热传导问题可以等价的转化为泛函 I 的极值问题，施工期任意时刻 t 温度场的空间不稳定泛函 I 的表达式如下：

$$I = \iiint_R \left\{ \frac{1}{2}\left[\left[\frac{\partial T}{\partial x}\right]^2 + \left[\frac{\partial T}{\partial y}\right]^2 + \left[\frac{\partial T}{\partial z}\right]^2\right] - \frac{1}{a}\left[\frac{\partial T}{\partial t} - \frac{\partial \theta}{\partial t}\right] T \right\} dx dy dz + \iint_c \left[\frac{1}{2}T - T_a\right] \bar{\beta} T ds \tag{3-4-3}$$

上式右边第一项是在求解域 R 内的体积分，第二项是在第三类边界条件 C 上的面积分，把求解域划分为有限个单元，把单元 e 作为求解域 R 的一个子域 ΔR，在这个子域内的泛函值为：

$$I^e = \iiint_{R^e} \left\{ \frac{1}{2}\left[\left[\frac{\partial T}{\partial x}\right]^2 + \left[\frac{\partial T}{\partial y}\right]^2 + \left[\frac{\partial T}{\partial z}\right]^2\right] - \frac{1}{a}\left[\frac{\partial T}{\partial t} - \frac{\partial \theta}{\partial t}\right] T \right\} dx dy dz + \iint_{c^e} \left[\frac{1}{2}T - T_a\right] \bar{\beta} T ds \tag{3-4-4}$$

每个单元内任一点的温度为：

$$T = \sum_{i=1}^{m} N_i T_i \tag{3-4-5}$$

为了使泛函 $I(T)$ 实现极小值，应有：

$$\frac{\partial I}{\partial T_i} \cong \sum_e \frac{\partial I^e}{\partial T_i} = 0 \tag{3-4-6}$$

将式（3-4-5）代入式（3-4-3）中，由式（3-4-6）可以求解节点温度的联立方程组

$$[H]\{T\} + [R]\left\{\frac{\partial T}{\partial \tau}\right\} + \{F\} = 0 \tag{3-4-7}$$

式中各矩阵的元素为

$$\left.\begin{aligned} H_{ij} &= \sum_e (h_{ij}^e + g_{ij}^e) \\ R_{ij} &= \sum_e r_{ij}^e \\ F_i &= \sum_e \left(-f_i \frac{\partial \theta}{\partial \tau} - p_i^e T_a\right) \end{aligned}\right\} \tag{3-4-8}$$

其中，Σ 表示对于节点 i 有关的单元求和。

在时间域内采用向后差分法进行离散，得到

$$\left\{[H] + \frac{1}{\Delta\tau}[R]\right\}\{T_{n+1}\} + [R]\{T_n\} + \{F_{n+1}\} = 0 \tag{3-4-9}$$

式中：$[H]$——热传导矩阵；

$[R]$——热传导补充矩阵；

$\{T_n\}$、$\{T_{n+1}\}$——节点温度列阵；

$\{F_{n+1}\}$——节点温度荷载列阵。

在初始时刻，$\tau=0$ 时，$\{T\}$ 是已知的初始温度，把它作为 $\{T_n\}$ 代入式（3-4-9），即得到第一时段的温度 $\{T_{n+1}\}$。逐步计算可以得出任意时刻的温度。

（2）有限元结构分析理论与方法

混凝土应变增量由弹性应变增量 $\Delta\varepsilon_n^f$，温度应变增量 $\Delta\varepsilon_n^T$，自生体积变形增量 $\Delta\varepsilon_n^0$ 和徐变应变增量 $\Delta\varepsilon_n^C$ 四部分组成。根据线弹性理论，可得复杂应力状态下的应力应变增量关系如下：

$$\Delta\sigma_n = D_n(\Delta\varepsilon_n - \eta_n - \Delta\varepsilon_n^T - \Delta\varepsilon_n^0) \tag{3-4-10}$$

式中：$\Delta\sigma_n$——应力增量矩阵；

$\Delta\varepsilon_n$——总应变增量；

η_n——徐变影响因子；

D_n——修正弹性矩阵。

由有限元法中的平衡方程，可得基本方程如下：

$$K\Delta\delta_n = \Delta P_n^T + \Delta P_n^C + \Delta P_n^0 \tag{3-4-11}$$

式中：K——结构的刚度矩阵；

$\Delta\delta_n$——节点位移增量；

ΔP_n^T——温度载荷向量；

ΔP_n^C——徐变产生的当量荷载向量；

ΔP_n^0——自生体积变形荷载增量。

（3）有限元软件 ANSYS 在混凝土浇筑仿真中的应用

1）有限元软件 ANSYS 的主要流程

ANSYS 有限元分析的主要流程见图 3-4-4。

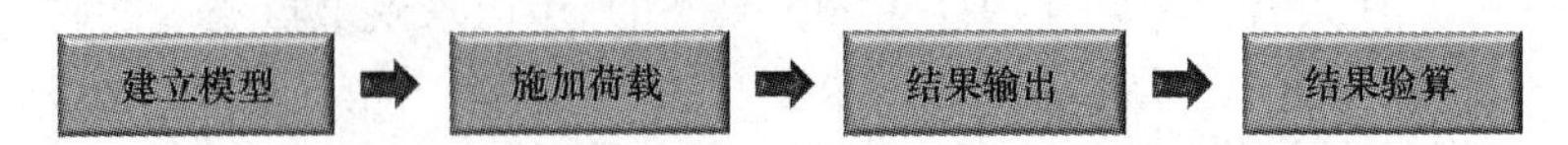

图 3-4-4 ANSYS 有限元主要工作流程

① 建立有限元模型。

本步骤是整个操作过程中用户最费时间的部分，包括定义单元类型、实常数、材料性质和建立几何模型的几何形状、网格划分，为有限元分析进行准备。

在 ANSYS 软件中，有限元模型的建立是进行有限元数值模拟的前提。有限元模型不同于实体模型，而又来源于实体模型，它是对实体模型网格化后得到的模型。有限元模型的建立通常有两种方法：一种方法是直接建立有限元模型，即通过分别建立节点，然后生成各个单元，最终形成有限元模型，过程非常复杂，一般多适用于比较简单的模型；另一种方法是通过对实体几何模型实施网格划分得到。对比较复杂的物理模型，它具有不可替代的优势。有限元模型的第二种建模方法分为四个步骤：定义单元类型、定义材料属性、建立实体模型和划分网格。

A. 定义单元类型。

单元类型的选择往往直接关系着网格划分的精度，所以必须选取合适的单元类型，为后面的网格划分的执行奠定基础。由于采用三维实体建模，必须使用三维实体单元类型，而 ANSYS 中用于热分析的三维实体热单元有 SOLID70、SOLID87 和 SOLID90 三种。其中 SOLID70 是八节点六面体单元，很适合混凝土这种规则形状的三维建模。本项目选用三维实体单元 SOLID70，它有描述三维热传导的功能。该单元由 8 个节点组成，如图 3-4-5 所示，每个节点只有一个自由度——温度。该单元适用于三维的静态或者瞬态分析，它也能对等速度流场中的质量传导热流进行补偿。它的几何形态演化形式包括棱柱形单元、四面体单元、棱锥形单元。

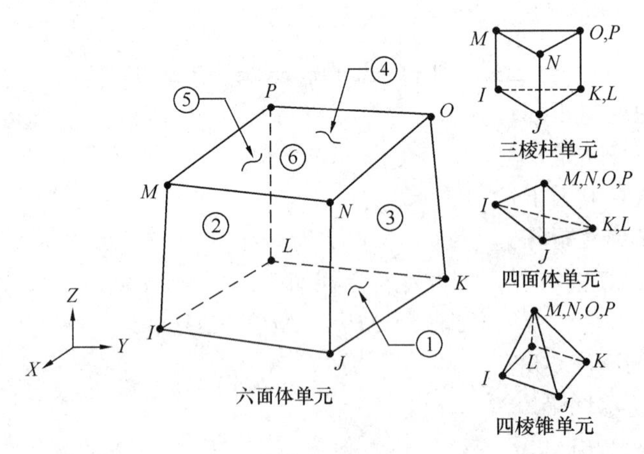

图 3-4-5 用于热分析的 SOLID70 单元

在得到温度场之后进行的应力分析，采用的是 ANSYS 的结构分析模块，此时单元类型有 SOLID45、SOLID65 和 SOLID186 三种。其中，SOLID65 是八节点六面体单元，很适合混凝土等脆性材料，并且可以按照配筋比设置单元属性。本项目在热应力分析时选用三维实体单元 SOLID65，它有描述三维混凝土特点的功能。该单元由 8 个节点组成，如图 3-4-6 所示，每个节点有四个自由度——温度及三个方向的位移。该单元适用于三维的静态或者瞬态分析，几何形态演化形式包括棱柱形单元、四面体单元、棱锥形单元。

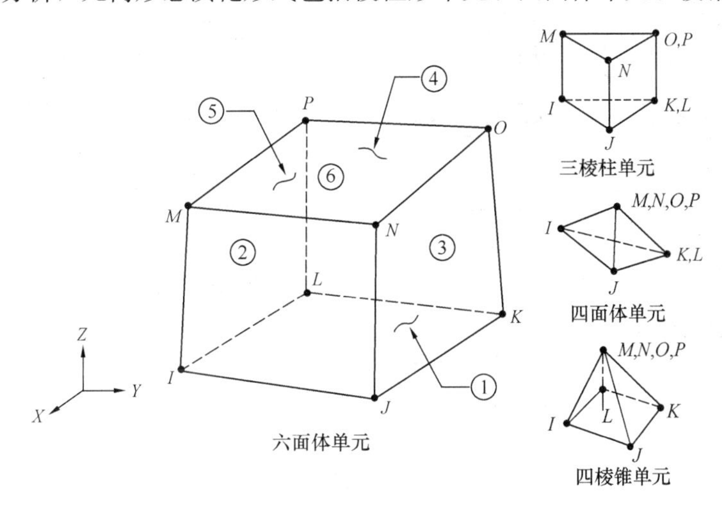

图 3-4-6　用于热应力分析的 SOLID65 单元

B. 定义材料属性。

根据跳仓法模拟过程中涉及的材料，如混凝土、土壤、钢筋等按照实际参数输入到 ANSYS 模型中，最关键的是混凝土的弹性模量随着混凝土自身的龄期发生变化，而跳仓法施工过程中每一块混凝土都具有自己独立的龄期，因此需要特别仔细赋予各块材料属性。

② 施加载荷。

有限元最主要目的，在于了解结构系统组件受负载后的反应。因此，明确定义适当、正确的载荷，然后进行求解是有限元计算必不可少的一步。

跳仓法施工过程的温度、应力模拟计算最容易出错的是边界条件及载荷的施加。如混凝土的水化热，需要按照每一块混凝土自己的龄期根据水化热曲线施加；混凝土表面与空气换热需要考虑每个小时的大气温度变化；还有混凝土在不同时期的养护条件的改变等。

③ 进行求解。

有限元最主要目的，在于了解结构系统组件受负载后的反映。因此，明确定义适当、正确的载荷，然后进行求解是有限元计算必不可少的一步。对于跳仓法模拟分析，这一步是相对最简单的步骤，仅涉及稳态热分析求解器、瞬态热分析求解器和结构瞬态分析或准警惕结构分析。

④ 查看结果。

求解结束，可用 ANSYS 后处理器查看和检查求解结果。可用等直线、矢量图及变形图显示温度、变形、应力等结果。并且，可以得到各种参数和结果的时间历程曲线。

2）计算流程

根据实际工程，应用程序进行温度场和应力场两部分计算的流程如图 3-4-7 所示。

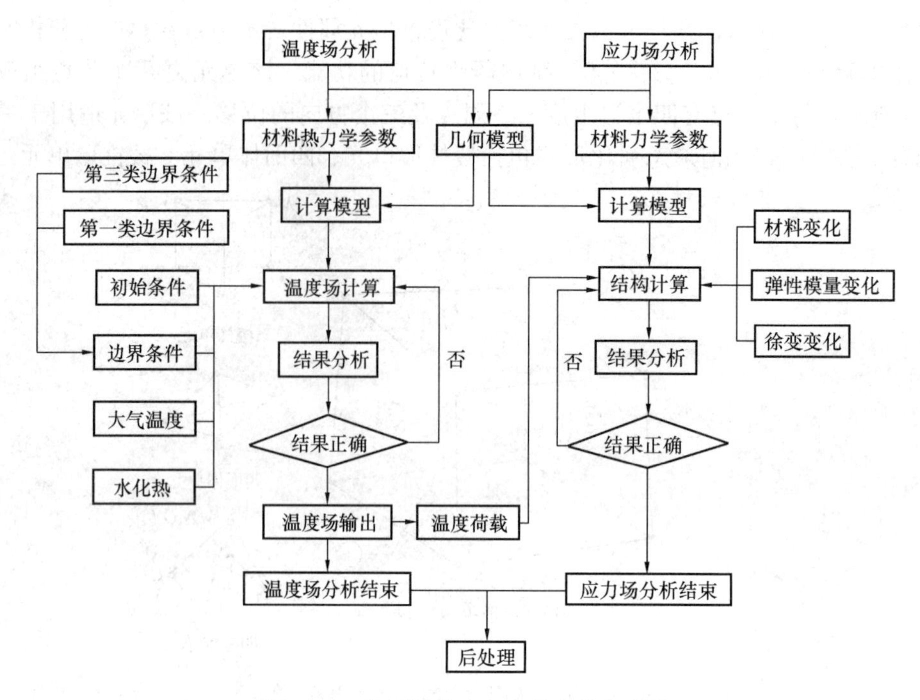

图 3-4-7 用于温度、应力分析的流程图

4.1.2 计算模型及所用数据来源

（1）混凝土热力学性能参数

1）热力学参数。

温度裂缝的原因主要体现在三个方面：一是水泥水化产生的热量；二是外界气温变化的影响；三是混凝土的约束条件。为保证工程的施工质量，取消后浇带以后的混凝土筏板基础按照大体积混凝土温度裂缝控制进行验算：

基础底板混凝土强度等级为 C30、P6，其混凝土配合比见表 3-4-3。

底板混凝土配比 **表 3-4-3**

强度等级	水（kg/m^3）	水泥（kg/m^3）	砂（kg/m^3）	石子（kg/m^3）	粉煤灰（kg/m^3）	外加剂（kg/m^3）	水胶比	砂率
C30P6	162	221	844	971	153	7.46	0.42	46.5%

① 水化热模型。

对于大体积的混凝土体，由于施工和结构上的要求，常常是大块的浇筑。这样混凝土中的水泥在水化硬结过程中，会发生数量客观的水化热，使混凝土的温度发生显著上升，然后逐渐散发。在分析混凝土体在发热期间的不稳定温度场时，引用所谓绝热温升来代替热源强度。把搅拌好的一块混凝土放在绝热条件下，使混凝土硬化时所发的热量全部用于提高混凝土试块本身的温度，这时测量到的试块温度升高称为绝热温升。

为了便于温度分析中进行数学处理，根据工程的实验资料，将水泥的累积水化热，用数学表达式来拟合。水泥的水化热可用下式计算：

$$Q_\tau = \frac{1}{n+\tau} Q_0 \tau \qquad (3\text{-}4\text{-}12)$$

式中：Q_τ ——在龄期 τ 时累积的水化热（J/kg）；

Q_0 ——水泥水化热总量（J/kg）；

n ——常数，随水泥品种，比表面等因素不同而异。

为了便于计算，将上式改写为：

$$\frac{\tau}{Q_\tau}=\frac{n}{Q_0}+\frac{\tau}{Q_0} \tag{3-4-13}$$

根据水泥水化热“直接法”试验测试结果，以龄期 τ 为横坐标，τ/Q_τ 为纵坐标画图，可得到一条直线，此直线的斜率为 $1/Q_0$，即可求出水泥水化热总量 Q_0。通过实验得到的数据给出的混凝土绝热水化热曲线，如图 3-4-8 所示。

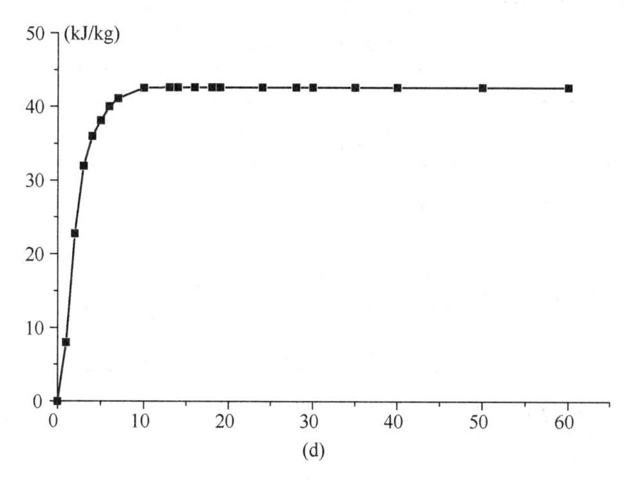

图 3-4-8　混凝土绝热水化热曲线

设某时刻 t 的水化热值为 Q_n，则程序中需要的输入参量，该时刻 t 热生成率的计算如下式：

$$q=\frac{(Q_n-Q_{n-1})\cdot\rho\cdot 1000}{3600\times 24} \tag{3-4-14}$$

由式（3-4-14）计算出的热生成率曲线如图 3-4-9 所示。

同理，也可以按照规范所给出的参数，按照一定的系数取值得到水化热曲线。如计算

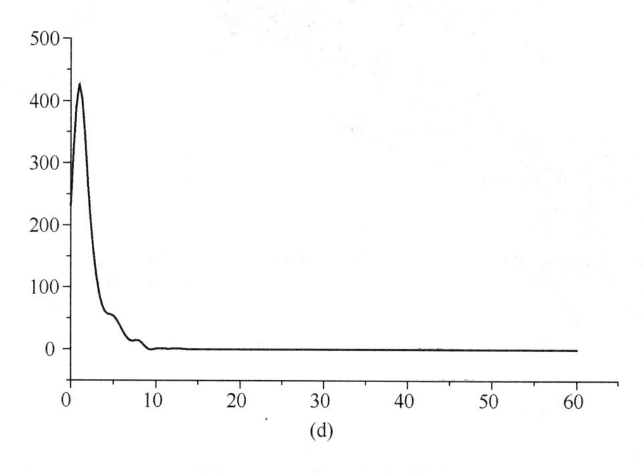

图 3-4-9　热生成率曲线

时取 $Q_0=271\text{kJ/kg}$，m 取 0.72，于是可以得到水化热每小时发热量为

$$Q=271\times208\times(1-e^{-0.72\times I/24}) \tag{3-4-15}$$

② 热力学参数。

混凝土热力学基本参数见表 3-4-4。

混凝土热力学参数 **表 3-4-4**

热性能	导热系数	导温系数	比热	表观密度	泊松比	热膨胀系数
量值	8.364	0.0038	0.902	2430	0.167	10
单位	kJ/(m·h·℃)	m^2/h	kJ/(kg·℃)	kg/m^3		10^{-6}/℃

土壤热力学基本参数见表 3-4-5。

土壤热力学参数 **表 3-4-5**

热性能	导热系数	导温系数	比热	表观密度	泊松比	热膨胀系数
量值	4.14	0.0018	0.887	1800	0.167	10
单位	kJ/(m·h·℃)	m^2/h	kJ/(kg·℃)	kg/m^3		10^{-6}/℃

钢筋热力学基本参数见表 3-4-6。

钢筋热力学参数 **表 3-4-6**

热性能	导热系数	导温系数	比热	表观密度	泊松比	热膨胀系数
量值	258	0.0018	480	7800	0.28	12
单位	kJ/(m·h·℃)	m^2/h	kJ/(kg·℃)	kg/m^3		10^{-6}/℃

2）温度边界的基本参数

① 边界条件的参数设定。

参考北京地区全年的天气情况，取地温温度为 15℃空气温度，空气温度随着浇筑日期每小时进行变化，如图 3-4-10 所示是 2013 年 10 月 27 日起的 40 周北京地区日夜平均温

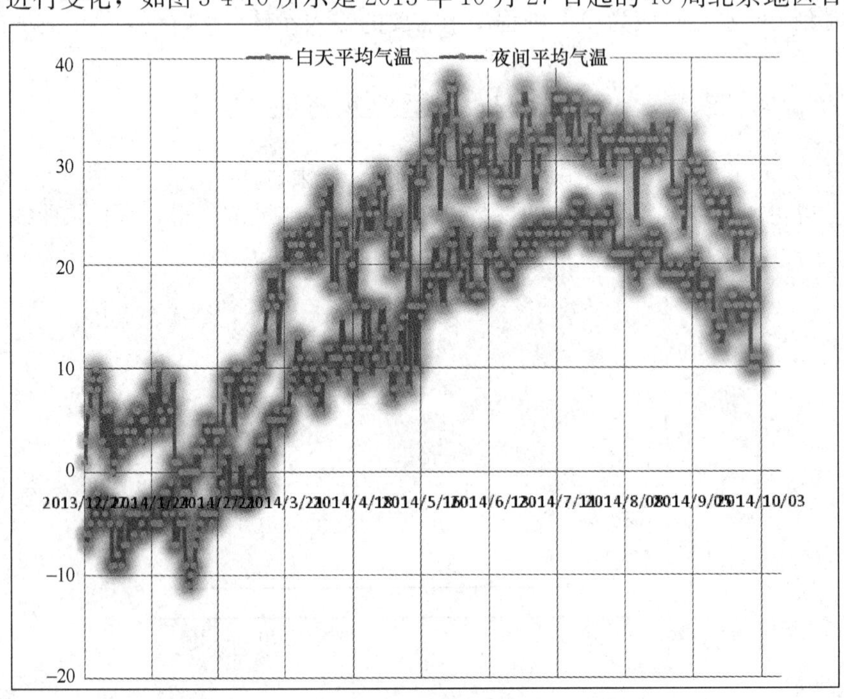

图 3-4-10 北京地区日夜平均温度示意图

度曲线。

根据环境温度，当有多种材料组成保温层时可以计算总的放热系数：

$$R_s = \sum_{i=1}^{n} \frac{h_i}{\lambda_i} + \frac{1}{\beta'_u} \tag{3-4-16}$$

式中：R_s ——保温层总热阻；

h_i ——第 i 层的保温材料厚度；

λ_i ——第 i 层保温材料的导热系数；

β'_u ——固体在空气中的放热系数。

混凝土表面向保温介质放热的总放热系数为：

$$K = \frac{1}{R_s} \tag{3-4-17}$$

其中，放热系数 β'_u 的取值按照规范附表。

② 混凝土入模温度控制。

混凝土的入模温度取决于混凝土原材料的温度，因此季节性较强。四、五月份混凝土的入模温度可以控制在 28℃，冬期施工时混凝土的入模温度控制在 5℃以上。

（2）混凝土结构性能材料参数

1）混凝土收缩应变。

混凝土收缩的相对变形值可按下式进行计算：

$$\varepsilon_y(t) = \varepsilon_y^0(1 - e^{-0.01t}) \cdot M_1 \cdot M_2 \cdot M_3 \cdots\cdots M_{10} \tag{3-4-18}$$

式中：$\varepsilon_y(t)$ ——龄期为 t 时混凝土收缩引起的相对变形值；

ε_y^0 ——在标准试验状态下混凝土最终收缩的相对变形值，取 3.24×10^{-4}；

$M_1 \cdot M_2 \cdot M_3 \cdots\cdots M_{10}$ ——考虑各种非标准条件的修正系数，参考规范取值。

对于本工程，已经对配合比的混凝土进行了自由膨胀收缩试验，测定了混凝土试件在水中 14d 并转空气中 42d 的膨胀和收缩性能。试验结果如图 3-4-11 所示。

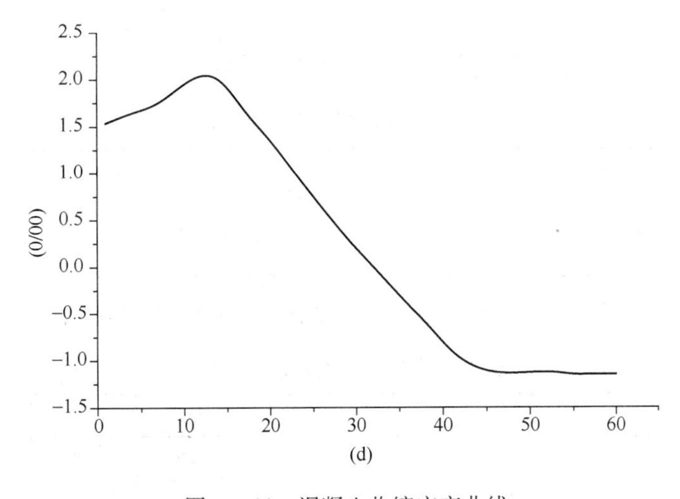

图 3-4-11　混凝土收缩应变曲线

在该混凝土应变曲线中已经考虑了混凝土自生收缩变形、塑性收缩、碳化收缩和干缩的影响等综合因素。可以从该曲线中将应变转化为当量温度加到温度场中进行热应力计算。混凝土收缩相对变形值的当量温度可按下式计算：

$$T_y(t)=\frac{\varepsilon_y(t)}{\alpha} \tag{3-4-19}$$

式中：$T_y(t)$ ——龄期为 t 时，混凝土收缩相对变形；

α ——线膨胀系数。

2）混凝土徐变的影响。

混凝土的徐变性质在结构中可能引起两种现象：一种是应力不变，但变形随时间增加，称为徐变变形。另一种现象是变形不变，但由于徐变作用，其内力随时间的延长而逐渐减少，称为应力松弛。结构材料的徐变变形和应力松弛对于研究结构物由变形变化引起的应力状态是很重要的，必须加以考虑。

应力松弛系数的计算如下：

$$\mu_n=\frac{\sum\sigma_i\mu_i^n}{\sum\sigma} \tag{3-4-20}$$

$$\sigma_i=E\alpha\Delta T_i \tag{3-4-21}$$

式中：μ_i^n ——应力松弛系数，取值参见规范；

i ——力作用的时刻；

n——力作用的持续时间；

ΔT_i ——i 时刻的温度差。

利用上述公式，计算出关键天的应力松弛系数见表 3-4-7。

不同龄期的混凝土应力松弛系数计算表 **表 3-4-7**

龄期（d）	1	3	7	14	21	28	40	60
松弛系数	0.617	0.57	0.54	0.494	0.464	0.430	0.381	0.331

3）混凝土强度参数确定。

① 混凝土强度的确定。

在试验基本条件为混凝土强度等级得到的强度数据见表 3-4-8。

不同龄期的混凝土强度试验值 **表 3-4-8**

7d 强度（MPa）	达设计值（%）	28d 强度（MPa）	达设计值（%）	60d 强度（MPa）	达设计值（%）
24.6	82	35.7	119	46.6	155

② 其他关键天的强度的取值可以由已知的数据线性插值计算出来，见表 3-4-9。

不同龄期的混凝土强度插值结果 **表 3-4-9**

龄　期	1	3	7	14	21	28	40	60
试验值（MPa）	1.5	1.79	2.24	3.1	3.94	4.84	6.04	7.01
考虑防裂安全系数	0.93	1.02	1.21	1.53	1.83	2.08	2.3	2.32

（3）控制温度裂缝的条件

$$\sigma_x \leqslant f_{tk}/K \tag{3-4-22}$$

式中：K——防裂安全系数，取 $K=1.15$。

1）混凝土弹性模量的确定。

计算天数的选择：考虑到混凝土的力学性能（例如弹性模量）在前期变化比较大，水化热主要发生在混凝土硬化的前期，同时考虑到实际工程中的强度危险时间，在水化龄期60d选取以下关键的几天进行计算，即第1、3、7、14、21、28、40、60d。

各龄期的弹性模量计算：基础混凝土浇筑初期，处于升温阶段，呈塑性状态，混凝土的弹性模量很小，由于变形变化引起的应力也很小。经过数日，弹性模量随时间迅速上升，此时有变形变化引起的应力状态随着弹性模量的上升显著增加，因此必须考虑其变化规律：

$$E_{(t)} = E_0(1 - e^{-0.09t}) \tag{3-4-23}$$

式中：$E_{(t)}$——任意龄期的弹性模量；

E_0——最终的弹性模量，一般取成龄的弹性模量30GPa。

不同龄期的混凝土弹性模量插值结果见表3-4-10。

不同龄期的混凝土弹性模量插值结果 **表3-4-10**

龄期（d）	1	3	7	14	21	28	40	60
弹性模量（N/m^2）	2.23e9	6.15e9	1.22e10	1.86e10	2.2e10	2.38e10	2.52e10	2.58e10

混凝土泊松比为0.167。线膨胀系数：从规范中查得混凝土的线膨胀系数为：$\alpha=1.0\times10^{-5}$。

2）地基的剪切模量计算：

$$G = C_x h \tag{3-4-24}$$

式中：C_x——摩阻系数；

h——地基的厚度。

弹性模量 $E_x = E_y = E_z = 2(1+\mu)G$，式中的泊松比设定和混凝土一致 $\mu = 0.167$。

（4）模型建立方法

1）几何建模。

计算单元所有底板和墙体，共有3层底板、2层墙体，忽略管廊等结构。外形和位置示意如图3-4-12所示。

针对MBR生物池混凝土结构特点，本次混凝土裂缝控制分析计算的范围是：①三层混凝土仓体，每层分为12个大块，共计36块；②两层墙体，每层24个大块，共计48块。总的跳仓分块数为84块。

几何建模的主要原则：尊重实体在工程中的实际形状，严格按照尺寸进行建模，同时要考虑划分网格的要求，将导墙的45°斜面部分忽略掉。图3-4-13为40m×40m的底板几何图。

导墙部分的45°斜面忽略掉，保留导墙的高度，如图3-4-14所示。

墙体为20m宽，如图3-4-15。

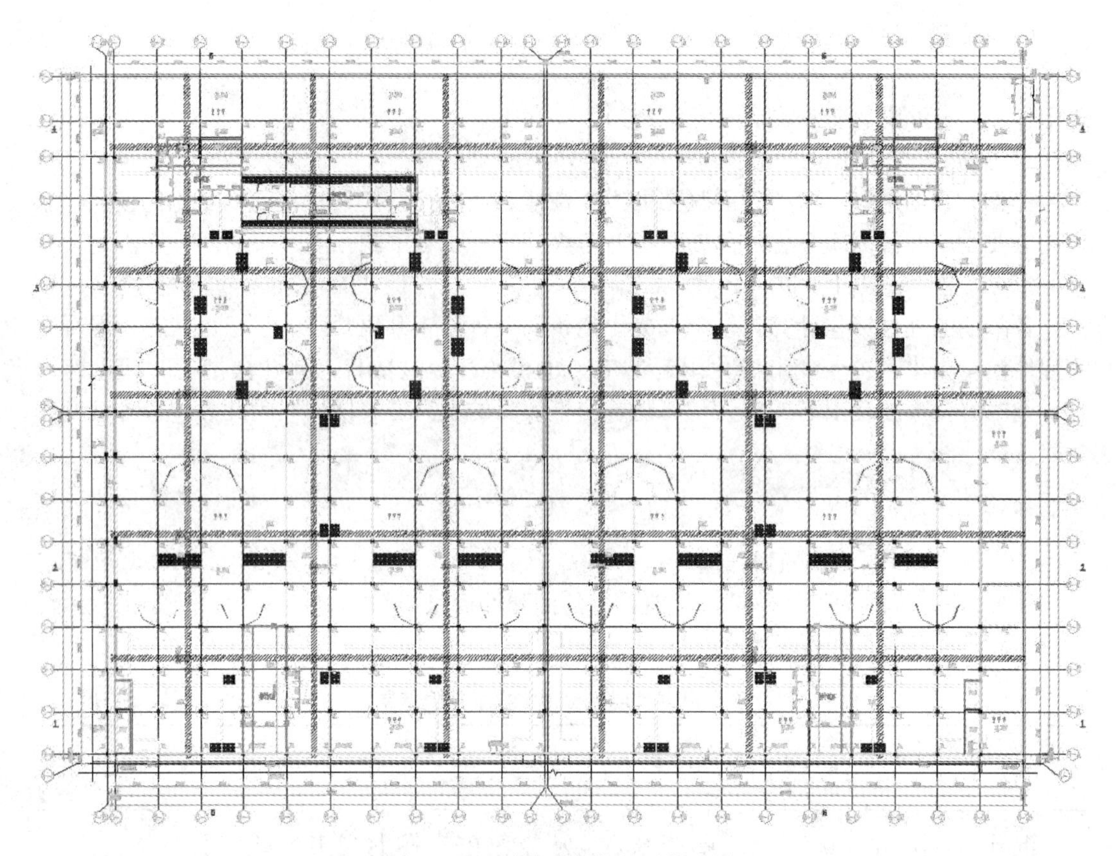

图 3-4-12　计算分析的单元位置图

图 3-4-13　底板的几何模型

图 3-4-14　边界带导墙的底板几何模型

图 3-4-16 所示为东北角上第一层的底板和墙体几何模型，其中拐角的墙体一次浇筑成形。

图 3-4-17 所示为整个底板和墙体第一层的几何模型，底板由于要跟墙体进行网格配合，也被分成 20m 的小块。

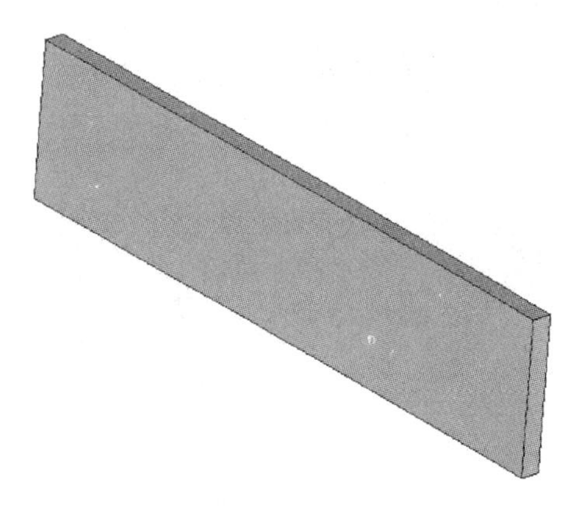

图 3-4-15 墙体几何模型

图 3-4-18 所示为整体几何模型，共 3 层底板、2 层墙体。

底板下面的地基应视为半无限大物体，但在 ANSYS 实际建模中，取地基的长和宽都超过混凝土底板的 1/5，如图 3-4-19 所示。按不稳定导热理论，当混凝土温度发生变化时，受混凝土温度影响的土壤深度不是一个定值，而是随时间增加而增加的变量，在计算中取地基的计算深度为 10m，地基除上表面外，其他各边均三向约束，四周绝热，底面恒温 15℃。

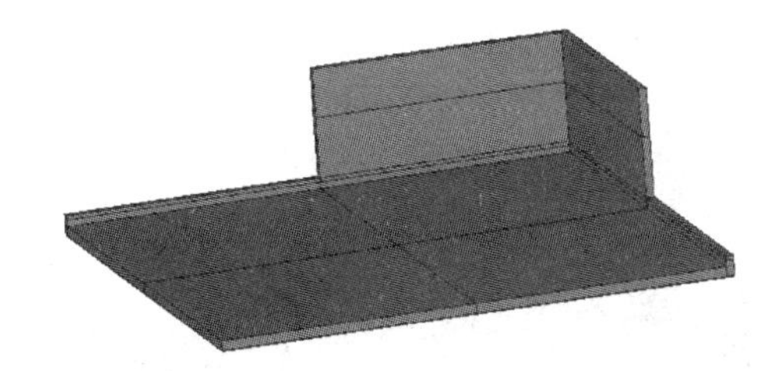

图 3-4-16 墙体与底板局部几何模型

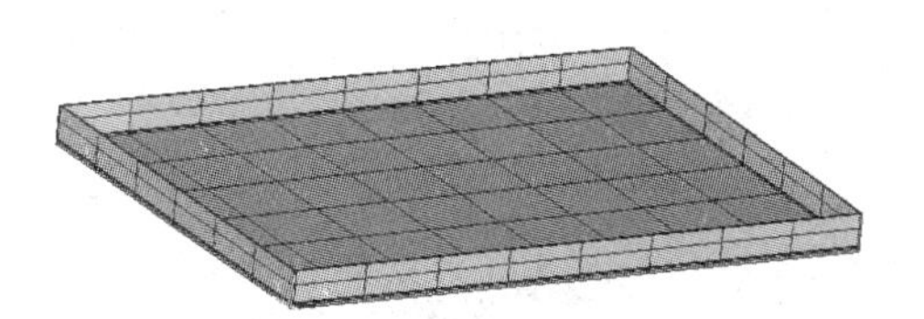

图 3-4-17 第一层墙体与底板整体几何模型

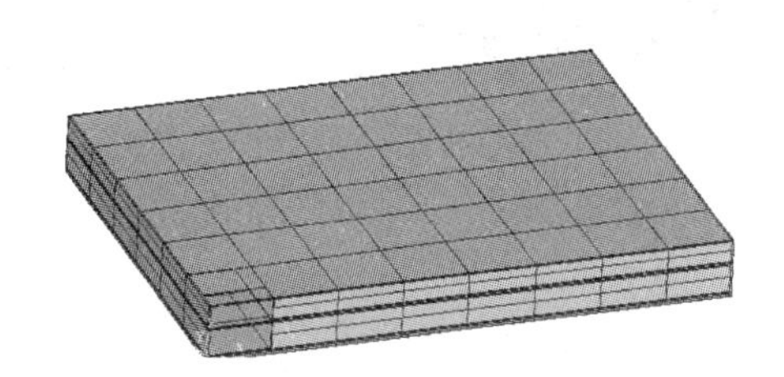

图 3-4-18 墙体与底板整体几何模型

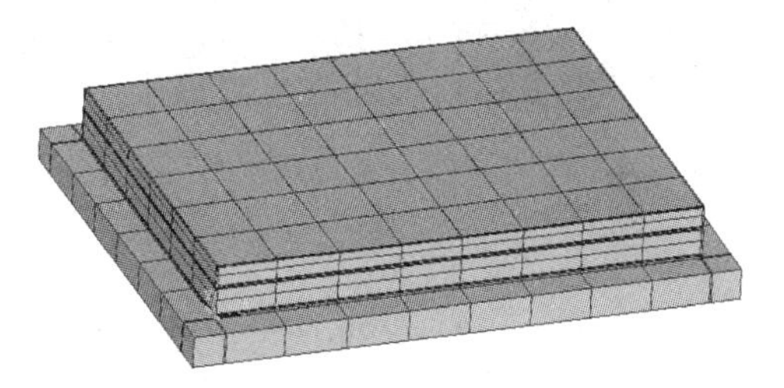

图 3-4-19 混凝土与地基整体几何模型

2）有限元网格划分。

在建立完几何模型的基础上，网格划分是计算的关键。划分网格时，根据几何形状，考虑桩基的间距，在每个桩基位置都保证有 1 个节点，底板的厚度方向不少于 5 个节点，墙体厚度方向不少于 5 个节点，地基的土壤方向网格划分条件适当放宽。整体模型共计 470384 单元，535666 节点。具体针对各实体单元划分的网格如图 3-4-20 所示。

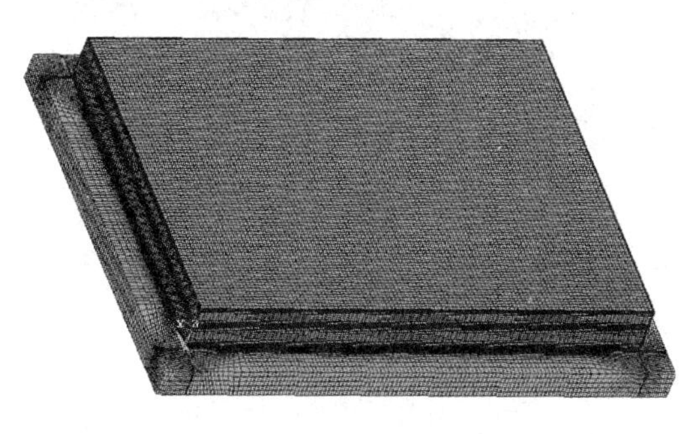

图 3-4-20 混凝土与地基整体有限元网格

图 3-4-21 所示是网格的局部放大图，两种不同颜色分别表示混凝土和土壤两种

不同材料。

经过这样的程序处理，实现了自动生成热边界条件。可以实现跳仓法施工过程的长时间的有限元模拟；在模拟过程中，用户仅需要输入跳仓法的施工计划，方便易用。

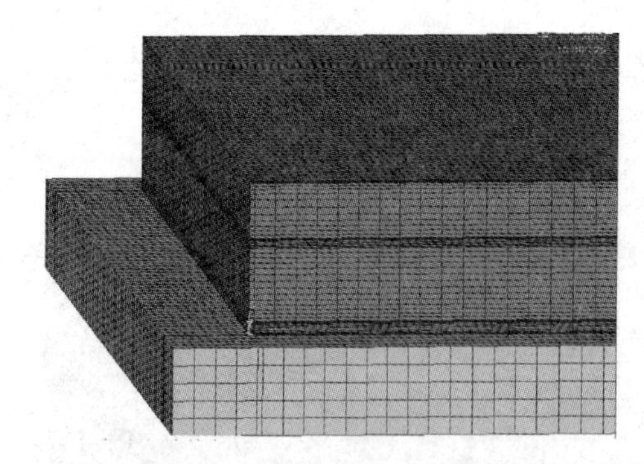

图 3-4-21　混凝土与地基有限元网格局部放大图

4.1.3　混凝土浇筑与养护期间的温度、应力模拟结果与分析

（1）计划浇筑顺序

按照早期计划的施工计划，底板从东北方向开始，即平面图的右上角。底板一共分为12大块，浇筑从右上角开始浇筑施工，如图3-4-22所示，图中各数字代表各仓位浇筑的先后顺序。

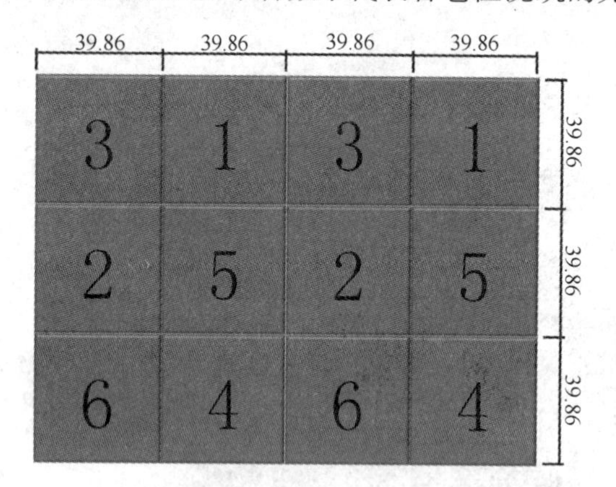

图 3-4-22　底板混凝土浇筑顺序（长度单位：m）

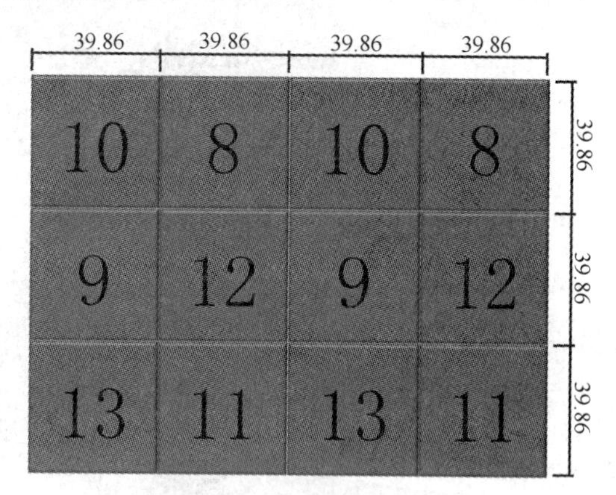

图 3-4-23　第二层中板混凝土浇筑顺序（长度单位：m）

按照跳仓法的要求，每相邻的混凝土浇筑时间不低于一周。因此，可以理解为按照图中的周次进行浇筑。当浇筑到第二层中板时（图 3-4-23），浇筑的相对顺序不变，周次在第一块的基础上顺延；浇筑到第三层（图 3-4-24），即顶板时，同样保持浇筑的相对顺序不变，周次顺延。

按照跳仓法的要求，墙体在底板浇筑后7d即可以浇筑。根据专家的论证意见，墙体按照每20m为一块进行浇筑，因此每一层墙体共计24块混凝土。墙体同样从东北方向开始，即平面图的右上角，如图3-4-25所示，图中各数字代表各墙体浇筑的先后顺序。

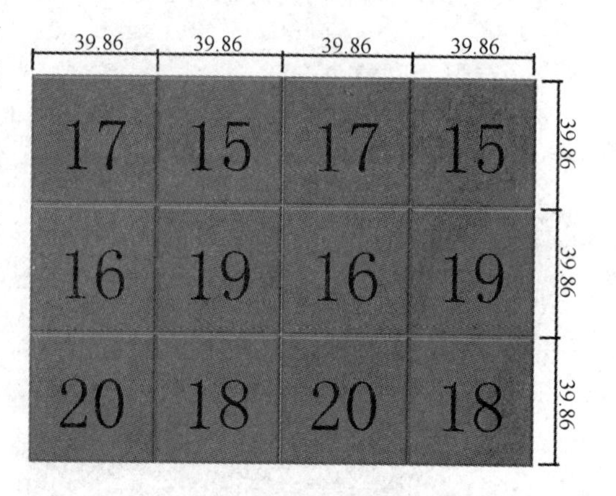

图 3-4-24　第三层顶板混凝土浇筑顺序（长度单位：m）

第二层墙体在第二层的对应底板浇筑后即可进行浇筑，顺序同样按照图 3-4-26 所

示。各墙体浇筑的相对顺序不变，周次在第一块的基础上顺延。

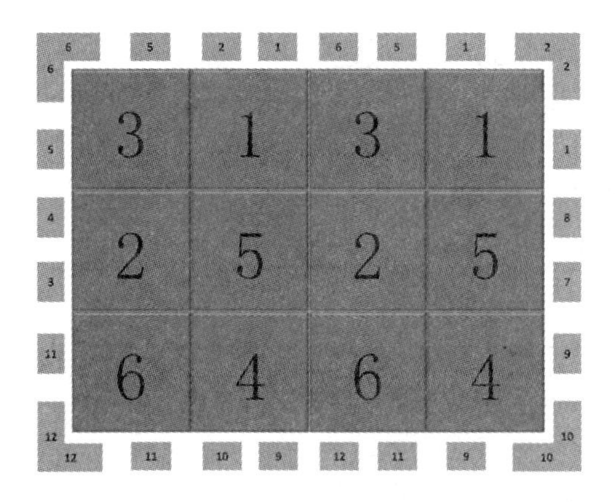

图 3-4-25　第一层墙体混凝土浇筑顺序

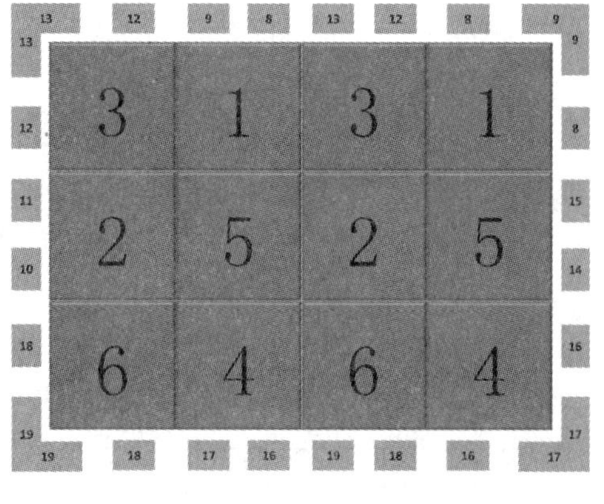

图 3-4-26　第二层墙体混凝土浇筑顺序

（2）温度理论计算

1）混凝土浇筑过程中的温度分布（图 3-4-27～图 3-4-50）。

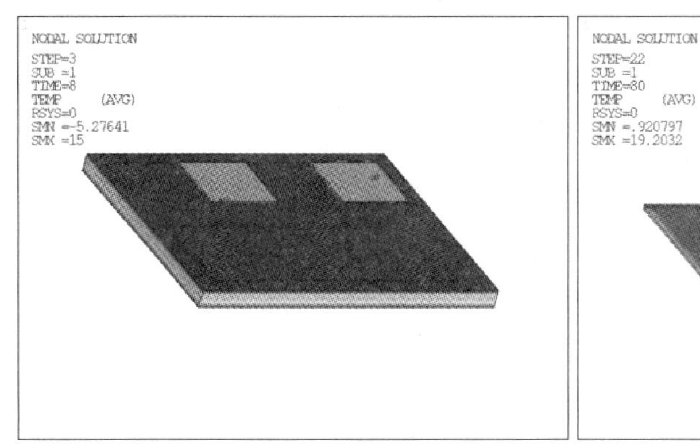

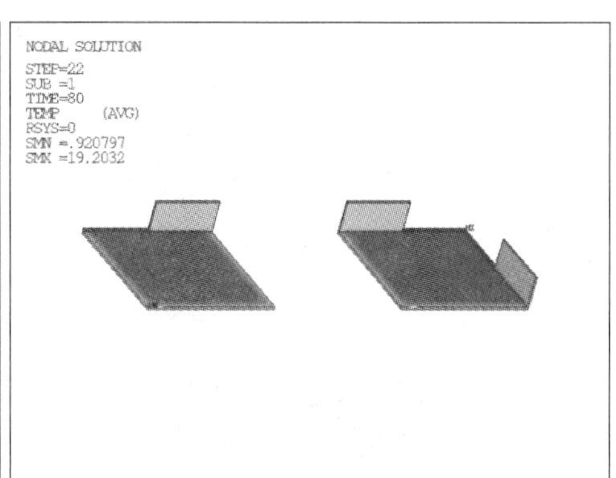

图 3-4-27　第一周第一、四天所浇筑混凝土温度云图

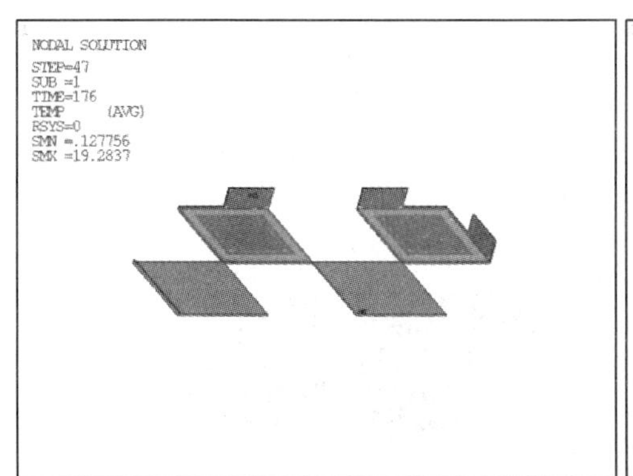

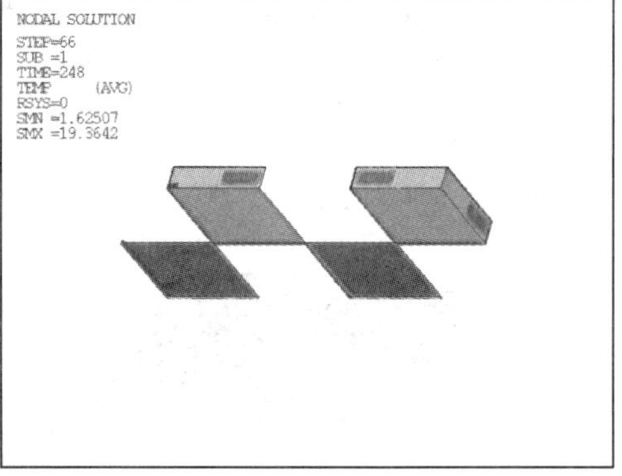

图 3-4-28　第二周第一、四天所浇筑混凝土温度云图

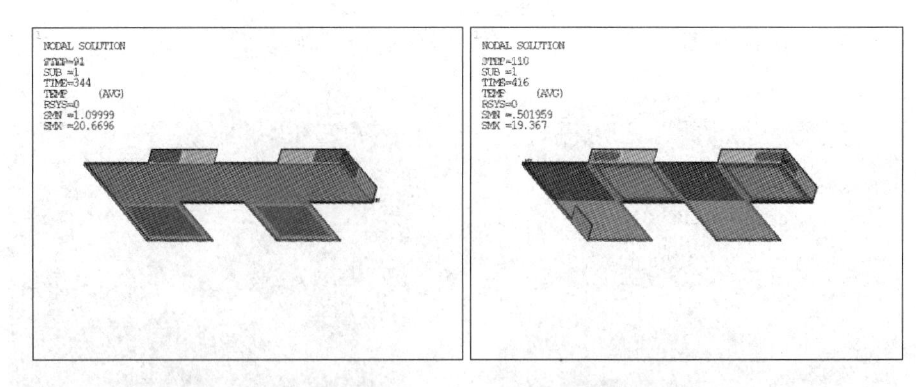

图 3-4-29　第三周第一、四天所浇筑混凝土温度云图

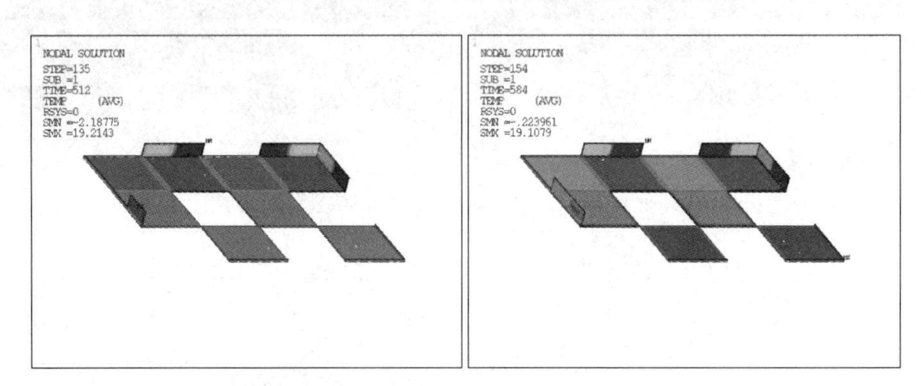

图 3-4-30　第四周第一、四天所浇筑混凝土温度云图

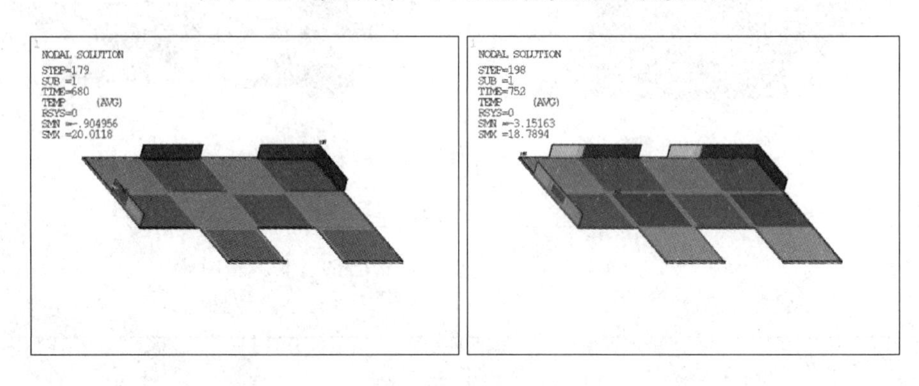

图 3-4-31　第五周第一、四天所浇筑混凝土温度云图

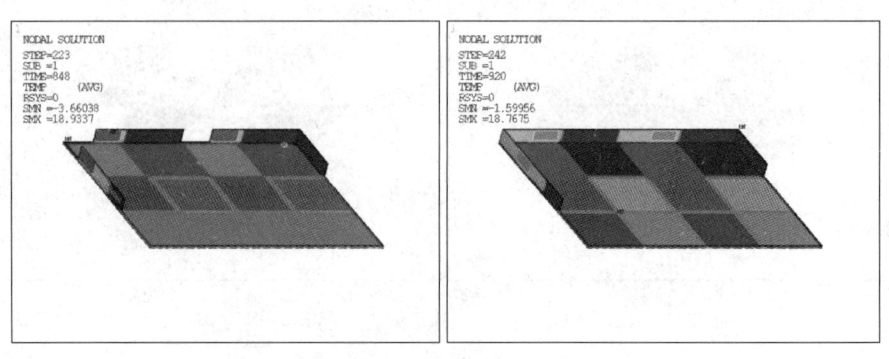

图 3-4-32　第六周第一、四天所浇筑混凝土温度云图

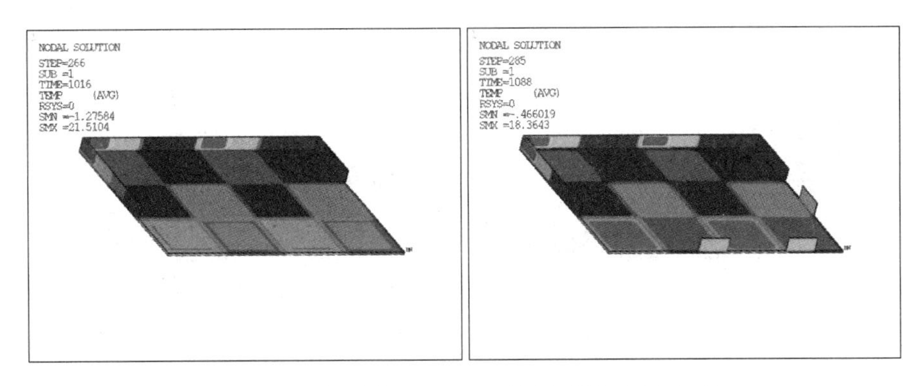

图 3-4-33　第七周第一、四天所浇筑混凝土温度云图

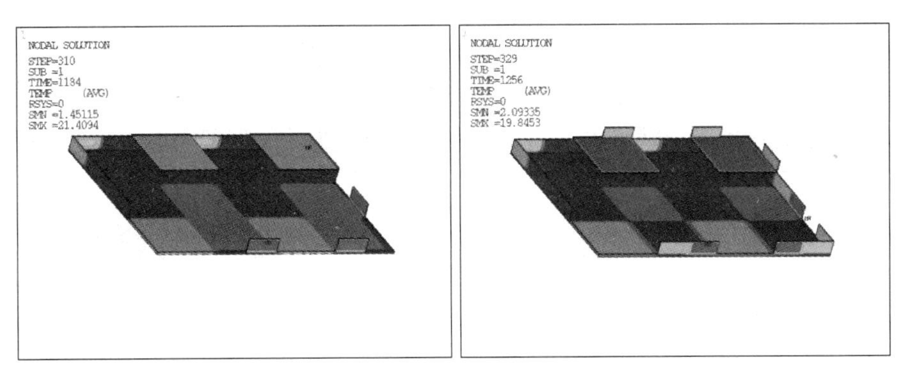

图 3-4-34　第八周第一、四天所浇筑混凝土温度云图

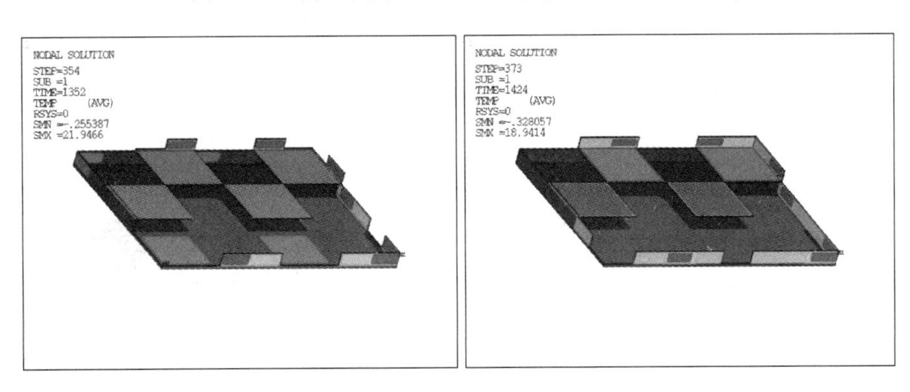

图 3-4-35　第九周第一、四天所浇筑混凝土温度云图

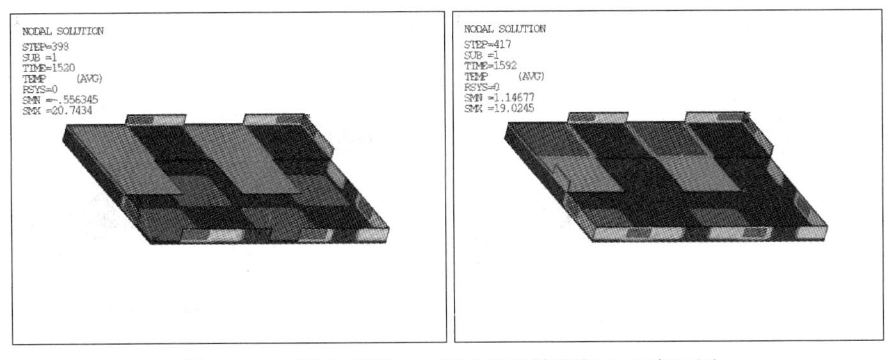

图 3-4-36　第十周第一、四天所浇筑混凝土温度云图

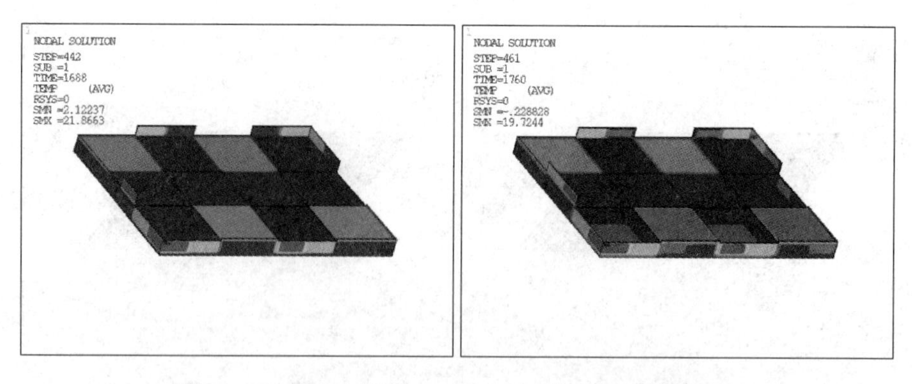

图 3-4-37 第十一周第一、四天所浇筑混凝土温度云图

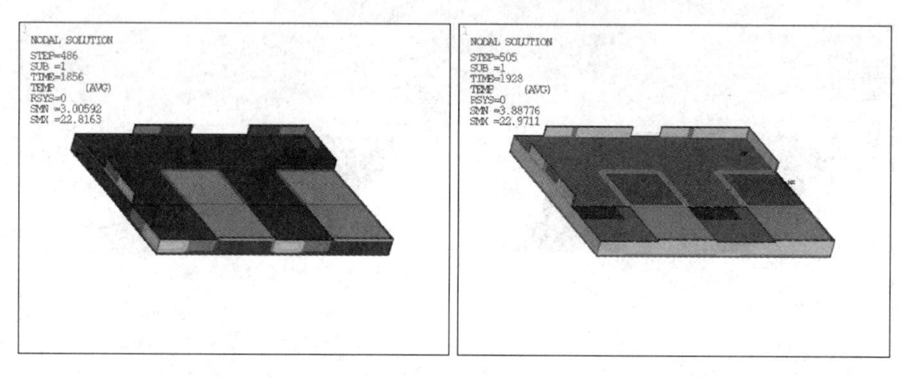

图 3-4-38 第十二周第一、四天所浇筑混凝土温度云图

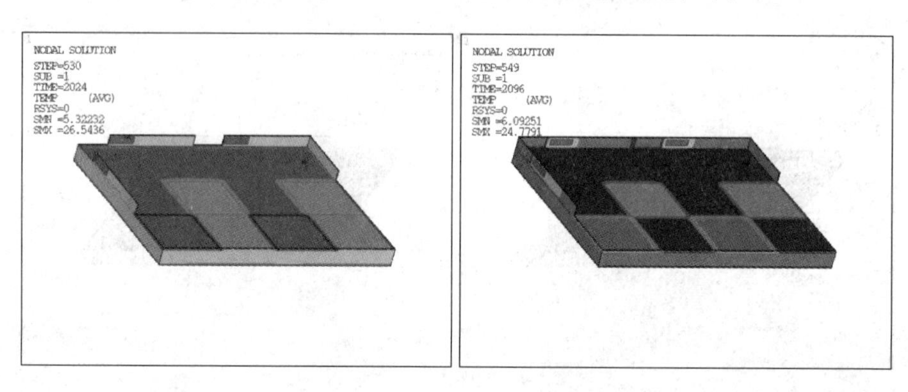

图 3-4-39 第十三周第一、四天所浇筑混凝土温度云图

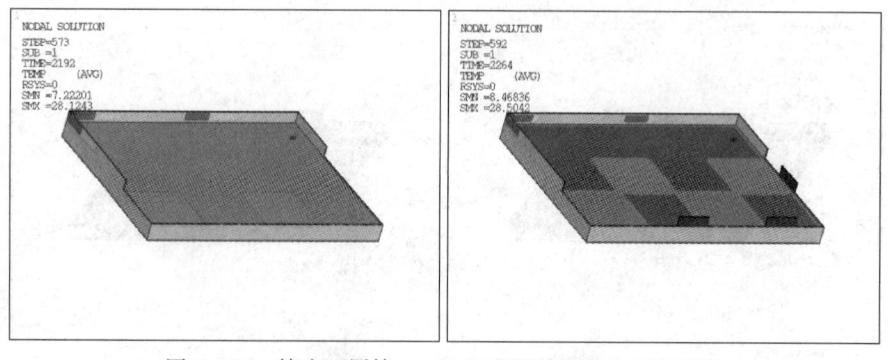

图 3-4-40 第十四周第一、四天所浇筑混凝土温度云图

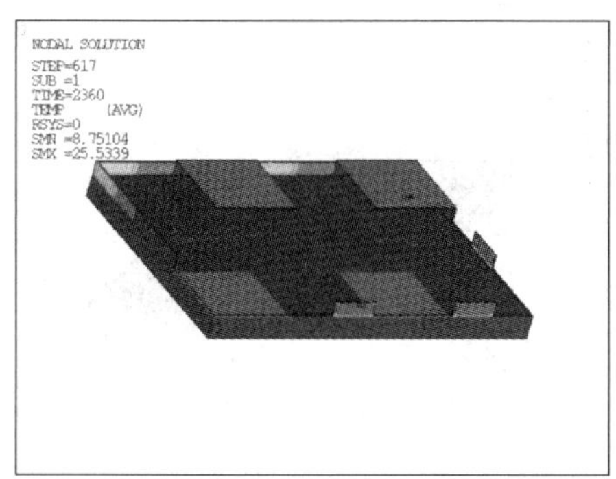

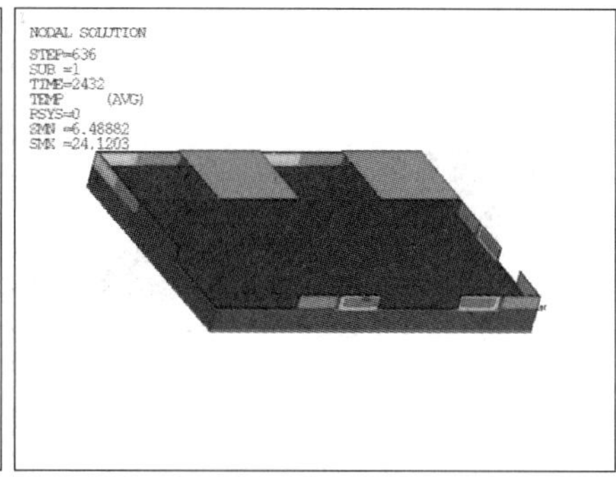

图 3-4-41　第十五周第一、四天所浇筑混凝土温度云图

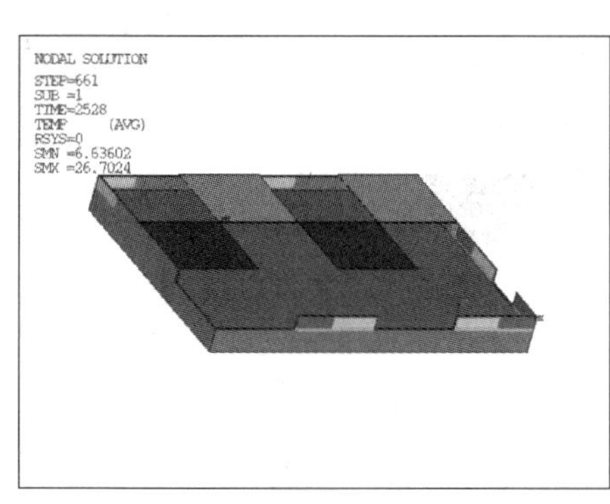

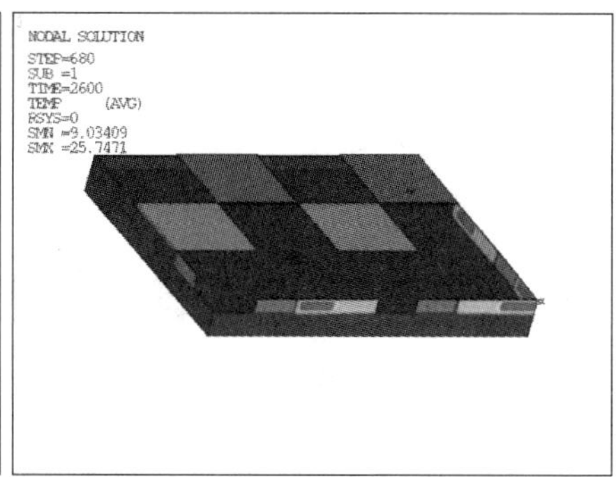

图 3-4-42　第十六周第一、四天所浇筑混凝土温度云图

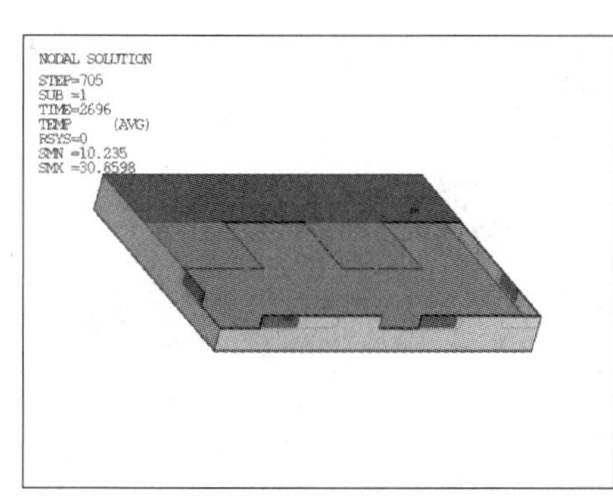

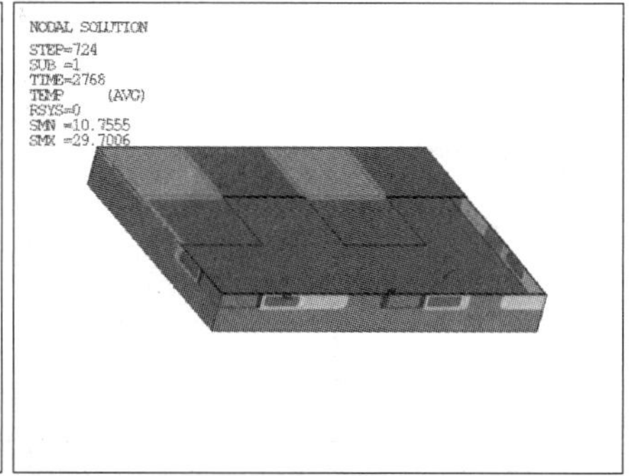

图 3-4-43　第十七周第一、四天所浇筑混凝土温度云图

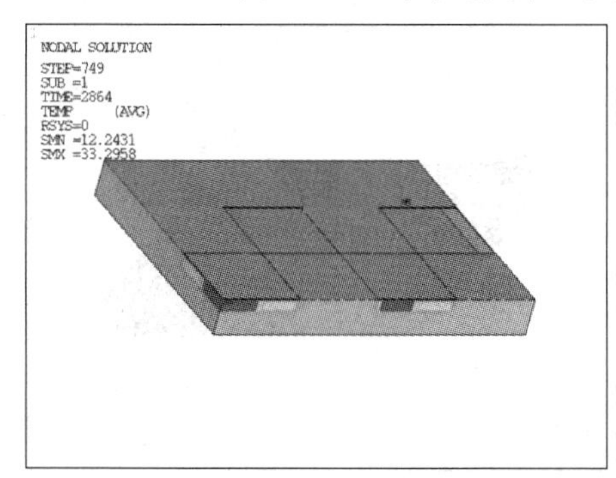

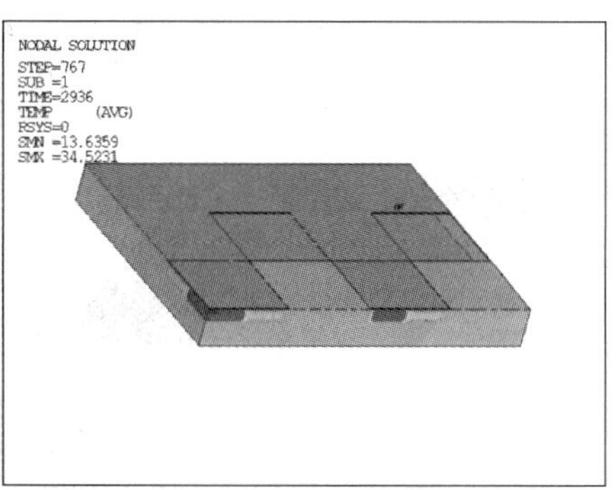

图 3-4-44　第十八周第一、四天所浇筑混凝土温度云图

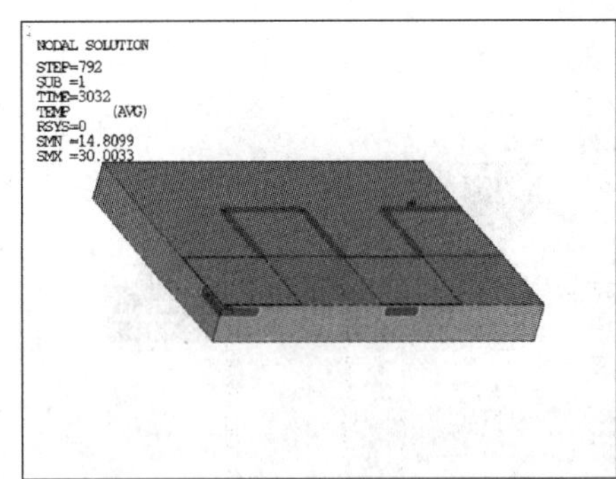

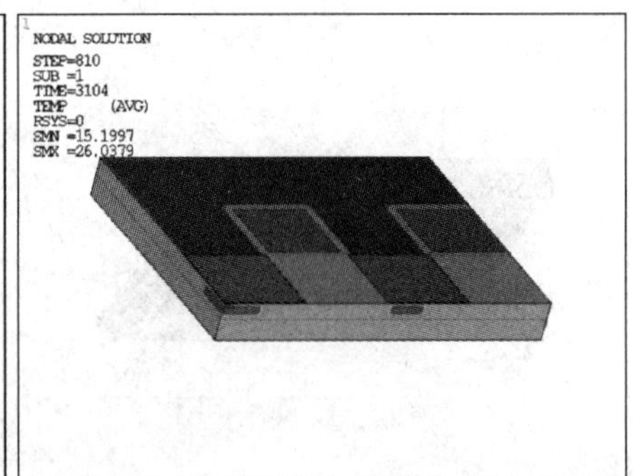

图 3-4-45　第十九周第一、四天所浇筑混凝土温度云图

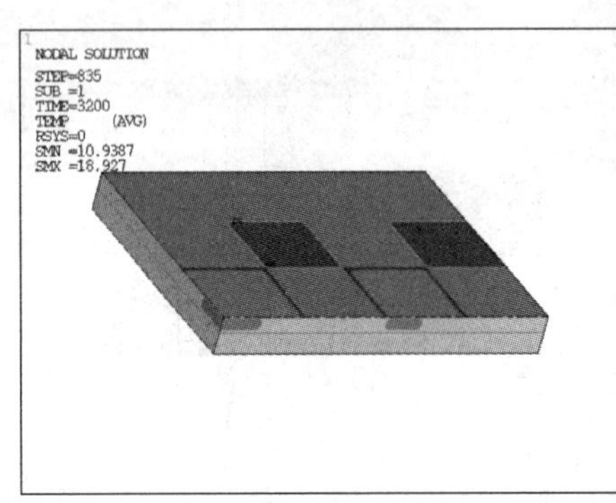

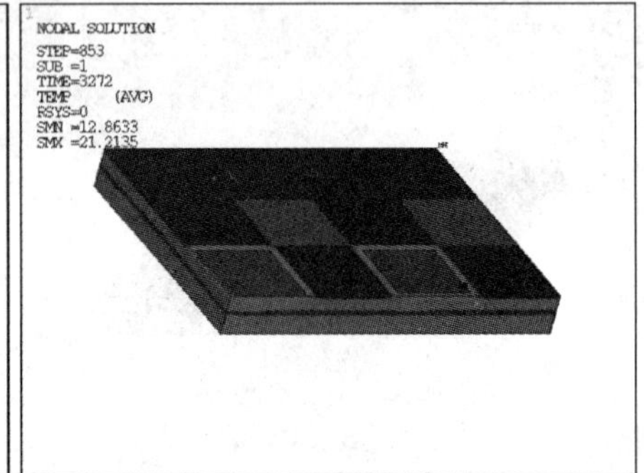

图 3-4-46　第二十周第一、四天所浇筑混凝土温度云图

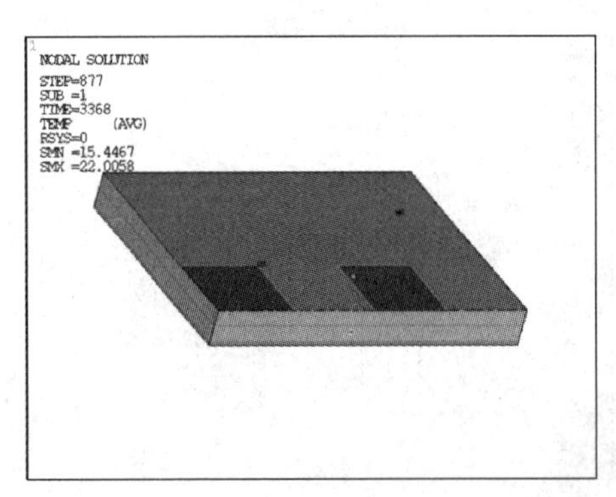

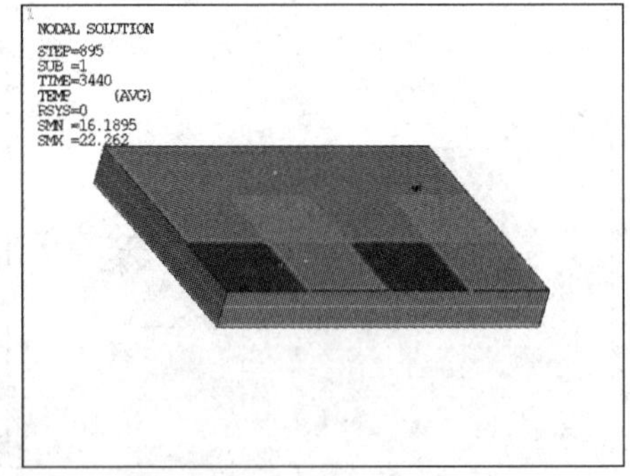

图 3-4-47　第二十一周第一、四天所浇筑混凝土温度云图

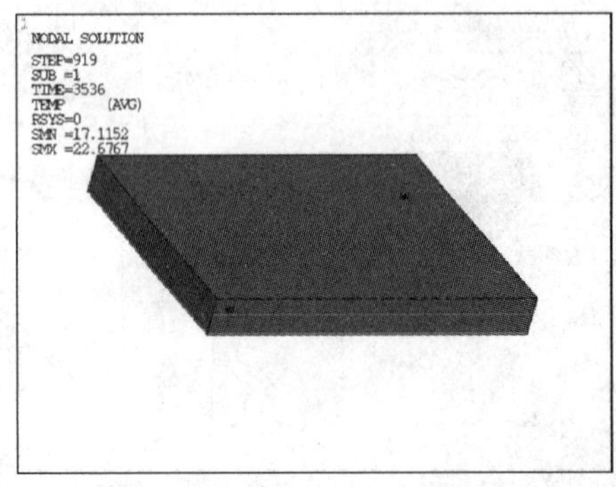

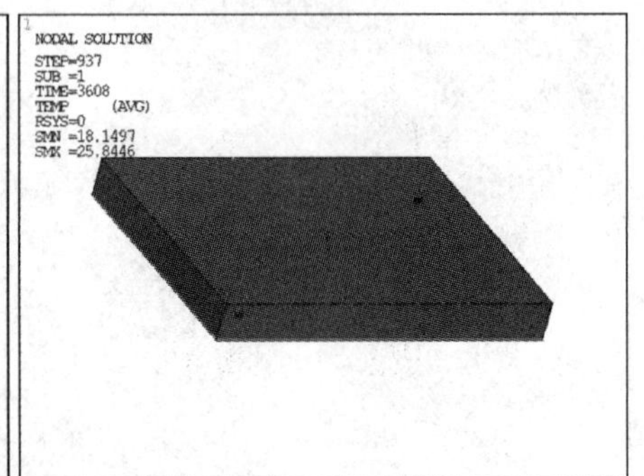

图 3-4-48　第二十二周第一、四天所浇筑混凝土温度云图

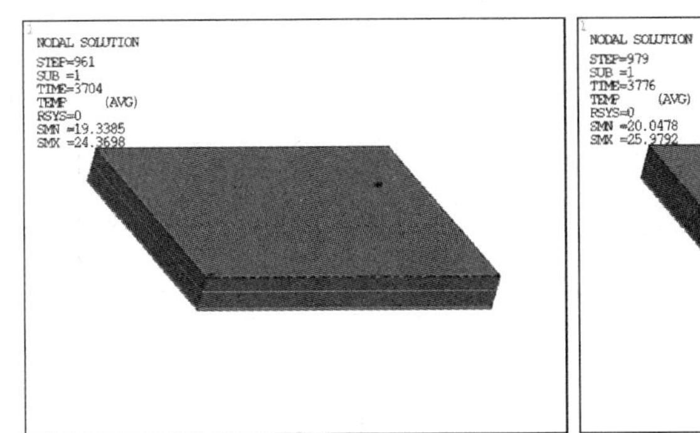

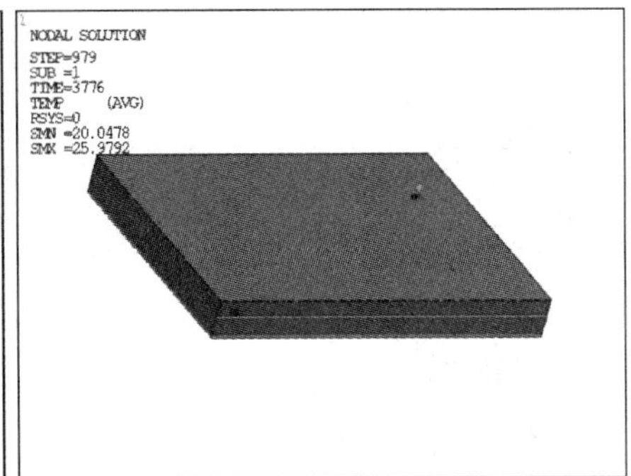

图 3-4-49　第二十三周第一、四天所浇筑混凝土温度云图

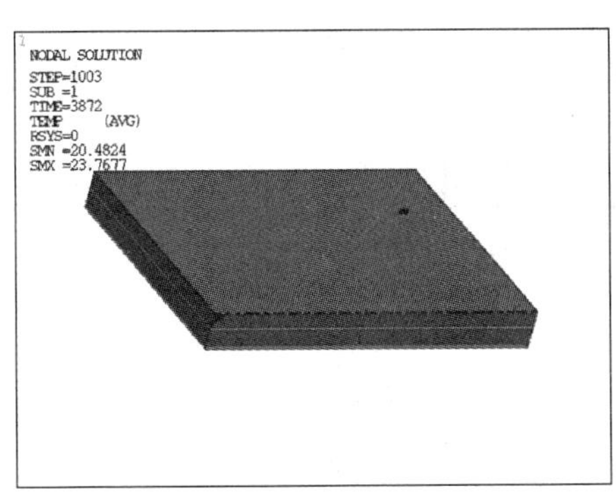

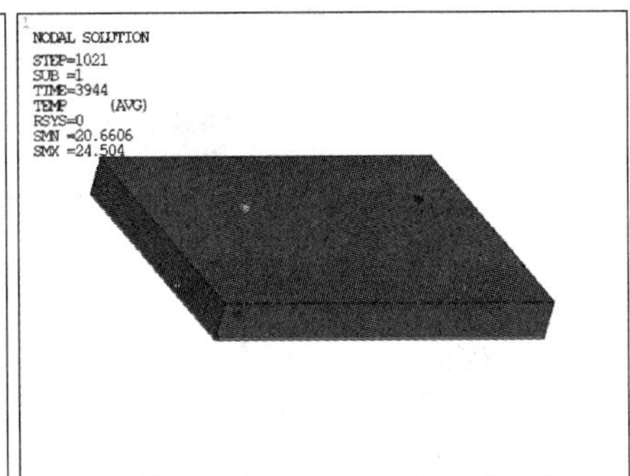

图 3-4-50　第二十四周第一、四天所浇筑混凝土温度云图

2）监测点的温度变化。

① 第一层底板监测点的温度变化。

图 3-4-51～图 3-4-54 所示是第一次浇筑的底板混凝土监测点的温度随时间的变化曲

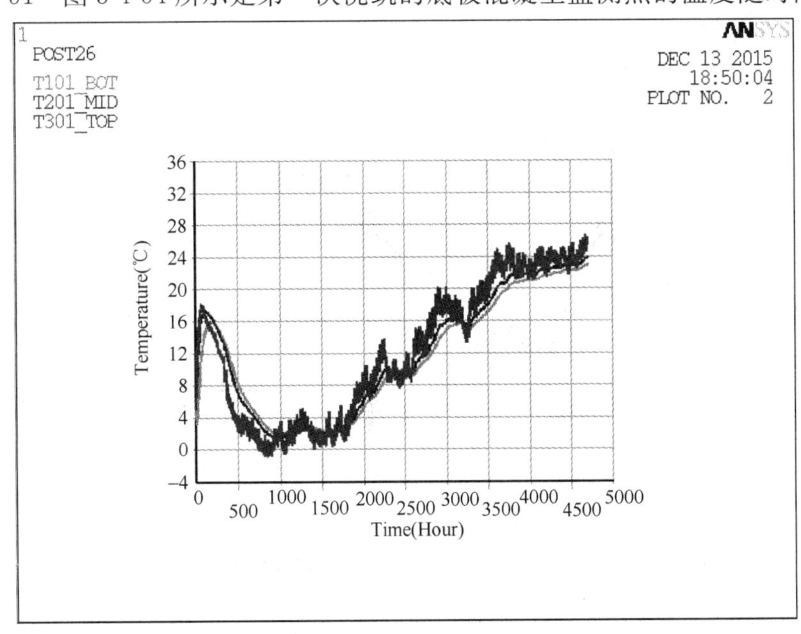

图 3-4-51　第一监测位置上、中、下监测点温度与时间关系

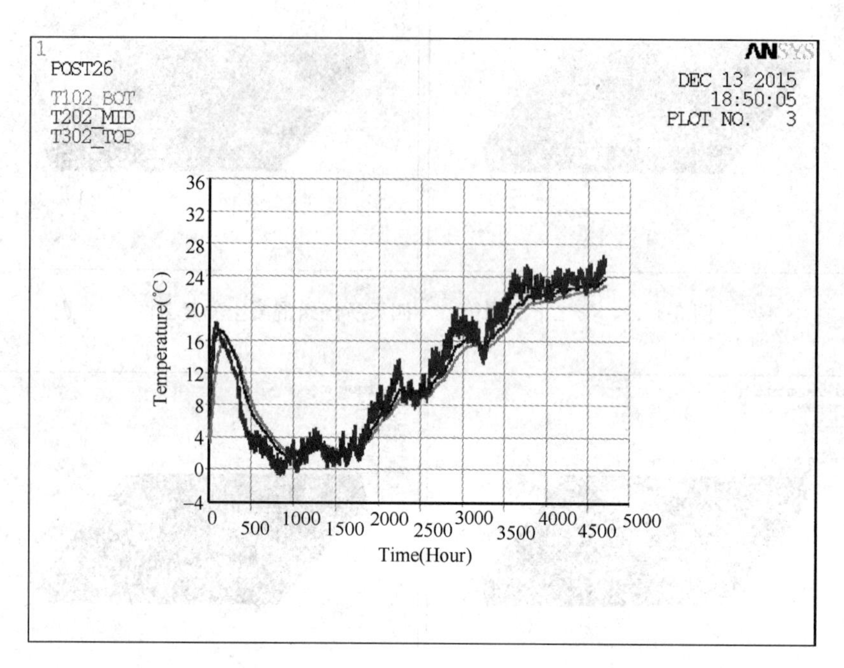

图 3-4-52　第二监测位置上、中、下监测点温度与时间关系

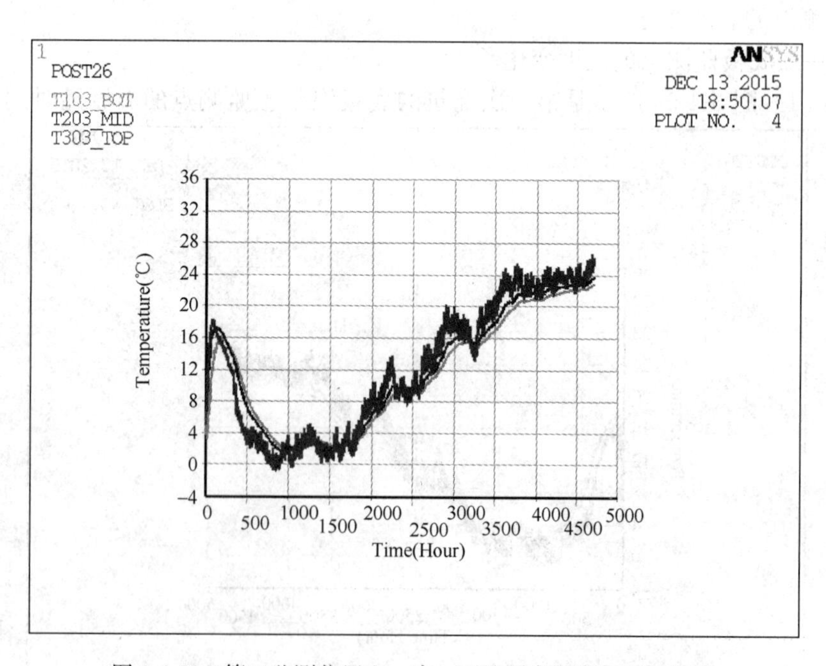

图 3-4-53　第三监测位置上、中、下监测点温度与时间关系

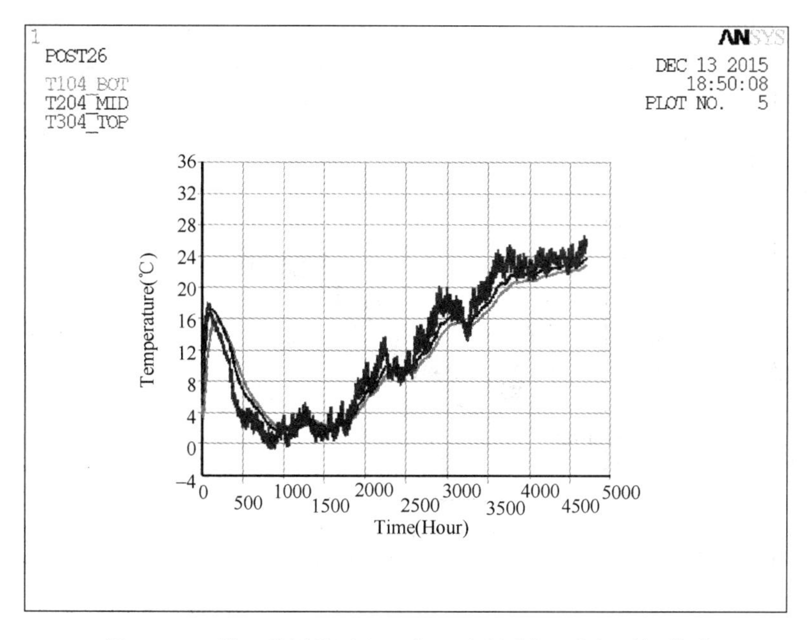

图 3-4-54　第四监测位置上、中、下监测点温度与时间关系

线，纵坐标是温度，横坐标是时间，单位是 h，每天 24h，每周 168h。

第五到第八监测点是属于后浇仓位置，与第一次浇筑的底板混凝土相邻，浇筑时间相隔四周（672h）。图 3-4-55～图 3-4-58 所示是其中四个监测点的温度随时间的变化曲线，同样纵坐标是温度，横坐标是时间，单位是小时，每天 24h，每周 168h。但图中从 0h 到 672h 的温度仅是软件计算时的虚加温度，没有实际意义，真正的温度曲线从 673h 开始，即图中温度开始由于水化热而上升的阶段。

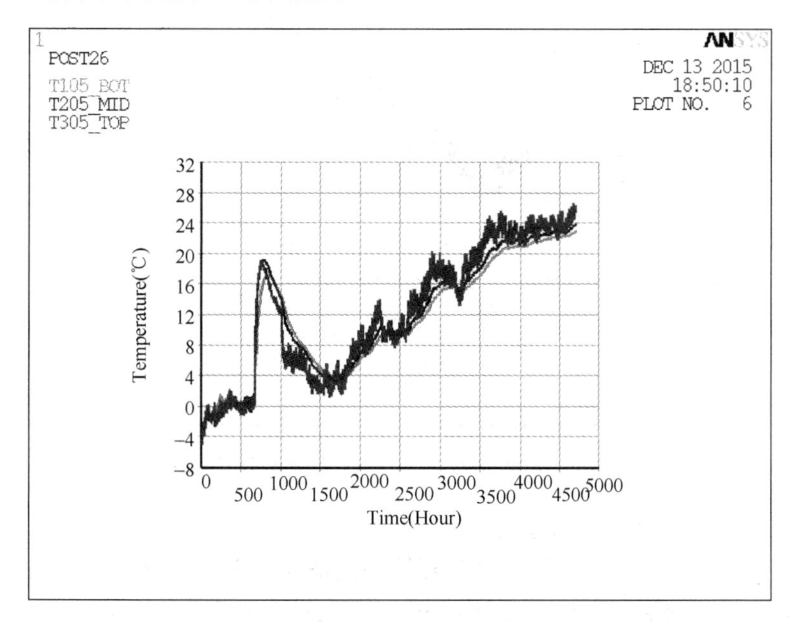

图 3-4-55　第五监测位置上、中、下监测点温度与时间关系

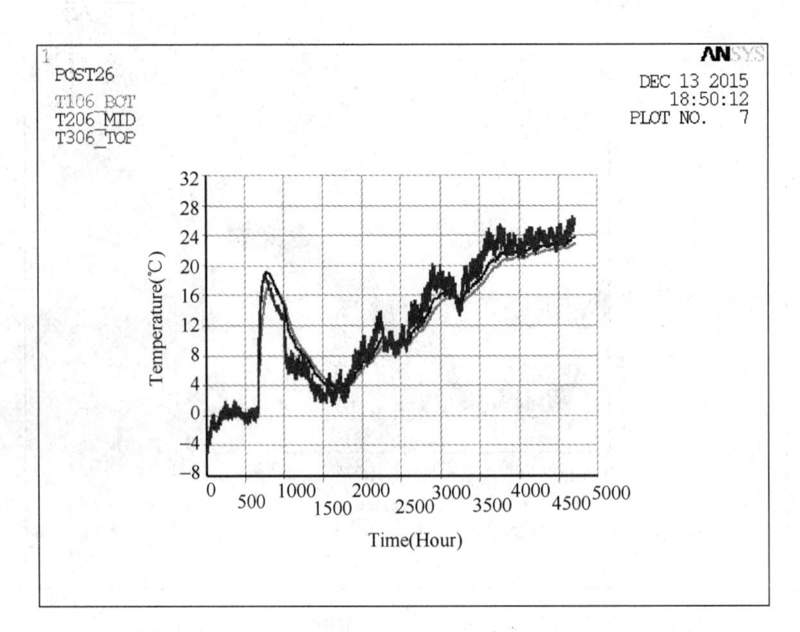

图 3-4-56 第六监测位置上、中、下监测点温度与时间关系

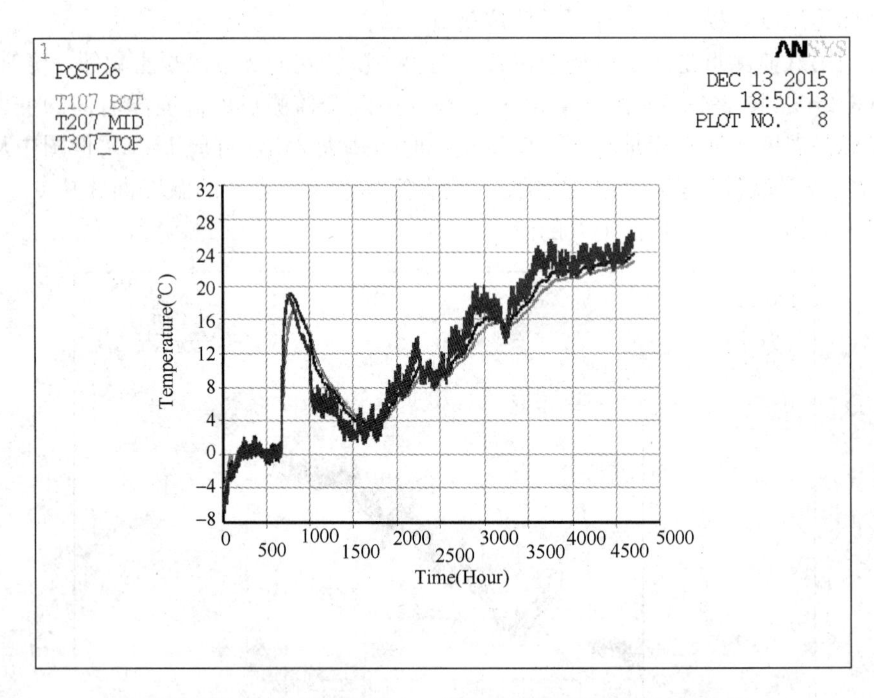

图 3-4-57 第七监测位置上、中、下监测点温度与时间关系

② 第二层底板监测点的温度变化。

图 3-4-59～图 3-4-62 所示是第二层底板第一次浇筑的底板混凝土监测点的温度随时间的变化曲线，纵坐标是温度，横坐标是时间，单位是 h，每天 24h，每周 168h。有效数据从第 8 周开始（即第 1176h 开始）。

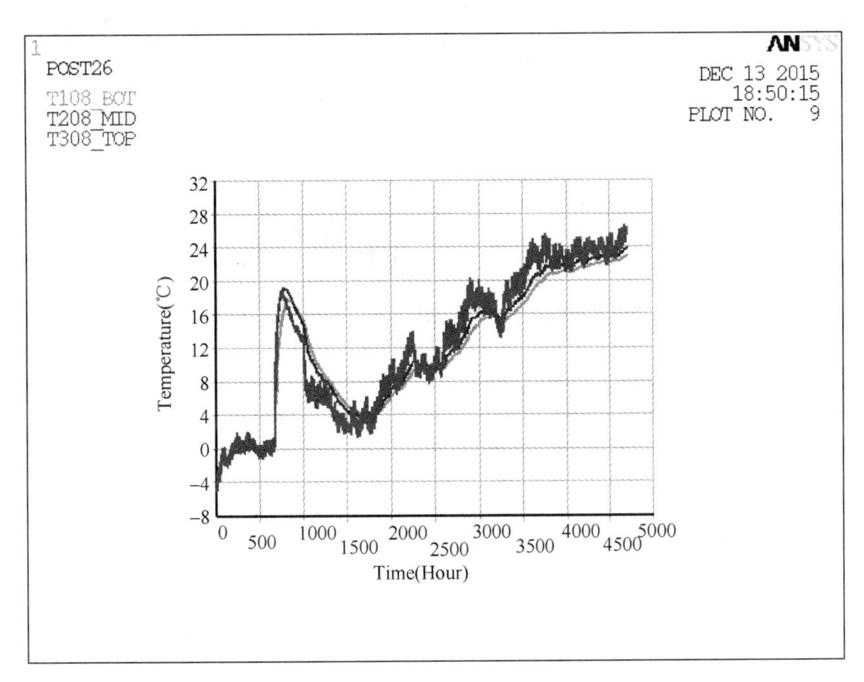

图 3-4-58 第八监测位置上、中、下监测点温度与时间关系

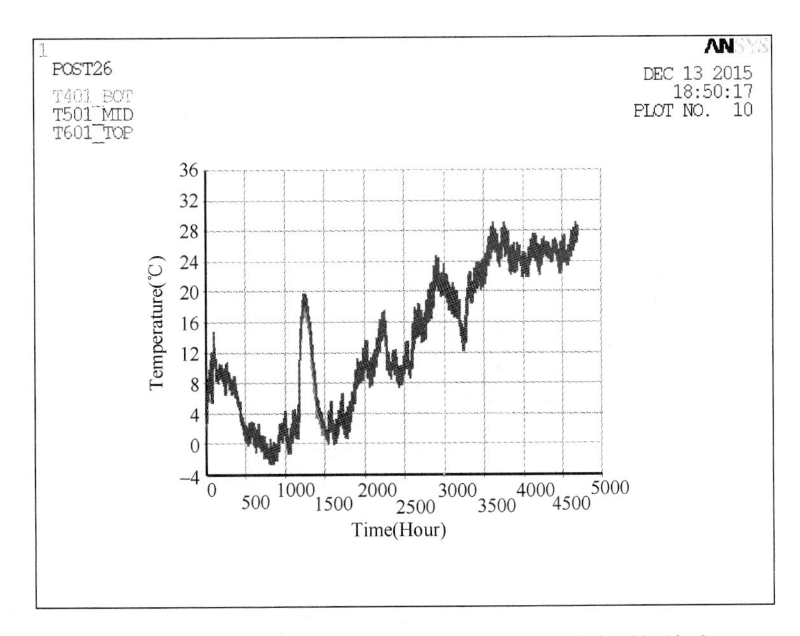

图 3-4-59 第一监测位置上、中、下监测点温度与时间关系

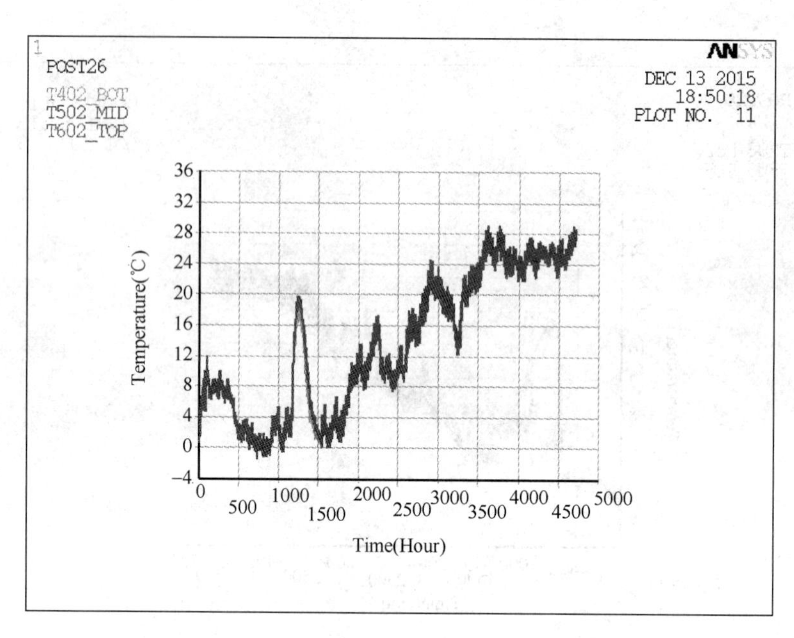

图 3-4-60　第二监测位置上、中、下监测点温度与时间关系

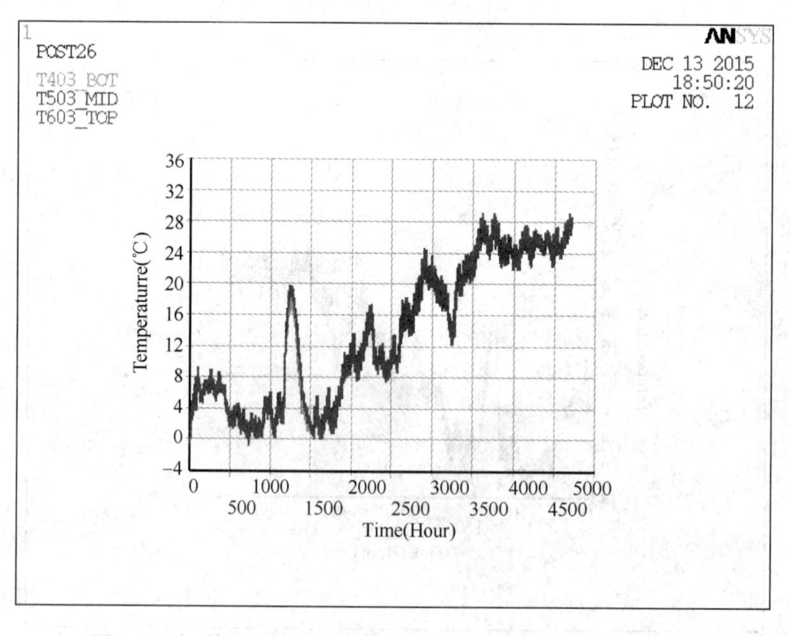

图 3-4-61　第三监测位置上、中、下监测点温度与时间关系

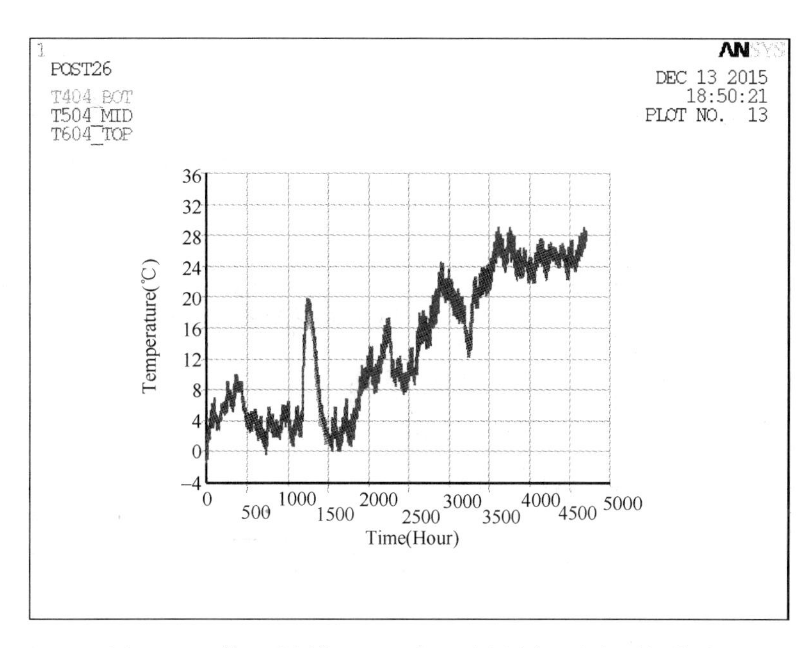

图 3-4-62　第四监测位置上、中、下监测点温度与时间关系

第五到第八监测点是属于后浇仓位置，与第一次浇筑的底板混凝土相邻，浇筑时间相隔 11 周（1848h)。图 3-4-63～图 3-4-66 所示是其中四个监测点的温度随时间的变化曲线，同样纵坐标是温度，横坐标是时间，单位是 h，每天 24h，每周 168h。图中从 0h 到 1848h 的温度仅是软件计算时的虚加温度，没有实际意义，有效数据从第 12 周开始（即第 1848h 开始），即图中温度开始由于水化热而上升的阶段。

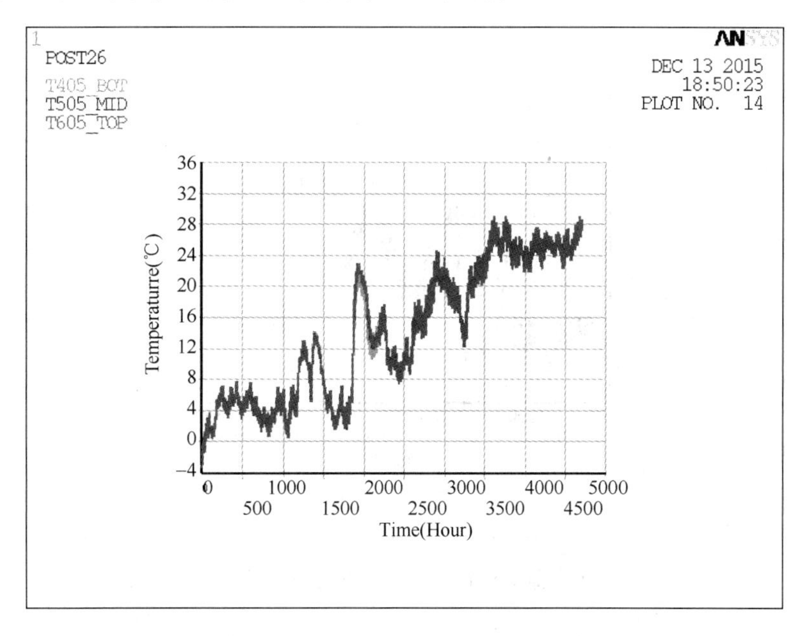

图 3-4-63　第五监测位置上、中、下监测点温度与时间关系

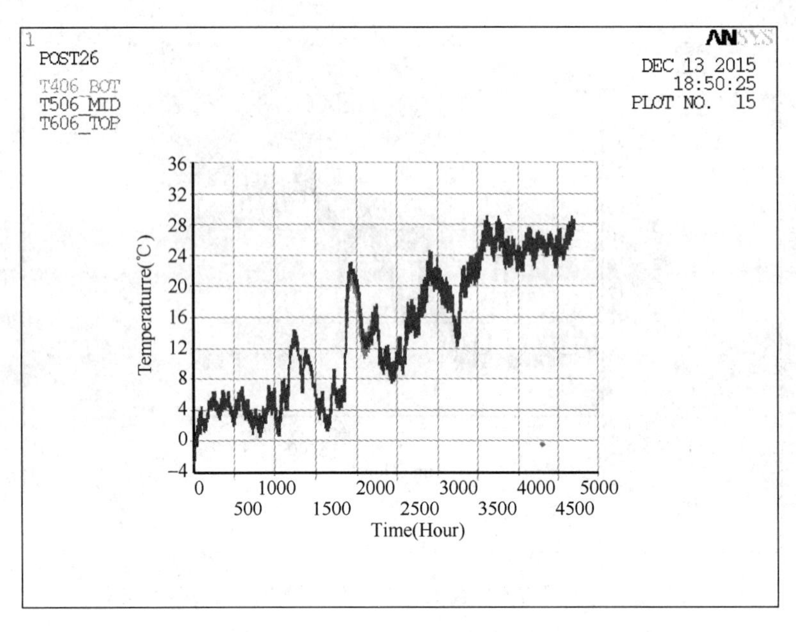

图 3-4-64　第六监测位置上、中、下监测点温度与时间关系

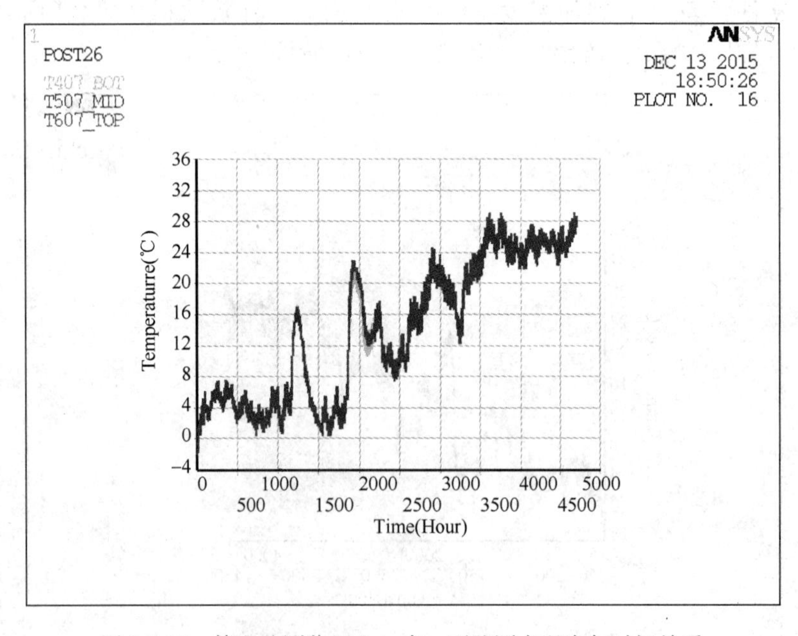

图 3-4-65　第七监测位置上、中、下监测点温度与时间关系

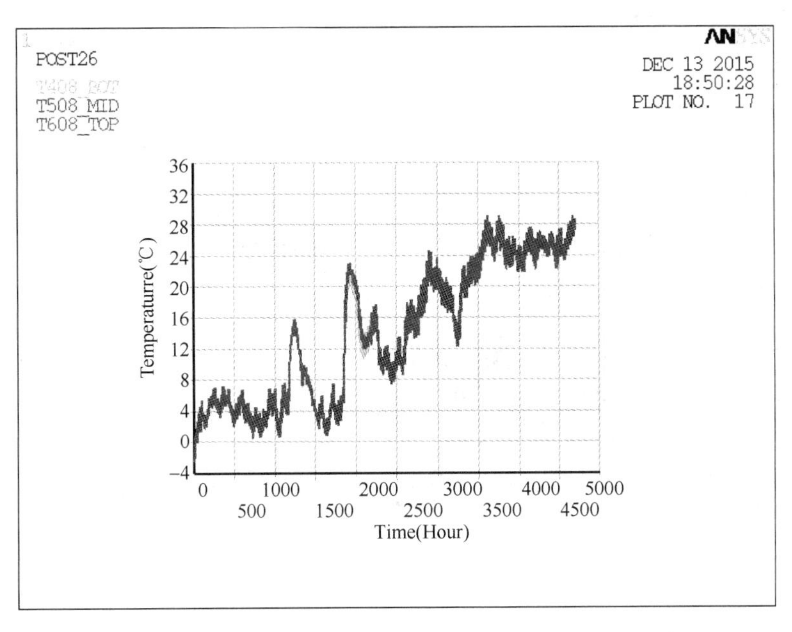

图 3-4-66　第八监测位置上、中、下监测点温度与时间关系

③ 第三层底板监测点的温度变化。

图 3-4-67～图 3-4-70 所示是第三层底板第一次浇筑的底板混凝土监测点的温度随时间的变化曲线，纵坐标是温度，横坐标是时间，单位是 h，每天 24h，每周 168h。有效数据从第 15 周开始（即第 2520h 开始）。

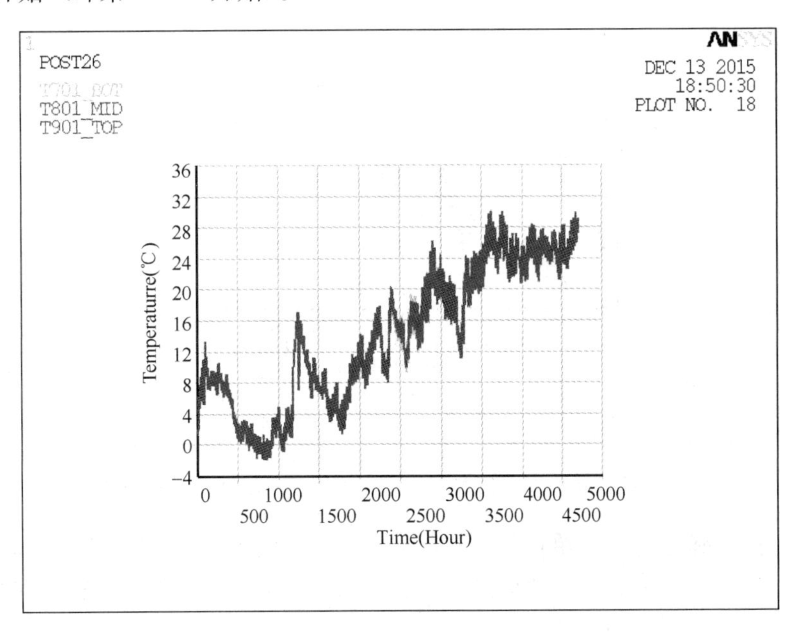

图 3-4-67　第一监测位置上、中、下监测点温度与时间关系

第五到第八监测点是属于后浇仓位置，与先浇仓相邻，与第一次浇筑时间相隔 18 周（3024h）。图 3-4-71～图 3-4-74 所示是其中四个监测点的温度随时间的变化曲线，同样纵

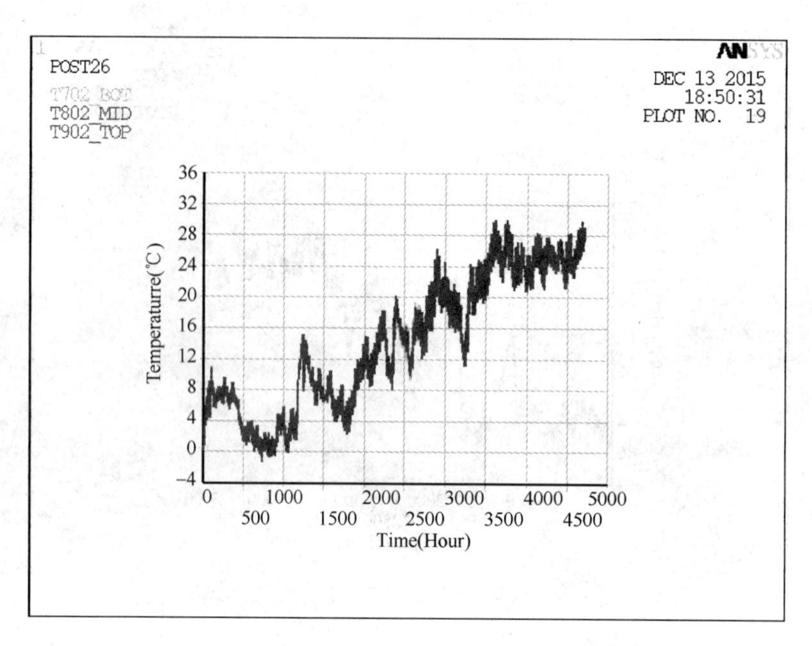

图 3-4-68 第二监测位置上、中、下监测点温度与时间关系

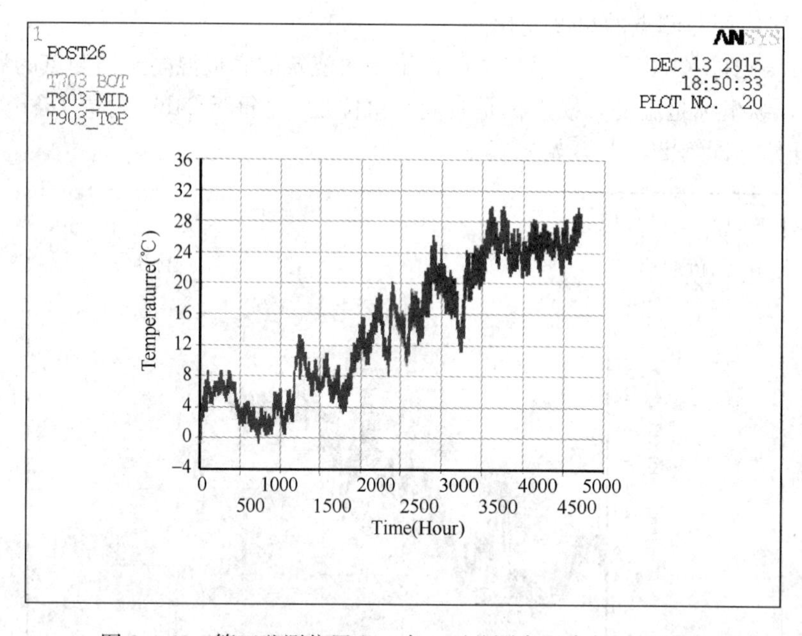

图 3-4-69 第三监测位置上、中、下监测点温度与时间关系

坐标是温度，横坐标是时间，单位是 h，每天 24h，每周 168h。图中从 0h 到 3024h 的温度仅是软件计算时的虚加温度，没有实际意义，有效数据从第 18 周开始（即第 3024h 开始），即图中温度开始由于水化热而上升的阶段。

④ 墙体监测点的温度变化。

图 3-4-75～图 3-4-78 所示是墙体混凝土监测点的温度随时间的变化曲线，纵坐标是温度，横坐标是时间，单位是小时，每天 24h，每周 168h。

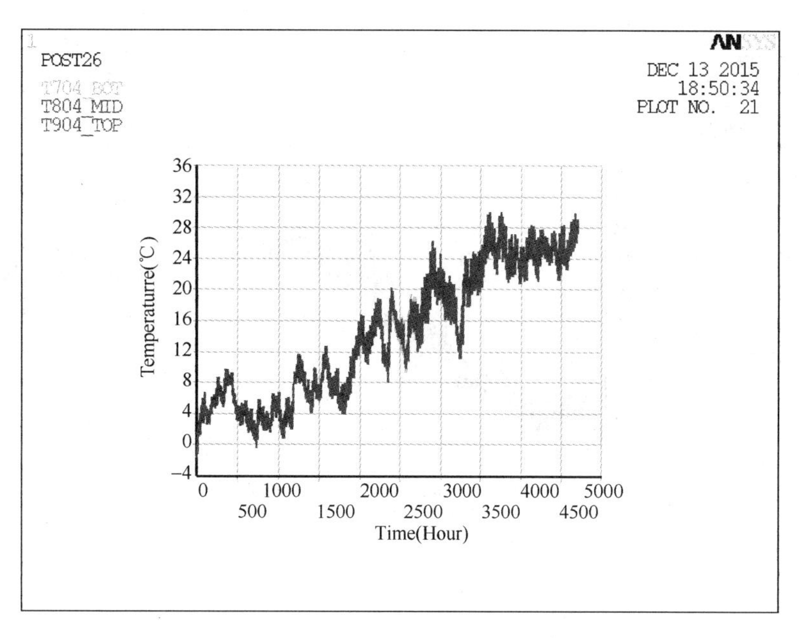

图 3-4-70　第四监测位置上、中、下监测点温度与时间关系

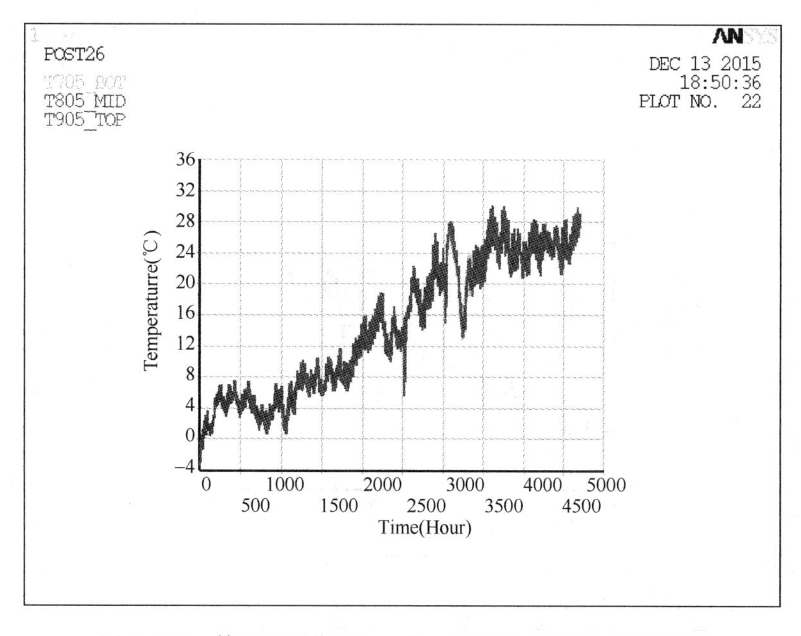

图 3-4-71　第五监测位置上、中、下监测点温度与时间关系

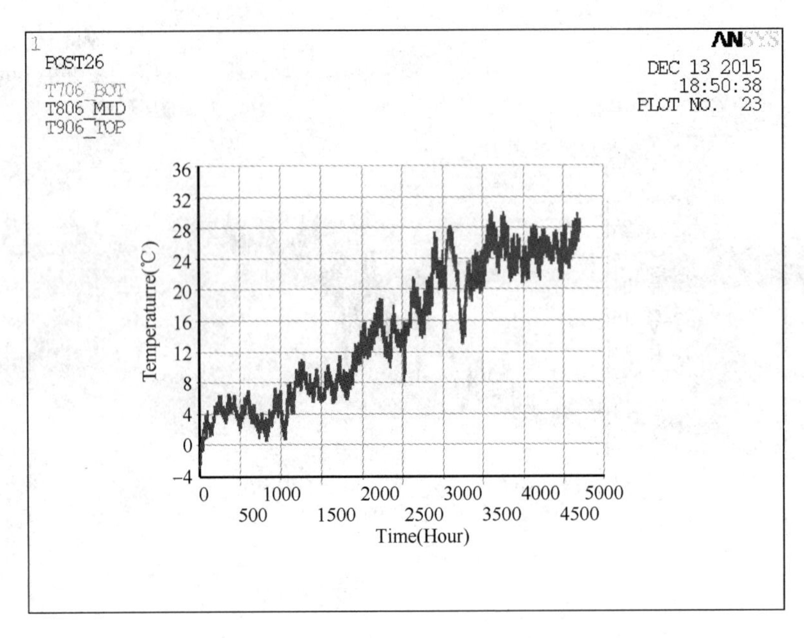

图 3-4-72　第六监测位置上、中、下监测点温度与时间关系

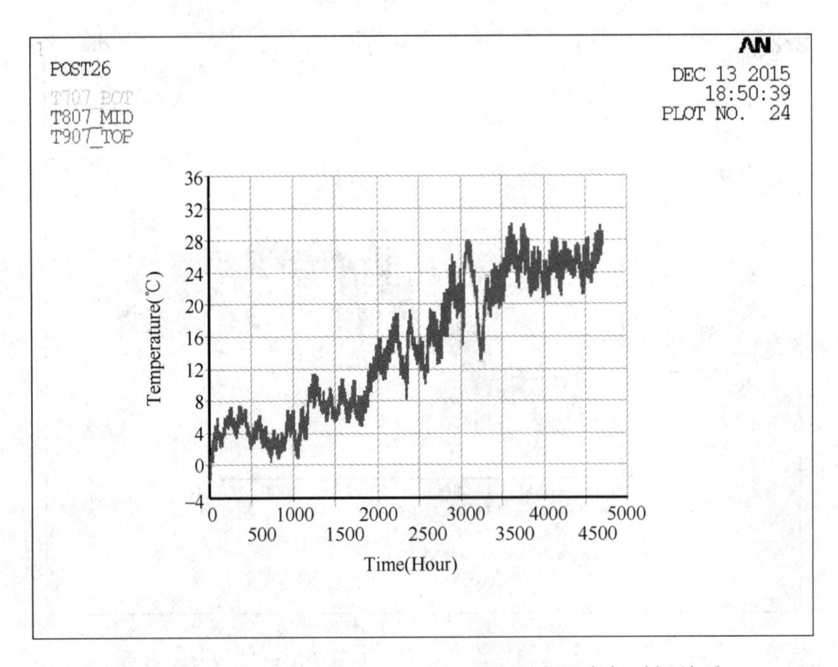

图 3-4-73　第七监测位置上、中、下监测点温度与时间关系

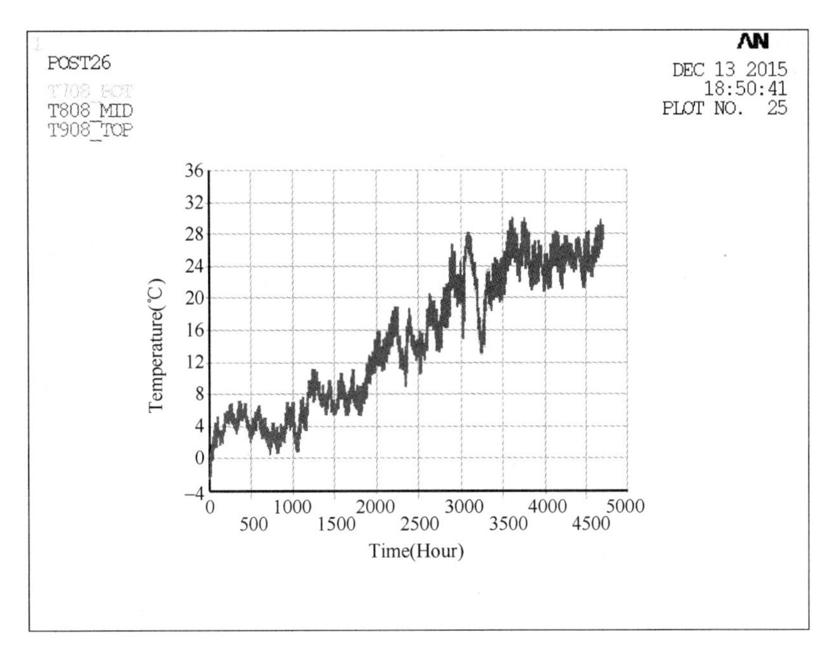

图 3-4-74　第八监测位置上、中、下监测点温度与时间关系

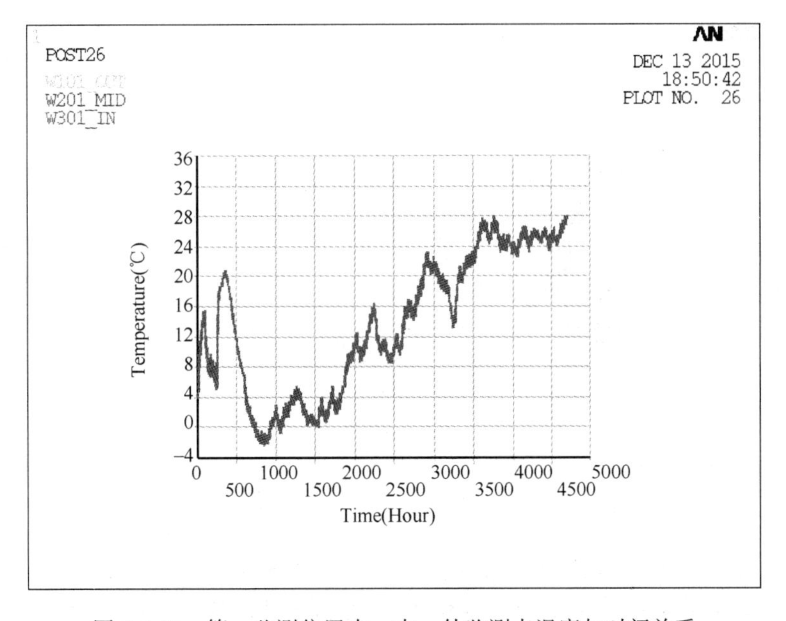

图 3-4-75　第一监测位置内、中、外监测点温度与时间关系

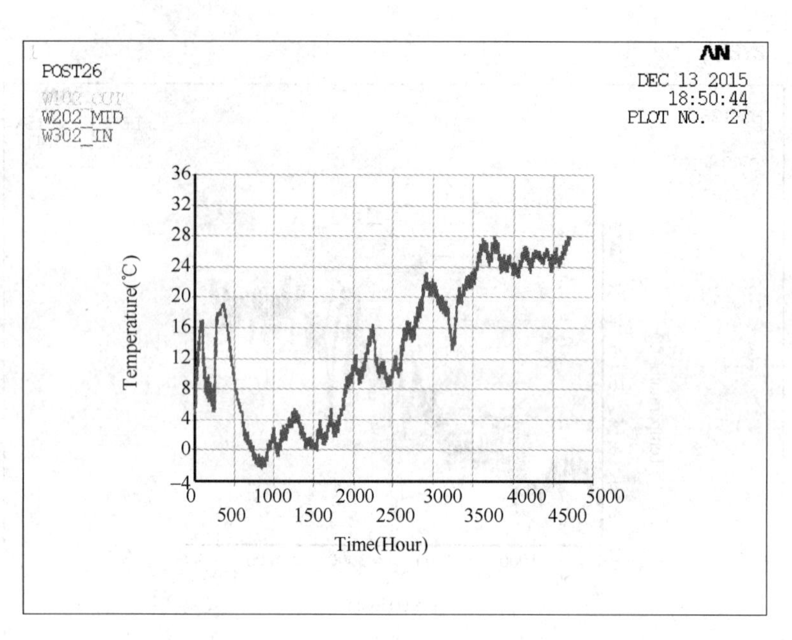

图 3-4-76　第二监测位置内、中、外监测点温度与时间关系

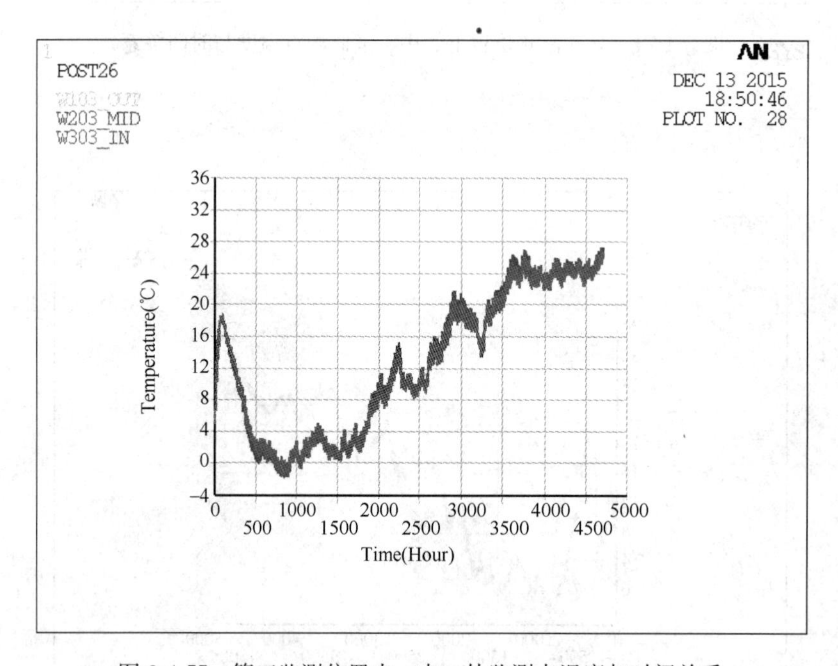

图 3-4-77　第三监测位置内、中、外监测点温度与时间关系

第五到第八监测点是属于后浇墙位置，与先浇墙相邻，与第一次浇筑时间相隔 10d（240h）。图 3-4-79～图 3-4-82 所示是其中四个监测点的温度随时间的变化曲线，同样纵坐标是温度，横坐标是时间，单位是 h，每天 24h，每周 168h。图中从 0h 到 240h 的温度仅是软件计算时的虚加温度，没有实际意义，有效数据从第 2 周开始（即第 240h 开始），即图中温度开始由于水化热而上升的阶段。

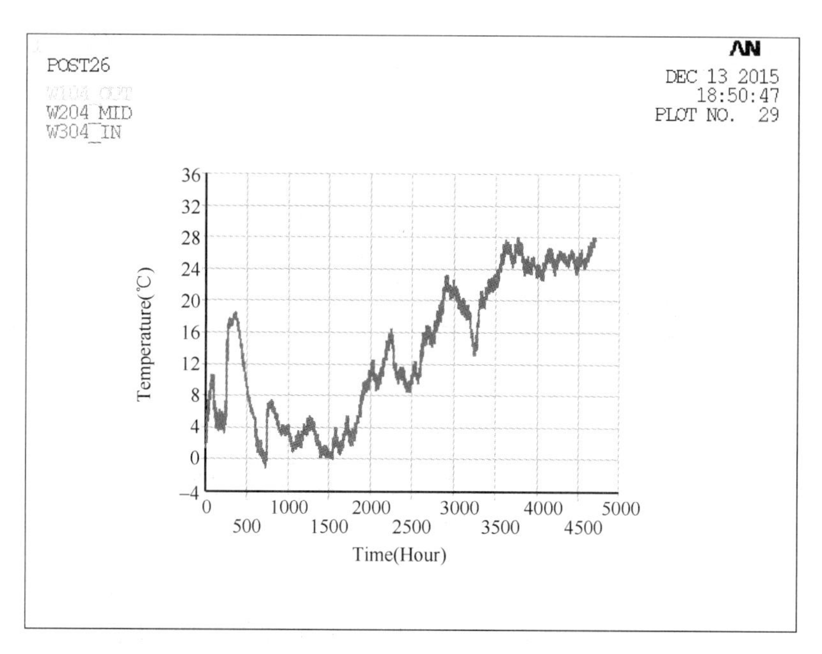

图 3-4-78　第四监测位置内、中、外监测点温度与时间关系

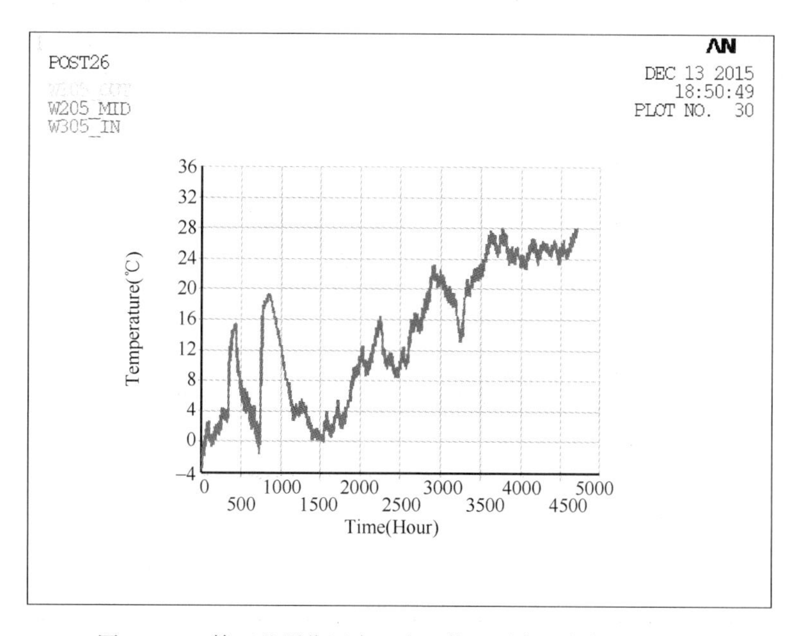

图 3-4-79　第五监测位置内、中、外监测点温度与时间关系

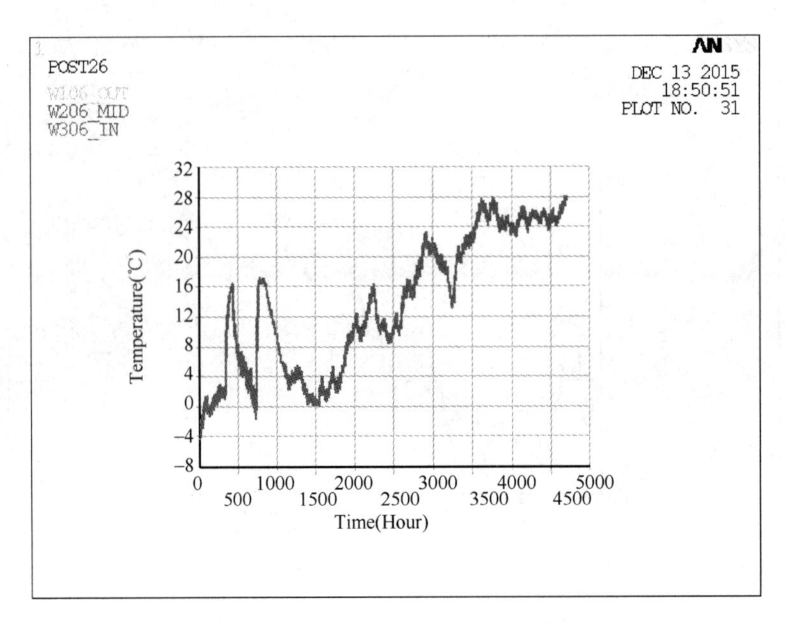

图 3-4-80 第六监测位置内、中、外监测点温度与时间关系

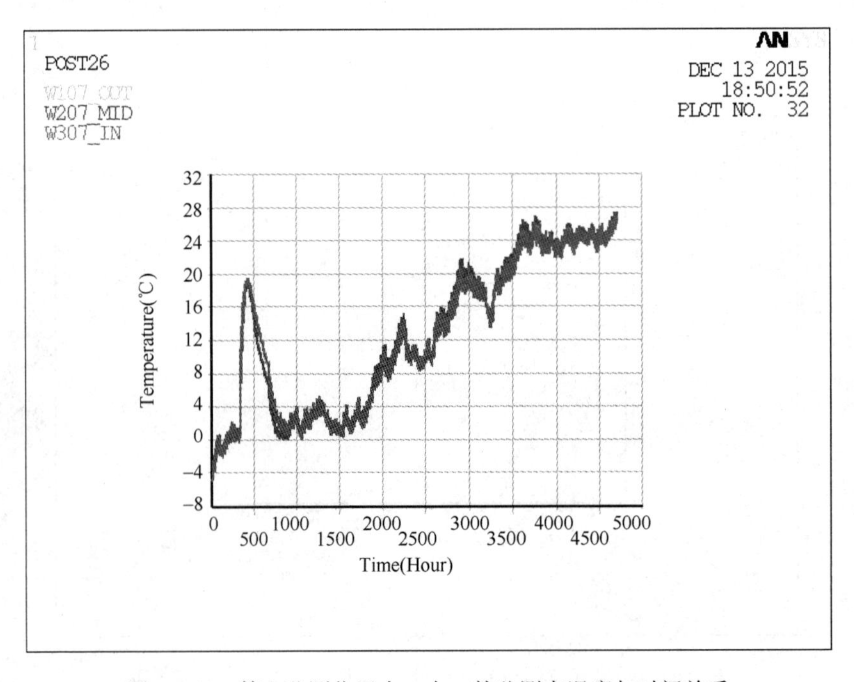

图 3-4-81 第七监测位置内、中、外监测点温度与时间关系

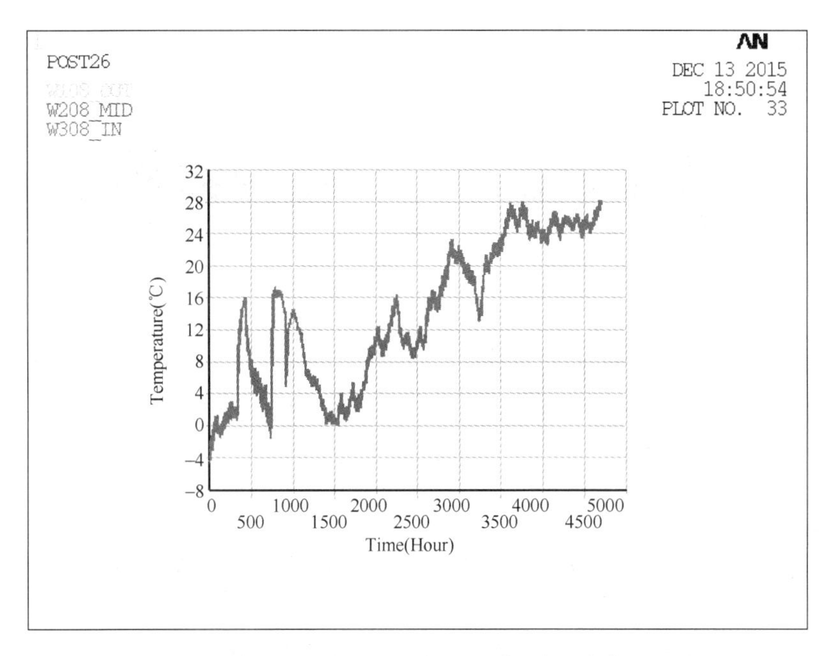

图 3-4-82　第八监测位置内、中、外监测点温度与时间关系

（3）计划应力计算

第一周至第二十八周所浇筑混凝土第一主应力云图如图 3-4-83～图 3-4-110 所示。

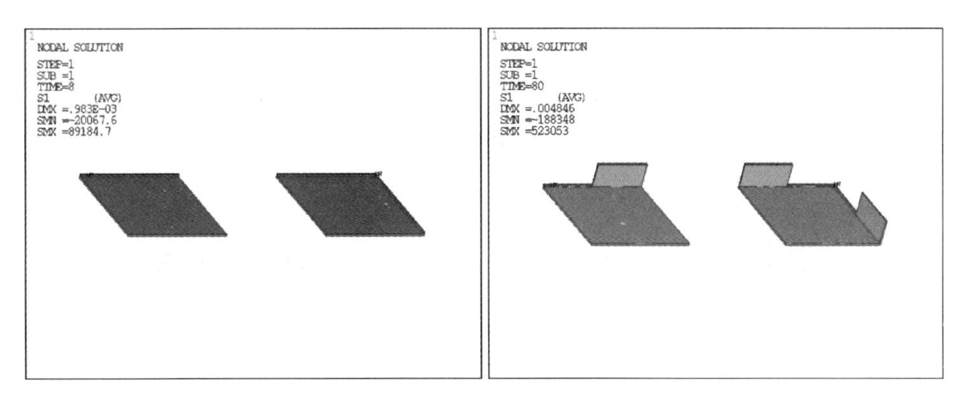

图 3-4-83　第一周第一、四天所浇筑混凝土第一主应力云图

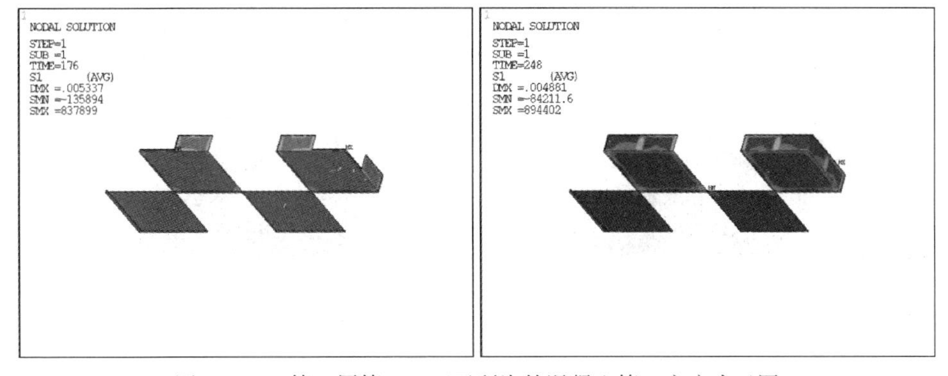

图 3-4-84　第二周第一、四天所浇筑混凝土第一主应力云图

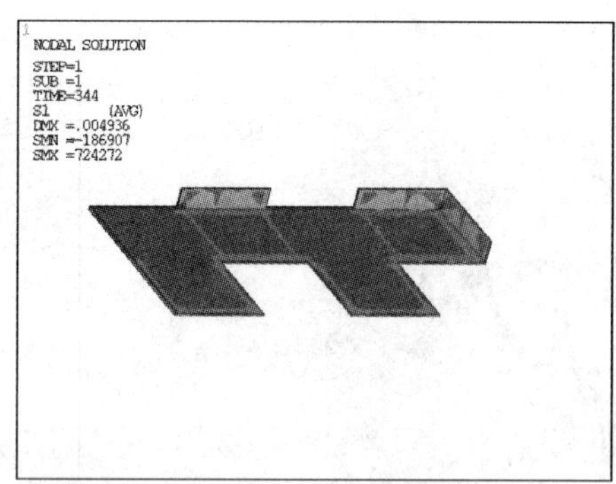

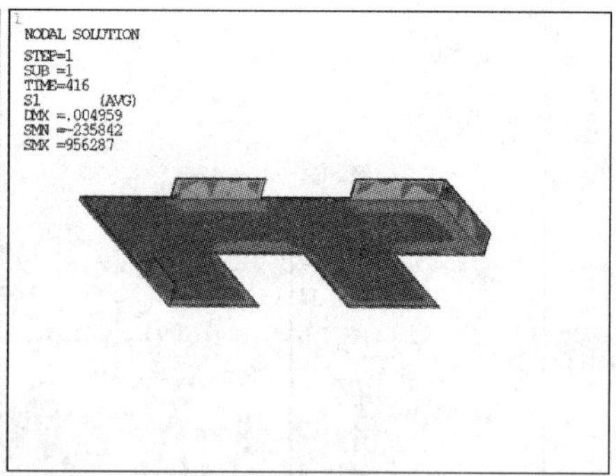

图 3-4-85　第三周第一、四天所浇筑混凝土第一主应力云图

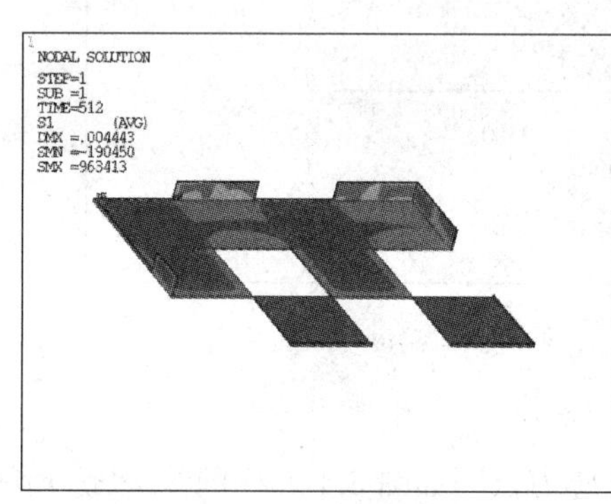

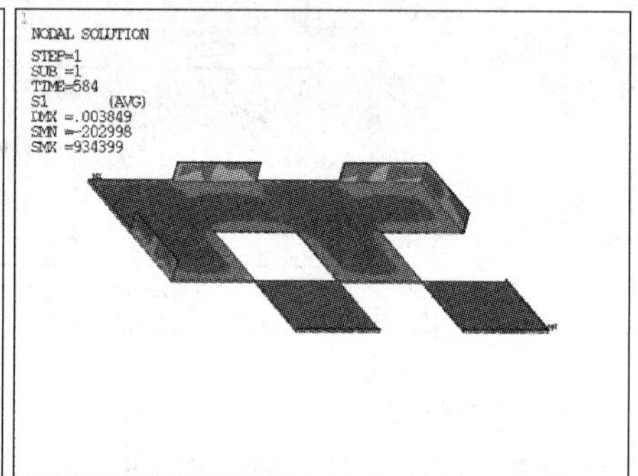

图 3-4-86　第四周第一、四天所浇筑混凝土第一主应力云图

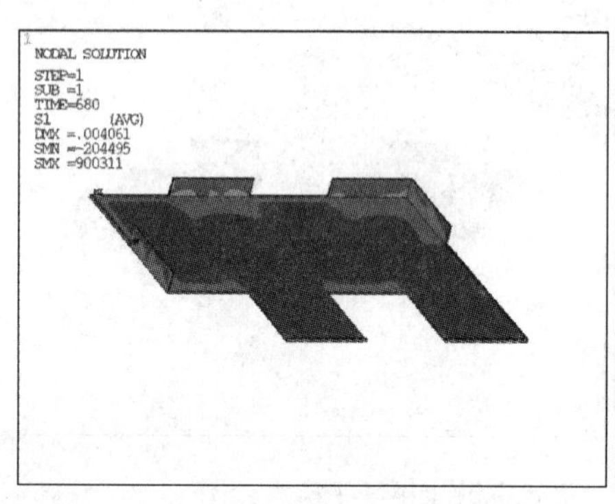

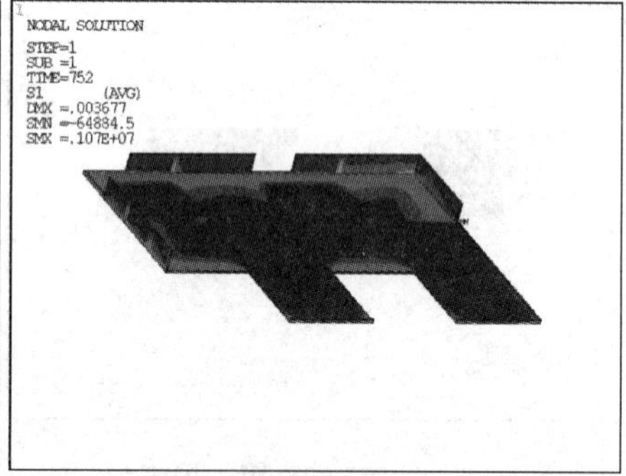

图 3-4-87　第五周第一、四天所浇筑混凝土第一主应力云图

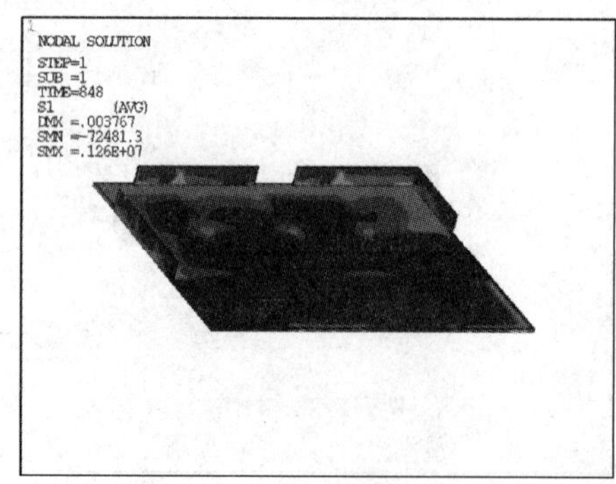

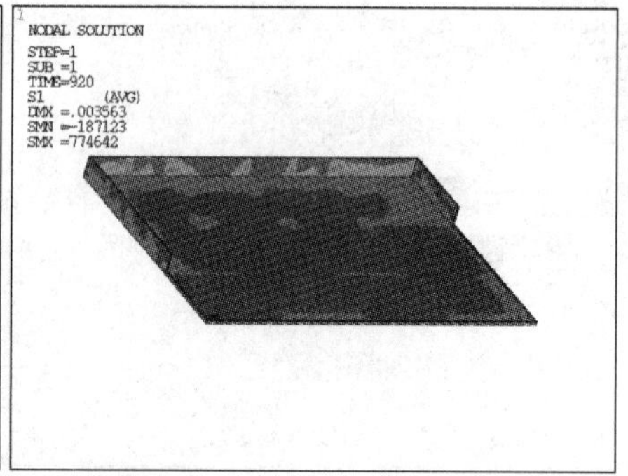

图 3-4-88　第六周第一、四天所浇筑混凝土第一主应力云图

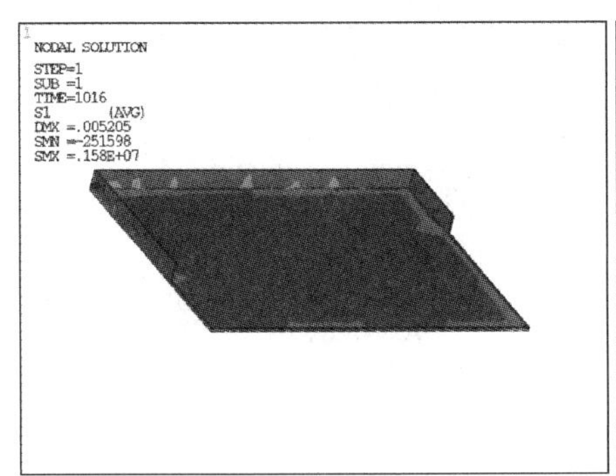

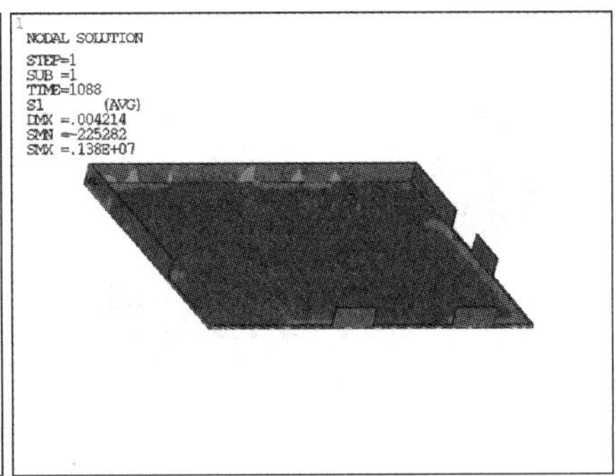

图 3-4-89　第七周第一、四天所浇筑混凝土第一主应力云图

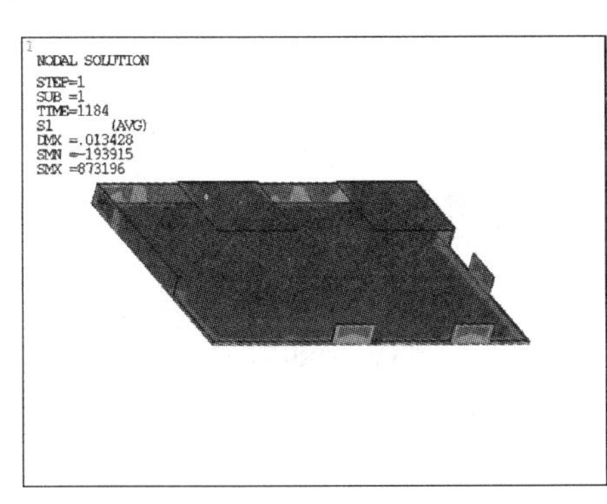

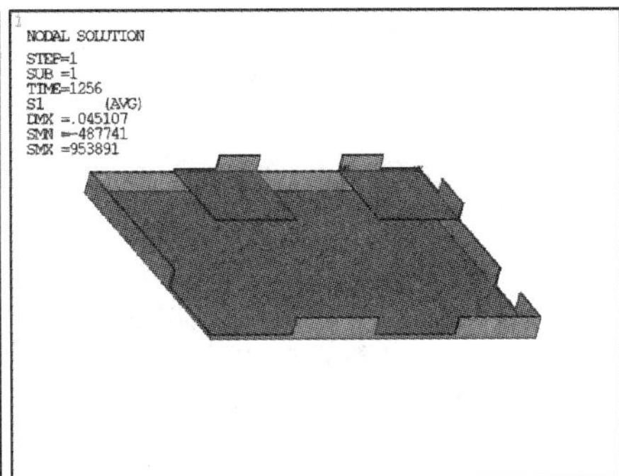

图 3-4-90　第八周第一、四天所浇筑混凝土第一主应力云图

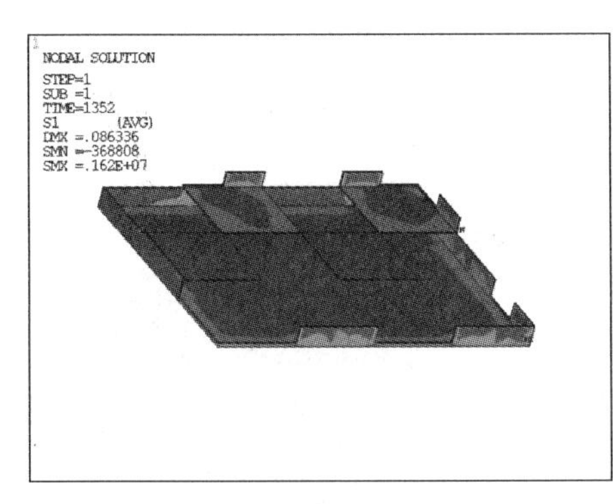

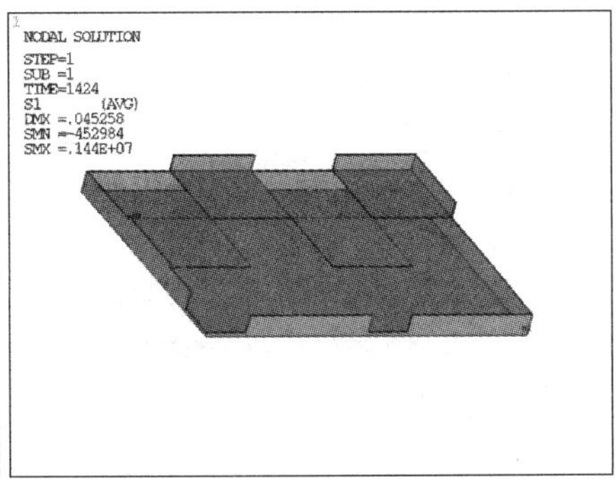

图 3-4-91　第九周第一、四天所浇筑混凝土第一主应力云图

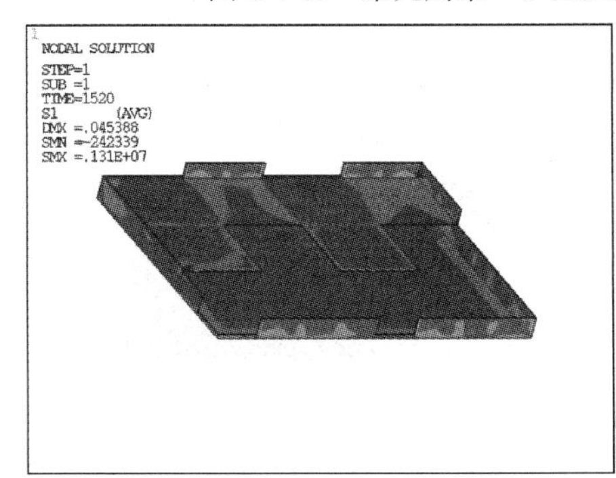

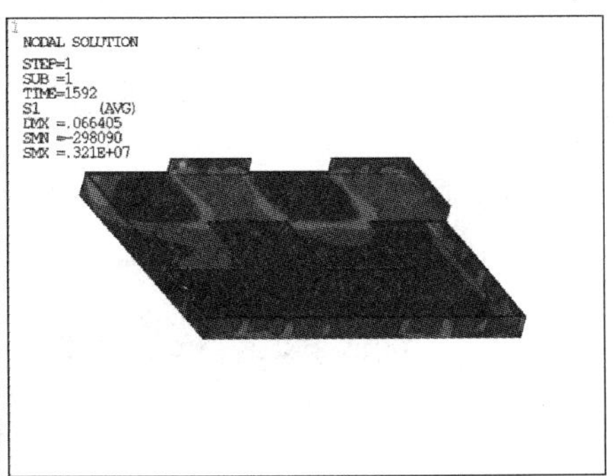

图 3-4-92　第十周第一、四天所浇筑混凝土第一主应力云图

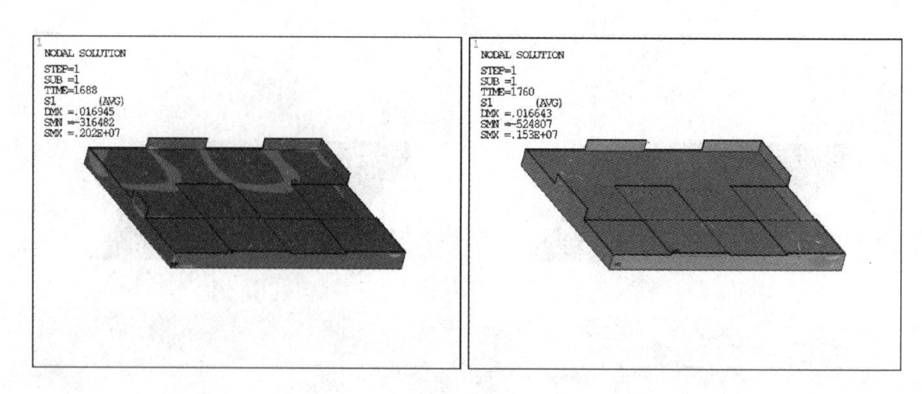

图 3-4-93　第十一周第一、四天所浇筑混凝土第一主应力云图

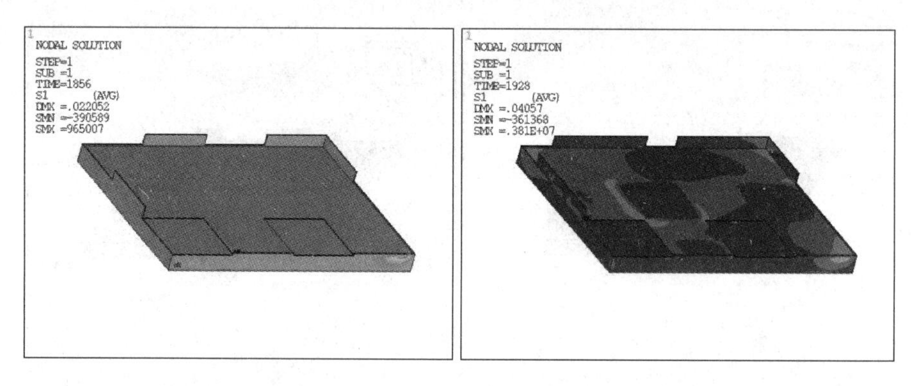

图 3-4-94　第十二周第一、四天所浇筑混凝土第一主应力云图

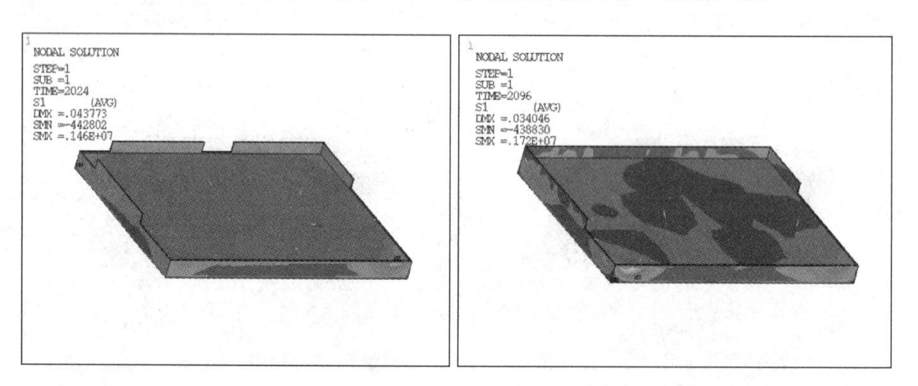

图 3-4-95　第十三周第一、四天所浇筑混凝土第一主应力云图

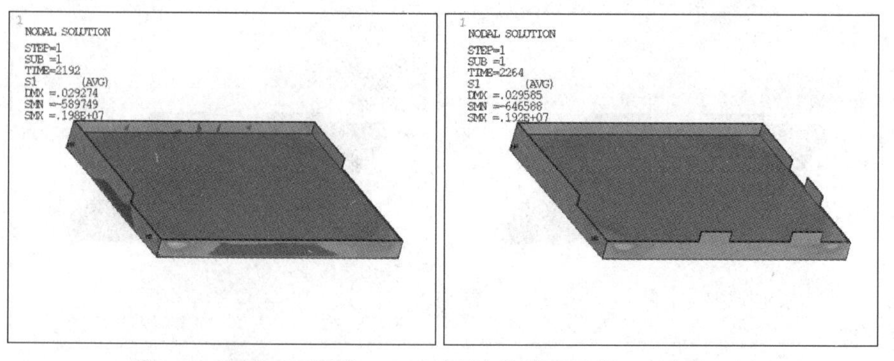

图 3-4-96　第十四周第一、四天所浇筑混凝土第一主应力云图

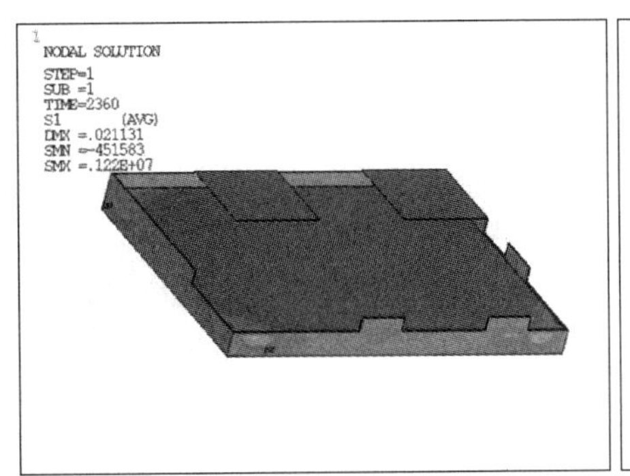

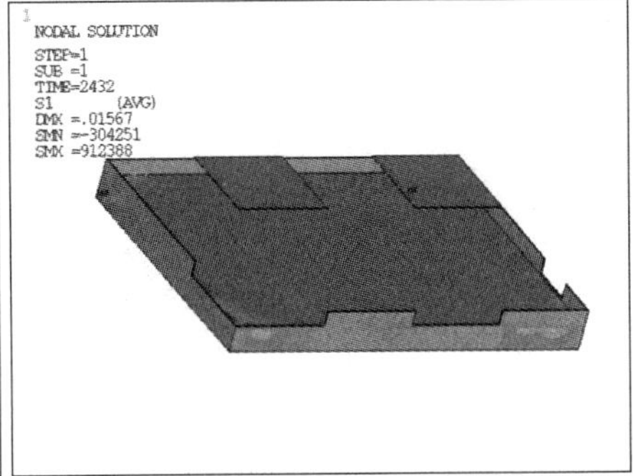

图 3-4-97　第十五周第一、四天所浇筑混凝土第一主应力云图

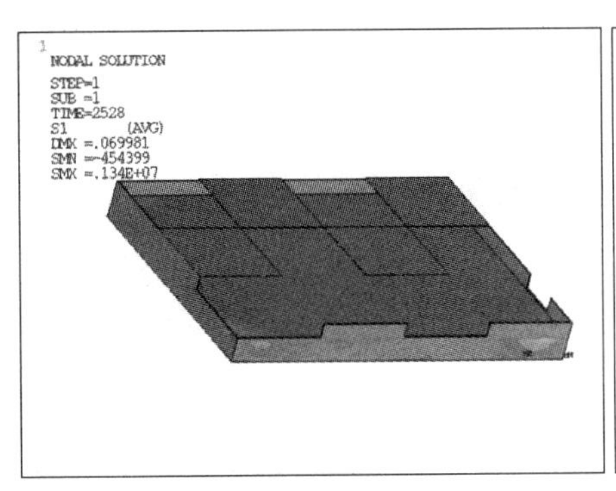

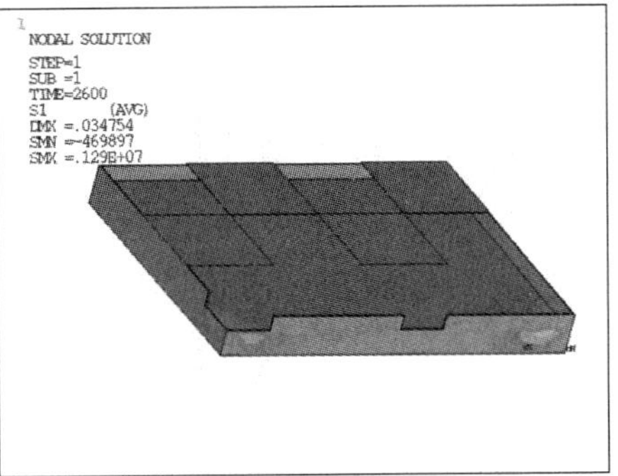

图 3-4-98　第十六周第一、四天所浇筑混凝土第一主应力云图

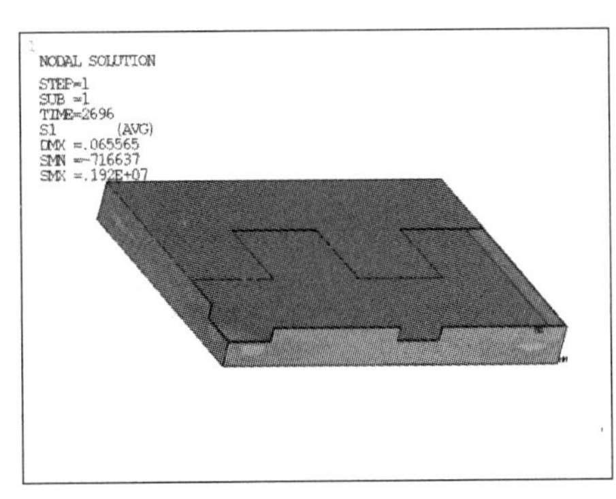

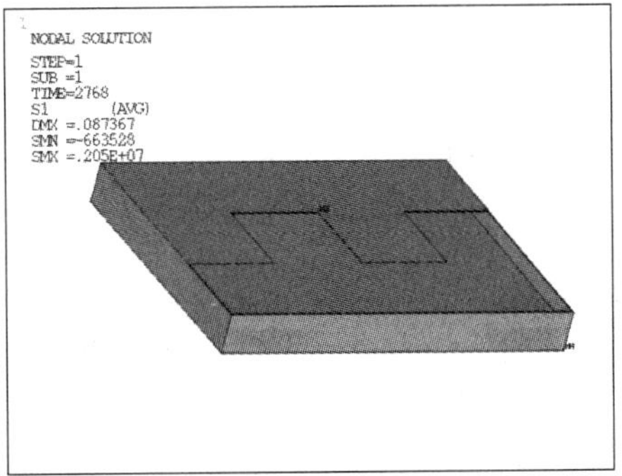

图 3-4-99　第十七周第一、四天所浇筑混凝土第一主应力云图

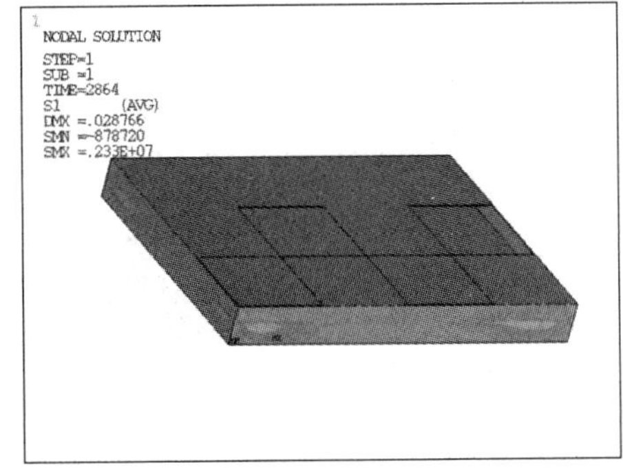

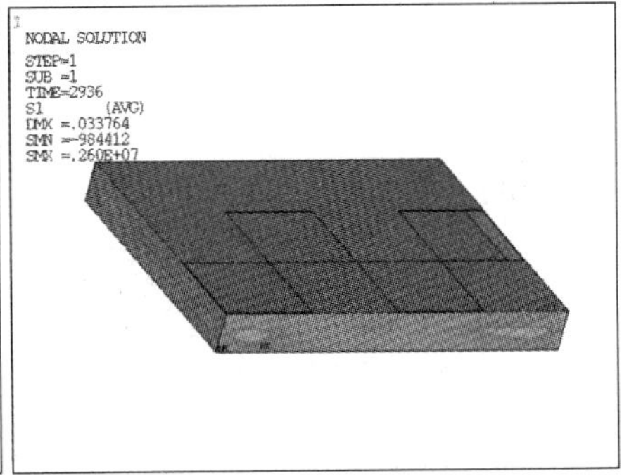

图 3-4-100　第十八周第一、四天所浇筑混凝土第一主应力云图

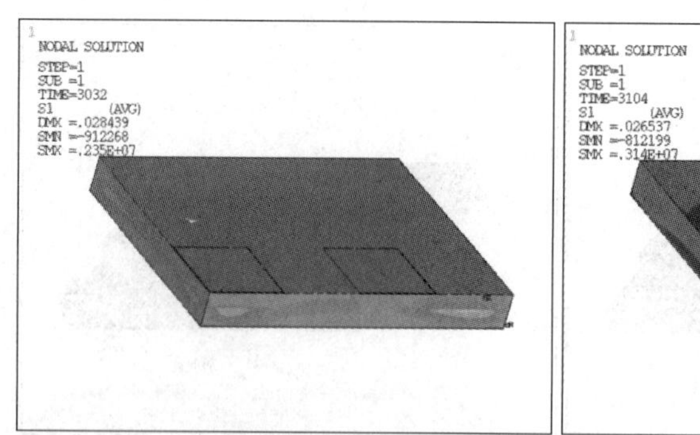

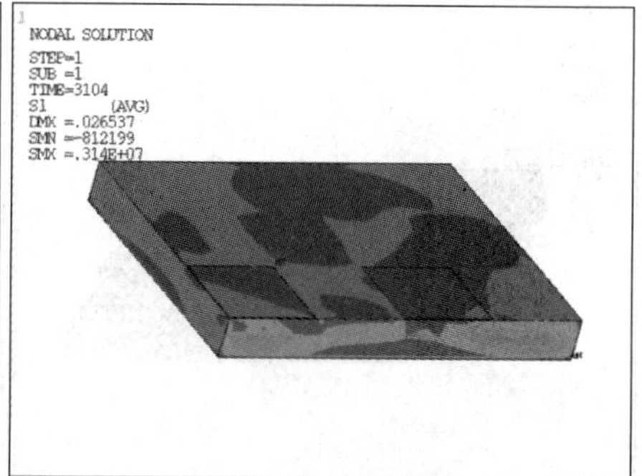

图 3-4-101　第十九周第一、四天所浇筑混凝土第一主应力云图

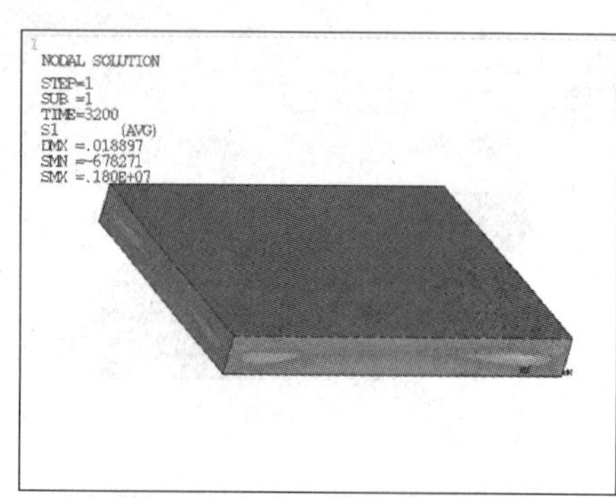

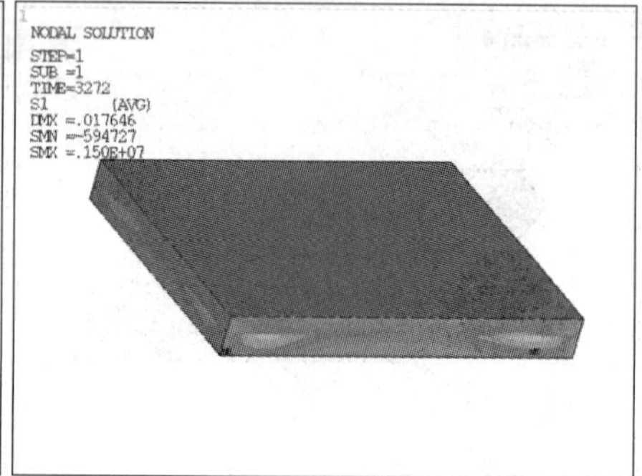

图 3-4-102　第二十周第一、四天所浇筑混凝土第一主应力云图

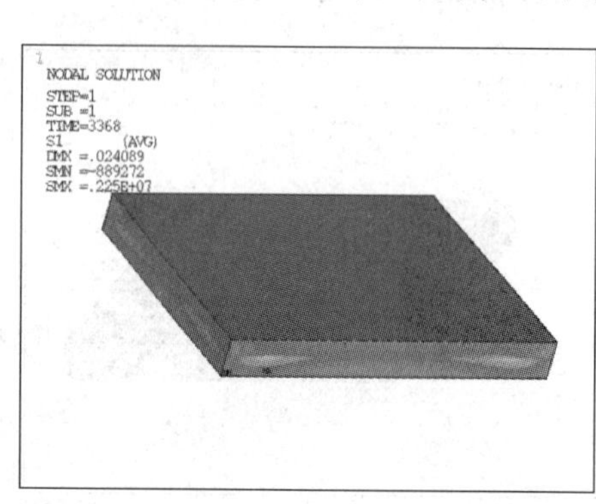

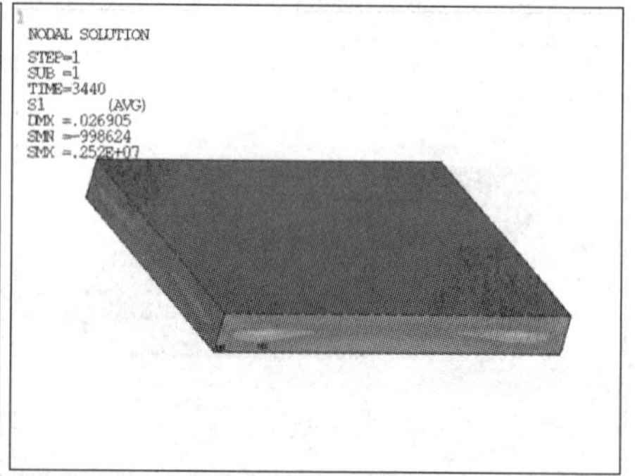

图 3-4-103　第二十一周第一、四天所浇筑混凝土第一主应力云图

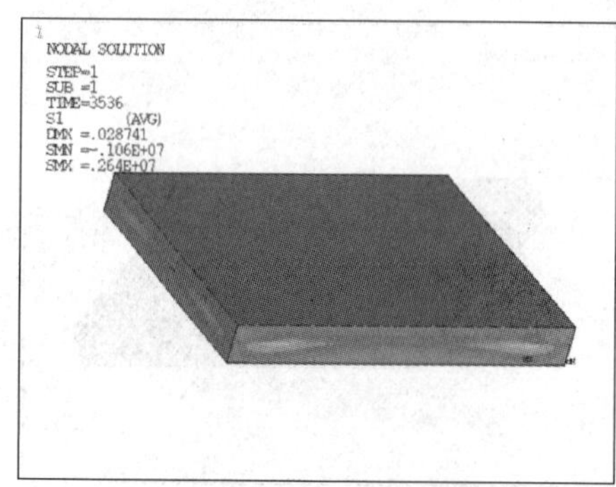

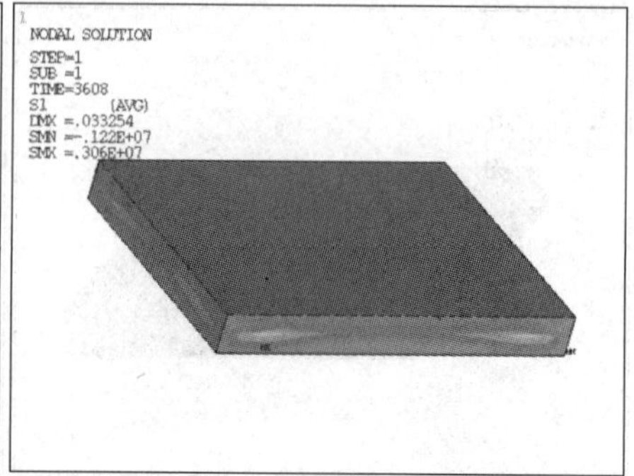

图 3-4-104　第二十二周第一、四天所浇筑混凝土第一主应力云图

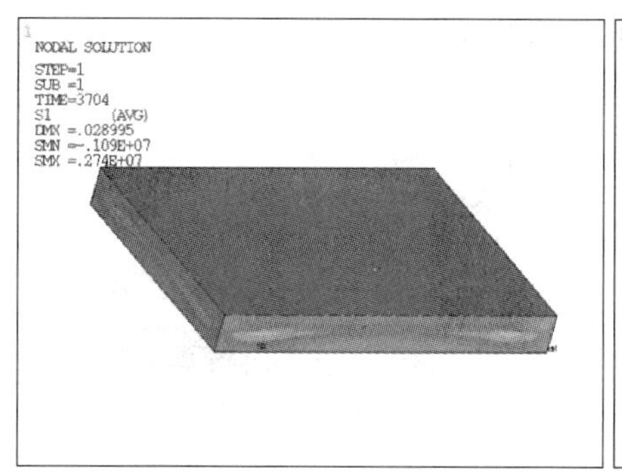

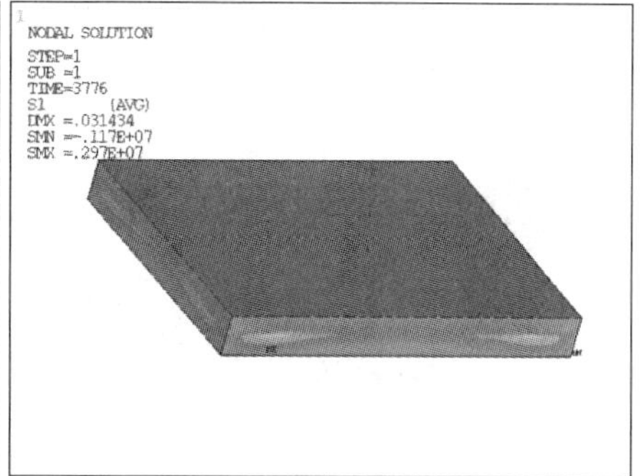

图 3-4-105　第二十三周第一、四天所浇筑混凝土第一主应力云图

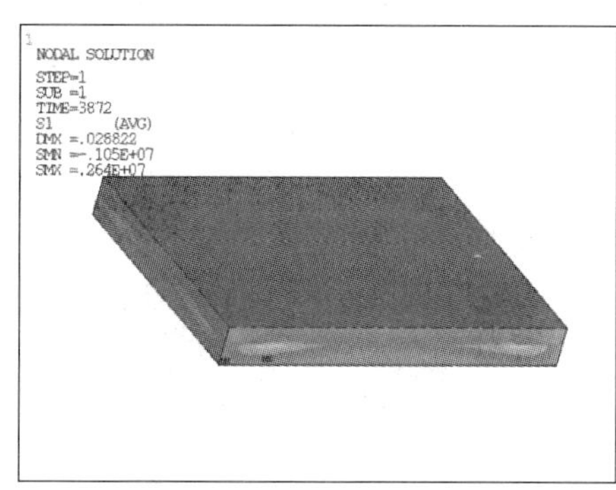

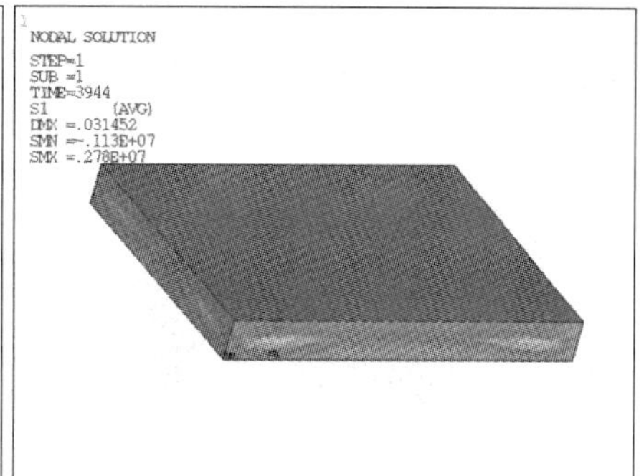

图 3-4-106　第二十四周第一、四天所浇筑混凝土第一主应力云图

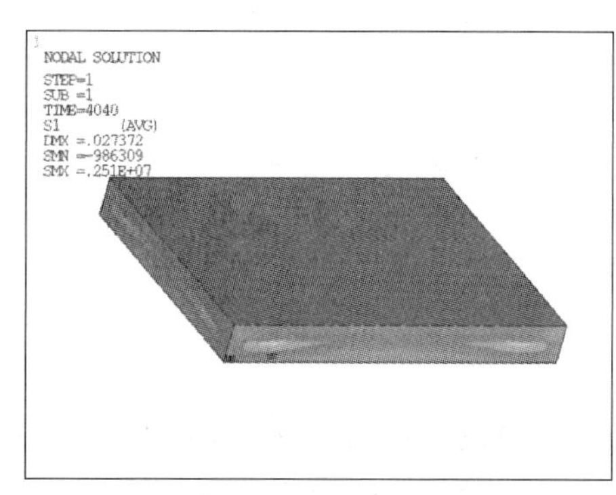

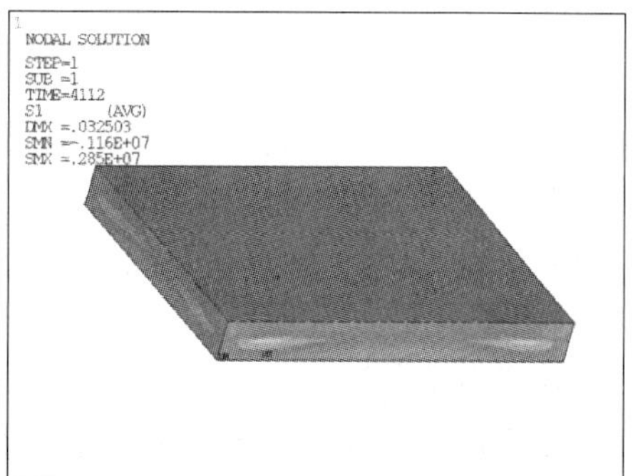

图 3-4-107　第二十五周第一、四天所浇筑混凝土第一主应力云图

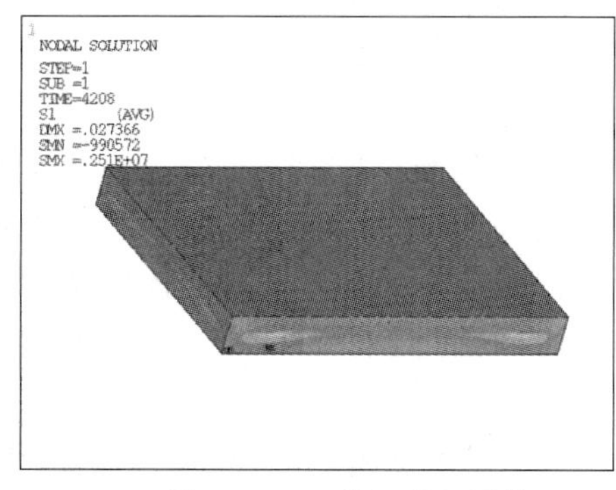

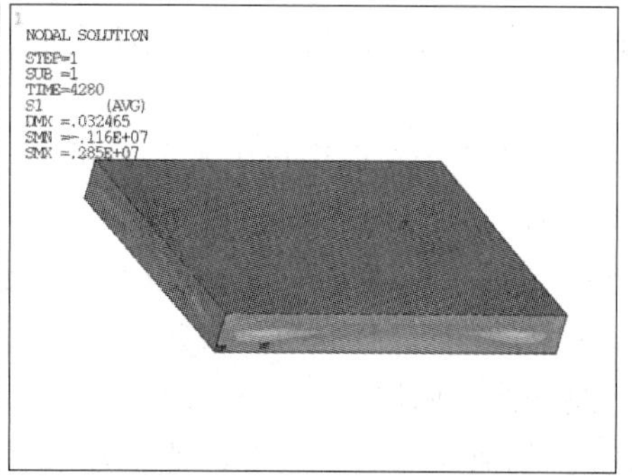

图 3-4-108　第二十六周第一、四天所浇筑混凝土第一主应力云图

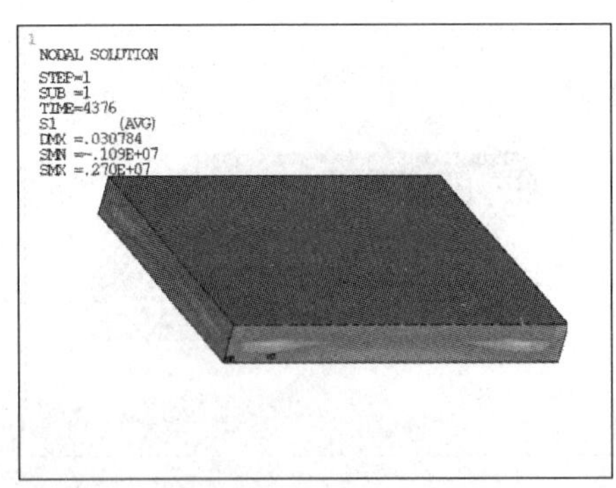

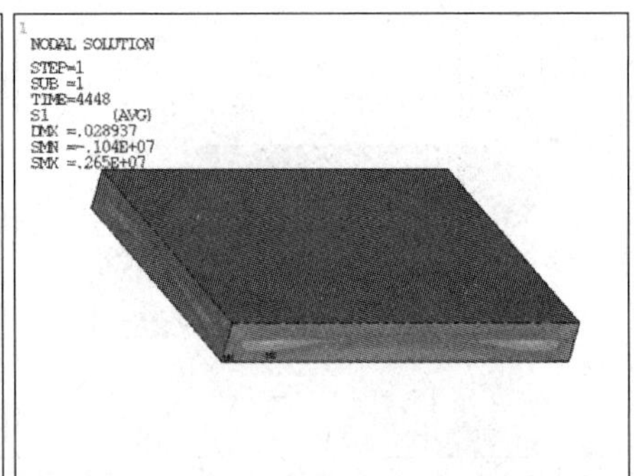

图 3-4-109　第二十七周第一、四天所浇筑混凝土第一主应力云图

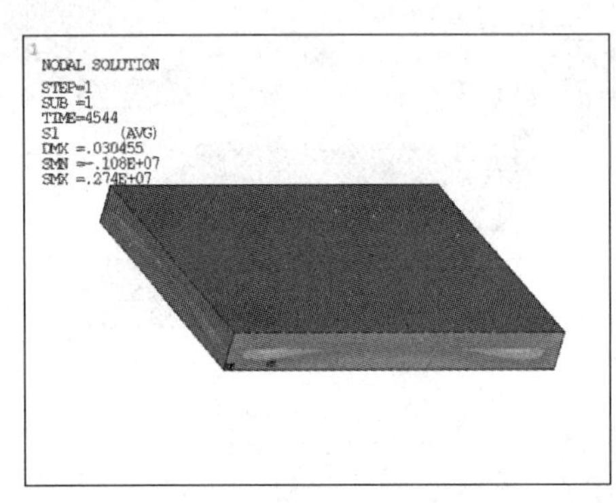

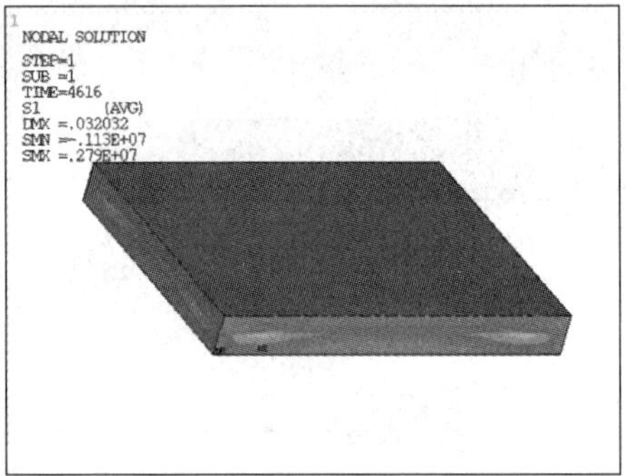

图 3-4-110　第二十八周第一、四天所浇筑混凝土第一主应力云图

4.1.4　计算结果

根据 ANSYS 有限元软件模拟计算结果，专家论证确定的板 40m×40m/仓、墙体 20m/仓的跳仓参数可以作为本工程的跳仓尺寸。

4.2　超大型水工构筑物“跳仓法”综合技术研究

4.2.1　跳仓法应用说明

（1）应用说明

槐房再生水厂“跳仓法”施工主要基于收集、掌握已有的研究成果的基础之上，结合工程的实际施工情况，探讨跳仓法在超大水工构筑物中跳仓法的施工技术，进行跳仓法在水工构筑物施工中跳仓顺序、间距、尺寸的设计研究，并最终在工程实践中得到落实，这将是全面系统的“跳仓法”首次在全地下再生水厂工程中应用。

（2）跳仓法应用部位

跳仓法施工应用在槐房再生水厂 D 系列 MBR 生物池的现浇钢筋混凝土结构，底板总长 159.470m，总宽 116.335，主体为两层结构（设备层、下部池体），局部管廊为三层；地下主体结构顶板标高 38.300m，设备层楼板标高 31.300m，下部池体底板内底高程 22.300m（图 3-4-111、图 3-4-112）。

（3）跳仓法应用构筑物环境条件

MBR 生物池全部处于地下，整个建筑物的上层是湿地公园，池体内为待处理污水，所处环境复杂。鉴于本工程的特殊性，既要保证结构外部的地下水不渗入结构内部，也要

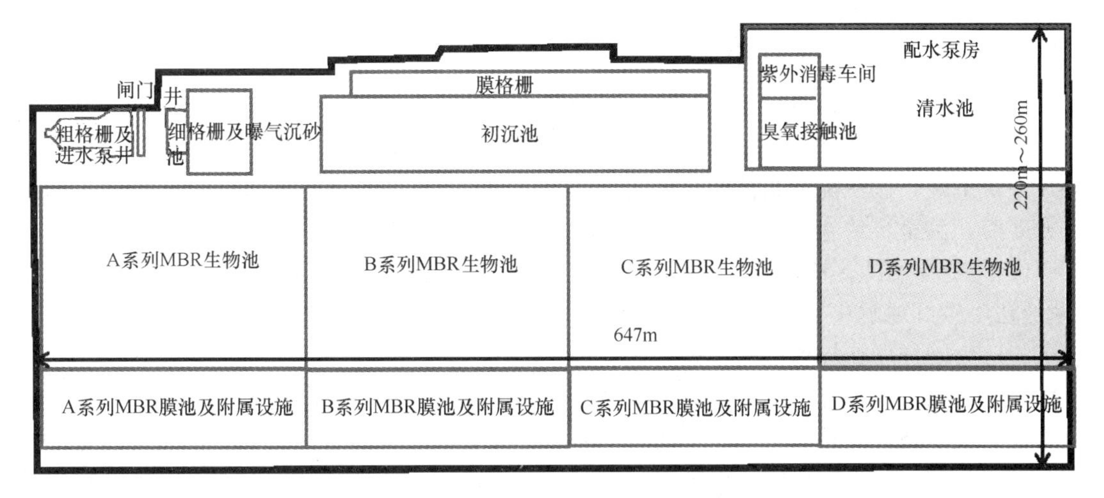

图 3-4-111　跳仓法应用位置（阴影位置）

保证池内的污水不污染地下水。要求整个建筑物的外墙和顶板具有良好的结构整体性和抗渗性能。

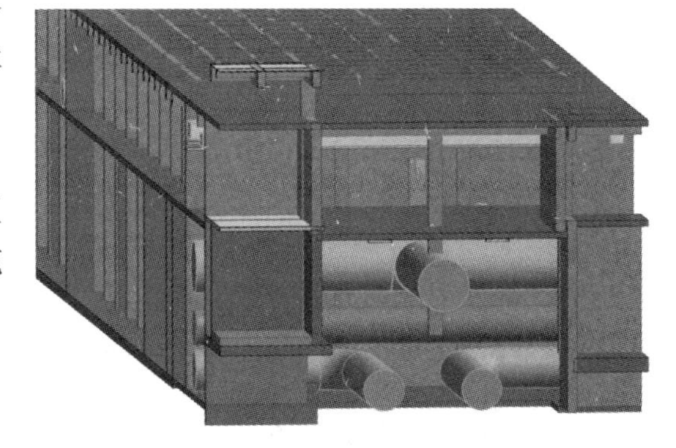

图 3-4-112　生物池断面图

4.2.2　跳仓法施工主要流程

跳仓法施工与设置后浇带施工工艺区别并不大，本工程应用跳仓法技术主要施工工艺流程见图 3-4-113。

4.2.3　混凝土及原材料技术要求

（1）混凝土配合比设计

1）混凝土配合比设计理念。

提高混凝土结构的抗渗防水能力，主要取决于两个方面：一是提高混凝土本身的密实度；二是防止混凝土结构开裂，两者缺一不可。

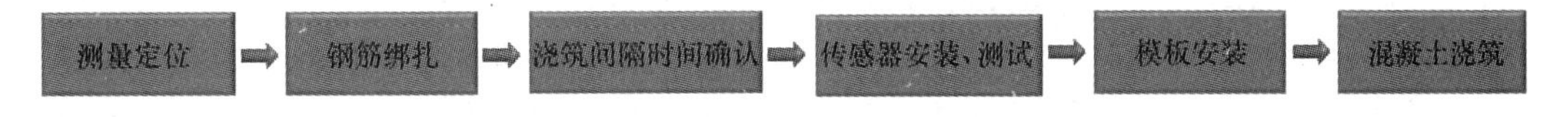

图 3-4-113　工艺流程图

随着混凝土减水剂和掺合料技术的发展，以及泵送混凝土的大量推广应用，混凝土水胶比越来越低，胶凝材料用量也明显增加，因而使硬化后混凝土的密实度和抗渗性能显著提高，但由此也导致混凝土本身收缩变形增大。收缩变形大必然容易引起混凝土开裂，超长结构尤其明显。

2）配合比设计技术要求。

为满足槐房再生水厂水池超长结构混凝土设计和施工要求，配制“跳仓法”用高性能（抗裂抗渗）混凝土，除采取降低水化热、减少干缩等通常大体积混凝土抗裂技术措施外，关键是要针对“跳仓法”施工的“先放后抗”特点，通过调制专用外加剂和优化混凝土配合比设计，科学地调整混凝土水化放热、凝结硬化、强度增长和收缩变形的进程，使其与

“跳仓”节奏相协调。

（2）混凝土配合比方案研究

1）混凝土性能目标：

① 混凝土必须具有良好的工作性能，不离析、不泌水、流动性好，坍落度损失小且易于泵送浇筑，这是配制高性能抗渗混凝土的必要条件，否则将会影响混凝土结构均质性和密实度，甚至导致施工冷缝和蜂窝、空洞等质量缺陷。

② 混凝土须具有较好的体积稳定性，尤其要控制混凝土后期的干缩变形和温度变形。“跳仓法”较好地解决了混凝土早期变形应力问题，但如果混凝土后期变形过大，由此产生的拉应力同样可能导致结构开裂。

③ 混凝土必须具有较高强度尤其较高的抗拉强度，因为混凝土强度越提高，其抵抗变形能力也越强。另外，采用“跳仓法”浇筑混凝土后，单仓结构尺寸较小，因此避免了因早期水化热大和强度增长快而易引起的混凝土开裂问题。所以，为了提高混凝土浇筑完成后整体结构抵抗变形的能力，应适当提高混凝土早期强度。

2）技术路线：

① 选用优质的水泥、矿粉和粉煤灰，相应技术性能应至少满足水泥 P.O42.5，矿粉 S95 和粉煤灰Ⅱ级的指标要求，且与外加剂有良好的相容性。严格控制各种胶凝材料的强度活性、细度、需水量以及化学成分。

② 选用天然河砂，其细度模数不应低于 2.5，并严格控制砂中含泥和有害物质含量。

③ 选用山碎石和卵碎石两种石子，确定合理混合比例，在保证混凝土工作性、可泵性基础上，利用山碎石粒形特点，提高混凝土强度尤其是后期抗拉强度。同时，严格控制石子含泥和石粉含量，以及粒形、粒级和有害物质含量。

④ 掺加超塑化高性能减水剂。一方面，由此保证混凝土拌合物的流动性，减少泌水；另一方面，可以大幅度减少混凝土用水量，降低混凝土水胶比，从而显著提高混凝土早期和后期强度，并减少后期混凝土干燥收缩。外加剂减水率不得低于 25%，28d 收缩率比不应大于 100%，且与混凝土其他材料有良好的相容性。

⑤ 在减水剂中复配适量的保塑、引气和调凝组分。保塑组分和引气组分主要用于改进混凝土拌合物的黏聚性，防止混凝土出现离析、泌水和板结现象，并控制坍落度损失，从而提高混凝土和易性、可泵性以及硬化后混凝土的均质性和耐久性能。调凝组分主要用于调节混凝土的凝结时间，夏天高温季节为缓凝成分，冬天寒冷季节为早强成分。缓凝成分可以延缓混凝土凝结时间，避免夏季高温和长距离运输时因混凝土凝结过快而影响混凝土正常浇筑，甚至导致混凝土结构密实性差或出现施工冷缝；早强成分可以促进混凝土早期水化反应和硬化后强度增长速度，提高混凝土结构承受早期施工荷载和抵御浇筑完成后整体结构变形的能力。

⑥ 适当增加混凝土中粉煤灰掺量，利用粉煤灰的火山灰活性和其球状粒形的减水、“微集料”效应，改善混凝土拌合物的和易性和可泵性，降低混凝土干缩变形，并提高硬化混凝土密实性和后期强度，从而提高混凝土结构的抗渗抗裂能力。

⑦ 通常情况下，水池竖向混凝土结构的保温保湿养护相对水池底板要更加困难。如果竖向结构混凝土未做好保温保水养护，不但影响混凝土强度发展，而且由于结构表面水分和温度快速散失，很容易引起混凝土开裂。因此，混凝土配合比设计时，将适当提高混

凝土中水泥用量，同时取消矿粉，减少掺合料总量。由此，一方面可以提高混凝土的早期强度，另一方面可以减少不利养护条件对混凝土结构质量的影响，进而提高混凝土结构表面硬度和抗渗抗裂能力。

⑧ 在满足泵送施工条件下，适当降低混凝土砂率，从而进一步减少混凝土的收缩变形。

3）试验方案：

① 为简化试验工作，直接选定一种水泥、矿粉、粉煤灰、砂和一种山碎石、卵碎石进行混凝土配制试验。所用原材料均为北京城建亚东混凝土公司多年一直使用的材料，质量稳定，曾用于生产C70高强混凝土、自密实混凝土、高流态混凝土等各种高性能混凝土，供应国家体育场、首都机场、北京地铁、小红门再生水厂等多项国家或北京市重点工程，每种材料各项技术指标均满足相关标准及槐房再生水厂工程技术要求。

② 选用同一种母体复配聚羧酸型高性能减水剂，由外加剂厂通过复配不同的减水、缓凝、早强、引气和保塑组分，调制出6种减水率、引气量、坍落度损失、凝结时间、强度增长速度不同的外加剂，用于混凝土性能对比试验。为简化试验，将固定外加剂在混凝土胶凝材料中掺量。

③ 根据已往研究成果和工程经验，优选一个山碎石和卵碎石混合比例和砂率；然后，按掺加矿粉（固定一种掺量）和不掺矿粉两种情况，分别试验水泥和粉煤灰用量变化对混凝土性能的影响。

④ 混凝土试验项目包括：拌合物性能、凝结时间、水化热、自由干缩，以及各龄期抗压强度。

（3）原材料性能

1）水泥。

北京金隅P. O42.5水泥，主要理化指标和化学成分见表3-4-11、表3-4-12。

水泥理化指标　　表3-4-11

项目名称	比表面积	初凝时间	标准稠度	3天强度	28天强度	3天水化热值	7天水化热值
检测结果	345 (m^2/kg)	2∶35 (min)	28.6 (%)	27.8 (MPa)	51.4 (MPa)	270 (kJ/kg)	310 (kJ/kg)

水泥主要化学成分　　表3-4-12

化学成分	SiO_2	Al_2O_3	CaO	Fe_2O_3	SO_3	Na_2O	K_2O
含量(%)	22.35	6.15	58.53	4.22	2.05	0.19	0.58

2）磨细矿粉。

河北三河天龙S95级磨细矿粉，比表面积435m^2/kg，流动度比94%，活性指数96%。测定其化学组成见表3-4-13。

矿粉主要化学成分　　表3-4-13

化学成分	SiO_2	Al_2O_3	CaO	Fe_2O_3	MgO	SO_3	Na_2O	K_2O
含量(%)	32.25	15.11	37.50	1.67	9.68	0.38	0.36	0.27

3）粉煤灰。

河北三河和众Ⅱ级F类粉煤灰，45μm筛余18.1%，需水量比98%，烧失量2.5%。测定其化学组成见表3-4-14。

粉煤灰主要化学成分　　表3-4-14

化学成分	SiO_2	Al_2O_3	CaO	Fe_2O_3	SO_3	Na_2O	K_2O
含量(%)	30.5	22.1	5.20	3.18	0.41	0.31	0.04

4）砂

河北滦平河砂，细度模数2.7，含泥量2.8%，泥块含量0.1%，属低碱活性。颗粒级配见表3-4-15。

砂子颗粒级配　　表3-4-15

孔径(mm)	5.00	2.50	1.25	0.630	0.315	0.160
累计筛余(%)	2.5	31.5	53.4	81.6	87.8	92.6

5）石子。

北京密云山碎石（5～25mm）和河北滦平卵碎石（5～25mm），两种石子主要技术指标见表3-4-16。

石子主要技术指标　　表3-4-16

项目名称		公称粒级(mm)	含泥量(%)	泥块含量(%)	针片状含量(%)	碱集料反应活性
技术指标	山碎石	5～25	0.4	0.0	4.6	低碱活性
	卵碎石	5～25	0.5	0.0	3.5	低碱活性

6）外加剂。

中冶建筑工程研究院北京特材公司生产的聚羧酸型外加剂，该外加剂减水率高，可大幅降低混凝土水胶比，提高混凝土流动性。通过复配调凝、引气、保塑、早强等组分，可以改善混凝土工作性，提高混凝土力学强度及体积稳定性；且该外加剂碱含量低，不含氯盐，与水泥等胶凝材料的适应性好。

（4）配合比设计

1）外加剂组分变化对比试验。

为对比外加剂组分变化对混凝土性能的影响，参照混凝土强度等级C30指标，设计了如表3-4-17中基准配合比（水胶比0.45，砂率46%）：

外加剂对比试验混凝土基准配比　　表3-4-17

材料名称	水泥	水	砂	山碎石	卵碎石	粉煤灰	矿粉	外加剂
单方用量(kg)	200	168	840	670	320	120	45	6.20

对应由不同组分调配的6个外加剂样品，分别进行试配试验，混凝土试验配比编号见表3-4-18。

不同外加剂样品的混凝土试验配比编号　　表 3-4-18

试验配比编号	CA-1	CA-2	CA-3	CA-4	CA-5	CA-6
外加剂样品编号	A-1	A-2	A-3	A-4	A-5	A-6
外加剂调配组分	基准	加减水组分（配比用水量减 5kg/m^3）	加缓凝组分	加保塑组分	加引气组分	加早强组分

按照上述外加剂各组分掺量和混凝土试验结果，对编号为 A1 外加剂成分进行优化调整，复配出编号为 A-0 的外加剂，用于槐房再生水厂高性能（抗渗抗裂）混凝土的配制。

2）掺合料变化对比试验。

统一采用 A-0 外加剂，进行不同粉煤灰用量混凝土对比试验。表 3-4-19 和表 3-4-20 分别是无矿粉混凝土试验配合比和掺加矿粉混凝土试验配合比。

无矿粉混凝土试验配合比　　表 3-4-19

试验配比编号	水胶比	单方混凝土中原材料用量（kg）							
		水泥	水	砂	卵碎石	山碎石	粉煤灰	矿粉	外加剂（A0）
CF-1	0.435	205	163	841	625	346	170	0	6.32
CF-2	0.437	218	163	841	625	346	155	0	6.32
CF-3	0.439	235	163	841	625	346	136	0	6.32
CF-4	0.439	251	163	841	625	346	120	0	6.32

掺加矿粉混凝土试验配合比　　表 3-4-20

试验配比编号	水胶比	单方混凝土中原材料用量（kg）							
		水泥	水	砂	卵碎石	山碎石	粉煤灰	矿粉	外加剂（A0）
CKF-1	0.445	229	163	840	670	320	91	46	6.22
CKF-2	0.445	218	163	840	670	320	102	46	6.22
CKF-3	0.445	202	163	840	670	320	118	46	6.22
CKF-4	0.445	190	163	840	670	320	130	46	6.22

（5）混凝土试验结果及分析

1）试验结果

① 拌合物性能见表 3-4-21。

混凝土拌合物性能　　表 3-4-21

试验配比编号	初始坍落度（mm）	1h 后坍落度（mm）	初始含气量（%）	初凝时间（h：min）	和易性
CA-1	220	200	2.8	12：40	黏聚性较好，流动性好，无明显泌水

续表

试验配比编号	初始坍落度（mm）	1h后坍落度（mm）	初始含气量（%）	初凝时间（h：min）	和易性
CA-2	230	210	2.7	11：45	流动性好，黏聚性好，无明显泌水
CA-3	225	215	2.9	15：26	流动性好，黏聚性较好，无明显泌水
CA-4	220	225	3.0	12：25	流动性较好，黏聚性好，无泌水
CA-5	215	190	3.8	12：44	流动性较好，黏聚性好，无泌水
CA-6	215	150	2.5	10：28	流动性较好，黏聚性好，无泌水
CF-1	240	225	3.1	14：15	流动性好，黏聚性好，无明显泌水
CF-2	235	225	3.1	13：48	流动性好，黏聚性好，无泌水
CF-3	210	215	3.2	13：29	流动性好，黏聚性好，无泌水
CF-4	210	195	3.4	12：43	流动性较好，黏聚性好，无泌水
CKF-1	230	230	3.2	13：12	流动性好，黏聚性好，无泌水
CKF-2	225	230	2.9	13：37	流动性好，黏聚性好，无泌水
CKF-3	230	225	3.0	14：25	流动性好，黏聚性好，无明显泌水
CKF-4	235	230	2.8	15：09	流动性好，黏聚性好，无明显泌水

② 水化热。

选择CA-1、CF-2、CF-3和CKF-3四个配合比，测试不同龄期混凝土的水化热，主要比较A-0外加剂和掺加矿粉、粉煤灰后混凝土水化热变化情况。测试结果见表3-4-22。

混凝土水化热测试结果　　表3-4-22

试验配比编号	水化热（kJ/kg）			
	1d	3d	7d	14d
CA-1	5.28	26.45	34.16	36.48
CF-2	4.19	25.32	34.82	36.64
CF-3	4.51	25.57	35.42	37.2
CKF-3	5.07	26.58	34.27	36.82

③ 抗压强度见表3-4-23。

不同标养龄期混凝土抗压强度　　表3-4-23

试验配比编号	抗压强度（MPa）			
	3d	7d	28d	60d
CA-1	12.4	25.5	42.5	/
CA-2	13.3	26.7	45.6	/
CA-3	11.5	25.7	42.1	/
CA-4	11.2	23.0	39.4	/

续表

试验配比编号	抗压强度（MPa）			
	3d	7d	28d	60d
CA-5	11.7	23.5	39.3	/
CA-6	14.2	27.0	43.2	/
CF-1	12.0	26.9	42.8	52.7
CF-2	13.2	28.5	45.4	53.1
CF-3	14.9	30.6	47.9	54.0
CF-4	16.2	32.4	47.8	55.5
CKF-1	14.5	29.1	46.2	52.0
CKF-2	13.9	29.2	45.9	51.8
CKF-3	13.5	28.5	46.2	52.4
CKF-4	13.0	27.9	44.1	53.8

④ 干燥收缩。

选择 CA-1、CF-1、CF-2、CF-3、CF-4、CKF-2 和 CKF-3 七个配合比，测试不同龄期混凝土的收缩值，主要比较 A-0 外加剂和不同粉煤灰、矿粉掺量混凝土的水化热变化情况。测试结果见表 3-4-24。

混凝土自由干缩测试结果 **表 3-4-24**

试验配比编号	收缩值（mm/m）						
	1d	3d	7d	14d	28d	45d	60d
CA-1	0.018	0.044	0.17	0.268	0.321	0.362	0.381
CF-1	0.021	0.05	0.175	0.239	0.288	0.328	0.34
CF-2	0.025	0.054	0.178	0.248	0.292	0.331	0.348
CF-3	0.025	0.056	0.18	0.247	0.295	0.338	0.351
CF-4	0.03	0.062	0.185	0.248	0.296	0.34	0.364
CKF-2	0.029	0.063	0.183	0.25	0.312	0.359	0.379
CKF-3	0.028	0.066	0.185	0.255	0.318	0.348	0.38

2）结果分析

① 不同配合比外加剂用量分析。

根据不同组分外加剂对比试验结果，外加剂中增加减水组分后，每立方米混凝土减水 5kg，流动性改善，混凝土出机坍落度、黏聚性、凝结时间变化不大，而早期和后期强度都有所提高。外加剂中掺加引气和保塑组分后，混凝土黏聚性改善，坍落度损失减少，混凝土早后期强度稍有降低，流动性、凝结时间变化不大。外加剂中增掺缓凝组分后，混凝土凝结时间明显延长，坍落度损失减少，早期强度稍受影响，黏聚性、流动性及后期强度变化不大。外加剂中增掺早强成分后，混凝土早期和后期强度明显提高，凝结时间缩短，混凝土出机坍落度、1h坍落度损失及流动性也稍受影响。总体上，六组配比试验的混凝土拌合物都具有较好的和易性，且28d抗压强度达到设计值130%～150%，即都能达到工程结构设计强度和现场泵送施工要求。

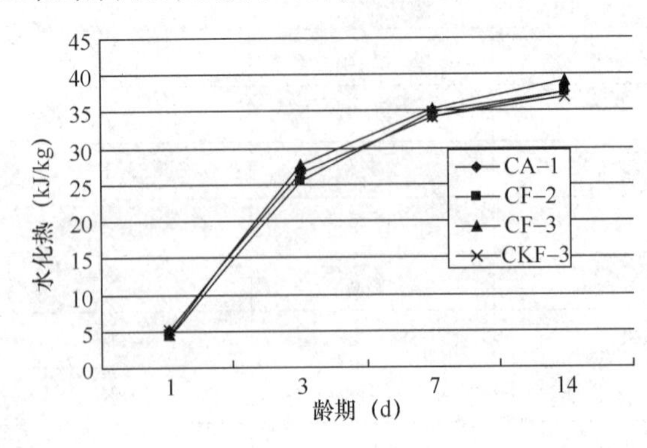

图 3-4-114　混凝土不同龄期水化热变化趋势

② 不同配合比水化热结果分析。

根据混凝土水化热测试结果，A-0外加剂配制的混凝土与基准配合比混凝土相比，水化热变化不大。掺矿粉混凝土的1d和3d水化热稍高于无矿粉混凝土，但7d和14d龄期水化热相差不大。从CF-2和CF-3两组配合比的混凝土水化热试验结果可以看出，随着水泥用量增加，混凝土各龄期水化热呈增加趋势（图3-4-114）。

③ 不同配合比抗压强度分析。

根据不同水泥和粉煤灰配合比用量的混凝土抗压强度结果，混凝土配合比中取消矿粉后，其早期强度比掺加矿粉混凝土稍有降低，但其28d以及60d龄期抗压强度变化不大。在相同条件下，随着混凝土配合比中水泥用量增加和粉煤灰用量降低，混凝土的早期强度增加比较明显，但60d龄期强度变化不大。

④ 不同配合比收缩分析。

从不同配合比混凝土自由干缩测试结果可以看出：A-0外加剂配制的混凝土7d龄期以前的收缩值稍高于基准配合比混凝土，但是14d后与基准混凝土收缩值差别不大；掺加矿粉混凝土收缩值稍高于无矿粉混凝土的收缩值；根据CF-1～CF-4配合比编号试验结果，随着水泥增加和粉煤灰用量减少，混凝土收缩值呈递增趋势，但变化不大（图3-4-115）。

（6）混凝土生产情况

1）原材料情况。

使用与混凝土配合比试验所用相同的原材料，即：

① 水泥：北京金隅水泥，北京水泥厂生产，规模大，工艺先进，产品质量稳定，该水泥细度适中，水化热较低，水泥的比表面积小于350m²/kg。从多年检测的数据来看，其各项性能指标非常稳定，可为混凝土质量的稳定性提供保障。

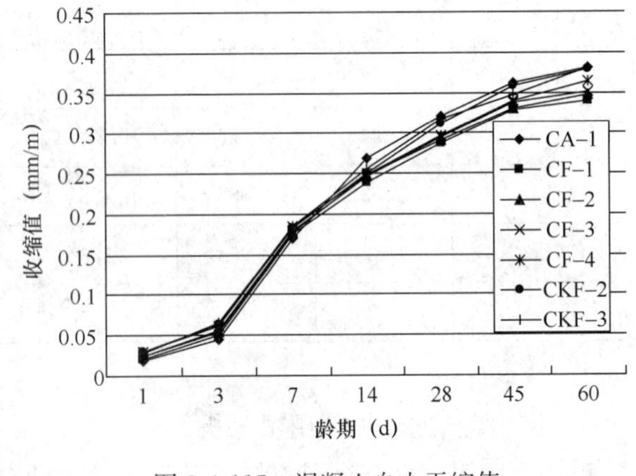

图 3-4-115　混凝土自由干缩值

② 粉煤灰：三河Ⅱ级粉煤灰，烧失量不大于3%，需水量比小于100%。我公司长期使用该粉煤灰，根据各项检测结果综合评定，该粉煤灰质量稳定可靠，可显著改善混凝土的各项施工性能。

③ 石子：滦平碎石和密云碎石，粒径为5～25mm，连续级配，针片状颗粒含量低于

5.0%，含泥量低于 0.7%，属低碱活性。

④ 砂子：选用滦平中砂，该砂级配良好，细度模数控制在 2.5～3.0，级配区为Ⅱ区，含泥量控制在 3.0%以内，属低碱活性。

⑤ 外加剂：由中冶建筑研究总院北京特材公司按照 A-0 样品复配比例生产的专用聚羧酸型外加剂，常温季节施工时外加剂型号为 JG-2HP，冬期施工时外加剂中将添加适量防冻组分，型号为 JD-10HP。该外加剂与水泥适应性良好，减水率大，可大幅度降低混凝土的水胶比，提高混凝土的流动性，降低混凝土的坍落度经时损失，改善混凝土的各项施工性能。根据国家检测机构的检定结果，该外加剂碱含量和氯离子含量均较低，带入每方混凝土中的碱含量小于 1kg，带入每方混凝土的氯离子含量小于胶凝材料总量的 0.06%。在生产过程中，严格按照选型确定的方案生产和供货。

2）混凝土配合比。

根据前期研制成果，利用实际原材料再进行试配调整后，确定混凝土实际生产配合比见表 3-4-25。

混凝土生产配合比　　表 3-4-25

强度等级	原材料用量（kg/m³）								施工季节
	水泥	水	砂	滦平碎石	密云碎石	粉煤灰	矿粉	外加剂	
C30S6	218	163	844	346	625	155	0	6.34	常温
C30S6	221	162	844	346	625	153	0	7.46	冬施

3）搅拌计量。

混凝土生产采用双卧轴强制式搅拌机，单盘最大搅拌方量为 3m³。混凝土配料系统采用电子计量，计量精度满足表 3-4-26 所列要求。计量设备除按规定进行年检外，还能每月进行一次自检，并且每一工作班称量前，须对计量设备进行零点校核，保证计量设备的灵敏度、可靠性和准确性。

原材料计量精度　　表 3-4-26

材料名称	水泥	细骨料	粗骨料	水	外加剂	掺合料
每盘最大准许误差	±2.0%	±3.0%	±3.0%	±1.0%	±1.0%	±2.0%
每车累计最大误差	±1.0%	±2.0%	±2.0%	±1.0%	±1.0%	±1.0%

另外，计量系统具有“冲量值”自动调整功能，确保准确投料。同时，计量系统还带有偏差累计程序，自动将上一盘投料偏差计入下一盘的待投料量，由此降低累计投料偏差，提高整车计量精度。

4）生产控制。

① 生产任务单下达、配合比选择、生产数据调用、开盘资料打印都利用 ERP 系统通过网络传输和控制，避免了人为操作可能产生的失误，提高了数据传输的准确性。

② 根据前期确定的配合比，按照施工部位在配合比库中选择相应的配合比，在 ERP 系统中保存并发送数据到生产控制系统。

③ 检查核对生产系统数据是否和配合比申请单数据相符，核对材料品种与配合比申请单要求是否一致，确定搅拌时间等技术参数。严格按配合比计量，按规定的顺序投料，按规定的搅拌时间生产。

④ 生产时，质检员定期检测出机混凝土和易性、坍落度等性能，测定混凝土温度，确保出机混凝土拌合物黏聚性好、不泌水、不离析，坍落度和温度符合要求。

⑤ 生产过程中，尤其在雨季时，应时刻关注骨料含水率变化和混凝土出机坍落度变化，及时测定并调整骨料含水率，确保混凝土拌合物质量均匀。

⑥ 充分利用视频监控系统，质检员随时查看混凝土搅拌质量情况，了解混凝土稠度变化，为混凝土出机坍落度控制提供参考，确保混凝土质量的稳定性。

⑦ 技术质量部应定期、不定期抽查配合比的执行情况，确保配合比方案严格实施，并抽查各种原材料质量，确保原材料质量符合生产控制要求。

5）混凝土运输。

① 提前一天了解混凝土浇筑计划，根据计划浇筑方量和时间，结合运输距离和交通情况合理配置搅拌车数量，以满足连续施工的需要。

② 充分利用搅拌车上安装的对讲系统以及视频监控系统，保证混凝土供应过程中信息及时沟通和车辆科学调配，进而保证混凝土供应及时性和连续性，避免施工过程中出现断车、压车现象。

③ 调度要跟踪混凝土生产、运输、浇筑全过程，掌握不同时间段和不同路段混凝土搅拌车路途行运所需时间，根据混凝土施工进度，及时调整运输车辆的数量。

④ 对司机进行教育，必须安全驾驶，严格按照规定运送路线，在最短的时间内将混凝土送到施工现场，不得借故停留、耽搁。到达现场后，必须服从现场施工人员指挥，与施工单位密切配合，积极为混凝土浇筑施工创造便利条件。

⑤ 搅拌车刷车水必须及时排放干净，尤其在雨期施工时，很容易在混凝土车罐内集聚雨水。因此，要求搅拌车司机在装混凝土前必须反转罐体，确保罐内无水或其他杂质，以免影响混凝土质量。

⑥ 混凝土搅拌车现场卸灰时，搅拌车司机应观察出罐混凝土质量情况，发现混凝土质量出现波动，及时与值班调度联系，反馈信息，以便质检人员及时调整。

4.2.4 混凝土跳仓浇筑主要技术方案

（1）板、墙体跳仓浇筑要求

1）顶板、中板及底板跳仓参数。

板每仓尺寸为40m×40m，相邻的底板之间浇筑需要间隔不少于7d。

2）墙体跳仓浇筑参数

墙体以20m为一块，相邻的墙体之间浇筑需要间隔不少于7d。

（2）板及墙体跳仓块划分

原设计图纸中，后浇带将8区MBR生物池底板平面分割成42块，其中南北向后浇带6条，东西向后浇带5条，宽度都为1000mm（图3-4-116）。

D系列MBR生物池取消后浇带采用跳仓施工，每块（40m×40m）布置详见跳仓划分示意图（图3-4-117～图3-4-119）。

（3）浇筑顺序

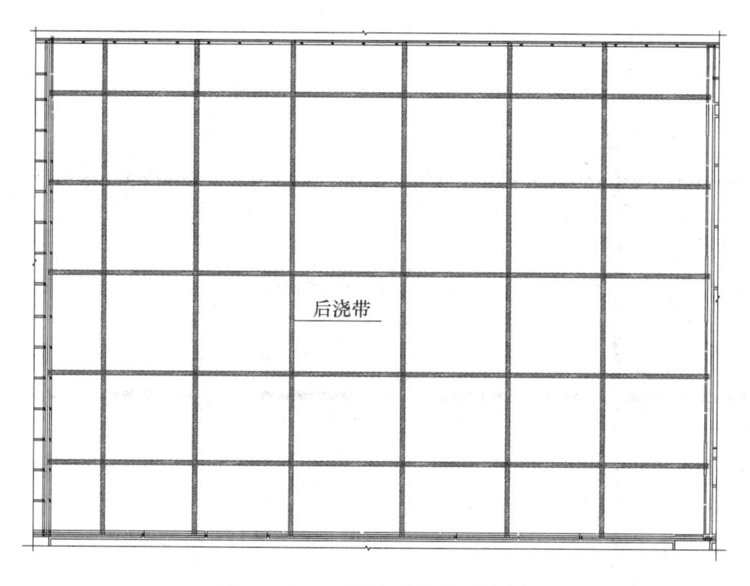

图 3-4-116　设计后浇带示意图

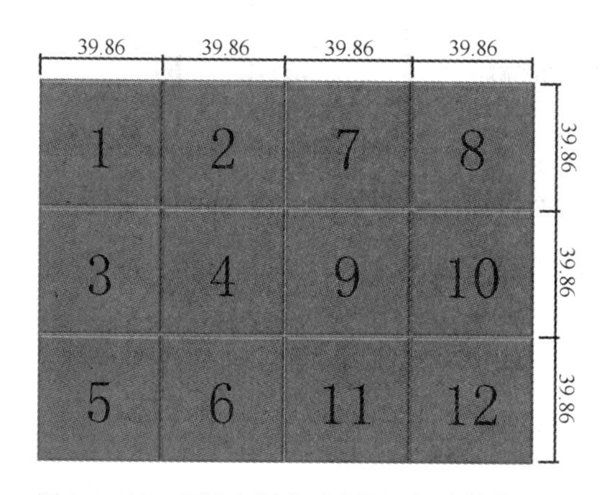

图 3-4-117　板跳仓划分示意图（长度单位：m）

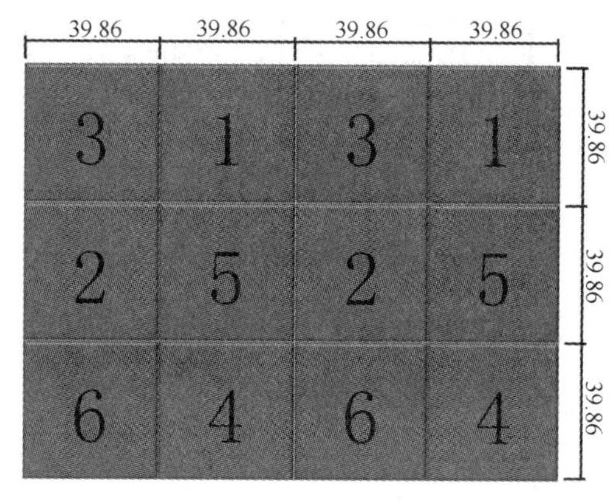

图 3-4-118　墙体跳仓划分示意图（长度单位：m）

(*a*)

(*b*)

图 3-4-119　现场分仓施工照片

为确保跳仓施工顺利实施，根据现场实际情况，反复讨论后确定分为六次进行浇筑，跳仓顺序详见混凝土跳仓浇筑顺序（图 3-4-120）。

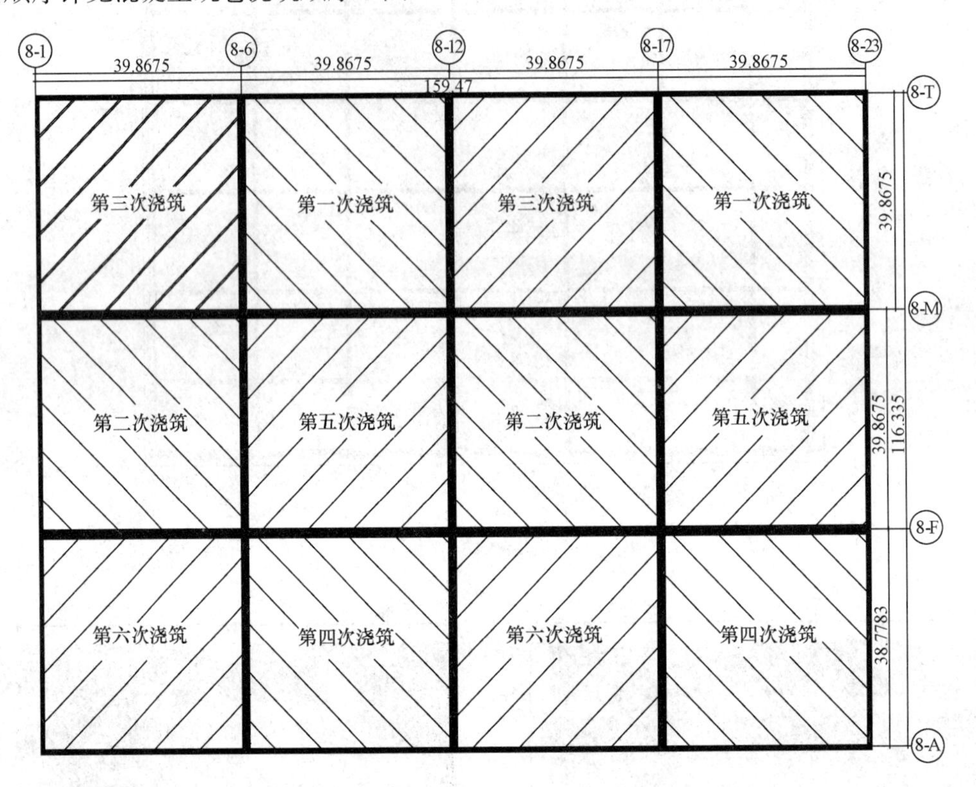

图 3-4-120　混凝土跳仓浇筑顺序（长度单位：m）

（4）“跳仓法”施工缝的留置和构造

1）施工缝留置原则及部位。

施工缝的位置应尽量避开集水井、污泥池等结构变化较大部位，且设置在结构受力较小部位。

具体留设位置要求：底板施工缝应留在所在板跨的 1/4～1/3 处，外墙水平施工缝留置在底板（楼板）以上 500mm 处，竖向施工缝留置在所在跨的 1/4～1/3 处；梁、楼板施工缝留置在所在跨的 1/4～1/3 处。

2）施工缝的做法。

项目技术人员对施工缝处模板进行改良，改良后的模板安装简便、混凝土剔凿少（图 3-4-121）。

① 板与墙体交界处做法。

板上有剪力墙的位置，浇筑板的同时浇筑 50cm 导墙，避免施工缝留置在墙体腋角与底板交界位置，在导墙顶部预埋 300mm×3mm 规格的止水钢板，做法详见板与墙体交界处做法（图 3-4-122）。

② 底板、楼板混凝土施工缝位置做法：

A. 止水钢板安装。

用 $\Phi10$ 短钢筋间距 30cm 将止水钢板与上下层钢筋电焊在一起。止水钢板的接长采用

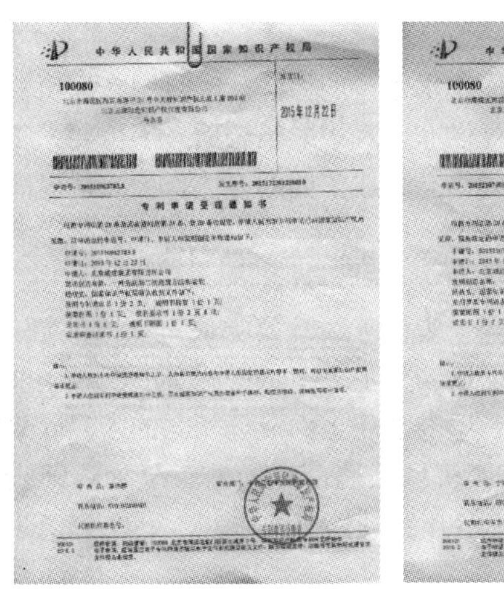

中华人民共和国国家知识产权局

100080

2015年12月22日

专利申请受理通知书

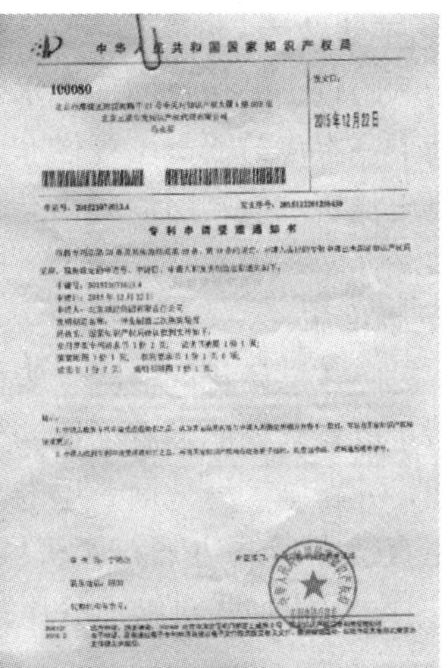

中华人民共和国国家知识产权局

100080

2015年12月22日

专利申请受理通知书

图 3-4-121　施工缝模板专利受理文件

搭接焊方式，搭接长度 5cm。

B. 安装密目网隔离带。

用 $\Phi10$ 钢筋焊制 $H/2$ 高（H 为板厚度）密目网隔离带的钢筋骨架，短钢筋间距 15cm。将密目网绑扎在钢筋骨架上作为施工缝混凝土隔离带。

底板、楼板混凝土施工缝位置做法如图 3-4-123、图 3-4-124 所示。

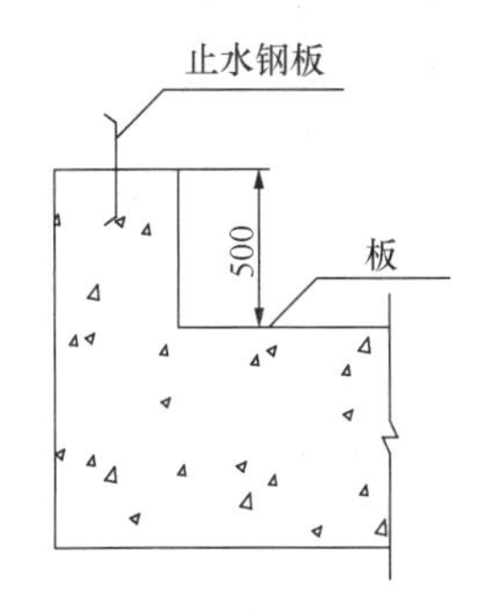

图 3-4-122　板与墙体交接处做法

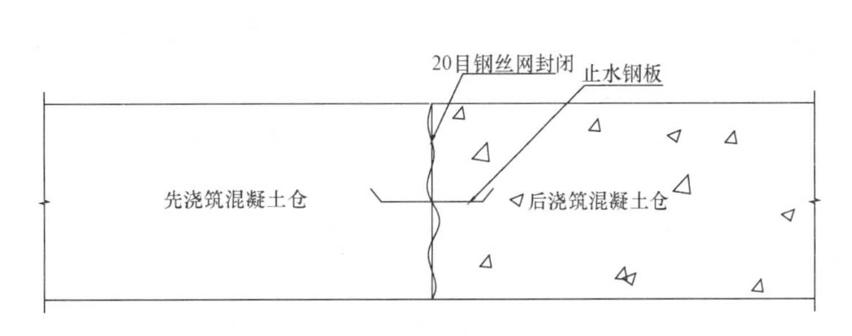

图 3-4-123　底板与楼板施工缝做法

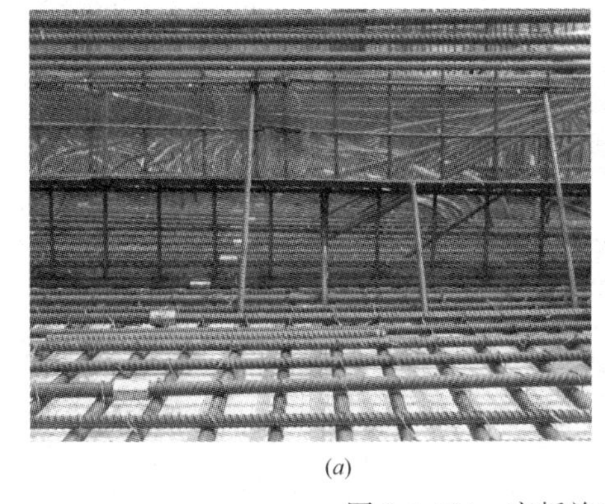

(a)

(b)

图 3-4-124　底板施工缝做法和应用效果

C. 梁混凝土施工缝做法。

施工缝处采用洞眼较小的密目网加止水钢板的做法。密目网在浇筑混凝土后，接口处形成粗糙表面，为下一次浇筑混凝土提供非常理想的结合面，不需要人工凿毛、清洗，即可进行第二次混凝土浇筑，使新旧混凝土结合成牢固的整体，大大地提高了接缝质量，提高了接缝处的抗渗漏性能。

③ 施工缝的处理措施。

在施工缝施工时，在已硬化的混凝土表面上（浇筑完成至少 24h 后），用錾子清除水泥薄膜和松动的石子以及软弱的混凝土层，并加以凿毛。施工缝混凝土浇筑前一天用水冲洗干净并充分湿润，并在施工缝处铺一层与混凝土内成分相同的水泥砂浆。从施工缝处开始浇筑时，应避免直接靠近缝边下料。机械振捣前宜向施工缝处逐渐推进，并距 800～1000mm 处停止振捣，但应加强对施工缝接缝的捣实工作。

（5）混凝土浇筑情况

混凝土为商品混凝土，到达施工现场后泵送至欲浇筑部位，浇筑前应对混凝土泵管道进行检查，合格后方可进行，浇筑混凝土时首先在泵管内泵送 $2m^3$ 与混凝土同配合比的砂浆，对管道进行湿润，润泵砂浆应卸入专用料斗另行分散处理。采用插入式振捣棒振捣施工，一定要两次振捣，确保混凝土振捣密实。

混凝土浇筑前，针对各个部位的浇筑特点，进行详细交底，管理人员跟班作业，检查和监督振捣作业。

当混凝土浇到板顶标高后，应用 2m 长铝合金刮杠将混凝土表面找平，且控制好板顶标高，然后用木抹子拍打、搓抹两遍，在混凝土初凝后、终凝之前用铁抹子进行二次抹面压光，并随后铺设塑料薄膜保水养护，大体积混凝土并加盖阻燃草帘一层。

混凝土坍落度在 170～190mm 范围，温度 15～17℃，混凝土流动性好，泵送损失小于 20mm。分两层浇筑，混凝土振捣完成后表面无明显泌水、泌浆现象，收面后，及时用塑料薄膜覆盖，并加盖棉被保温。

墙体和顶板的分仓是在底板分仓的基础上，增加了一倍的分仓数量，浇筑时要严格按照跳仓法设定的分仓段和间隔时间来进行浇筑。墙体混凝土浇筑，混凝土坍落度为 180～200mm，混凝土和易性良好，泵送、浇筑施工顺利。

结构封后，统计混凝土结构产品质量，混凝土 60d 龄期强度在 130%～160%范围，抗渗性均满足抗渗等级 P6 要求。检查底板、外墙及中隔墙等结构外观，均无明显开裂渗漏，质量达到预期效果。

（6）混凝土的养护

1）夏季混凝土养护要求。

混凝土板浇筑完毕后及时用塑料布覆盖，减少终凝前水分的蒸发，终凝后改为浇水养护。塑料布应将全部表面覆盖严密，浇水的次数应能保持混凝土处于湿润状态，楼板混凝土在浇筑完且达到一定强度以后（上人后不会踩坏混凝土表面），方能够上人进行放线及下道工序施工。

竖向结构养护：混凝土墙、柱、梁侧模拆模后，及时浇水养护，浇水应循环进行，以保证混凝土表面保持湿润状态。

2）冬季混凝土养护要求：

① 冬季养护要求。

冬期施工时采用综合蓄热法对混凝土进行养护，除按照常温检查外，还应检查外加剂掺量，水和骨料加热温度，混凝土出机，入模温度，养护温度。严格控制混凝土拆除保温和拆模时间。

② 冬季测温措施。

安排专人测温，做好详细记录，每6h测量一次；掺用防冻剂的混凝土，在强度未达到4MPa前每2h测量一次，以后每6h测量一次。测温孔测温每孔时间不小于3min。测温同时，检查混凝土覆盖保温情况，遇风天要加强检查，以防大风吹掀保温被，发现异常及时通知有关人员采取有效措施。

③ 冬季试块留置要求。

冬期施工混凝土试块除按规范要求留置的强度、抗渗、抗冻试块外，再取两组，并与施工部位同条件养护。其中一组用于检验混凝土受冻前的强度，其他各组用于检验拆模强度；另一组用于混凝土同条件养护28d再转入标养28d的强度值。

④ 冬季保温方法。

底板混凝土浇筑完成后覆盖塑料薄膜，在塑料薄膜上再覆盖岩棉被，确保混凝土达到养护标准。柱子浇筑完成后，采取以一层岩棉被包裹和绑固的方法养护。墙体采用覆盖一层岩棉被的方法进行养护。

⑤ 冬季养护制度。

为确保混凝土成活质量，项目部制定混凝土养护办法，养护采用挂牌制，挂牌上标明养护负责人及养护时间。

(7) 防止开裂的构造措施

1) 模板安装要求。

外墙模板（图3-4-125）采用保温性能和保湿性较好的胶合模板，模板应拼缝严实，加固可靠、定位准确，混凝土浇筑前浇水润湿。

2) 拆模时间控制。

延长墙体拆模时间，拆模时间不少于3d，外墙拆模后，待混凝土强度达到设计值

图3-4-125 墙体模板

75%后，进行外墙防水与回填工作。

4.3 超大型水工构筑物大体积混凝土温度与应力监测自动报警关键技术研究

近年来，污水处理厂污水外渗事故屡见报端，因此结构的防漏抗渗显得尤为重要，而且D系列MBR生物池约使用混凝土44500m³，为确保结构质量和厂区的安全运行，在进场后，立刻着手混凝土监测技术的研究工作。

4.3.1 温度和应力自动化监测分析

本次温度和应力监测所采用的光纤光栅监测系统是目前最先进的系统，是首次在混凝土施工裂缝控制中使用。

(1) 自动化监测意义

对于混凝土结构，尤其是大体积混凝土结构温度裂缝与骨料品种、配合比、外加剂和掺合料、浇筑温度、浇筑顺序、外界气温、保温措施、养护条件等因素有直接关系，各种材料参数性能的离散性能很大，这些都可能引起偏差。理论计算很难完全反映实际情况。

为了全面掌握大体积混凝土温度场变化规律，及时反馈温控数据，并采取技术措施保证工程质量，必须进行连续实时监测。

监测数据可检验计算结果的有效性，为后续类似施工提供技术依据，通过监测数据也可在出现不利状态前采取措施，防止混凝土开裂。同时，确保混凝土保温养护工作的安全温度，以便进行后续施工工作。

(2) 自动化监测原理

1) 数据的采集。

采集数据是已被转换为电信号的各种物理量，如温度、压力等，可以是模拟量，也可以是数字量。采集一般是采样方式，即隔一定时间（称采样周期）对同一点数据重复采集。采集的数据大多是瞬时值，也可是某段时间内的一个特征值。准确的数据测量是数据采集的基础。数据量测方法有接触式和非接触式，检测元件多种多样，应力传感器与温度传感器实时从现场采集数据，将采集到的数据通过网络传送到中心数据库服务器（图3-4-126）。

图3-4-126 室温温度传感器与温度计对比测试

2) 数据的处理。

数据处理是数据的收集整理、组织、存储、维护、检索、传送等操作，是数据处理业务的基本环节，而且是所有数据处理过程中必有的共同部分。

从数据库服务器中获取应力数据和温度数据进行分析，主要采取对比分析的方法，每个时刻点上，被监控的对象都会有一个正常有效值范围，从数据库获取数据，与相应阀值进行比较分析，将超出有效值范围的点进行标志。另外，不能只依据一个点的瞬间变化而判断该点温度与应力的异常，设定一个时间区域，在该时间区域内，该点的温度与应力值一直处在异常范围内，将其设置为异常点。

(3) 监测数据存贮与传输计划

1）数据存贮

根据已有混凝土的测温时间及测温频度，最小记录时间间隔为 2h，由于本次监测采用自动化光纤光栅监测系统，数据采集记录的间隔可以大大缩短，本次监测数据拟按照每 10min 存储一次数据，全部监测过程均为自动进行。

2）数据传输

遇有特殊情况（混凝土内外温差接近或者超过 25℃时），系统会自动报警，以便采取紧急保温措施。

（4）报警显示

监测到异常现象后，主要通过两种方式：第一种是通过监测点曲线图去标识，以列表的形式标识出该点是否正常，可以通过其偏离正常范围的百分比设置其异常级别；第二种，对于连续一段时间内都处于异常状态的点，应该通过短信的方式告诉相关工作人员，对其进一步的处理（图 3-4-127）。

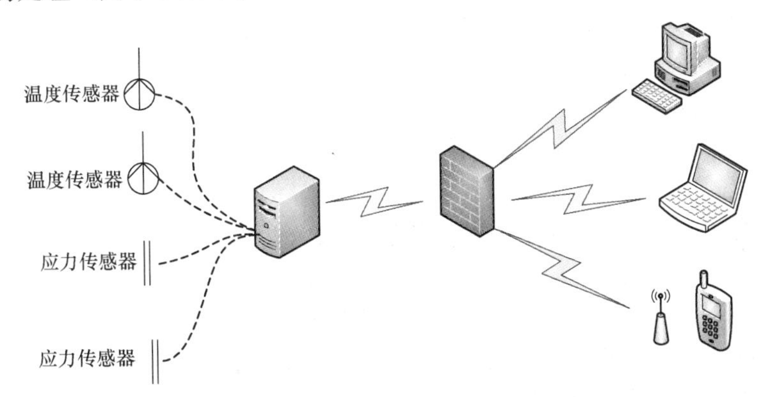

图 3-4-127　自动化监测原理示意图

4.3.2　温度与应变监测硬件与软件

（1）监测设备

1）光纤光栅监测系统组成。

光纤光栅传感系统主要由光纤光栅解调仪、光纤光栅传感器、传输光缆等组成。光纤光栅解调仪主要为传感器提供光源激励，并将光纤光栅传感器经光缆远程反射回来的光信号进行光电转换，数字量识别并以温度、应变、压力、位移等物理量的方式，在本机终端显示、存储和分析，根据要求进行数据上传或信息上报，或由计算机系统实施故障诊断、报警及控制。

2）光纤光栅检测系统工作原理。

光纤光栅是利用光纤材料的光敏性，即外界入射光子和纤芯相互作用而引起后者折射率的永久性变化，用紫外激光直接写入法在单模光纤（直径为 0.125mm～0.25mm）的纤芯内形成的空间相位光栅，其实质是在纤芯内形成一个窄带的滤光器或反射镜，制作完成后的光纤光栅相当于在普通光纤中形成了一段长度为 10mm 左右的敏感区，该区域波长在温度、应变等作用下发生偏移，通过测量中心波长的偏移，可以准确感测温度、压力、应变及位移的变化（图 3-4-128）。

（2）监测软件开发

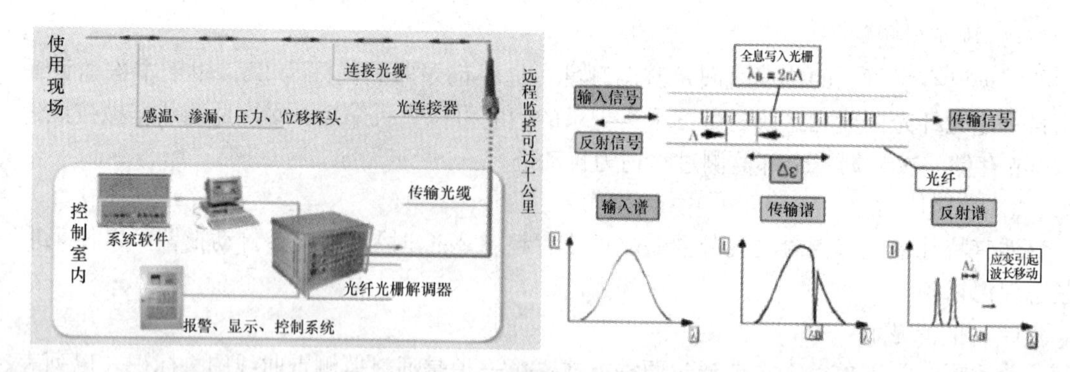

图 3-4-128　纤光栅监测系统组成及工作原理

所使用的监测软件为本工程专门新开发的软件，针对性强，运行安全稳定。

1）数据传输协议。

采用 MODBUS 协议与光纤调制解调仪进行通信，得到各通道的传感器光波的波长，并转换成相应的温度或应变值。

2）用户界面设计。

用户可以操作监测开始或停止，其他全自动完成，避免用户误操作导致监测失败。

3）开发语言。

采用 C＃语言开发，数据库采用 MY-SQL 语言。

4）系统软件环境要求。

本系统是一个多层次架构的分布式企业级应用软件系统，在选用的平台及采用的技术上必须具有先进性，系统模块优先选用 B/S 应用模式，提供强大的应用集成接口和灵活性，并在此基础上实现各类应用功能。

因此建议整个信息系统的软件配置如下：

服务器操作系统：windows 2003 server。

web 服务器软件：Jboss。

开发软件：Eclipse 3.2 M y Eclipse5.0，CVS 2.5 服务器版。

数据库软件：Oracle 11。

客户端操作系统：windows xp professional。

客户端浏览器：IE 8.0。

防病毒软件：360 安全卫士。

（3）系统机房硬件组成

为了满足系统的运行安全、稳定，系统机房中心应配置但不限于以下硬件设备：

1）多功能防火墙，见表 3-4-27。

防火墙参数　　**表 3-4-27**

主机型号	防火墙吞吐率（绝对）	会话数	每秒包转发 64 字节	VPN 通道数
Juniper SSG 550	1000＋Mbps	128000	600000	1000
Juniper SSG 5	160Mbps	8000/16000	30000	25/40

续表

主机型号	防火墙吞吐率（绝对）	会话数	每秒包转发64字节	VPN通道数
Juniper SSG 20	160Mbps	8000/16000	30000	25/40
SFP接口板	适用机型	说明		
JXE-1GE-SFP-S	SSG 550	1SFP插口	用于接插SFP光纤模块或以太网模块，与思科SFP模块通用	
JXE-6GE-SFP-S	SSG 550	6SFP插口		
JXM-1SFP-S	SSG 20	1SFP插口		

2）服务器，见表3-4-28。

服务器参数　　表3-4-28

型号	配　置
IBM System x3850	Xeon MP E7330/PC2-5300 DDR2 SDRAM 4GB/集成 RAID －0、－1，可选 RAID-5/CD-RW/DVD-ROM Combo/集成双千兆以太网接口

3）路由器，见表3-4-29。

服务器参数　　表3-4-29

型号	配　置
CISCO2801	2801Router/AC PWR，2FE，4slots（2HWICs），2AIMS，IP BASE，64F/128D

4）交换机，见表3-4-30。

交换机参数　　表3-4-30

型　号	配　置
CISCO WS-C3560G-48TS-E 千兆以太网交换机	128 MB DRAM 和 32 MB 闪存/10Mbps/100Mbps/1000Mbps/端口数量 48/接口介质 10/100/1000BASE-T/ 1000FX/SX /背板带宽 32Gbps

5）存储备份，见表3-4-31。

存储器参数　　表3-4-31

型　号	配　置
HP Proliant DL380G4	NAS 网络存储器/1000M/Intel Xeon 3.4GHz * 2/2GB up to 8GB/ 自适应以太网 * 2/Windows Storage Server 2003

6）UPS电源，见表3-4-32。

电　源　参　数　　表3-4-32

名　称	型　号
美国 APC UPS	SURT10000UXICH
韩国凤凰电池	12V100AH

7）IBM机柜，见表3-4-33。

机 柜 参 数 **表 3-4-33**

S2 42U Standard Rack（高 1999mm、宽 605mm、深 1000mm）	42U 标准版
IBM 2U 15" Flat Panel Monitor Console Kit（with PS/2 keyboard）	2U 高 15" 液晶含键鼠
IBM 1×8 Console Switch	8 端口切换器
IBM 3M Console Switch Cable（PS/2）	切换器控制线缆
Fixed Shelf（OEM）	IBM 机柜内部隔板
塔式转机柜转换套件 For X226	转换套件
塔式转机柜转换套件 For X236	转换套件
（32P1744）DPI Universal Rack PDU（China）	电源插座
（94G7448）Rack Power Cord - C13/C14	电源线

（4）系统网络安全规划

1）网络安全总体规划。

网络安全需要统一、动态的安全策略，更需要一个高效的、整体的安全解决方案，才能真正保证系统安全。

2）防火墙系统。

采用 Juniper SSG550 或同等级的设备。主要功能如下：

防火墙功能，可保护 TCP/IP 协议中的漏洞，包括 PPPoE 等非 IP 协议保护。

内置以关键字为特征的入侵检测，特征库在线自动更新，扫描大多数应用中的 7 层协议内部。

硬件基于 kaspersky 的可对压缩文件进行逐层扫描在内的病毒防护，特征库每天更新，可应用于 HTTP 访问、POP/SMTP、FTP 等，客户端到加密网站的扫描除外，比如网银。

3）入侵检测系统。

按照系统平台的要求，推荐采用基于网络的入侵检测系统。其主要优点是：通过合理部署网络型 IDS 能监视一个大型的网络；采用静默工作方式和带外管理技术，它对被管网络、系统的性能几乎没有任何影响；通过无 IP 工作模式（透明模式），基于网络的 IDS 自身可以免受黑客攻击。入侵检测具备以下技术特性：

① 支持统一的管理平台，可实现集中式的安全监控管理。

② 自动识别类型广泛的攻击。

③ 支持按行为特征的入侵检测。

④ 提供对特定网段的实时保护，支持高速交换网络的监控。

⑤ 提供对关键服务器，如 Web、E-mail、DNS、FTP、NEWS 等的实时保护。

⑥ 能够在检测到入侵问题（隐患）时，自动执行预定义的动作，包括切断服务、记录入侵过程信息等。

⑦ 支持集中的攻击特征和攻击取证数据库管理。

⑧ 支持攻击特征信息的集中式发布和攻击取证信息的分布式上载。

⑨ 提供检测特征的定期更新服务。

⑩ 网络访问控制。

⑪ 可疑网络活动的检测，对带有 ActiveX、Java、JavaScript、VBScript 的 WEl. 页面、电子邮件的附件、带宏的 Office 文档中的一些可以执行的程序（包括通过 SSL 协议或者加密传输的可疑目标）进行检测，隔离未知应用，建立安全资源区域。

⑫ 网络中传输的数据包中的数据进行病毒分析，告警，或者中断服务。

⑬ 支持与路由器和防火墙的配合监控，并且能够动态配置访问控制策略。

A. 入侵检测接入及策略配置：

将百兆入侵检测系统接入需要被保护的网段，开启可疑网络活动检测服务、病毒检测服务、内容检测服务、协议分析服务。对来自于内部或外部网络的各种黑客攻击手段，能够及时予以响应，采取相应的手段，保护内部资源不被窃取或破坏。能够探测包含计算机病毒的网络流量的病毒扫描引擎。它可以防止用户在不知情的情况下下载受病毒感染的文件。管理员通过入侵检测可以定义策略对内容进行检查。这样可以防止在没有授权的情况下通过电子邮件或 Web 发送敏感数据。

通过以上监控方案的部署，能够达到网络攻击应对目的：

a. 对来自于内部或外部网络的各种黑客攻击手段，能够及时予以响应，采取相应的手段，保护内部资源不被窃取或破坏。

b. 对网络内部资源占用的考虑以及产品实施的可行性，即所采用的产品可以方便地在现有网络环境中加以实施，并能由系统管理员集中地控制管理，不会对现行的网络应用造成任何影响。

c. 对网络系统内部数据监控的实时性，确保管理员能够及时准确地获取网络使用状态的数据。

d. 采集数据明确的针对性，保证系统管理员能够借助所收集到的数据，准确地判断出其反映的实际网络问题。

e. 内部网络安全防护与访问控制，即数据出入各级网络的安全检查以及网络内部数据传输的安全审计与管理，保证网络资源在事先设定的策略下被有效地使用，防止资源被滥用情况的发生。

f. 重点资源的保护与审计，即对于承担系统中重要工作，如：数据计算，数据存储，信息传输等服务器或网段进行有针对性的网络安全访问规则的制定。

g. 所采用的产品可以方便地为系统管理员生成直观准确的各种报表，能够从各个角度、不同方面，以多种表格形式报告网络使用情况。

B. 入侵检测系统的自身安全性。

在对监控工作站进行设置的时候，不仅仅要求对网络关键网段具有全面的监控能力，而且还要对自身具有抗攻击能力。我们在部署入侵检测系统时专门设计了相应的安全保障机制，比如：通信加密。为了防止监控主控台和监控服务器之间的通信被假冒、篡改，需要在上设置加密方式。针对不同的网络实际环境设置了两种不同级别的加密方式：高强度加密方式和低强度加密方式。我们建议在 Internet 出口路由器和防火墙之间部署的监控工作站上采用高强度加密方式，其他的监控工作站采用低强度加密方式。这两种加密方式都采用 CA 自己开发的加密算法进行。

⑭ 防病毒系统。

按照标书的要求，考虑到本项目的实际需要，网络的规模大，涉及面广，数据多，通信频繁且应用较复杂。因此对病毒的防范建议采用“防病毒过滤网关＋终端机管理控制”的管理模式。

A. 防病毒过滤网关。

防病毒过滤网关是网络过滤设备，能够同时在网络层、传输层、应用层对病毒、蠕虫等混合型威胁分别进行过滤。过滤网关是一个独立的硬件产品，针对通过SMTP、POP3、HTTP、FTP等协议传输的内容进行过滤处理，使有害数据无法通过邮件、Internet访问、文件传输等方式进入到被保护网络。

过滤网关可以有效地实现电子邮件病毒过滤、内容过滤、垃圾邮件过滤、蠕虫过滤。其独有的抗蠕虫攻击技术（Anti-Worm）能够全方位抵御所有已知蠕虫病毒的攻击和传播行为。

防病毒网关具有对带毒文件和恶性程序的处理能力。

防病毒网关在数据传输到目的地之前进行扫描，一旦发现带毒文件或者恶性的JAVA Applets、Java Scripts 、ActiveX、VB Scripts等恶性程序，可以根据用户制定的策略决定处理受到病毒感染的流量。

对感染病毒的邮件，可进行修复、删除附件等操作，重新组合为新的邮件进行传输，或者完全丢弃该邮件。

对染毒的HTTP/FTP流量可进行自动修复、阻塞该URL或中断下载等处理方式。防病毒网关对带毒文件和恶性程序的处理方式灵活多样。如果操作设为清除病毒，则还可选择一旦清除失败后防病毒网关应采取的操作，确保网络内系统的安全。

防病毒网关采用的病毒引擎具有优秀的病毒检测和清除能力，可以安全地清除各种类型的带毒文件，包括可执行文件和非可执行文件。

另外，防病毒网关还可以根据用户的选择，将带毒文件移动到指定的路径，便于系统安全管理员的分析和管理。对于企业信息网络来说，一个完整的病毒网关防护机制是十分必要的，对从INTERNET/EXTRANET入口到网络内的服务器和所有计算机设备采取全面网关病毒防护，可以使病毒防护工作按照不同部门或地域的实际情况，分级或分层次设置病毒网关的管理工作。

B. 终端防病毒系统部署设计思路和配置方案：

a. 在每台NT/2000/2003服务器上安装KILL杀毒软件，实现服务器的实时病毒防护，保护服务器上数据的安全。

b. 联网的Windows 95/98客户端和Windows NT Workstation/Windows 2000 Professional/Windows xp工作站上安装KILL，实现客户端的实时病毒防护，保护客户机自身不会被病毒感染，并且不会成为病毒源。

c. 集中管理。通过KILL安全中央控制台将局域网内所有计算机统一管理，对整个网络进行防病毒管理，确保没有病毒漏洞。通过KILL中央管理器可以制定统一的防毒策略，设定扫描作业，以及实现病毒特征码的自动升级，安排系统自动查、杀病毒。

d. 网络病毒报警系统。KILL具有极为优秀的全球报警系统和各种报警功能。集成在NT服务器上的KILL报警管理器可以收集到网络中任一台计算机上发出的KILL病毒报警消息，然后，通过报警管理器提供的网络广播、Lotus Notes/MS Exchange邮件、故障打印、寻呼机等多种报警方式，KILL可以将报警消息发送给用户，网络管理员可以在网中任一台计算机上即时得到KILL的报警消息，甚至通过自动寻呼机在异地也能及时收到

KILL 的病毒报警信息。

e. 完善的运行日志记录。

KILL 的日志包括了从服务器到客户端计算机运行的所有记录。网络管理员可以从日志的内容中掌握网络中所有计算机的运行情况，包括出现问题的计算机名称、用户名、使用时间、染毒情况、处理情况等信息，从而使网络管理更加简单、明了且有针对性。

⑮ 用户权限控制。用户权限控制分以下三个方面：

a. 内部网络用户的对内访问，由 Windows Domain 管理控制的资源使用权限，安全策略的制定和实施完全依据系统的要求，可以将使用 window 客户端的用户的权限严格限制在可控范围之内，也可以对特定计算机或者特定用户给予特殊的访问权限，可以按照组织结果的不同给不同机构管理员赋予本机构系统管理权限。

b. 对外互联网访问利用路由器进行出口访问控制，或者可利用应用层访问控制设备进行具体应用（如 BT 下载）的访问控制。

c. 各信息系统（如安全监测与风险管理子系统）的权限控制是将对于数据的查询、修改、统计等权限赋予不同的系统角色，然后再对用户进行角色的分配以实现权限控制。

⑯ 网络硬件设备监控及攻击问题（隐患）库。

结合使用 Juniper NMS 服务器软件，可实现攻击问题（隐患）的记录，操作可以在任意一台安装了 NMS 客户端的计算机上完成，NMS 可以实现对防火墙设备的统一配置和监控，前提各工程部均使用 Juniper 防火墙。对于类似 ARP 攻击的分析及各地点网络使用情况，可以使用专门软件通过 SNMP 收集各个可网管交换机端口的及时数据，生成图表，发现异常端口的 MAC 跳变，远程即可完成。

4.3.3 传感器安装原则

（1）温度传感器安装原则

温度监测布点安装 99 个，其中增加 3 个环境温度传感器，分别监测地面、北墙和东墙的大气温度。

测温点布置在板、墙厚的 1/2 及表面处，离钢筋的距离大于 30mm。具体位置见测温点布置平面图，并根据个别结构尺寸特殊部位进行调整。

（2）应力传感器安装原则

应力监测布点安装 48 个，根据计算结果分析，应力测点布置在板、墙表面，底板测点位置选择在仓间施工缝处、桩柱边界处，墙体测点位置选择在仓间施工缝处和墙段中间下部。

本次监测数据拟按照每 10min 存储一次数据，全部监测过程均为自动进行。

（3）传感器监测区域

温度与应变监测区域如图 3-4-129 所示。图中 1、3、5 为底板与墙体应变、温度监测区域。仓位编号为 1 的先浇筑，然

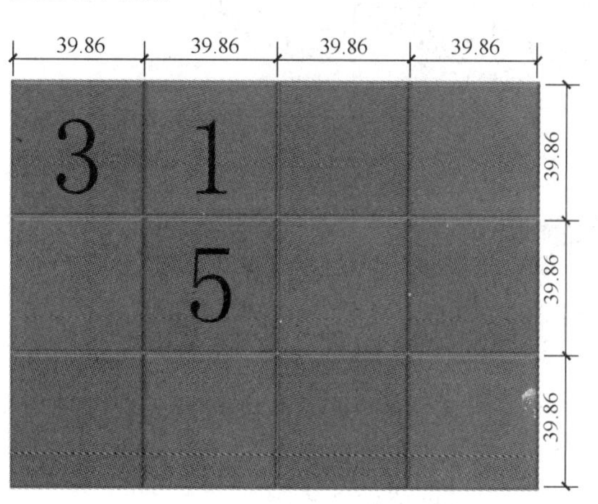

图 3-4-129 底板及顶板温度与应变监测区域

后仓位编号为 3 和 5 的浇筑。图中红（浅）色、蓝（深）色表示仓位之间浇筑应不相邻，相邻之间浇筑间隔时间不得小于 7d。

1）板温度监测点布置。

板温度监测区域为 1、3、5 仓，每一仓的温度测点平面布置图如图 3-4-130 所示，温度测点传感器布置剖面图见图 3-4-131。

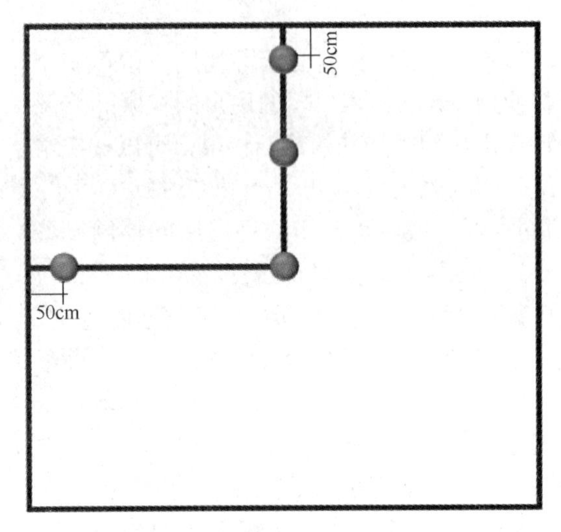

图 3-4-130　板温度测点平面布置图

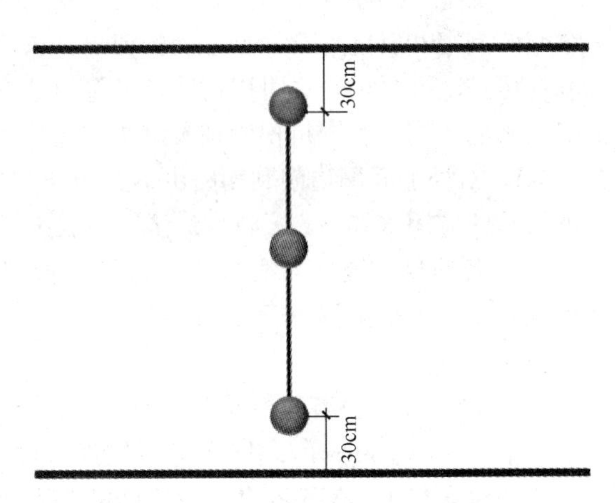

图 3-4-131　温度测点传感器布置剖面图

2）板应变监测点布置。

板应变传感器布置在后浇筑混凝土内，靠近施工缝处，监测区域如图 3-4-132 所示，图中仓位编号 1 为监测抗拔桩与板应变关系，仓位编号 3、5 与仓位编号 1 相交接区域为板应变监测面。应变监测点平面布置图如图 3-4-133 所示，应变测点传感器布置剖面图如图 3-4-134 所示。

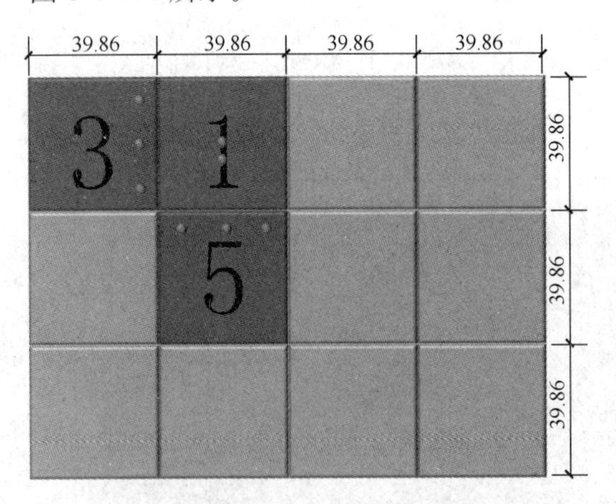

图 3-4-132　板应变监测区域分布图（单位：m）

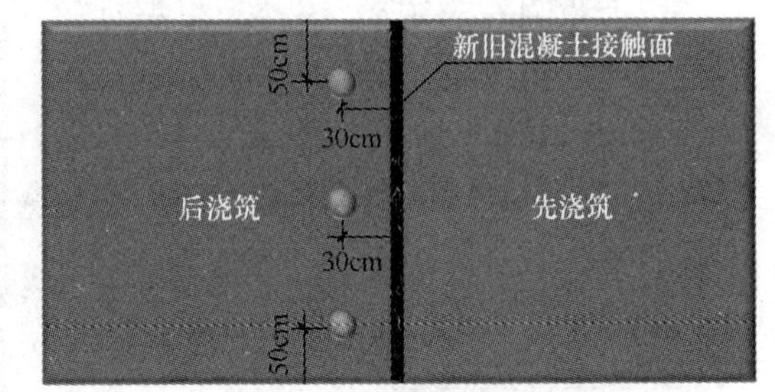

图 3-4-133　板应变监测点平面布置图

3）底板桩顶应变监测。

底板桩顶区域（共 2 处）应变传感器布置图如图 3-4-135 所示，现场监测点安装如图

3-4-136 所示。

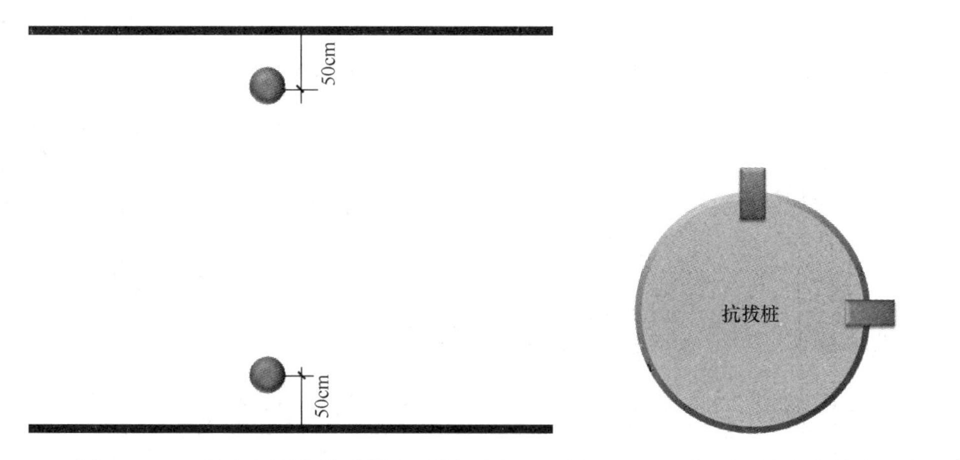

图 3-4-134　板应变测点传感器布置剖面图　　　图 3-4-135　桩顶区域应变传感器布置图

图 3-4-136　现场监测点安装

4）墙体温度监测点布置。

墙体混凝土强度等级为 C30，厚度为 500mm～600mm，标高为 22.300～30.900m。墙体温度监测区域如图 3-4-137 所示，墙体温度测点平面布置如图 3-4-138 所示，墙体温度测点传感器布置见图 3-4-139。

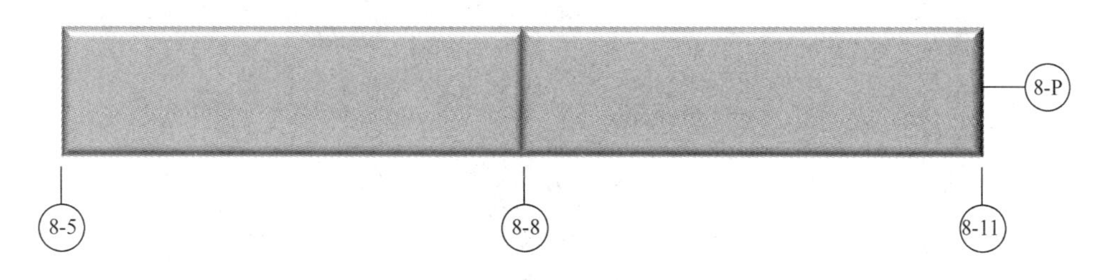

图 3-4-137　墙体温度监测区域图

5）墙体应变监测点布置。

墙体应变传感器监测区域如图 3-4-140 所示；图 3-4-141 所示为墙体应变传感器竖向布置图；图 3-4-142 为墙混凝土应变传感器布置图。

（4）测温传感器保护

混凝土浇筑时，应避开温度传感器位置，在混凝土振捣时，应距离传感器 50cm 以上，为防止损坏传感器，将导线穿入 PVC 管内，对导线加以保护，防止拉断。

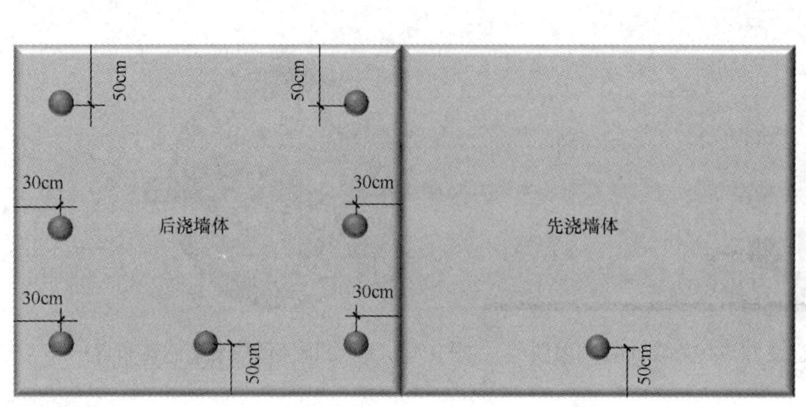

图 3-4-138　墙体温度测点竖向平面布置图

图 3-4-139　墙体温度测点传感器布置剖面图

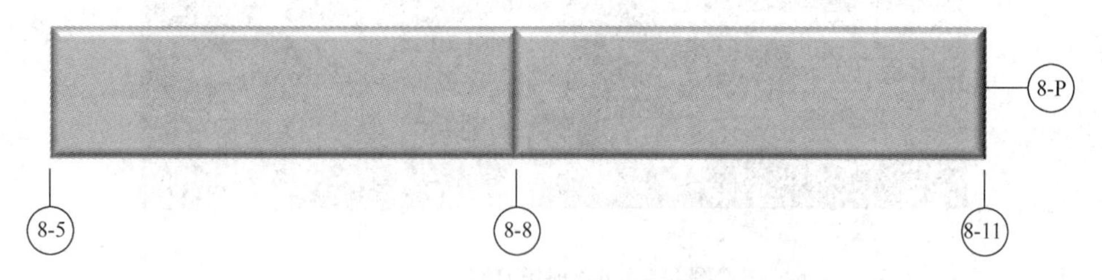

图 3-4-140　墙体混凝土应变监测区域

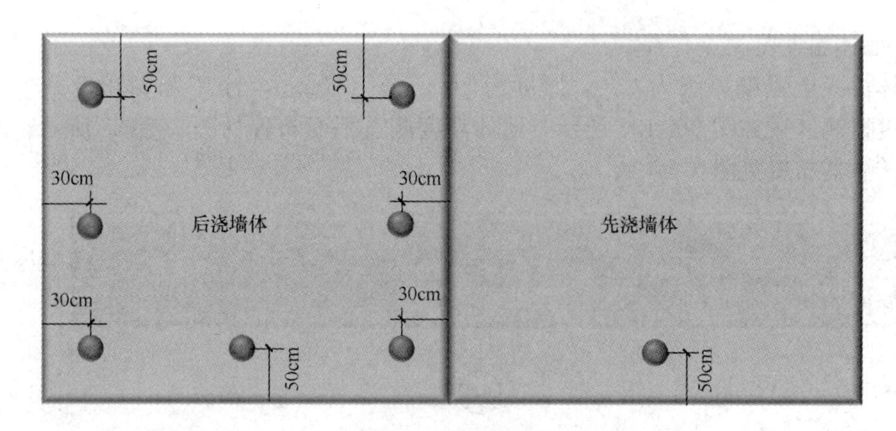

图 3-4-141　墙混凝土应变传感器竖向布置图

4.3.4 监测应用效果

（1）监测仪布置

根据监测规范和项目实际监测要求，在混凝土浇筑时，在底板和顶板预埋了温度和应力自动化监测仪，监测点布置如图 3-4-143、图 3-4-144 所示。

按照现场计划和具体部署，建立 8 区生物池的 BIM 模型。将 BIM 模型经 3Dmax 渲染美化，通过数据转换工具，加载进入三维 GIS 物联网平台。根据现场温度和应力监测点的布置，在三维模型中建立监测点示意模型，如图 3-4-145 所示。

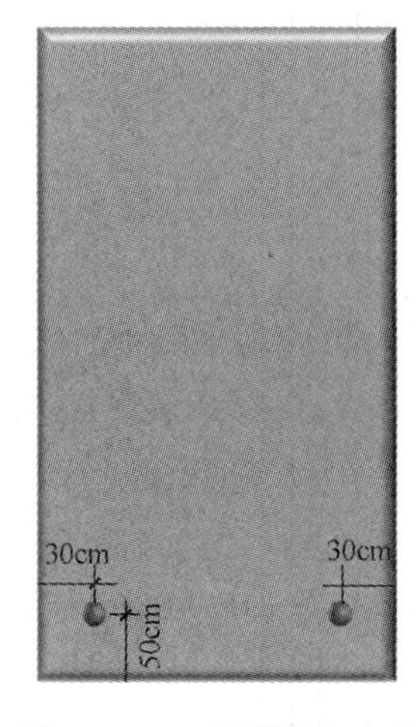

图 3-4-142　墙混凝土应变传感器剖面图

图 3-4-143　温度监测点布置示意图

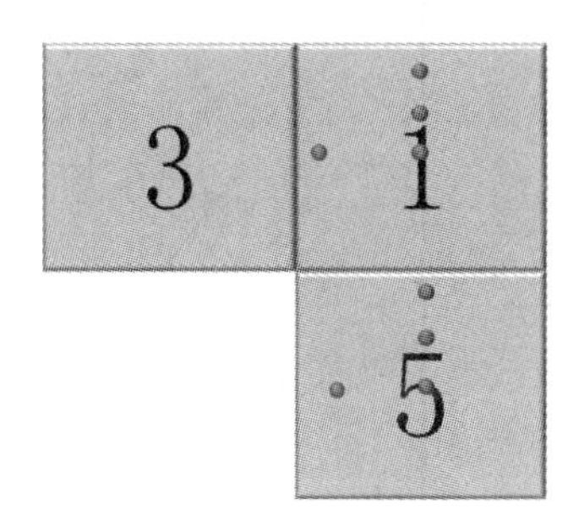

图 3-4-144　应力监测点布置示意图

图 3-4-145　模型中预埋温度监测器

温度、应力监测仪将监测数据回传到平台数据库，通过自动化监测平台发布到 Web 端，即可在 PC 页面端查看温度监测值和数值变化曲线。同时可以选择多个监测点，将其曲线同时显示在一个时间维度，对比多个监测点的温度和应力变化，如图 3-4-146、图 3-4-147 所示。

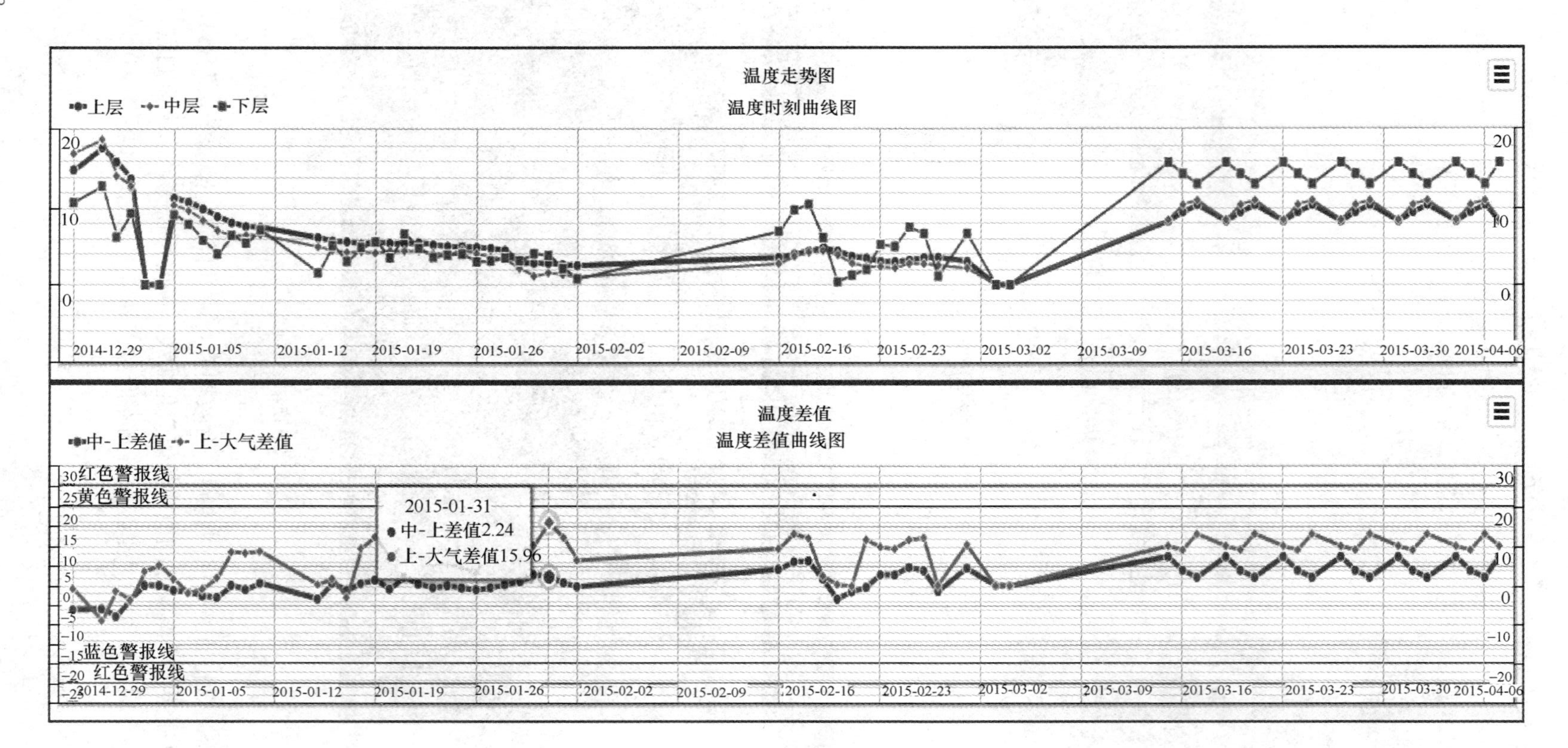

图 3-4-146　温度监测页面

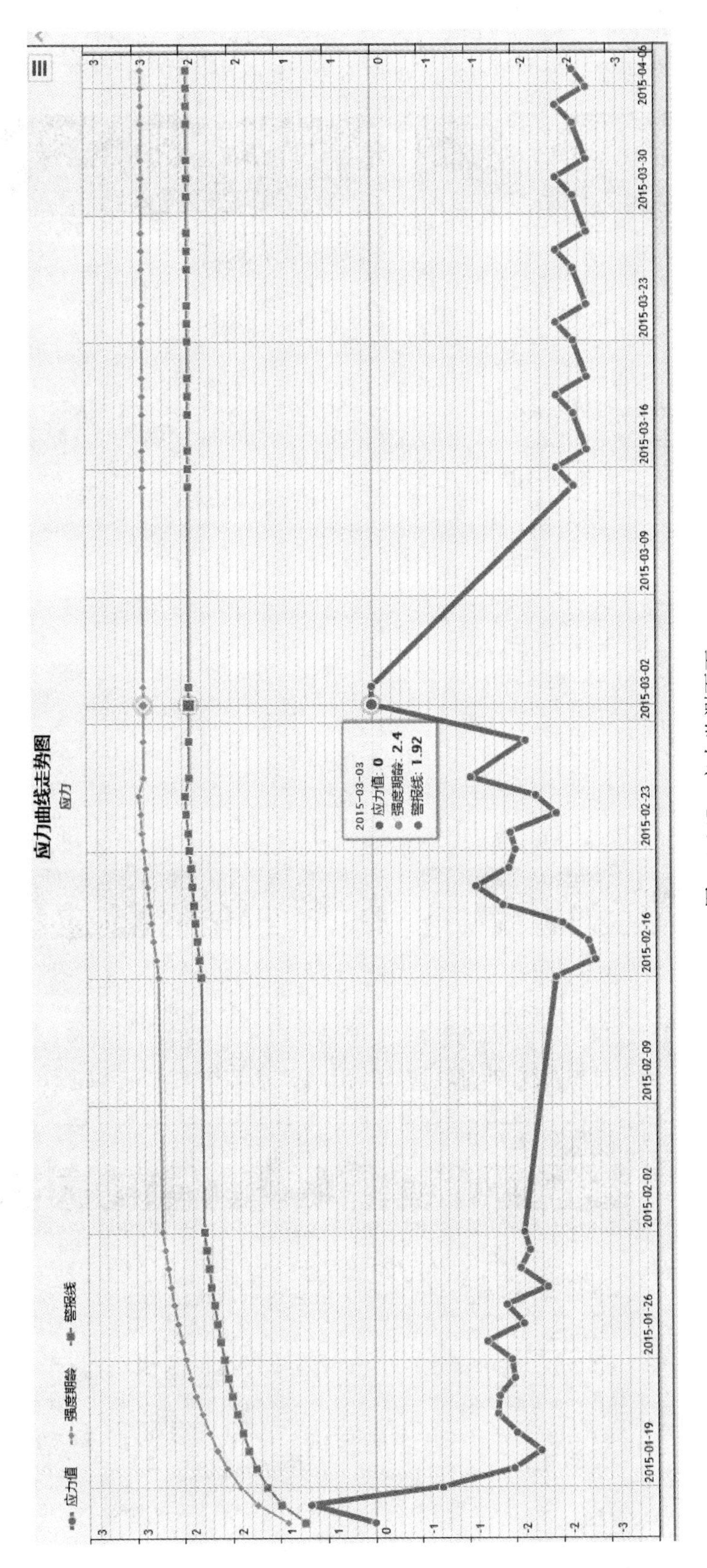

图 3-4-147　应力监测页面

本平台还开发了配套的手机端 APP，通过手机端也可以实时访问系统平台，查看温度、应力的监测曲线和所需温度差值曲线，如图 3-4-148 所示。

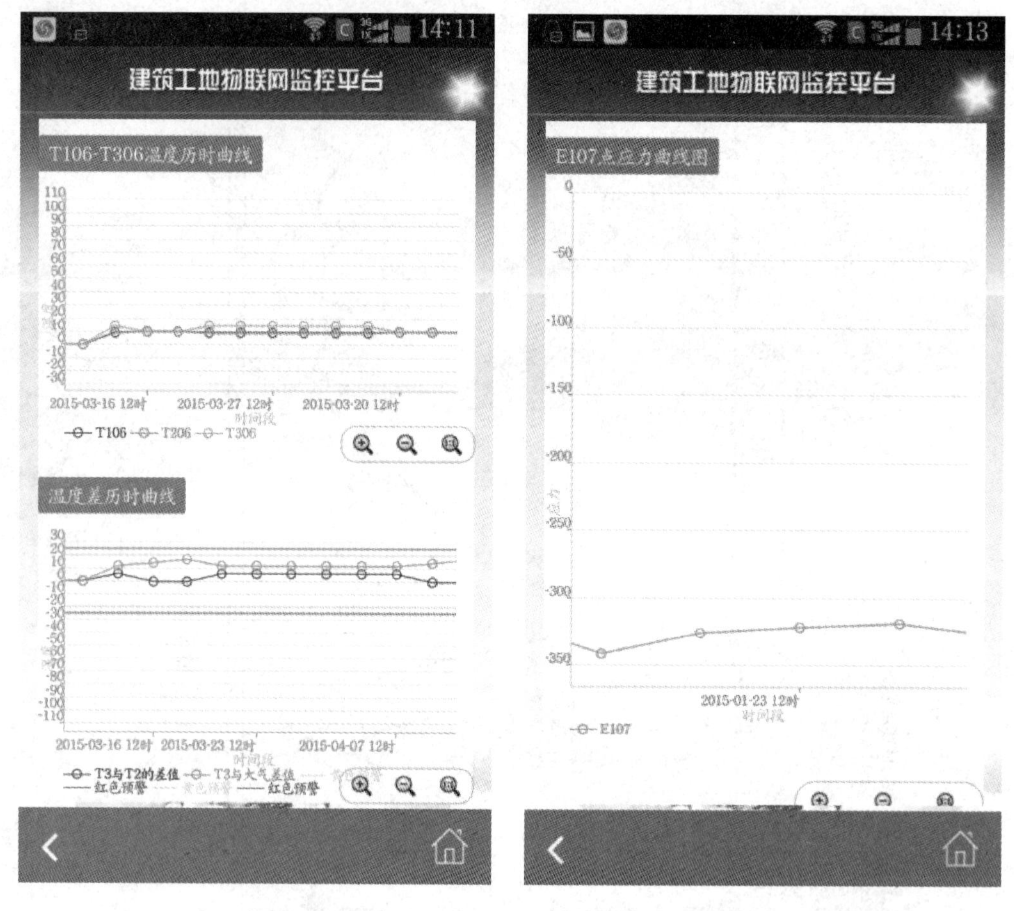

图 3-4-148 手机端的温度、应力监测曲线图

本系统在图表中自动绘制了黄色预警线和红色预警线（本书中显示为灰色），直观展示监测点的温度预警情况，当超过预警线的时候可以短信的方式通知相关人员，如图 3-4-149 所示。

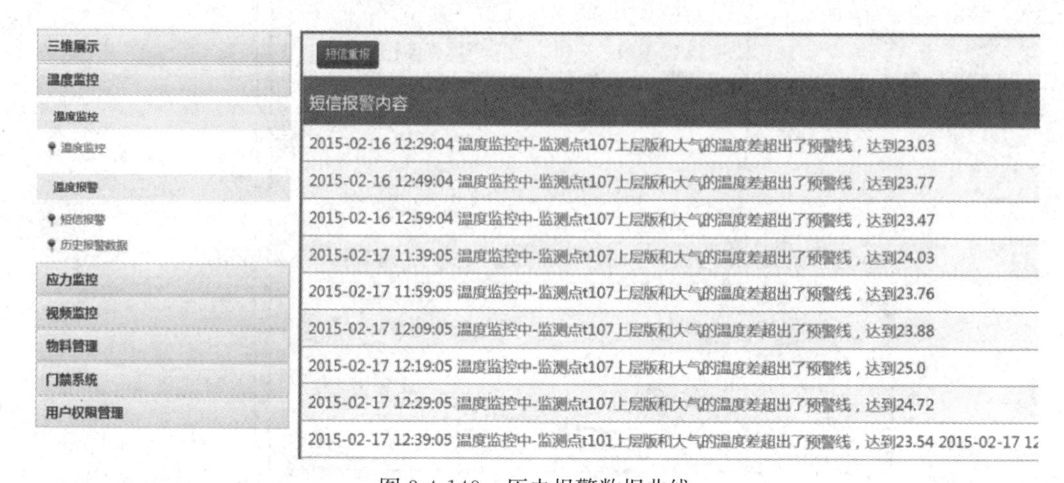

图 3-4-149 历史报警数据曲线

（2）监测记录

根据已有混凝土的测温时间及测温频度，最小记录时间间隔为 2h，由于本次监测采用自动化光纤光栅监测系统，数据采集记录的间隔可以大大缩短，本次监测数据拟按照每 10min 存储一次数据，全部监测过程均为自动进行。

遇有特殊情况（混凝土内外温差接近或者超过 25℃时），系统会自动报警，以便采取紧急保温措施。

4.4 应用效果

监测仪应用效果见图 3-4-150～图 3-4-155。

图 3-4-150　顶板实体照片

图 3-4-151　管廊实体照片

图 3-4-152 管廊实体照片

图 3-4-153 管廊实体照片

图 3-4-154 管廊实体照片

图 3-4-155 操作层实体照片

5 经济效益及社会效益

5.1 经济效益（见表 3-4-34）

经 济 效 益 表 3-4-34

序号	节费项目	节省费用（万元）
1	节省后浇带浇筑的凿毛、清理、模板和支撑体系	155.35
2	节省使用 50%止水钢板、橡胶止水胶条	45.2
3	取消后浇带减少 C35S6 混凝土使用	7.2
4	节省回填土保护板	6
5	工期节约费用	247.25
6	合计	461

5.2 社会效益

5.2.1 质量效益

上面展示的两张照片分别是 C 系列 MBR 生物池（图 3-4-156）和 D 系列 MBR 生物池（图 3-4-157）封顶后航拍呈现的效果。从照片上可以清晰的看出 C 系列 MBR 生物池上后

图 3-4-156 航拍 C 系列 MBR 生物池顶板

浇带施工缝的位置，而采用跳仓法施工的D系列施工缝都很难分辨出来。应用跳仓法技术可以有效地减少结构施工缝，提高结构的观感质量，加强结构自身防水有积极的作用。

图 3-4-157　航拍D系列MBR生物池顶板

5.2.2　工期效益

生物池管廊及负一层设备间需要安装大量的管道及设备，以往设备安装受到后浇带支撑体系的制约，而采用跳仓法施工后，结构封顶后工艺安装即可进场工作。采用跳仓法施工，该系列共节约工期35d。

5.2.3　技术创新

在跳仓法施工过程中，将物联网+应用引入到预警监测系统中，首先用BIM将监测系统转化到虚拟建筑内，其次再运用物联网平台把光纤光栅监测系统和BIM结合到一起，实现云端监测，随时都可以在PC和移动端查看混凝土温度和应力状态，为结构的安全运行保驾护航。

5.2.4　社会贡献

项目部委托第三方专业科技查新单位对《超大型水工构筑物跳仓法施工技术》（图3-4-158）进行查新，查新结果显示并未查询到有全地下水工构筑物应用过跳仓法技术，此次应用填补了一项技术空白，实现具有良好的社会效益。

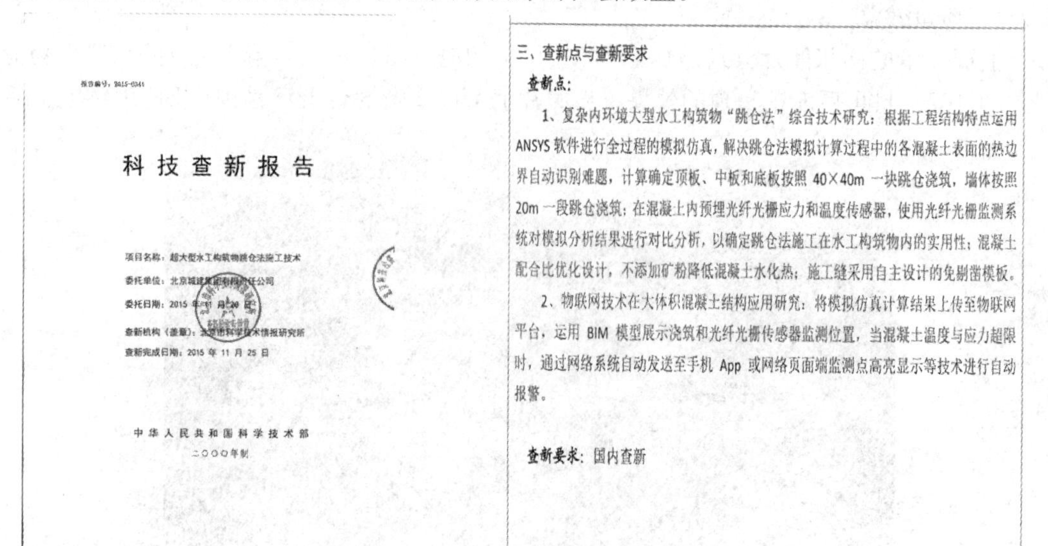

科 技 查 新 报 告

项目名称：超大型水工构筑物跳仓法施工技术

委托单位：北京城建[illegible]公司

委托日期：2015 年 [illegible] 月 [illegible] 日

查新机构（盖章）：[illegible]科学技术情报研究所

查新完成日期：2015 年 11 月 25 日

中华人民共和国科学技术部

二〇〇〇年制

三、查新点与查新要求

查新点：

1、复杂内环境大型水工构筑物“跳仓法”综合技术研究：根据工程结构特点运用ANSYS软件进行全过程的模拟仿真，解决跳仓法模拟计算过程中的各混凝土表面的热边界自动识别难题，计算确定顶板、中板和底板按照40×40m一块跳仓浇筑，墙体按照20m一段跳仓浇筑；在混凝土内预埋光纤光栅应力和温度传感器，使用光纤光栅监测系统对模拟分析结果进行对比分析，以确定跳仓法施工在水工构筑物内的实用性；混凝土配合比优化设计，不添加矿粉降低混凝土水化热；施工缝采用自主设计的免剔凿模板。

2、物联网技术在大体积混凝土结构应用研究：将模拟仿真计算结果上传至物联网平台，运用BIM模型展示浇筑和光纤光栅传感器监测位置，当混凝土温度与应力超限时，通过网络系统自动发送至手机App或网络页面端监测点高亮显示等技术进行自动报警。

查新要求：国内查新

图 3-4-158　科技查新报告

6 总结

我国近些年污水处理事业发展速度较快，随着出水标准从国家二级标准逐步提高到一级A标准，污水处理工艺也逐步更新。目前更是提出了使出水水质满足水环境变化和水资源可持续循环利用的需要；大幅提高处理厂能源自给率；建设感官舒适、建筑和谐、环境互通、社区友好的再生水厂的新目标。

今后全地下再生水厂的建造是大趋势，我们将在日后的工程中，应用更多的先进施工技术，形成核心竞争力。通过一年多对“跳仓法”的了解和运用，掌握了更多的施工数据，总结出宝贵的施工经验，并创造出一些有形的价值，更为可贵的是培养出一批专业技术人员，这是有形价值所无法比拟的。

虽然跳仓法在超大型水工构筑的首次应用很成功，但仍存在一些不足之处，如传感器的保护、跳仓顺序、物资安排等，我们会在日后的工程建设过程中继续完善，实现在同类工程中大范围推广使用目的。

案例5：蓝色港湾工程跳仓法施工技术成果报告

第一部分　工程总结报告

第二部分　超长、超宽、超高水位下大体混凝土跳仓法技术研究

第三部分　科技查新报告、效益分析报告和用户使用情况报告

中国新兴建设总公司

二〇〇六年

第一部分　工程总结报告

目　　录

蓝色港湾工程跳仓法施工技术成果报告

1　课题的提出

1.1　工程概况

蓝色港湾工程位于北京市朝阳公园西北角，是集餐饮、休闲、娱乐为一体的综合性商业项目，占地面积 96319m²，东西方向长 386m，南北方向宽 163m，三面环水。工程地下两层，地上两层，建筑面积 137624m²，其中地下建筑面积为 77662m²，建筑物檐高 9m。工程结构形式为框架结构，基础形式为梁筏基础，基础埋深 10.75m。

工程底板厚 430mm，上反梁高处底板厚 900mm，地下一层层高 4m，顶板厚度 200mm、300mm，夹层层高 5m，顶板厚度 200mm，地下室墙体厚度为 400mm、800mm，混凝土设计强度等级均为 C30P8。地下防水等级为二级，采用两道 3mm＋3mm 厚 SBS 防水卷材，加混凝土自防水，混凝土抗渗等级 P8。

建筑物三面环水，距水面最小距离仅为 6.2m，水面标高相当于建筑物±0.000m 以下一1.0m，地下水位位于自然地表以下 3～4m。

综合上述情况，本工程基础可以定性为“超长、超宽、高水位下具有大体积钢筋混凝土性质的薄板基础”。

蓝色港湾效果图和施工阶段实景照片见图 3-5-1 和图 3-5-2。

图 3-5-1　蓝色港湾效果图

图 3-5-2　施工阶段实景照片

1.2　工程特点及技术难点

（1）超长、超宽、薄板

本工程的地下结构东西方向长 386m，南北方向宽 163m，基础底板面积 64512m²，厚度为 430mm，外墙总长 1751m，整个基础底板连成一个整体，无变形缝和伸缩缝，设计上为防止超长结构收缩对结构的破坏，采用东西长向布置了 11 道施工后浇带，南北宽向布置了 4 道施工后浇带，仅基础底板后浇带总长为 3150m。对超长超宽薄板地下结构的施工组织难度巨大。

（2）水位高

本工程紧邻朝阳公园湖，三面被湖水围绕，最近处仅 6.2m。湖内常年有水，水量变化不大，水面标高比本工程的±0.000m 标高低约 1.0m，高出工程底标高 9.5m，受湖水影响，本工程的地基环境中水量和水压很大，工程的降水停止后，地下室的大部分均将浸在地下水的环境中，对工程本身的抗浮和自防水的要求非常高。

（3）体量与工期

本工程于 2005 年 10 月 15 日开工，第一段基础垫层的开始时间是 2006 年 3 月 1 日，业主要求 2006 年 8 月 19 日主体结构封顶，在 160d 的结构工期中内需完成的混凝土总量为 67441m³，底板混凝土 26794m³，钢筋为 18455t，防水面积为 85641m²。工期紧，任务量大，需要科学的施工组织和资源调配。

（4）后浇带多

设计上为了防止超长、超宽基础底板混凝土裂缝，采用东西长向布置了 11 道施工后浇带，南北宽向布置了 4 道施工后浇带。仅基础底板后浇带总长达 3150m，要求后浇带在结构封顶 60d 以后浇筑，混凝土强度提高一个等级并添加微膨胀剂。

（5）地下防水

本工程三面环水，湖面水位高出基底 9.5m，设计上为解决抗浮，采用了钢筋混凝土抗拔桩，共计3498根，桩顶伸入基础底板100mm，桩顶周围防水采用刚柔结合的做法，其防水效果较为薄弱，且数量较多，减弱了柔性防水的实际效果，对柔性防水层的整体性有很大的影响。因此，对底板混凝土自防水提出了更高的要求。

2 方案的提出及确定过程

2.1 方案的提出与比选

针对过程的特点和难点，公司和项目部认真进行了分析和研讨，并对国内现有的同类工程施工技术进行了广泛的调查，对调查信息进行分析整理，同类工程的施工方法有以下几种：

（1）混凝土按照后浇带分段施工

这种方法是目前比较普遍采用的方法。缺点是后浇带的处理上难度较大，形成的质量隐患较多，对工期的影响较大，占用周转材料多、时间长，不宜采用。

（2）采用膨胀剂设置膨胀加强带

具体做法是在施工时采用在混凝土中掺加膨胀剂，普通部位按照常规掺量，在加强带区域掺量为12%～14%，补偿混凝土温度变化引起的收缩，取消了所有后浇带，不留置伸缩缝，整个底板一次浇筑完成。此方法的应用范围上受底板尺寸的影响，在长度不超过100m的情况下使用，不适合本工程使用。

（3）增加预应力措施

采用外加预应力的方法，对混凝土构件施加预应力，防止超长构件收缩，此方法在超长墙体施工中运用较多，底板上尚未有成功的案例，且增加较大的工程成本，不适合本工程使用。

（4）采用跳仓法施工

具体做法是将底板分成若干块，先进行品字跳仓浇筑，间隔7d后再进行倒品字填仓浇筑，可有效释放混凝土的早期塑性收缩，同时也可有效地解决因后浇带产生的影响。此方法对底板的长度和宽度上没有限制，适合本工程使用。

2.2 跳仓法施工技术的可行性分析

2.2.1 理论依据

结构承受变形效应作用是能量转化过程，根据能量守恒原理，输给结构的总能量转化为弹性应变能、徐变消耗能、微裂耗散能和位移释放能。这也就是总的能量通过“抗”而吸收，通过“放”而消散。

跳仓法施工就是采用“抗放兼施，以抗为主，先放后抗”的原则进行施工，通过合理设置跳仓间距，将变形输给结构的总能量转化为弹性应变能、徐变消耗能、微裂耗散能和位移释放能，这里的总能量通过“抗”而吸收，通过“放”而耗散。在施工早期的跳仓阶段，混凝土抗拉强度非常低，充分利用混凝土的结构位移（如弹性变形、徐变变形等）释放混凝土的早期应力，即所谓的“先放”；后期的封仓阶段混凝土的抗拉强度已经有所增长，充分利用混凝土的约束减小应变，即所谓的“后抗”，并通过封仓后及时做防水、回填土等措施，避免混凝土结构较长时间暴露在空气中，使结构承受的收缩和温差作用减到最小，进而达到控制混凝土裂缝的目的，同时也达到了保证防水质量，加快工程总体进度，降低工程成本的目的。

2.2.2 试验分析

根据专家推荐的混凝土配合比，结合北京地区及蓝色港湾项目特点，我们在方案研讨阶段制作了混凝土试件，委托实验室做了混凝土7d的弹性模量试验、混凝土7d的劈裂抗拉强度试验、28d劈裂抗拉强度试验、混凝土绝热温升试验，并计划在现场施工埋设电子应变器，采集了相关数据，为理论计算和进一步的研究做好了充足的准备。

试验数据如下：

（1）混凝土28d劈裂抗拉强度：2.92（N/mm^2）。

（2）混凝土7d劈裂抗拉强度：2.17（N/mm^2）。

（3）混凝土7d弹性模量：2.11×10^4（N/mm^2）。

（4）混凝土7d绝热温升：34.6（℃）。

2.2.3 跳仓间距、应力计算

（1）极限变形控制伸缩缝间距

平均伸缩缝间距：

$$(L)=1.5\sqrt{\frac{EH}{Cx}}\operatorname{arcch}\frac{|aT|}{|aT|-\xi p}$$

理论计算得到如下结果：

底板的极限拉伸为：$\xi_p=3\times0.62\times10^{-4}=1.86\times10^{-4}$

反梁的极限拉伸为：$\xi_p=3\times0.58\times10^{-4}=1.74\times10^{-4}$

$\alpha_T=1.592\times10^{-4}<\xi_p$，即说明该计算公式在数学上无解，其物理意义为伸缩缝间距无穷大，不需要留置伸缩缝，即跳仓间距与混凝土自身性质无关，可根据现场状况合理设置跳仓间距，方案拟订跳仓间距为40m。

（2）温度收缩应力的简化计算

$$\sigma_{max}=-E(t)\times\alpha T\times\left(1-\frac{1}{\operatorname{ch}\beta\frac{L}{2}}\right)H(t)$$

现场根据40m跳仓间距考虑，计算得出最大应力为0.681MPa，位于结构顶板部位。混凝土的温差应力小于其抗拉极限1.43MPa，从力学原理上说明混凝土不会开裂。

理论分析、试验分析表明，按照40m左右的跳仓间距部署施工是可行的。

2.2.4 应用实例

跳仓法施工技术方案提出后，项目部会同业主、监理单位对此施工技术进行了广泛的市场调查，了解宝钢一些大型厂房采用跳仓法施工，取消了后浇带，同时取消UEA，较好地解决了技术难题，工程实体的效果较好。其中由二十冶施工的BOX设备基础，底板面积为428.4m×104m，厚度为1.2～1.4m，总混凝土量为132000m^3，分21块浇筑，完工后，经半年检验，实体工程无害裂缝在17条以内，仅渗漏一处，经对工程实例总结，编制了国家级工法《大型箱形基础混凝土施工方法》。为本工程施工提供了可供参考的宝贵经验。

在北京，采用跳仓法施工技术的工程有中京艺苑大厦、国家大剧院和中央电视台新址办公楼，公司和项目部会同业主、监理对中京艺苑大厦工程进行了现场考察，上述工程是在北京地区采用跳仓法施工的成功案例，工程的基础形式与蓝色港湾较为相似，而蓝色港湾在体积、尺寸和环境上更为复杂。通过业主、监理单位和总包单位的共同协商，认为在蓝色港湾实施跳仓法施工可行，但方案制定上要科学合理，符合现场的实际情况，在过程控制上要严格。

2.3 跳仓法施工技术需要解决的问题

根据本工程的特点，有了前面的理论基础和应用实例，应用跳仓施工技术主要需要解决的是两个方面的问题。

2.3.1 技术方面

本工程作为民用建筑，构件设计比较小，底板比较薄，对控制裂缝有一定的不利因素。为了解决这个问题，我们进行了系列的试验，包括混凝土绝热温升试验、混凝土劈裂抗拉、收缩试验、混凝土弹性模量试验等，优化了混凝土的配合比，消除不利影响。

2.3.2 管理方面

本工程面积比较大，仓数多，浇筑顺序控制和劳动力组织协调的难度比较大。为此，项目部对跳仓方案进行了多次论证，确定了细致的跳仓路线，并在实施前对管理人员和劳务队进行了全面细致的交底，确保了跳仓施工的顺利进行。

2.4 方案的确定过程

2005 年 12 月 14 日，召开了《蓝色港湾工程基础底板跳仓法施工研讨会》，跳仓法专家王铁梦教授和北京市知名专家、设计、监理公司的相关人员参加会议，就本工程的实际情况，对基础底板采用跳仓法施工可行性进行了充分的讨论，并提出了将跳仓法应用到外墙和顶板施工的建议。最后专家一致认为采用跳仓法施工，取消后浇带，可解决目前的技术难题。

项目部在方案研讨会的基础上，编制了《蓝色港湾工程基础跳仓法施工方案》，方案中对基础跳仓法施工进行了布置和安排，确定了跳仓法施工的部位为基础底板、地下室外墙、地下一层顶板和地下夹层顶板，确定了跳仓施工的仓位划分尺寸和浇筑顺序，确定了各个部位的混凝土配合比和技术参数，并制定了各项技术保证措施。

2006 年 3 月 29 日，邀请杨嗣信等知名专家召开《蓝色港湾工程基础跳仓法施工方案》论证会（图 3-5-3），对项目部编制的施工方案进行了充分论证，专家们听取了方案内容的介绍，并针对重点和细节问题进行了询问和讨论，专家一致认为方案可行，同意方案的组织安排和技术措施，并对方案实施中可能遇到的问题进行了提示，项目部也对方案进

图 3-5-3　施工方案论证会

行了补充和完善。

2006 年 4 月 8 日，在总公司科技质量工作会议上，本课题在总公司正式作为科研课题立项。

2006 年 4 月 20 日，项目部召开了外墙和顶板的跳仓法施工方案论证会，确定施工方案。

跳仓法施工图片见图 3-5-4～图 3-5-6。

图 3-5-4　底板跳仓段模板支设

图 3-5-5　底板跳仓段混凝土抹压

图 3-5-6　跳仓段与封仓段接邻混凝土

3　方案的实施和效果

《蓝色港湾工程基础跳仓法施工方案》讨论通过后，着手开始基础跳仓法施工，2006年4月6日开始浇筑底板第一仓混凝土，到5月25日，完成底板混凝土施工，到7月6日完成地下室外墙施工，到7月19日，完成地下室顶板施工，全部采用普通混凝土，取消了所有后浇带，历时104d，共浇筑混凝土159次，共计55300m^3，按预定目标完成了施工任务。

3.1　质量成果

所有地下室模板拆除后，项目部对地下室结构混凝土面进行了多次完整细致的检查，整个地下室混凝土展开面积共计155277m^2，其中底板57122m^2，地下室外墙23995m^2，楼板74160m^2，截止到2006年9月15日，地下室开始装修，整个基础底板未发现渗漏点，也未发现有害裂缝，地下室外墙无有害裂缝，外墙渗水点有一处（由其他原因造成）。外墙有少量无害裂缝，宽度如发丝，经测量，宽度不超过0.5mm，并且已逐渐自愈。

整个基础施工达到了防止超长、超宽结构混凝土开裂的目的，杜绝了裂缝带来的隐患。

3.2　技术成果

先进理论与施工实践紧密结合，工程创新有了重大突破，主要创新点和创新程度如下：

（1）薄板结构温度—应变观测与分析，反映出与以往不同的曲线走向且科学合理，具有重大的科研价值。

（2）“两取消、一减少”：即取消了后浇带、取消了混凝土膨胀剂，减少了施工缝。

（3）超长、超宽、超深水位下具有大体积混凝土性质的薄板结构首次采用跳仓法施工技术，可以有效控制混凝土裂缝的产生，具有重大的科研价值和推广应用空间；

（4）对大体积、大体量混凝土施工提供了“普通混凝土好好打”的典型范例。

本工程通过采用跳仓法施工技术，圆满解决了工程所遇的技术难题，形成了一套较完整的超长、超宽、超深地下结构混凝土跳仓法施工工艺，拓宽了跳仓法施工的应用范围，为同类工程的施工积累了经验。公司和项目部的技术管理人员通过本工程的实施过程，对王铁梦教授关于混凝土施工的前沿理论有了一定的认识和了解，开拓了知识面，对提高混凝土施工技术有着极大的帮助，为解决同类的技术难题提供了新的思路。

3.3 经济效益及社会效益分析

3.3.1 经济效益

（1）基础底板及外墙混凝土中取消了膨胀剂，采用普通混凝土，每立方米混凝土节约15元，共80万元。

（2）基础取消了后浇带，节省了后浇带施工缝模板，按后浇带总长度3150m，节约6万元。

（3）基础结构取消了后浇带，节省了后浇带的临时保护和清理费用，按后浇带总长度3150m，节约6万元。

（4）取消地下室外墙后浇带，外墙防水施工不再做技术处理，节约了外侧保护钢板，降低成本11万元。

（5）顶板取消后浇带，节省了后浇带浇筑的模板和支撑体系，按后浇带总长度4820m，节约44万元。

以上为直接节约费用，共计147万元。

此次由于采用跳仓法施工，取消了后浇带以后，有利于提前后续施工插入的速度，避免了因为后浇带留置60d带来的工期损失，为室内回填及装修施工的提前插入创造了条件，加快了整体施工进度，共节省工期38d，结构施工期间现场因租赁设备、周转材料、水电消耗、劳务人员工资等资金投入情况为12万元/日，间接节约费用456万元。

综合考虑因采用跳仓法施工，共计节约603万元。

3.3.2 社会效益

本工程采用跳仓法施工，取消了后浇带以后，提前了后续施工插入的速度，避免了因为后浇带留置60d带来的工期损失，为室内回填及装修施工是提前插入创造了条件。对于施工质量控制、施工流水段布置、缩短工期具有开创性的意义。

采用跳仓法施工也降低了模板等材料消耗，减少了后浇带内的垃圾清理，对工程项目的节能降耗起到了很大的作用。

采用跳仓法施工，对于此类超长、超宽、超深水位下的具体大体积混凝土性质的薄板结构施工具有重要的借鉴推广空间。

第二部分　超长、超宽、超高水位下大体积混凝土跳仓法技术研究

目　录

超长、超宽、超高水位下大体积混凝土跳仓法施工技术研究

1 项目简介

1.1 工程概况及“跳仓”实施简介

本项目为土建钢筋混凝土结构施工方法应用型研究，主要研发内容为：超长、超宽、超高水位下具有大体积混凝土性质的薄板结构跳仓法施工技术研究。

蓝色港湾工程占地面积96319m^2，建筑物东西长386m，南北宽163m，东、南、北三面环水，距朝阳湖水面最小距离仅为6.2m，水面标高相当于建筑物±0.000m以下一1.0m，有梁筏板基础，基础埋深10.75m。底板厚430mm，上反梁高900mm，属于“超长、超宽、超高水位下具有大体积性质基础”。地下一层层高4m，顶板厚度为200、300mm；夹层层高5m，顶板厚度200mm；地下室墙体厚度为400、800mm，混凝土均为C30P8。

地下结构部分采用跳仓法施工工艺，基础底板按照40m的长度划分出跳仓施工段，成“品”字形跳仓施工，跳仓段施工间隔为1～2d，跳仓段与封仓施工间隔为7～10d。其他部位随基础底板相应部位跳仓施工。

1.2 解决的主要技术问题

（1）取消了原有设计的后浇带。

（2）取消了原有混凝土中掺加的膨胀剂。

（3）减少了施工缝。

（4）方便了防水节点的处理，有利于保证防水工程质量。

（5）有效地控制了混凝土裂缝，保证了施工质量。

（6）有利于工程现场施工部署，并为后续工作创造了良好条件。

1.3 主要创新点

（1）薄板结构温度应变观测与分析，反映出与以往不同的曲线走向且科学合理，具有很大的科研价值。

（2）取消后浇带，取消混凝土膨胀剂，减少施工缝。

（3）超长、超宽、超高水位下具有大体积混凝土性质的薄板结构裂缝控制，跳仓法首次成功应用于民用薄板结构，具有很大的科研和应用推广空间。

（4）有效地控制了混凝土裂缝，保证了施工质量，是普通混凝土“好好打”的典型范例。

1.4 经济效益及社会效益

（1）节约成本共计603万元。

（2）取消后浇带以后，提前了后续施工插入的速度。

（3）对工程项目的节能降耗起到了很大的作用。

（4）对于此类超长、超宽、超高水位的具有大体积混凝土性质的薄板结构施工具有重要的借鉴意义。

（5）对于施工质量控制、施工流水段布置、缩短工期具有开创性的意义。

2 跳仓法施工的理论依据

2.1 跳仓法施工原理概述

结构承受变形效应作用是能量转化过程，根据能量守恒原理，输给结构的总能量转化为弹性应变能、徐变消耗能、微裂耗散能和位移释放能。这也就是总的能量通过“抗”而吸收，通过“放”而消散。

跳仓法施工就是采用“抗放兼施，以抗为主，先放后抗”的原则进行施工，通过合理设置跳仓间距，将变形输给结构的总能量转化为弹性应变能、徐变消耗能、微裂耗散能和位移释放能，这里的总能量通过“抗”而吸收，通过“放”而耗散。在施工早期的跳仓阶段，混凝土抗拉强度非常低，充分利用混凝土的结构位移（如弹性变形、徐变变形等）释放混凝土的早期应力，即所谓的“先放”；后期的封仓阶段混凝土的抗拉强度已经有所增长，充分利用混凝土的约束减小应变，即所谓的“后抗”，并通过封仓后及时做防水、回填土等措施，避免混凝土结构较长时间暴露在空气中，使结构承受的收缩和温差作用减到最小，进而达到控制混凝土裂缝的目的，同时也达到了保证防水质量，加快工程总体进度，降低工程成本的目的。

2.2 跳仓法施工的主要计算公式

（1）混凝土的变形

混凝土任意时间及不同条件下的干缩相对变形公式：

$$\xi_{y}(t)=3.24\times10^{-4}(1-e^{-bt})M_{1}M_{2}\cdots M_{n}$$

（2）混凝土的抗拉能力

钢筋对混凝土极限拉伸的影响经验公式如下：

$$\xi_{p}=0.5R_{f}(1+p/d)\times10^{-4}$$

（3）混凝土的应力松弛系数

$$H(t,\tau),=\frac{\sigma_{x}\cdot(t,\tau_{1})}{\sigma_{x}(\tau_{1})}$$

应力松弛系数一般可以查表得到。

（4）温度收缩应力的简化计算

$$\sigma_{max}=-E(t)\times\alpha T\times\left(1-\frac{1}{\mathrm{ch}\beta\frac{L}{2}}\right)H(t)$$

（5）极限变形控制伸缩缝间距计算

平均伸缩缝间距：

$$(L) = 1.5\sqrt{\frac{EH}{Cx}}\,\mathrm{arch}\,\frac{aT}{aT-\varepsilon_p}$$

3　跳仓法施工的设计计算

本工程基础的混凝土等级为C30，抗拉强度设计值为 f_t=1.43MPa，混凝土的弹性模量设计值为 $E_0=3.0\times10^4$（N/mm²），依据此基本数据，根据王铁梦教授的跳仓理论，我们作了如下计算。

3.1　跳仓法距离的演算

3.1.1　底板演算

（1）地基水平阻力系数

基础形式为梁筏基础，基础埋深10.75m，拟选用 $C_X=10\times10^{-2}$（N/mm³）

（2）混凝土的弹性模量

$$E(t) = E_0(1-\beta e^{-\alpha t})$$

式中：$E(t)$——不同龄期的弹性模量（N/mm²）；

E_0——混凝土28d的弹性模量；

α、β——经验系数取为0.09和1.00；

e——数学常数，取值为2.718。

现场跳仓施工拟设置7～10d为一个施工周期，按照7d为一个周期计算则：

$$\begin{aligned}E(7) &= E_0(1-\beta e^{-\alpha t})\\ &= E_0(1-e^{-0.09\times7})\\ &= 3.0\times10^4(1-e^{-0.09\times7})\\ &= 1.4\times10^4(\mathrm{N/mm^2})\end{aligned}$$

（3）混凝土的极限拉伸

本次设计计算选用混凝土的理论抗拉极限为计算基本数据，劈裂抗拉试验结果出来后可以选用混凝土试件的劈裂抗拉强度的0.9倍作为混凝土极限抗拉强度。

$$\xi_p(t) = 0.8\xi_{p0}(\lg t)^{2/3}$$

式中：ξ_p（t）——不同龄期的极限拉伸；

ξ_{p0}——龄期28d的极限拉伸，即 f_t=1.43MPa。

现场跳仓施工拟设置7d为一个施工周期，其中 ξ_{p0}=1.43MPa，则

$$\begin{aligned}\xi_p(7) &= 0.8\xi_{p0}(\lg7)^{2/3}\\ &= 0.8\times1.43\times0.894\\ &= 1.02\mathrm{MPa}\end{aligned}$$

$$\xi_p = 0.5R_f(1+p/d)\times10^{-4}$$

式中：p——0.35=100u（u—配筋率）；

d——钢筋直径，d取值1.4、1.6cm（板筋）/2.5、2.8cm（梁筋）；

R_f——混凝土抗拉强度，即 ξ_p（7）=1.02MPa。

计算得，$\xi_p = 0.5R_f(1+p/d)\times10^{-4}$

d=1.6cm时（板配筋）

$$\xi_p = 0.5 \times 1.88 \times (1 + 0.35/1.6) \times 10^{-4}$$
$$= 0.62 \times 10^{-4}$$

$d = 2.8$cm 时（梁配筋）

$$\xi_p = 0.5 \times 1.88 \times (1 + 0.35/2.8) \times 10^{-4}$$
$$= 0.58 \times 10^{-4}$$

考虑混凝土某种程度上的徐变，查表得知，应力松弛系数为 0.296，即混凝土极限抗拉增加 338%，按增加 3 倍考虑，对于板则为：

$$\xi_p = 3 \times 0.62 \times 10^{-4} = 1.86 \times 10^{-4}$$

对于梁则为：

$$\xi_p = 3 \times 0.58 \times 10^{-4} = 1.74 \times 10^{-4}$$

（4）水化热温差 T_1

混凝土的绝热温升为 34.7℃，混凝土浇筑主要在夏季完成，控制入模温度不大于 30℃，平均气温为 30℃，混凝土散热系数为 0.6，取分布图的平均值：

$$T_1 = (30 + 34.7 \times 0.6 - 30) \times 2/3 = 13.88℃$$

（5）收缩当量温差 T_2

$$\xi_y(t) = 3.24 \times 10^{-4}(1 - e^{-bt})M_1M_2\cdots M_n$$

式中：ξ_y（t）——任意时间的收缩，t（时间）以天为单位；

b——经验系数一般取为 0.01，养护较差时取 0.03；

$M_1M_2\cdots M_n$——考虑各种非标准条件下的修正系数。

基础底板配合比为：1∶0.50∶1.98∶2.97；

每立方米混凝土材料用量为：水泥（矿渣水泥）：241kg；水∶180kg；砂∶716kg；石（碎石）：1073kg；粉煤灰：120kg；外加剂 1∶8.3kg。

则 $\xi_y(7) = 3.24 \times 10^{-4}(1 - e^{-0.01\times7})M_1M_2\cdots M_n$

$= 3.24 \times 10^{-4}(1 - e^{-0.01\times7}) \times 1.0 \times 1.35 \times 1.0 \times 1.22 \times 1.0 \times 0.93 \times 0.77 \times 0.54 \times 1.0 \times 0.9$

$= 3.24 \times 10^{-4}(1 - e^{-0.01\times7}) \times 0.573$

$= 0.204 \times 10^{-4}$

收缩当量温差 T_2：

$$T_2 = -\xi_y/\alpha$$

式中：ξ_y——收缩变形；

α——10×10^{-6}。

则，$T_2 = -\xi_y/\alpha$

$= 2.04℃$

（6）总和温差

$$T = T_1 + T_2$$
$$= 13.88 + 2.04 = 15.92℃$$

（7）伸缩缝间距

平均伸缩缝间距计算公式如下：

$$(L) = 1.5\sqrt{\frac{EH}{Cx}}\text{arch}\frac{|\ aT\ |}{|\ aT\ | - \xi_p}$$

式中：H——计算对象全高；

$\alpha \cdot T$——温度相对变形，其中 α 取值为 1×10^{-5}。

$\alpha \cdot T = 1.592\times10^{-4} < \xi_p$，即说明该计算公式在数学上无解，其物理意义为伸缩缝间距无穷大，即不需要留置伸缩缝，也即跳仓间距与混凝土自身性质无关，可根据现场状况合理设置跳仓间距。

3.1.2 外墙演算

（1）地基水平阻力系数

外墙生根于基础底板，拟选用 $C_X = 1$（N/mm^3）。

（2）混凝土极限拉伸

墙体钢筋直径为 1.4cm、1.6cm，混凝土的极限拉伸计算同基础底板，

$$\xi_p = 3\times0.62\times10^{-4} = 1.86\times10^{-4}$$

（3）收缩当量温差 T_2

混凝土配合比为 1∶0.48∶1.98∶2.78。

每立方米混凝土材料用量为：水泥：279kg；水∶180kg；砂∶741kg；石（碎石）：1044kg；粉煤灰：196kg；外加剂 1∶8.6kg。

$$\xi_y(7) = 0.233\times10^{-4}$$

收缩当量温差 $T_2 = 2.33$℃

（4）总和温差

$$T = T_1 + T_2 = 13.88 + 2.33℃ = 16.13℃$$

地下室层高为 5.0m，其他数据同基础底板。

（5）跳仓间距计算

$$(L) = 1.5\sqrt{\frac{EH}{Cx}}\text{arch}\frac{aT}{aT - \xi_p}$$

$\alpha T = 1.62\times10^{-4} < \xi_p$，即说明该计算公式在数学上无解，其物理意义为伸缩缝间距无穷大，即不需要留置伸缩缝，也即跳仓间距与混凝土自身性质无关，可根据现场状况合理设置跳仓间距。即现场按照 40m 间距跳仓施工在理论支持上是完全合理的。

3.2 最大应力计算

3.2.1 混凝土干缩和温度收缩拉应力计算公式

$$\sigma_{max} = -E(t)\times\alpha T\times\left(1-\frac{1}{\text{ch}\beta\frac{L}{2}}\right)H(t)$$

（拉为正，压为负）

式中：$E(t) = E_0(1-e^{-0.09t})$——计算龄期混凝土的弹性模量（MPa）；

t——混凝土龄期（d）；

α——混凝土线膨胀系数；

$T = T_1 + T_2$——总温差（℃），升温为正，降温为负；

L——结构物的长度；

$\beta = \sqrt{\frac{C}{HE}}$，（$C$ 为地基约束系数 N/mm^3）；

H——构件高度，指裂缝时施工高度；

$H(t)$——徐变系数。

3.2.2 底板计算

（1）底板（厚 430mm）计算：

$$\sigma_{max} = -E(t) \times \alpha T \times \left(1 - \frac{1}{\mathrm{ch}\beta \frac{L}{2}}\right) H(t)$$

$$= 1.4 \times 10000 \times 15.92 \times 0.00001 \times \{1 - 1/[\mathrm{ch}(20/7.76)]\} \times 0.3$$

$$= -0.568\mathrm{MPa}$$

（2）地梁 1300mm 计算：

$$\sigma_{max} = -E(t) \times \alpha T \times \left(1 - \frac{1}{\mathrm{ch}\beta \frac{L}{2}}\right) H(t)$$

$$= 1.4 \times 10000 \times 15.92 \times 0.00001 \times \{1 - 1/[\mathrm{ch}(20/13.5)]\} \times 0.3$$

$$= -0.379\mathrm{MPa}$$

升温产生压应力，降温产生拉应力。

3.2.3 墙体计算

地梁 5000mm 计算：

$$\sigma_{max} = -E(t) \times \alpha T \times \left(1 - \frac{1}{\mathrm{ch}\beta \frac{L}{2}}\right) H(t)$$

$$= 1.4 \times 10000 \times 15.92 \times 0.00001 \times \{1 - 1/[\mathrm{ch}(20/7.07)]\} \times 0.3$$

$$= -0.590\mathrm{MPa}$$

3.2.4 顶板计算

按照顶板厚度为 200mm 计算：

$$\sigma_{max} = -E(t) \times \alpha T \times \left(1 - \frac{1}{\mathrm{ch}\beta \frac{L}{2}}\right) H(t)$$

$$= 1.4 \times 10000 \times 15.92 \times 0.00001 \times \{1 - 1/[\mathrm{ch}(20/5.3)]\} \times 0.3$$

$$= -0.681\mathrm{MPa}$$

升温产生压应力，降温产生拉应力。

混凝土的温差应力小于其抗拉极限，从力学原理上说混凝土不会开裂。

以上理论计算说明：跳仓间距及应力计算说明留置 40m 施工距离是合理的。

4 跳仓法施工的试验研究

为了保证跳仓法实施的成功，也为了检验跳仓法理论在超长、超宽、超深水位下实施的效果，我们进行了一系列的试验。

4.1 可行性分析阶段试验

4.1.1 劈裂抗拉强度试验

我们委托国家建筑工程质量监督检验中心，做了混凝土 7d、28d 劈裂抗拉强度试验，以及 7d 弹性模量试验，试验数据如下：

28d 混凝土试件（150mm×150mm×150mm）劈裂抗拉极限：2.92（N/mm^2）。

7d 混凝土试件（100mm×100mm×100mm）劈裂抗拉极限：2.17（N/mm^2）。

4.1.2 弹性模量试验

7d 混凝土试件（100mm×100mm×300mm）弹性模量：21100（N/mm^2）。

4.1.3 水化热试验

我们委托中国水利水电科学研究院工程检测中心，做了混凝土绝热温升试验，试验数据如图 3-5-7 所示。

中国水利水电科学研究院工程检测中心

检 测 报 告

水科检字[2006]第93号　　　　共 3 页　第 3 页

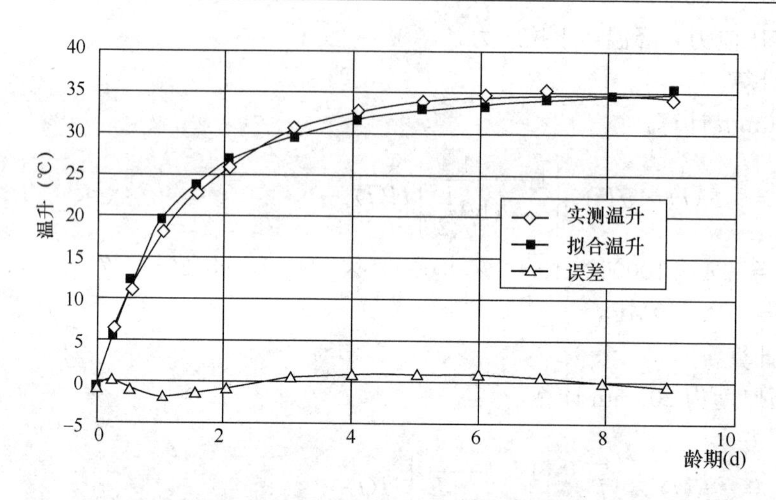

历时(d)	温升(℃)	历时(d)	温升(℃)	历时(d)	温升(℃)
0	0	3	30.5	7	34.6
0.5	12.0	4	32.5	8	34.6
1	18.5	5	33.6	9	34.7
2	26.2	6	34.4		

图 3-5-7　混凝土温升过程曲线

4.1.4 跳仓间距的验算

依据上述试验结果，参考以往成功跳仓法施工经验，重新对跳仓间距和混凝土应力进行验算。

（1）数据选择

1）混凝土 7d 的弹性模量取实验室得出的数据：2.11×10^{4}（N/mm^{2}）。

2）混凝土的极限拉伸取实验室得出的数据：试验得出混凝土的极限劈裂强度为 2.17MPa，则混凝土此时的极限拉伸为 $2.17\times0.9=1.95$MPa。

3）混凝土的徐变影响：考虑增加 100%的极限拉伸。

其他数据与设计计算相同。

（2）跳仓间距验算

底板极限拉伸为：$\xi_p=2\times1.18\times10^{-4}=2.36\times10^{-4}$

反梁极限拉伸为：$\xi_p=2\times1.07\times10^{-4}=2.14\times10^{-4}$

外墙、混凝土顶板极限拉伸为：$\xi_p=2\times1.18\times10^{-4}=2.36\times10^{-4}$

温差相对应变：$\alpha T=1.62\times10^{-4}$，$\alpha T=1.62\times10^{-4}<\xi_p$，即说明该计算公式在数学上无解，其物理意义为伸缩缝间距无穷大，即不需要留置伸缩缝，也即跳仓间距与混凝土自身性质无关，可根据现场状况合理设置跳仓间距。

于是，现场按照 40m 间距跳仓施工在试验基础上是完全合理的。

（3）应力计算

验算得出混凝土的最大温度应力为 0.778MPa，混凝土的温差应力小于其抗拉极限，从力学原理上说混凝土不会开裂。

4.2 实施阶段混凝土微应变试验

4.2.1 试验方法

采用基康牌振弦埋入式应变计（BGK-4200）测量混凝土结构的微应变，共设置 7 组，分别位于各个有代表性的部位。

计算公式：$\varepsilon(\text{微应变})=GC(R_n-R_0)+K(T_n-T_0)$

式中：G——仪器标准系数，$G=3.15$ 微应变/读数 Digit；

C——平均修正系数，$C=1.031549$；

R_0——应变计初始读数；

T_0——应变计显示的初始温度；

R_n——应变计当前读数；

T_n——应变计显示的当前环境温度；

$K=1.8$ 微应变/℃。

混凝土振捣密实、搓平后读取初始读数和初始温度。

混凝土微应变观测时间为 30d；混凝土终凝前每隔 1h 观测一次，混凝土终凝时间为 10h。混凝土终凝后，浇筑完成 48h 前每隔 3h 观测一次；浇筑完成 48～96h 每隔 6h 观测一次；浇筑完成 96h 到养护 7d 前每隔 12h 观测一次。混凝土养护第 7 天到第 30 天，每隔 24h 观测一次。

4.2.2 微应变计放置位置选择

为保证实验测得数据具有代表性，微应变计放置在具有一定代表性、易造成混凝土开裂、变形的构件的不利截面处。

（1）地梁微应变计放置位置

选择在⑳轴/Ⓐ～Ⓑ轴 JZL54 的跨中部位加深地梁部位，地梁受力钢筋上下保护层的混凝土内（图 3-5-8）。该梁截面尺寸为 600mm×1300mm，配筋为 ϕ12@150（4）；B12ϕ23，4/8；T12ϕ25，8/4；G28ϕ16。该部位地梁截面尺寸大，属于大体积混凝土范畴，水化热相对较大且热量不易散发，受混凝土内外温差影响，产生温度应力，易造成混凝土表面开裂；上表面混凝土终凝前直接暴露在自然环境内，表面失水较快，易导致混凝土干缩开裂。同时，地梁钢筋较密，底部和周边又存在基础抗拔桩和基础外墙，使得该部位的混凝土自身收缩、环境温度变化引起的变形受到比较复杂的约束，易造成混凝土开裂。

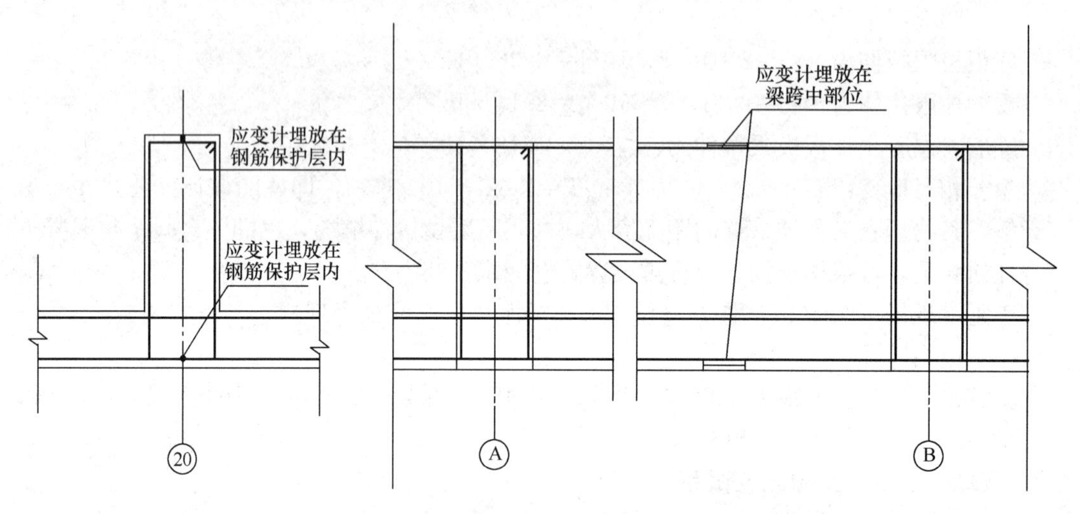

图 3-5-8　地梁应变计埋放位置示意图（红 F 仓⑳轴/Ⓐ～Ⓑ轴 JZL54）

（2）顶板分仓中部及边部的应变计放置位置（图 3-5-9）

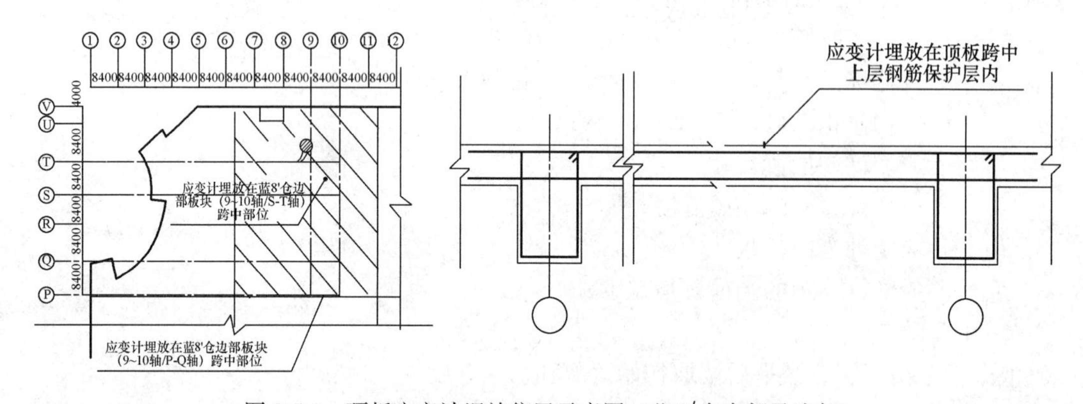

图 3-5-9　顶板应变计埋放位置示意图（蓝 8′仓中部及边部）

顶板分仓中部选择在⑨～⑩轴/Ⓢ～Ⓣ轴板块的跨中部位，顶板上层钢筋保护层的混凝土内；顶板分仓边部选择在⑨～⑩轴/Ⓟ～Ⓠ轴板块的跨中部位，顶板上层钢筋保护层的混凝土内。顶板厚为 200mm，配筋为上铁 ϕ12@150，下铁 ϕ12@150。该部位顶板板厚不大，刚度相对较小，且存在电梯间、楼梯间、人防竖井等剪力墙，顶板混凝土自身收缩变形及环境温度变化引起的变形受到复杂的约束条件，易造成混凝土开裂；上表面混凝土终凝前直接暴露在自然环境内，表面失水较快，易导致混凝土干缩开裂；梁、柱、剪力墙等刚度大的构件相当于板块的支座，这些构件的不均匀变形和沉降，易造成混凝土开裂；

顶板下表面有模板支撑，由于木料的导热能力差，使得顶板混凝土水化热上表面较下表面散失快，形成温度应力，易造成混凝土开裂。

（3）底板分仓边部及中部的应变计放置位置（图 3-5-10）

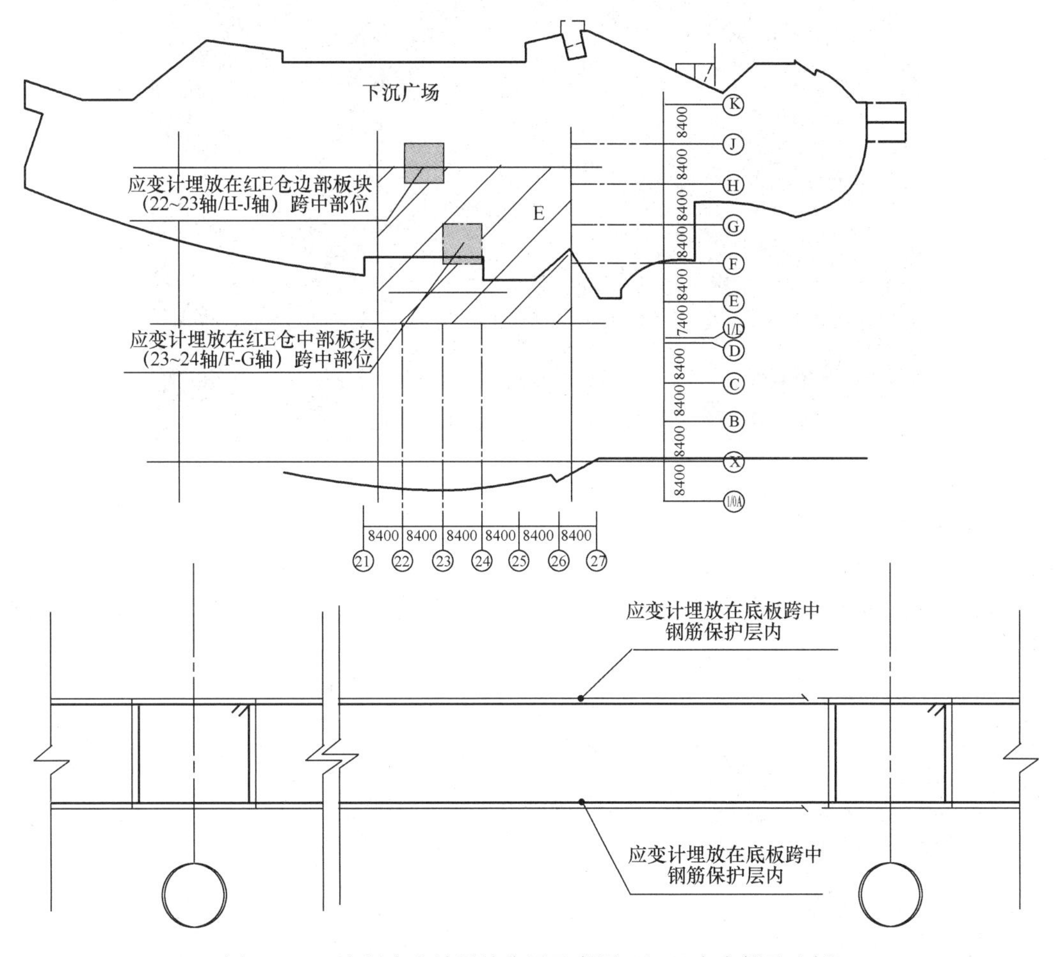

图 3-5-10 底板应变计埋放位置示意图（红 E 仓中部及边部）

底板分仓边部选择在㉒～㉓轴/Ⓗ～Ⓙ轴板块的跨中部位，底板钢筋保护层的混凝土内；底板分仓中部选择在㉓～㉔轴/Ⓕ～Ⓖ轴的跨中部位，底板钢筋保护层的混凝土内。底板板厚 430mm，配筋为上铁 ϕ20@150，下铁为 ϕ22@150。该部位底板为下沉广场底板，底板内部暗梁截面、配筋不大，下部无基础抗拔桩；周圈为基础墙体，墙下基础梁截面、配筋较大，且下部设计有抗拔桩；使得该仓底板边部受到较大的约束，易造成混凝土开裂。该仓底板周圈墙体下部 2m 范围内底板设计为抗压板，板厚为 1330mm，而下沉广场板厚为 430mm，交接部位截面尺寸突变，造成混凝土内部应力集中，易造成混凝土开裂。上表面混凝土终凝前直接暴露在自然环境内，表面失水较快，易导致混凝土干缩开裂。

应变计放置时平行于混凝土构件长度方向（图 3-5-11），保证应变计两端不受任何约束，能够自由变形。

底板、顶板应变计周围 1m 处搭设围护架子，防止施工对应变计造成扰动。该板跨内禁止堆放施工材料。地梁、外墙应变计周围在进行合模及拆模时注意对仪器的保护，小心

图 3-5-11　应变计放置

施工，防止对周围混凝土敲击。

4.2.3　微应变曲线

在基础施工完成，所有观测结束后，我们对实验数据进行了分析整理，绘制了曲线图（图 3-5-12～图 3-5-15）。

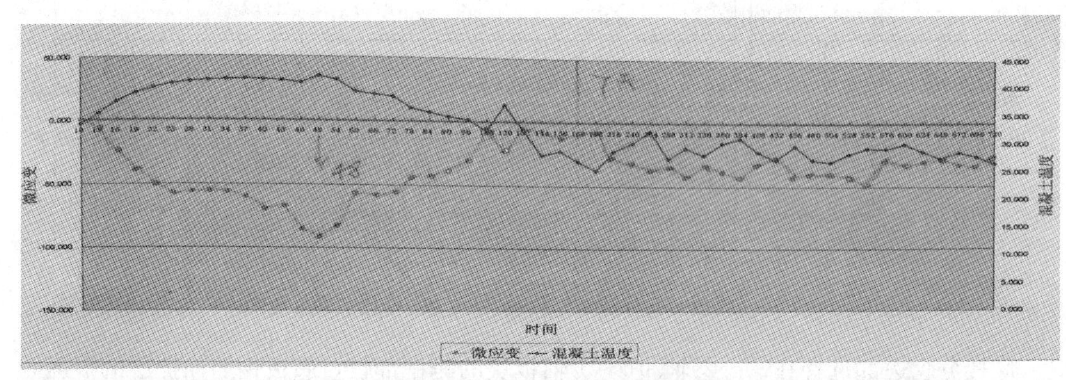

图 3-5-12　地梁下部混凝土应变曲线

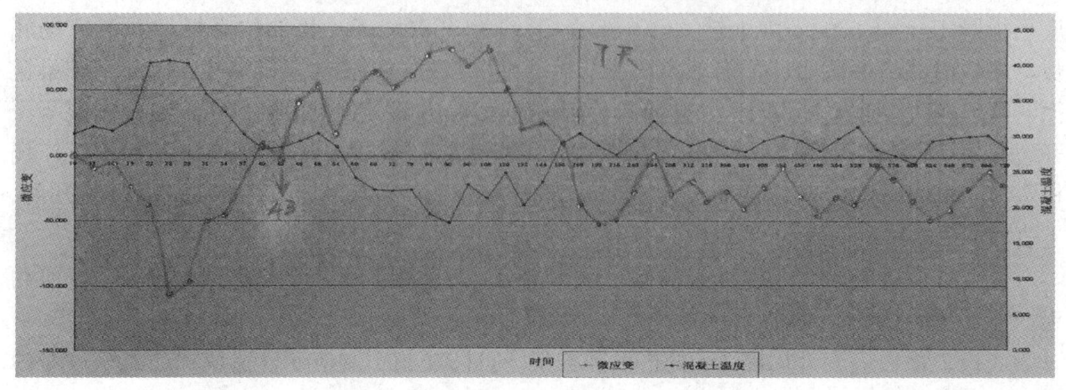

图 3-5-13　地梁上部混凝土应变曲线

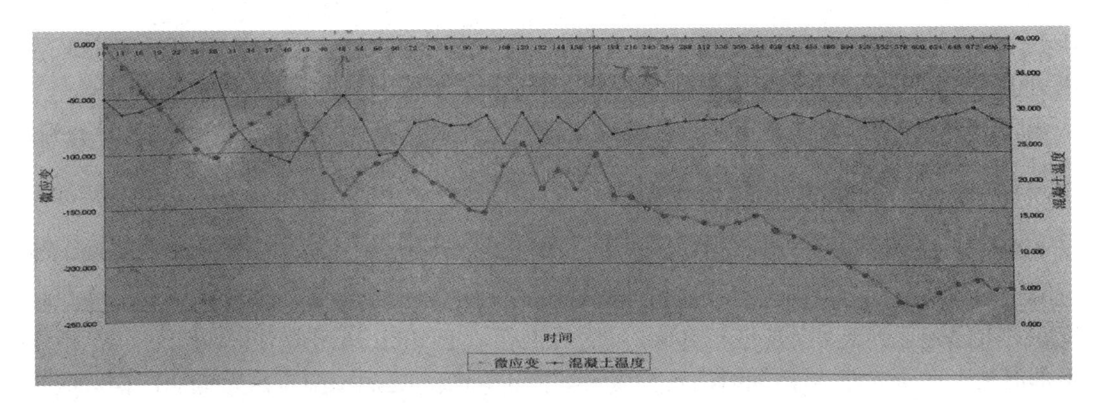

图 3-5-14　分仓边部底板上部混凝土应变曲线

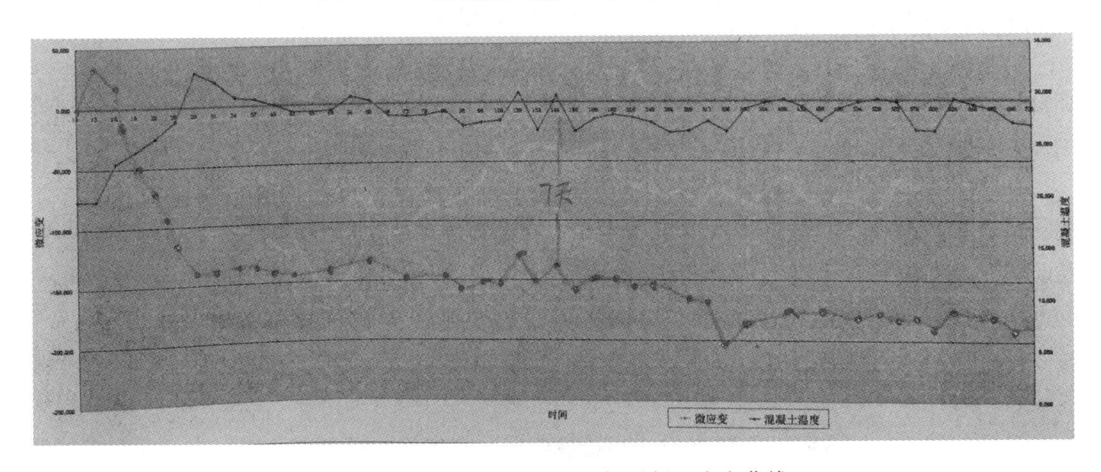

图 3-5-15　分仓中部底板下部混凝土应变曲线

4.2.4　混凝土应变曲线分析

（1）部位：底板

现象：底板混凝土基本在经历 28h 即 1d 左右时间达到温度最高值，其中底板上部温度最高值为 35.7℃，底板下部温度最高值为 32.5℃。上、下表面混凝土的应变曲线总体均呈现下滑趋势。其中上部从 10h 后应变值开始下降，并且呈现明显震荡走势，下部应变在 13h 达到峰值 35.4℃，之后下降，并趋于平稳，其间随温度变化呈现窄幅震荡。上下两面的共性为当温度上升时，应变下降；当温度下降时，应变上升。

分析：蓝色港湾底板厚度为 430mm，与大体积混凝土有较大差别，其混凝土自身的水化热散失较快，底板混凝土内、外温差不大，因此内部产生的温度应力不大，对混凝土影响不大。也就是说，混凝土在一天内水化热也就散发的所剩无几，此阶段混凝土由于升温在不断的膨胀，但由于受到地基和抗拔桩的约束作用，使得混凝土内部产生压应力。之后开始受周围环境影响。

上部混凝土处于自然环境下，虽然现场采取了覆水养护等措施，但相对于下部，散热还是较快。上部混凝土温度基本在 28h 后开始下降，此阶段混凝土由于降温在不断收缩，但由于受到抗拔桩和下部混凝土的约束作用，使得混凝土上表面产生拉应力，应变曲线为上扬趋势。因此，环境温度的变化对混凝土的应变影响也较大。出现环境温度升高产生压应力，环境温度降低产生拉应力。混凝土应变曲线交错变化，其中最大拉应变 $\Delta\varepsilon=63.12$，换算成拉应力 $\sigma=0.686\mathrm{N/mm^2}\leqslant$混凝土最大拉应力 $1.95\mathrm{N/mm^2}$，不会造成混凝土开裂。

底板下部混凝土埋于地下，受环境温度影响不大。混凝土水化热升温后略有下降，其自身温度便趋于稳定。混凝土内部应力较小，应变不大，应变曲线较为平滑。

（2）部位：地梁

现象：地梁截面尺寸为600mm×1300mm，接近于大体积混凝土性质。其中地梁上部混凝土在25h龄期时出现温度最高值40.2℃，之后下降，并震荡。应变对应温度变化情况在25h迅速达到最大负应变－108.2，之后上行，于108h达到最大正应变86.6。地梁下部混凝土在48h即2d龄期时出现温度最大值41.6℃。之后窄幅震荡。应变同样对应于温度变化在48h达到最大负应变－91.2，但相对于上部变化比较缓慢，之后上行，于108h达到应变峰值－5.1。

分析：上部在25h前，下部在48h前，此阶段混凝土由于升温在不断膨胀，但由于受到地基和抗拔桩的约束作用，使得混凝土内部产生压应力，上、下表面混凝土的应变曲线均为下滑趋势。

地梁上部混凝土处于自然环境下，虽采取了麻布片及喷水养护等措施，但相对于下部，散热仍然较快。因此，上部混凝土温度基本在25h后随即开始下降，上表面混凝土不断收缩。由于混凝土内部温度下降速度较慢，约束了上表面混凝土的收缩，再加上抗拔桩的约束作用，使得混凝土上表面产生拉应力，应变曲线为上扬趋势。最大拉应变 $\Delta\varepsilon=194.779$，地梁下部混凝土在温度下降过程中同样出现收缩产生拉应力的现象，但过程间隔较长，发生在48h后。其最大拉应变 $\Delta\varepsilon=86.645$。

总结：地梁、底板混凝土在168h即7d龄期后，基本趋于稳定，变化较小，应变曲线比较平滑。在蓄水养护过程中，受混凝土膨胀徐变的影响以及周边区域后填仓混凝土的侧压力影响，使得混凝土后期应变曲线略有下降。混凝土内部产生较小压应力。混凝土不会开裂。

对该工程实际测量数据分析得出：混凝土在养护龄期7d前，变化较为明显。并且在混凝土降温过程中均产生拉应变。采用跳仓法施工后，先浇筑完成仓的混凝土除了受自身和地基的约束外，不受周边结构的约束，在7d内自由收缩变形，符合跳仓施工“放”的原理。在同一仓中，不同部位互相约束，产生的拉应力，混凝土自身也能够承受，符合跳仓施工中“抗”的原理。另外采用跳仓法施工后，加强了对混凝土的养护。尤其是底板部位混凝土，从施工过程中的蓄水养护，到工程使用过程中，其环境均处在潮湿状态。由于混凝土徐变，降低了该工程结构混凝土自身收缩产生开裂的可能。

5　跳仓法施工技术参数确定

根据专家推荐，结合北京地区和蓝色港湾工程的具体特点，我们做了混凝土劈裂抗拉强度和微应变、绝热温升试验，确定了基础混凝土的材料要求和配合比。

5.1　材料要求

（1）水泥选用：底板选用中低水化热和低碱的42.5级普通硅酸盐水泥，每立方米混凝土水泥用量不大于250kg。

（2）砂：选用中砂，级配良好，尽量选用细度模数在2.4～2.8的中粗砂，含泥量

（重量比）≤2%，泥块含量（重量比）≤0.5%。

（3）石子：选用质地坚硬、级配良好、不含杂质的碎石，石子粒径选用5mm～25mm或5mm～31.5mm的石子，含泥量（重量比）≤1.0%，泥块含量（重量比）≤0.5%，针片状颗粒含量≤5%。除进行压碎指标试验外，还应进行岩石立方体抗压强度试验，其结果不应小于要求配制的混凝土抗压强度标准值的1.5倍。

（4）粉煤灰：选用Ⅱ级粉煤灰，降低水泥用量，以降低混凝土水化热，减缓混凝土早期强度增长过快，利用60d后期强度。

（5）外加剂：选用HY-1高效减水剂，减少混凝土用水量，增加混凝土的和易性。

（6）水：水质应符合国家现行标准的要求。

5.2 配合比要求

（1）水泥∶水∶砂∶石∶粉煤灰∶外加剂＝241∶165∶716∶1070∶120∶8.3。

（2）水胶比：0.50。

（3）砂率：40%。

（4）坍落度：160mm±20mm。

5.3 资料要求

及时提供原材料的产品合格证，复试报告，水泥、掺合料碱含量报告，骨料碱活性报告，混凝土单方碱含量计算书，强度试验报告，水泥放射性检测报告，砂、石子放射性检测报告，外加剂氯离子含量、氨含量检测报告等，混凝土配合比申请单、开盘鉴定，商品混凝土出厂合格证（出厂后32d内）。

5.4 其他要求

混凝土为泵送混凝土，初凝时间8～9h，终凝时间12～13h。从搅拌机出料到浇筑，现场时间间隔不得大于120min。

每次浇筑混凝土时，搅拌站和工地由专职检查人员对现场的混凝土进行抽查检验，验证混凝土的坍落度、保水性、黏聚性等是否符合设计要求，以确保到现场混凝土的质量，以后均以现场标养试块强度值为检验混凝土质量的唯一依据。

6 跳仓法施工工艺

6.1 底板混凝土跳仓施工工艺

6.1.1 底板分仓划分

根据结构形式、工程量大小、劳动力组织情况等，将基础底板沿东西方向划分为9条，沿南北方向划分为4条，共计划分36块，每块的边长为40m左右，其中最大一块为42m×44.7m（3号仓），如图3-5-16、图3-5-17所示。

6.1.2 混凝土浇筑顺序

底板混凝土按照跳仓方式浇筑，从东向西依次进行，先同时浇筑1、A号仓位，之后同时浇筑2、3、4.……及B、C、D……等仓位，即正品字形浇筑，各仓相互独立，施工间隔为1～2d。在2、B号仓位混凝土浇筑完成7d后，进行倒品字形补仓混凝土的浇筑，首先进行1′、A′仓位浇筑，之后浇筑2′、3′、4′及B′、C′、D′等仓位，间隔为2～3d，以达到“先放后抗”目的。确保相邻仓位的混凝土浇筑时间间隔大于等于7d，在所有仓位

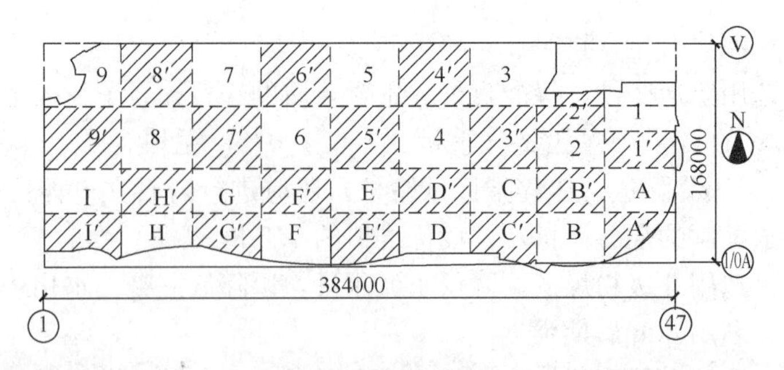

图 3-5-16　基础跳仓分块图

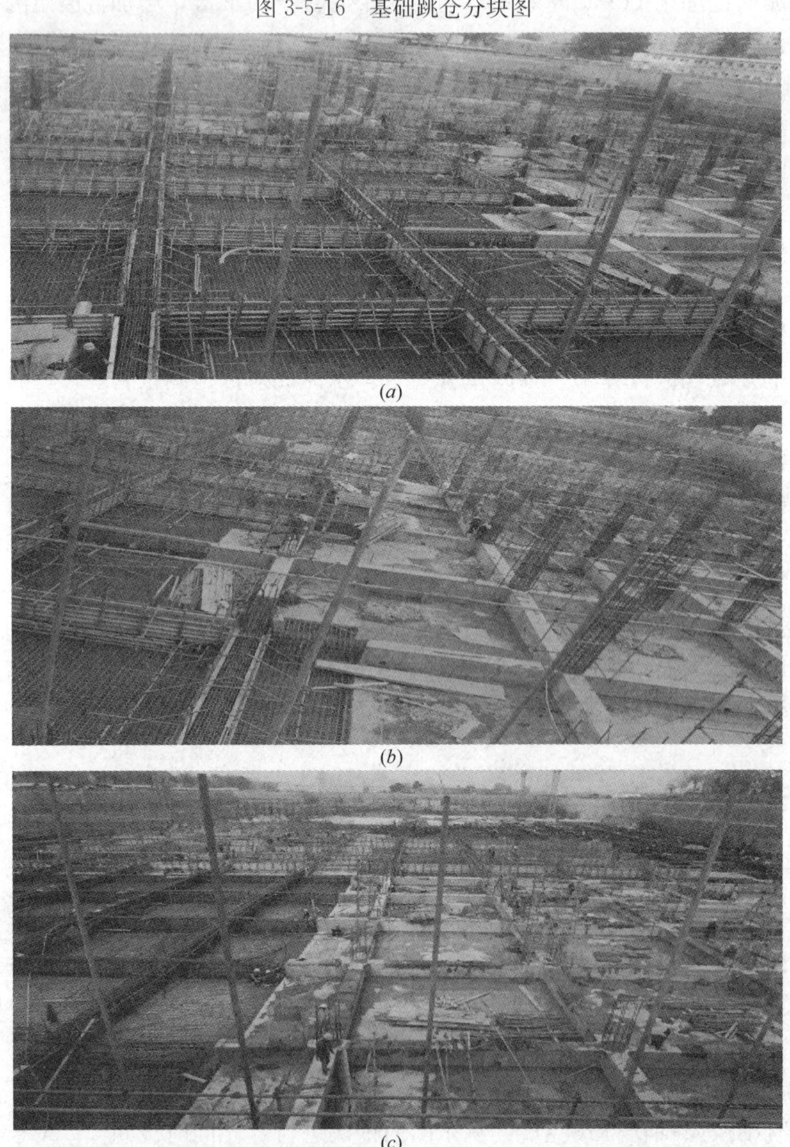

(*a*)

(*b*)

(*c*)

图 3-5-17　现场跳仓实施照片

连通浇筑完成后，经过核算，相邻仓位混凝土的最大浇筑间隔为 18d（I 与 H′），最小浇筑间隔为 9d（1 与 2′）。

基础底板厚度430mm，反梁高出底板900mm。同一仓位的底板混凝土浇筑遵循“先远后近，先高后低”的原则进行，保证混凝土浇筑一次完成，避免出现施工冷缝。反梁部位先进行底板混凝土的施工，随着底板连续浇筑，间隔为4～6h，分两层浇筑到顶，循序渐进，保证同仓底板混凝土浇筑的连续性。

6.1.3 基础底板混凝土的浇筑和振捣

由于本工程底板厚度仅为430mm，小于振捣器作用长度的1.25倍（本工程振捣器作用位475mm，1.25×475=594mm），因此无需分层，随混凝土泵送一次浇筑到底板顶面，除反梁部位外不再做任何间歇。混凝土振捣时要做到“快插慢拔”，快插可避免分层离析，慢拔可以使混凝土填满振动棒造成的空隙。在振捣过程中上、下振动均匀，在反梁部位振捣中振捣上层混凝土时，振捣棒应插入下层50mm左右，以消除两层间的接缝。由于振捣过短会造成振捣不透，过长又会引起离析，因此每次振捣时间为20s左右，以混凝土表面不再显著下沉，表面无气泡产生，且混凝土表面有均匀的水泥浆泛出为准。两个插入点之间的距离应不大于其作用半径（本工程选用的振捣棒作用半径为400mm）的1.5倍，因此振点间距定为500mm，梅花型布置，如图3-5-18所示。

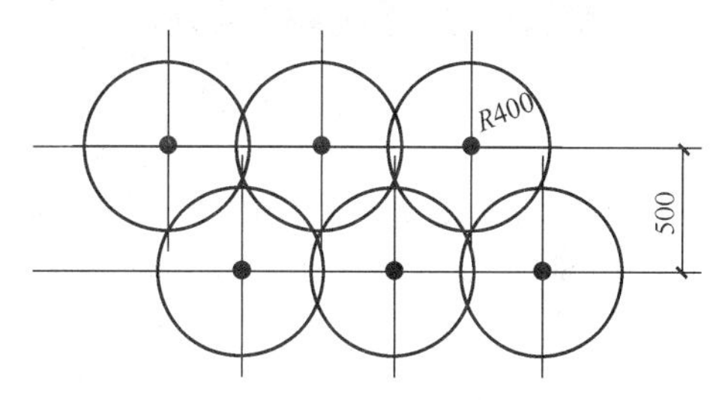

图3-5-18 振捣间距示意图

振捣棒插入处距模板的距离应大于其作用半径的0.5倍，即200mm，以减少振捣对模板造成的扰动。

振捣时应避免碰到钢筋、模板、预留管道和预埋件。振捣完一段，即用铁锹推平、拍实。在反梁钢筋较密处应采用$\phi30$棒和$\phi50$棒结合振捣，保证混凝土密实。

混凝土振捣完成一段后，及时用刮杠抹压，便于混凝土的抹面和收光，并应加强混凝土表面的二次抹压，以减少早期塑性收缩。

底板混凝土其表面水泥浆较厚，在混凝土施工中要认真处理，随浇随用长刮尺按标高刮平，在初凝前，用抹子拍压三遍，搓成麻面，以闭合收水裂缝，抹压时坚持原浆抹压，严禁洒干水泥或干水泥砂浆。在木抹子压第三遍时，麻面纹路要顺直，要求纹路一行压一行，且相互平行，如图3-5-19、图3-5-20所示。

图3-5-19 表面抹压处理

6.1.4 混凝土的养护

切实做好防水混凝土的养护是减少混凝土干燥收缩的重要措施，考虑到本工程采用跳仓法施工的特殊性，为尽量减少混凝土早期脱水，要求在用木抹子拍压第二遍后就及时覆盖塑料布，以防止初期混凝土过早失水而产生裂缝，如图3-5-21所示。

图 3-5-20　表面纹路处理

图 3-5-21　覆盖薄膜养护

基础底板混凝土、梁混凝土浇筑完成后，根据天气情况，正常气温下 10h 内（炎热气温 2h 内）开始对混凝土进行覆盖和浇水，具体而言，初凝后可以覆盖，终凝后可以浇水。混凝土强度未达到 1.2MPa 以前不得上人踩踏或安装模板及支架。为避免太阳直接照射到混凝土表面或气温急剧冷热变化引起混凝土的一系列有害反应，基础底板每块混凝土浇筑完毕后，在施工缝处做挡水墙，高度不小于 150mm，采用蓄水养护，蓄水深度不小于 100mm，反梁采取麻袋覆盖并人工浇水养护，时刻保证混凝土表面湿润。项目部设专职管理养护工作，劳务队组织养护班组，浇水间隔时间以使混凝土表面保持润湿为标准，养护时间不少于 14d，如图 3-5-22 所示。

图 3-5-22　底板养护实照

混凝土在养护过程中，如发现遮盖不全或局部浇水不足，以致表面泛白或出现细小干缩裂缝时，应立即仔细遮盖，充分浇水，加强养护，并延长浇水时间加以补救。

6.1.5　混凝土施工缝处施工

正品字形浇筑施工前，底板施工缝处采用双层钢板网封堵混凝土，在施工缝位置安装止水钢板，并采用钢筋支座固定牢固。考虑到止水钢板弯起部位如果朝下，则此部位不易振捣密实，会形成薄弱点，造成渗水隐患，因此在制定方案及交底时对止水钢板的朝向作了专门规定，要求所有止水钢板弯起部位一律朝上，如图 3-5-23 所示。止水钢板采用 1.5mm 厚钢板，接茬处采用满焊，逐个检查，确保钢板浑然一体，不因接茬的存在形成薄弱点。

底板与外墙交接处水平施工缝留置于底板顶面以上 300mm 处，止水钢板应在浇筑底板混凝土前安装完毕。

倒品字形浇筑施工前，应彻底清理施工缝处钢丝网及封堵材料，且必须保证如下事项：

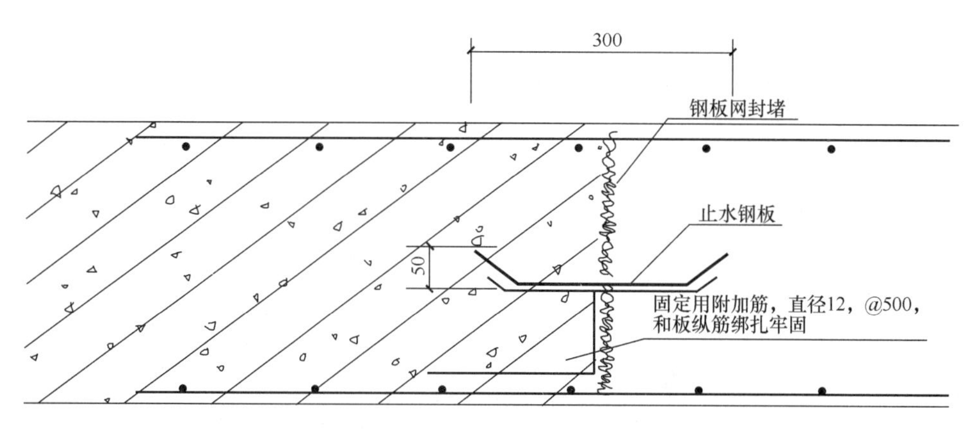

图 3-5-23　底板施工缝留置示意

（1）已浇筑的混凝土其抗压强度不应小于 1.2MPa。

（2）对施工缝接茬表面垃圾、水泥浆、松动的石子及软弱混凝土层进行清理、凿毛、冲刷并充分润湿至少 24h。

（3）如果施工缝处有要处理的回弯钢筋时，防止使钢筋周围的混凝土松动或损坏。钢筋上的浮锈、油污及水泥浆应清除干净，如图 3-5-24 所示。

（4）为保证后浇带的混凝土与原混凝土结合密实，沿原底板混凝土表面弹线切割剔凿线，剔凿深度 10mm，以保证混凝土浇筑完成后新旧混凝土接缝密实、美观，如图 3-5-25 所示。

图 3-5-24　底板施工缝清理

图 3-5-25　底板施工缝切割剔凿线

6.2　墙体混凝土跳仓施工工艺

6.2.1　墙体分仓划分情况

根据工程量大小、劳动力组织情况等，地下室墙体跳仓法施工参照基础底板，仍按照东西方向 9 条，南北方向 4 条进行划分，共划分 24 块，每块的边长为 40m 左右，其中最长段为 6′号，长 43.5m，最短段为 1′号，长 38.5m。地下室墙体分仓见图 3-5-26。

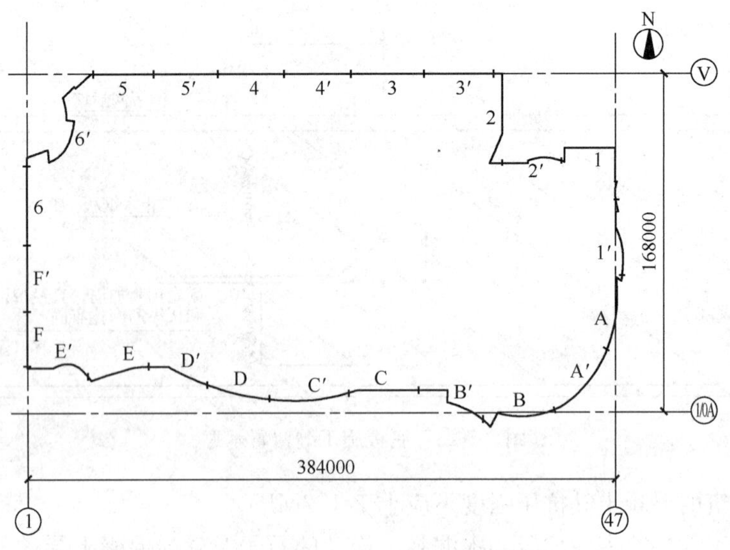

图 3-5-26 地下室外墙跳仓分块图

6.2.2 混凝土浇筑顺序

墙体各仓相互独立，施工缝处采用锯齿形木模板配以 50mm×100mm 木方封堵混凝土。跳仓浇筑时，先浇筑 1 号、A 号仓位，之后顺序浇筑 2 号、3 号、4 号及 B 号、C 号、D 号等仓位，间隔约为 1～2d，在 1、A 号仓位浇筑完成 7d 后，开始浇筑 1′、A′蓝色仓位，之后浇筑 2′号、3′号、4′号及 B′号、C′号、D′号等仓位，间隔 2～3d。相邻分仓混凝土浇筑时间间隔应大于等于 7d，在所有仓位混凝土浇筑完成后，经过核算，相邻仓位混凝土的最大浇筑间隔为 12d（F 与 F′），最小浇筑间隔为 8d（1 与 1′）。

墙体混凝土浇筑原则为从墙体一端向另一端均匀推进浇筑，浇筑点不能过于集中，当墙体有洞口时，洞口两端混凝土浇筑高度要保持一致。墙体混凝土分层浇筑，最大浇筑高度不能大于振捣器作用长度的 1.25 倍（本工程振捣器作用位长度 475mm，1.25×475＝594mm），取每次浇筑高度为 500m，地下一层分 7 步浇筑到顶、夹层分 9 步浇筑到顶，见图 3-5-27 及图 3-5-28。

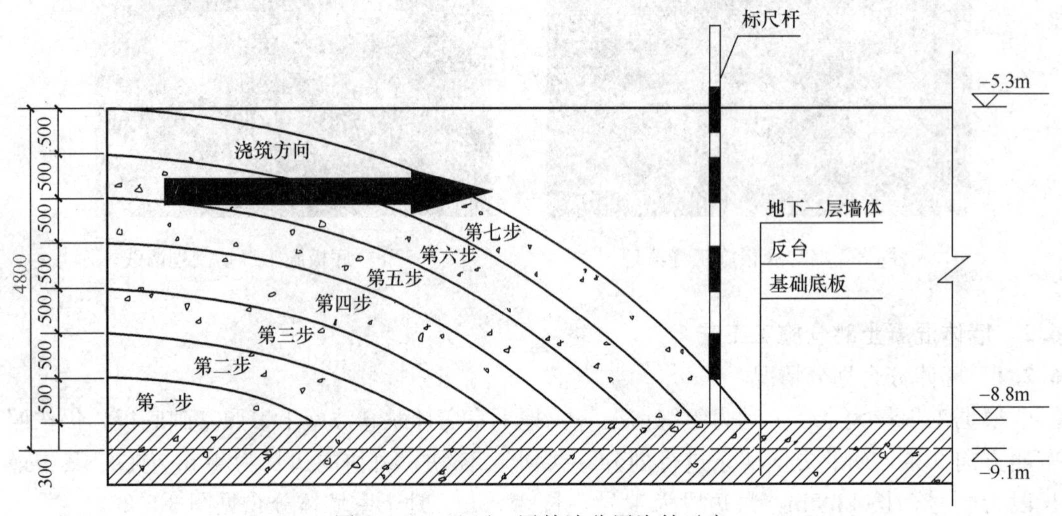

图 3-5-27 地下一层外墙分层浇筑示意

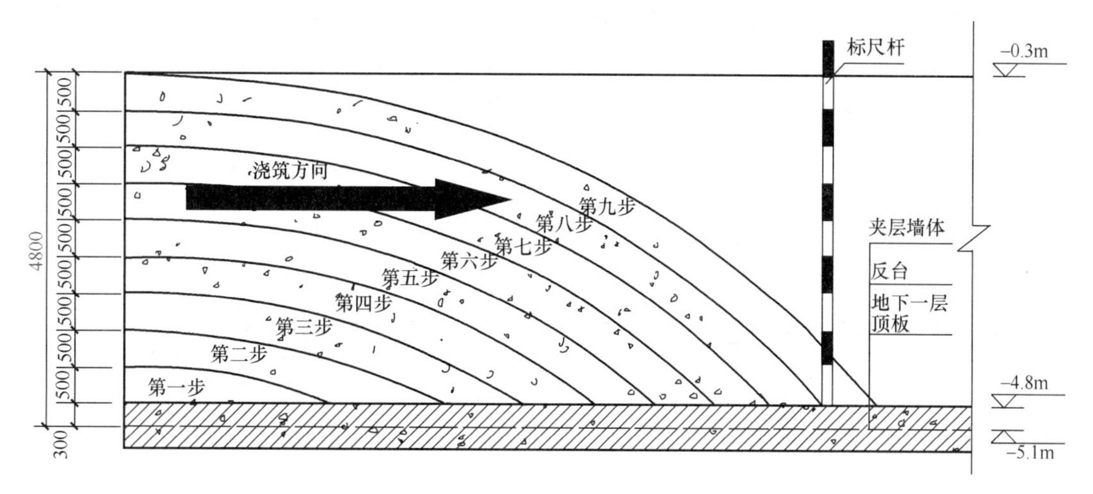

图 3-5-28　夹层外墙分层浇筑示意

6.2.3　墙体混凝土的浇筑和振捣

墙体混凝土浇筑高度利用标尺杆和手把灯进行控制。

墙体浇筑时，为避免产生烂根现象，在底部先铺一层 50～100mm 厚同配比的水泥砂浆，以保证接缝质量。

由于本工程地下一层和夹层层高均超过 3m，分别为 4m、5m，因此混凝土浇筑时采用了串筒、溜管分层、分步下料，以防止混凝土离析。

浇筑洞口墙体时，洞口两侧同时下料，浇筑高度大体一致，以免将洞口模板挤偏，造成洞口位移或变形。

采用垂直拖振，随浇随振，振捣棒快速插至底部，稍做停留，慢慢向上拔，上下略为抽动，至表面泛浆无气泡时移至下点间距约 400mm，浇筑上层混凝土时要插入下层 50mm，以保证两层混凝土密实。

振捣时应避免碰到钢筋、模板、预留管道和预埋件上。

在钢筋较密或门洞口两侧部位，除采用机械振捣外，还应派专人采用小锤等工具敲击模板配合振捣。

6.2.4　墙体混凝土的养护

地下室外墙的养护是保证混凝土抗渗质量的关键。墙体混凝土达到拆模条件后，将墙体模板稍微松开，向墙体于模板之间的缝隙内注入适量清水，带模养护 1～2d。墙体模板拆除后，项目部设专职管理人员，劳务分包方组织单独的混凝土养护班组负责养护，养护时间不少于 14d。养护采用人工浇水养护的方式，浇水间隔时间以使混凝土表面保持润湿为标准。

6.2.5　墙体施工缝的设置方法

墙体施工缝分为水平和竖向两种。均在施工缝处设置止水钢板作为止水措施。水平施工缝处止水钢板已在浇筑底板混凝土前安装完毕。

墙体施工缝处模板施工时，先安装好止水钢板，并用木模板将施工缝处封堵严密，如图 3-5-29 所示。

先浇筑的混凝土模板拆除后，将木模板漏浆清理干净，对接缝混凝土凿毛，在支设后浇筑混凝土的模板时，为避免新旧墙体混凝土错台，新支设模板伸过施工缝 30cm，并用原对拉螺杆将模板紧贴于旧混凝土面，见图 3-5-30。

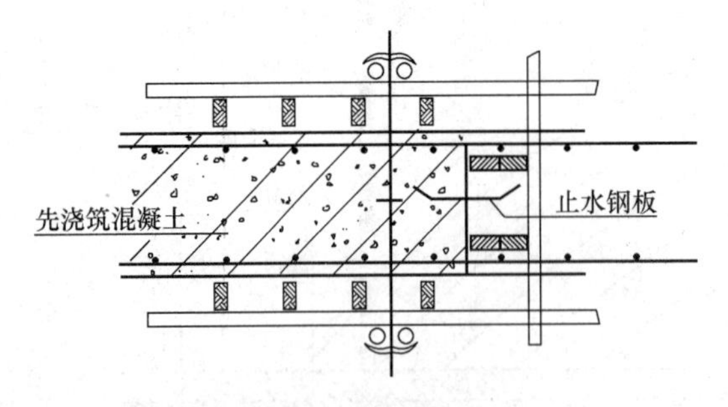

图 3-5-29 墙体竖向施工缝示意（一）

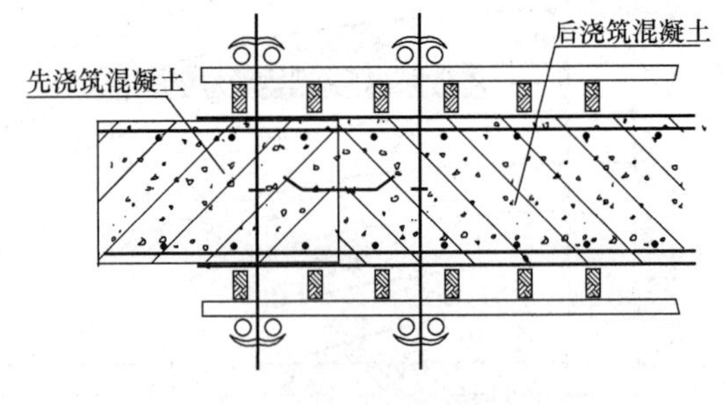

图 3-5-30 墙体竖向施工缝示意（二）

合模前，在施工缝处，采用云石机将缝边切割并剔凿出 15mm（宽）×10mm（深）的凹槽，切割前必须先弹好线，以保证混凝土浇筑完成后新旧混凝土接缝的美观，模板与混凝土墙体间粘贴海绵条，防止漏浆，如图 3-5-31 所示。

6.2.6 外墙外侧的抗裂措施

外墙外侧的混凝土保护层为 50mm 厚，容易造成裂缝，经现场技术人员与设计单位协商，决定在外侧保护层中增设一层直径 4mm、间距 200mm 的抗裂冷拔钢丝网片，为保证钢丝网片位置及钢筋保护层厚度，现场没有采用目前流行的高强度塑料垫块，而是自行制作了砂浆垫块，砂浆垫块厚度为 27mm（50－8－15＝27mm），钢丝网片通过直径 28mm 的钢筋垫块固定于墙体钢筋上，如图 3-5-32 所示。

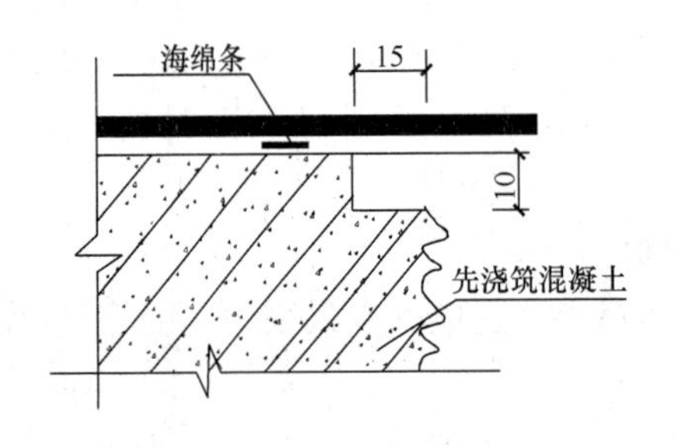

图 3-5-31 墙体竖向施工缝示意（三）

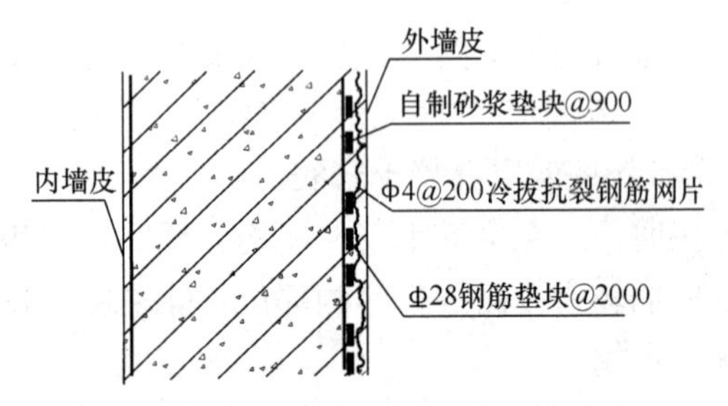

图 3-5-32 外墙保护层抗裂措施

6.3 地下室顶板混凝土跳仓施工工艺

6.3.1 地下室顶板分仓情况

根据工程量大小、劳动力组织情况等，地下室顶板跳仓法施工参照基础底板，仍按照东西方向划分为 9 条，南北方向划分为 4 条，每块的边长约为 40m 左右，其中最长一块仍为 42m×44.7m（3 号仓），如图 3-5-33 所示。

6.3.2 地下室顶板混凝土浇筑顺序

顶板混凝土按照“品”字形跳仓方式浇筑，从东向西依次进行，先同时浇筑 1、A 号仓位，之后同时浇筑 2、3、4.……及 B、C、D……等仓位，即正品字形浇筑，各仓相互独立，施工间隔为 1～2d。在 2、B 号仓位混凝土浇筑完成 7d 后，进行倒品字形补仓混凝

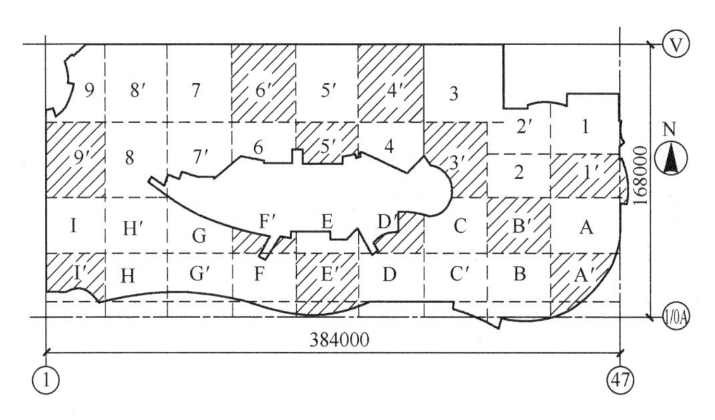

图 3-5-33　地下室顶板跳仓分块图

土的浇筑，首先进行1′、A′仓位浇筑，之后浇筑2′、3′、4′及B′、C′、D′等仓位，间隔为2～3d，以达到先放后抗目的。确保相邻仓位的混凝土浇筑时间间隔大于等于7d，在所有仓位连通浇筑完成后，经过核算，相邻仓位混凝土的最大浇筑间隔为16d（I与H′），最小浇筑间隔为7d（1与2′）。

6.3.3　顶板混凝土的浇筑和振捣

顶板单块仓内混凝土浇筑采用从一端向另一端推进的方法，梁、板一次浇筑完毕。振捣采用插入式振捣棒，浇筑时先浇筑梁，当梁浇筑至板底标高后，采用赶浆法向另一端推进。浇筑时混凝土的虚铺厚度应略大于板厚，由人工铺摊后采用插入式振捣器，顺浇筑方向拖拉振捣，并以每层板上50cm线为基准拉交叉线，检查控制其浇筑厚度，振捣完毕后用木抹子抹平。

顶板浇筑完后，应加强混凝土表面的二次抹压，以减少早期塑性收缩，防止出现干缩裂缝。

6.3.4　顶板混凝土的养护

混凝土浇筑完成后，应及时覆盖塑料布，防止混凝土失水过快而产生裂缝。待顶板混凝土达到上人条件后，将塑料布揭起，采用人工浇水养护，养护时间为14d，浇水间隔时间以使混凝土表面保持润湿为标准。

7　跳仓法施工的管理措施

7.1　对商品混凝土搅拌站原材料的进场检验

根据本工程的特殊性及工程所在地理位置，我们综合考察了周边的几个大型商品混凝土供应站，最终选定了“京华兴”商品混凝土公司，选择原因是该公司具有一定生产规模，服务、信誉好，生产设备、生产工艺、管理制度先进，产品质量、性能高，且距离工程现场较近，能够及时保证供应。在合同中着重要求商混站对进场原材料的品种、产地、质量、性能严格把关。施工过程中我方不定期对商混站的原材料进行随机检查，确保到场混凝土的质量符合根据试验确定的质量标准要求。

7.1.1　对水泥的检验

对水泥的品种、级别、包装、生产日期进行检验，并对其强度、安定性及其他必要的性能指标进行检查。检查商混站出具的产品合格证、出厂检验报告、进场复试报告、碱含量和氯离子含量报告的准确性、时效性。项目部现场取样，委托有资质的试验室进行复试。

检查商混站入库水泥的存放是否符合要求，水泥应分强度等级、产地、批次存放，并设置有明确标识。水泥库应具有防潮、密闭措施。

水泥不应与石灰、石膏等其他胶凝材料混放。

水泥存放时间不能过长，随使用随采购，水泥存放时间超过三个月的或对其强度产生怀疑的应进行检测，并降低等级使用。

7.1.2 对砂的检验

本工程混凝土采用中砂。核实砂的产地、种类是否准确，检查商混站出具的砂复试报告中检测项目、代表数量、检测结果是否正确并符合相关规范标准的规定。检查砂的细度模数、含泥量、碱活性指标、含水量是否符合合同中的相关技术要求。方法为项目部现场取样，委托有资质的试验室进行复试。

砂在运输、堆放、装卸过程中应防止离析。商混站进场的砂子应堆放在硬底的场地，并分种类、产地单独存放，防止混入杂质。堆放区应挂牌，明确标识。

7.1.3 对石子的检验

核实石子的产地、种类是否准确，检查商混站出具的石子复试报告中检测项目、代表数量、检测结果是否正确，并符合相关规范标准的规定。检查石子的针片状颗粒含量、含泥量、碱活性指标、含水率是否符合合同中的相关技术要求。观看石子级配是否良好，商混站应对石子进行压碎指标、岩石立方体抗压强度试验，其结果不应小于要求配制的混凝土抗压强度标准值的1.5倍。项目部现场取样，委托有资质的试验室进行复试。

石子的最大粒径除了满足合同中约定尺寸外，还应满足不能大于构件配筋中钢筋最小间距的3/4的要求。

商混站进场的石子应堆放在硬底的场地，并分种类、产地单独存放，防止混入杂质。堆放区应挂牌，明确标识。

7.1.4 对粉煤灰的检验

本工程混凝土采用II级粉煤灰，对商混站进场粉煤灰的品种、厂名、批号、等级、包装、生产日期进行检验；检查商混站出具的产品合格证编号及日期、出厂检验报告的准确性、时效性，检查其细度、烧失量、需水量比、三氧化硫含量、含水率等性能是否符合规范规定；商混站应对粉煤灰分批量进行复试，并出具粉煤灰碱含量和氯离子含量报告，对其28d水泥胶砂抗压强度比、吸氨值等试验数据进行评定。项目部现场取样，委托有资质的试验室进行复试。

检查商混站入库粉煤灰的存放是否符合要求，粉煤灰应分批次、产别、等级存放，并设置有明确标识。粉煤灰库应具有防潮、密闭措施。

粉煤灰不应与水泥、石灰、石膏等其他胶凝材料混放。

商混站在使用粉煤灰前应仔细阅读粉煤灰厂家所出示的使用说明、注意事项、检验报告等技术文件。

7.1.5 对外加剂的检验

本工程混凝土采用HY-1高效减水剂，对商混站进场减水剂的品种、包装、生产日期进行检验；检查减水剂的产品合格证及日期、产品说明书、产品备案管理手册、掺外加剂的混凝土检验报告、出厂检验报告。检查减水剂碱含量和氯离子含量报告。

商混站对进场的混凝土减水剂应密闭保存。

商混站在使用减水剂前应仔细阅读厂家所提供的使用说明、注意事项、检验报告等技术文件，并且经过适应性试验论证后方可正式使用外加剂。

当混凝土的其他原材料发生变更时，商混站应重新进行减水剂的适应性试验。

7.2 到场混凝土的检验

（1）混凝土从商混站运至施工现场时，不应出现分层离析现象，混凝土的坍落度不应有明显的损失。

（2）混凝土进场时仔细检查搅拌站随车报送的混凝土资料是否齐全、正确。检查混凝土的配合比通知单中实际配合比是否符合配合比设计规程和工程需要。对该批混凝土进行开盘鉴定。核对混凝土配合比通知单、开盘鉴定、运输单中数据是否相一致，是否符合规范规定。检查混凝土碱含量计算书和氯离子含量计算书、原材试验报告、骨料碱活性试验报告中的数据是否符合规范规定。对不符合以上要求的混凝土严格退场，不得使用。

（3）混凝土运输单中到场时间与出站时间的间隔最长不能超过 45min，混凝土从出站到浇筑完成的时间不能超过 90min，对到场混凝土每车进行坍落度检查，坍落度保持在 160mm±20mm，观测混凝土的保水性、黏聚性、流动性是否符合规范规定，不符合以上要求的混凝土严格退场，不得使用。以上数据应及时、准确地填入混凝土运输单。

（4）本工程混凝土结构施工主要在夏季，因此要求混凝土拌合物到场时的温度最高不宜超过 30℃。

（5）到场混凝土严禁加水。

7.3 对人员进行技术交底

施工管理人员、各施工劳务人员要进行施工方案的学习，并进行详细的施工技术交底。让每个施工现场人员了解和掌握采用混凝土跳仓法施工的具体方法、控制要点及注意事项等。重点部位管理人员应现场指挥施工，现场交底、把关。现场成立混凝土施工管理小组，确保混凝土施工质量处于受控状态，实现了“普通混凝土好好打”。

7.4 混凝土养护的管理

混凝土浇筑采用跳仓法施工，有效的避免了混凝土早期收缩开裂。如何保证混凝土后期强度的增长以及避免混凝土的开裂，养护是重要的环节。项目部设置 2 名管理人员专职负责对混凝土的养护，由劳务队组织固定人员成立混凝土养护班组，配备足够的设备 24h 连续不间断地对浇筑完成的混凝土进行养护，养护持续时间为 14d。底板采用蓄水养护，以最浅水深不小于 100mm 为标准。顶板以及竖向构件，以时刻保证混凝土表面湿润为标准。

7.5 资料的收集和整理

施工资料的收集、整理应保证及时、齐全、有效。现场设 2 名试验员，由劳务队安排固定人员配合取样、制作试块等工作。试验员负责检测混凝土的坍落度，按照标准规定送样、做试验并收集试验报告，敦促商混站按时提交混凝土 28d 试验报告及混凝土合格证。技术、质检人员认真检查混凝土的配合比、运输单、原材料试验报告、碱含量、氯离子含量、碱活性报告、开盘鉴定等资料，认真填写技术资料、商品混凝土运输单中的数据。资料员及时对以上资料进行整理、汇总并归档，编制目录清晰明了。

第三部分　科技查新报告、效益分析报告和用户使用情况报告

一、科技查新报告

项目名称：超长超宽超深水位下

大体积混凝土结构跳仓法施工技术

委托人：中国新兴建设开发总公司

委托日期：2007 年 07 月 13 日

查新机构（盖章）：建设部科技信息研究所

查新完成日期：2007 年 07 月 20 日

中华人民共和国科学技术部

二〇〇一年制

<table>
<tr><td rowspan="2">查新项目名称</td><td>中文：超长超宽超深水位下大体积混凝土结构跳仓法施工技术</td></tr>
<tr><td>英文：Construction method of block-divided pouring of bulky concrete with separate spacing</td></tr>
<tr><td colspan="2">一、查新目的
成果查新</td></tr>
</table>

二、项目科学技术要点（查新委托人提供）

蓝色港湾工程占地面积96319m^2，是集餐饮、休闲、娱乐为一体的综合商业性建筑，东西长384m，南北宽168m，东、南、北三面环水，距朝阳湖水面最小距离仅为6.2m，地下水位在地面以下3～4m。属于超长、超宽、超深水位下大体积混凝土基础。基础形式为有梁筏板基础，基础埋深10.75m。工程底板厚430mm，上反梁高出底板900mm，地下一层层高4m，顶板板厚度200mm和300mm，夹层层高5m，顶板板厚度200mm，地下室墙体厚度为400mm和800mm，混凝土均为C30、P8。

基础底板、地下室外围护墙、地下室一、二层结构顶板及夹层板均采用跳仓法施工工艺。按照约40m的长度将基础底板东西向分成9列，南北向划分成4排，共计36个区块，边长为40m左右，其中最大一块为42m×44.7m。混凝土按照跳仓方式浇筑，从东北角开始，先浇筑图中加阴影仓位，从1号仓位开始，按数字顺序浇筑，各跳仓相互独立，施工间隔为1～2d。在2号仓位混凝土浇筑完成7d后，开始进行封仓混凝土的浇筑，施工间隔为2～3d。确保相邻仓位的混凝土浇筑时间间隔不小于7d。在所有仓位混凝土浇筑完成后，经过核算，相邻仓位混凝土的最大浇筑间隔为18d，最小浇筑间隔为7d。地下外围护墙结构、地下室一、二层结构顶板及夹层板随基础底板相应部位采取跳仓法施工，施工间隔期等同于基础底板施工周期。

混凝土原材料的选择：

水泥：选用42.5级普通硅酸盐水泥，并掺入适量的粉煤灰，降低混凝土水化热。

砂：选用中砂，级配良好，细度模数在2.4～2.8的中砂。

石子：选用质地坚硬、级配良好的三河碎石，石子粒径范围5～25mm。

粉煤灰：选用Ⅱ级粉煤灰。

外加剂：选用HY-1高效减水剂。

水：水质应符合国家现行标准的要求。

质量控制要点：

1. 严格控制混凝土配合比，减少水泥用量，控制坍落度，混凝土底板采用了60d的后期强度作为标准值。

2. 普通混凝土好好打，混凝土分层浇筑，振捣密实，表面抹压到位。

3. 混凝土养护时间不少于14d，养护期间始终保证混凝土湿润。

4. 混凝土外墙外侧设置抗裂钢筋网片。

5. 混凝土设置温度和应力监测，保证测量同步、真实、有效。

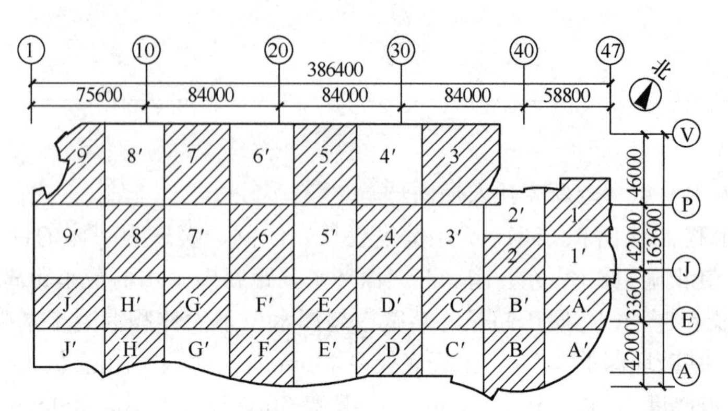

蓝色港湾工程基础跳仓法施工分仓示意图

三、查新点与查新要求

1. 国内外是否已有同类工程施工技术。

2. 是否有同类工况条件下（即建筑物长 384m，宽 168m，且三面环水，地下水位在地面以下 3～4m）的超长、超宽、超深水位下大体积混凝土工程采用跳仓法施工技术的工程实例。

要求通过检索，查找与本项目有关的国内外文献，并根据检索结果作出结论。

四、文献检索范围及检索策略

1. 中文数据库：

中国建设科技文献数据库
中国建设科技成果数据库
中国重大科技成果数据库
中国实用技术数据库
成果交易数据库
科技成果精品数据库
科技决策支持数据库
国家级授奖项目数据库
中国优秀博硕士学位论文库
中国学术会议论文数据库
中文科技期刊数据库
中国期刊全文数据库
中国重要报纸全文数据库
中国重要会议论文集全文数据库
国家科技成果网
中国专利数据库

检索策略：

混凝土 * 跳仓

2. 西文数据库（DIALOG 系统）：

美国政府研究报告（F6）
美国工程索引（F8 70—）
国际建筑数据库（F118 76—）
日本科学与技术（F94 84—）
会议论文数据库（F77 73—）
进展中的研究项目（F266）
近期技术（F238 81—）
法国文献通报（F144 83—）
威尔逊科学技术（F99 84—）
……

检索策略：

（ALTERNATIVE（）BAY+ JUMP???（）SOLE+ SEPARATE（）SPACING+ SEPARATE（）STRIP??）* CONCRETE * POUR???

五、查新结论

针对“超长超宽超深水位下大体积混凝土结构跳仓法施工技术”项目，对上述国内16个、国外500余个数据库进行了检索。检索结果及结论如下：

国内：检索出采用跳仓法施工的相关文献20篇，其中工程规模较大的是：

1. 宝钢宽厚板轧机工程超大型混凝土箱形设备基础工程，其设备基础总长384m，主轧线基础底梁−10.6～13.7m；

2. 上钢一厂大型BOX基础工程，基础总长428.4m，宽81.75m～100m，深−9.6～12m；

3. 中京艺苑工程基础底板长200m，宽80m，底板厚0.7m～2.25m。

前两个工程属工业建筑设备基础。

国外：采用用户提供的检索词及国内专业人员所采用的“跳仓”的写法，在国外数据库中检索到1篇相关文献：“Damianji wujin hunningtu zhengti dimian deliefeng kongzhi (Cracking control in mass monolithic plain concrete pavement)”，其为国内学者发表的文章，内容是大面积无筋混凝土整体地面采用跳仓施工法控制裂缝。

综上所述，在上列国内外检索范围中未见三面环水，地下水位在地面以下3～4m工况的超长、超宽、超深水位下民用建筑大体积混凝土工程采用跳仓法施工技术的文献报道。

查新员(签字)：　　　　查新员职称：

审核员(签字)：　　　　审核员职称：

(科技查新专用章)

2007年2月20日

六、查新员、审核员声明

1. 报告中陈述的事实是真实和准确的。

2. 我们按照科技查新规范进行查新、文献分析和审核，并作出上述查新结论。

3. 我们获取的报酬与本报告中分析、意见和结论无关，也与本报告的使用无关。

查新员(签字)：　　　　审核员(签字)：

2007年7月20日　　　　2007年7月20日

七、附件清单

检索结果打印件（见附件）

相关文献：

【篇名】宝钢宽厚板轧机工程超大型混凝土箱形设备基础结构施工技术

【作者】沈勤

【刊名】建筑施工 2005 年 01 期

【篇名】大型地下箱型基础混凝土裂缝控制实践研究

【会议录名称】全国城市地下空间学术交流会论文集，2004 年

【作者】秦夏强

【篇名】大体积混凝土取消后浇带裂缝控制技术

【作者】张贵洪；韩少龙；刘岩；

【刊名】施工技术 2007 年 02 期

【篇名】大体积混凝土分块跳仓浇筑的施工方法

【作者】曹建；

【刊名】铁道建筑 2006 年 02 期

【篇名】超长地下室混凝土结构的裂缝控制

【作者】吴荣；

【刊名】建筑施工 2003 年 03 期

【篇名】超长超大面积混凝土结构裂缝控制技术

【作者】赵资钦；易觉；刘联伟；

【刊名】广东土木与建筑 2002 年 10 期

【篇名】某冶金工程超大型混凝土箱型设备基础施工技术

【作者】马文义；关兵；

【刊名】工程建设 2006 年 04 期

【TI】Damianji wujin hunningtu zhengti dimian de liefeng kongzhi

Cracking control in mass monolithic plain concrete pavement

【AU】He Rui；zhao Libin；Zhang Shiping，China

【SO】Journal of Harbin University of Architecture and Engineering v. 32，no. 3

二、效益分析报告

（1）社会效益分析

跳仓法施工打破了国际、国内常规的施工方法，是对当前设计与施工常规方法的一种突破，代表了工程设计施工的前沿技术。目前常规的超长、大型工程施工，均是采用设置后浇带的方式来处理混凝土的收缩裂缝问题，工程量大，成本高，工期长，渗漏隐患多。在本工程中，通过采用跳仓法，运用抗放兼施、先放后抗、以抗为主的原理，取消了后浇带，从混凝土原材料、配合比着手，控制好混凝土的均质性，过程中严格把握施工质量，浇筑完成后加强养护，有效地控制了混凝土的开裂，从施工效果看，本工程地下室无一处有害裂缝，解决了大型地下室的渗漏问题，消除了工程的使用隐患。

通过采用跳仓法施工，取消后浇带，可以提高混凝土结构的整体性，显著地降低施工难度，加快工程进度；减少劳动力的投入和材料的投入，降低工程造价，提高劳动生产率，具有显著的社会效益。

在本工程中，跳仓法首次被应用于大型民用建筑，首次在复杂的地下水环境下应用，首次在薄底板、顶板中应用，首次在超长外墙施工中应用，创造了多项第一。实施效果非常明显，进一步从实践中证实了跳仓法理论的科学性。

通过在本工程中的具体应用，为跳仓法扩宽了应用领域，进一步完善了跳仓法理论。积累了一套完整的试验数据，总结了一套详细的跳仓法施工的技术措施，为同类工程的施工提供了经验和参考。

（2）经济效益分析

1）取消了膨胀剂，每立方米混凝土节约 15 元，共 80 万元。

2）取消了基础后浇带，节省了施工缝模板及后浇带临时保护和清理费 12 万元。

3）节约了外墙外侧保护钢板，降低成本 11 万元。

4）取消顶板后浇带，节省了模板和支撑体系，约 44 万元。

直接费用共计节约 147 万元。此外，由于采用跳仓法施工，共节省工期 38d，以 12 万元/日计算，间接节约费用 456 万元。综合考虑因采用跳仓法施工，共计节约 603 万元。

（3）推广应用前景

北京市正在为建设和谐社会、首善之区而大力开发建设，为了适应社会发展需要，如奥运工程、大型展馆、大规模住宅、娱乐项目等，一大批具有超长、超宽的大型地下建筑如雨后春笋般出现在了北京，蓝色港湾项目就是其中最具代表性的一个。如何解决超长、超宽大型工程地下结构裂缝以及节约资源问题具有迫切性及重大现实意义。蓝色港湾项目是北京地区乃至华北地区最大的超长、超宽、超薄地下结构，本工程采用跳仓法施工是在目前国内业已形成的施工方法基础上进行了多项最大突破。

1）跳仓法首次被应用于大型民用建筑。

2）跳仓法首次在复杂的地下水环境下应用。

3）跳仓法首次在薄底板、顶板中应用。

4）跳仓法首次在超长外墙施工中应用。

5）采用跳仓法施工，取消后浇带做法，免掺膨胀剂。

这些做法的成功实施，证明了跳仓法的科学性，也是对传统做法的重大挑战，对北京市乃至全国设计、施工行业将作出重大贡献。通过在本工程中的具体应用，为跳仓法扩宽了应用领域，进一步完善了跳仓法理论，为今后大量的同类工程的施工提供了经验和参考。

目前，资源供需矛盾成为北京市经济保持高速发展的制约因素。因此，北京迫切需要依靠技术创新，开发推广先进实用技术，提高资源利用效率，进行节约型社会建设。采用跳仓法工艺正是依靠科技创新从而显著地降低了施工难度，加快了工程进度，减少了劳动力的投入和材料的投入，降低了工程造价，取得了良好的社会效益。该项成果打破了国际、国内常规的施工方法，是对当前设计与施工常规方法的一种突破，适合大型地下工程采用，代表了工程设计施工的前沿技术，可广泛应用于同类大型地下工程中，具有良好的推广前景。

三、用户使用情况报告

用户单位意见书

由中国新兴建设开发总公司承建的蓝色港湾工程，是集餐饮、休闲、娱乐为一体的综合性商业项目，占地面积 96319m^2，地下建筑面积为 77662m^2。

由于本工程具超长、超宽（东西方向长 384m，南北方向宽 168m）、薄板（基础底板厚度为 430mm）、水位高（工程紧邻朝阳公园湖、三面被湖水围绕，最近处仅 6.2m。水面标高比本工程的±0.000m 标高低约 1.0m）、工期紧（160 天的结构工期内需完成的混凝土总量为 67441m^3，底板就 26794m^3）等特点，给施工带来了很大难度，常规做法很难满足要求。中国新兴建设开发总公司聘请了专家进行了多次方案论证，开展了有关试验，创造性的采用了“跳仓法”施工工艺，这在大型民用建筑中是首创。既保证了施工质量，又缩短了工期。工程施工完毕后，通过对整个地下室的观察，整个基础底板无渗漏点，无有害裂缝，地下室外墙体发现无害裂缝 8 条，裂缝宽度如发丝，无法测量。有效地控制了底板和外墙的开裂，杜绝了渗漏的隐患。得到了各方专家和我方的好评。

作为建设单位，我们认为跳仓法施工技术可以保证施工质量，显著加快了工程进度，减少了投入，降低了工程造价，提高了劳动生产率，取得良好的经济效益，也为施工总包单位带来了广泛的社会效益。

二〇〇七年七月

参　考　文　献

［1］ 王铁梦．工程结构裂缝控制．北京：中国建筑工业出版社，1997

［2］ 王铁梦．工程结构裂缝控制："抗与放"的设计原则及其在"跳仓法"施工中的应用[M]．北京：中国建筑工业出版社，2007

［3］ 杨嗣信．混凝土结构工程施工手册．北京：中国建筑工业出版社，2014

［4］ 李国胜．超长大体积混凝土结构设计与跳仓法施工指南．北京：中国建筑工业出版社，2015

［5］ 李国胜．建筑结构裂缝及加层加固疑难问题的处理．北京：中国建筑工业出版社，2006

［6］ 魏镜宇，王国卿．"普通混凝土好好打"——跳仓法施工要点与工程实例．超长大体积混凝土裂缝控制与无缝浇筑"跳仓法"设计、施工技术讲座资料．北京城建科技促进会，2014

［7］ 魏镜宇，陆参．取消沉降后浇带的理由与实践．超长大体积混凝土裂缝控制与无缝浇筑"跳仓法"设计、施工技术讲座资料．北京城建科技促进会，2014

［8］ 李国胜．大体积混凝土结构跳仓法施工中有关沉降后浇带．超长大体积混凝土裂缝控制与无缝浇筑"跳仓法"设计、施工技术会议资料．北京城建科技促进会，2017

［9］ 魏镜宇．利用混凝土后期强度防治混凝土早期裂缝．超长大体积混凝土裂缝控制与无缝浇筑"跳仓法"设计、施工技术会议资料．北京城建科技促进会，2017

［10］ 魏镜宇．减少混凝土收缩裂缝的技术措施．超长大体积混凝土裂缝控制与无缝浇筑"跳仓法"设计、施工技术会议资料．北京城建科技促进会，2017

［11］ 北京方圆工程监理有限公司．居然大厦工程地下室混凝土取消后浇带利用 90d 强度效果显著．超长大体积混凝土裂缝控制与无缝浇筑"跳仓法"设计、施工技术会议资料．北京城建科技促进会，2017

［12］ 徐荣年．工程结构裂缝控制——步入"王铁梦法及诠补"[M]．北京：中国建筑工业出版社，2012

［13］ 阎培渝．一分为二看膨胀剂的使用．混凝土膨胀剂及其裂渗控制技术－第五届全国混凝土膨胀剂学术交流会论文集，2010

［14］ 耿长圣，王霞，倪小飞，孙兵．浅析砂含泥量对混凝土性能的影响．中国商品混凝土可持续发展论坛暨全国商品混凝土技术与管理交流大会，2009

［15］ 孔凡敏，孙晓明，杨励刚，孙志伟．砂含泥量对掺聚羧酸高性能减水剂混凝土的技术经济指标影响．混凝土，2011，(02)

［16］ 邸道怀．采用沉降后浇带控制差异沉降的方法．建筑结构，2008，38(4)

［17］ 黄红万，骆新标，危加阳．鲍罗米公式在粉煤灰混凝土配合比设计的研究．中国农村水利水电，2007，(4)

［18］ 混凝土凝土结构设计规范 GB 50010—2010

［19］ 大体积混凝土施工规范 GB 50496—2012

［20］ 混凝土强度检验评定标准 GB/T 50107—2010

［21］ 混凝土结构工程施工规范 GB 50666—2011

［22］ 混凝土结构工程施工质量验收规范 GB 50204—2015

［23］ 地下工程防水技术规范 GB 50108—2008

［24］ 地下防水工程质量验收规范 GB 50208—2011

［25］ 粉煤灰 GB/T 1596—2015

［26］ 粉煤灰混凝土应用技术规范 GBJ 50146—2014

[27] 混凝土外加剂规范 GB 8076—2008
[28] 用于水泥和混凝土中的粉煤灰 GB/T 1596—2017
[29] 混凝土膨胀剂 GB 23439—2009
[30] 混凝土膨胀剂应用技术规范 GBJ 50119—2003
[31] 水泥胶砂干缩试验方法 GB 751—1981
[32] 高分子防水材料 第 3 部分 遇水膨胀橡胶 GB/T 18173.3—2002
[33] 大体积混凝土温度测控技术规范 GB/T 51028—2015
[34] 高层建筑混凝土结构技术规程 JGJ 3—2010
[35] 普通混凝土配合比设计规程 JGJ 55—2011
[36] 补偿收缩混凝土应用技术规程 JGJ/T 178—2009
[37] 混凝土泵送施工技术规程 JGJ/T 10—2011
[38] 预拌砂浆应用技术规程 JGJ/T 223—2010
[39] 聚羧酸系高性能减水剂 JG/T 223—2007
[40] 北京地区建筑地基基础勘察设计规范 DBJ 11—501—2009